Systemdynamik und Simulation

Von Prof. Dr. rer. nat. Michael Gipser
Fachhochschule Esslingen

Springer Fachmedien Wiesbaden GmbH 1999

Prof. Dr. rer. nat. Michael Gipser

Geboren 1952 in Friedberg/Hessen. Von 1972 bis 1977 Studium der Mathematik an der Technischen Hochschule Darmstadt. 1977 bis 1982 wiss. Mitarbeiter an der TH Darmstadt (Arbeitsgruppe Numerische Mathematik). 1981 Promotion. 1982 bis 1993 Mitarbeiter in der Forschung der Daimler-Benz AG, zuletzt als Abteilungsleiter Systemdynamik. Seit 1993 Professor an der Fachhochschule Esslingen, Hochschule für Technik. Lehrauftrag: Mathematik, Programmiersprachen, Simulationstechnik, und Systemdynamik. Beratungstätigkeit in der Fahrzeugindustrie. Forschungsschwerpunkte: Reifen-, Fahrwerk- und Gesamtfahrzeugmodelle, Mehrkörperdynamik, Simulationstechnik, Optimierung, Systemidentifikation, Computeranimation.

Die Deutsche Bibliothek – CIP-Einheitsaufnahme

Gipser, Michael:
Systemdynamik und Simulation / von Michael Gipser.

ISBN 978-3-519-02743-0   ISBN 978-3-663-11581-6 (eBook)
DOI 10.1007/978-3-663-11581-6

Einbandgestaltung: Peter Pfitz, Stuttgart

Vorwort

Gegenstand der Systemdynamik im Sinne dieses Buches sind Methoden zur *Beschreibung*, zum *Verstehen* und zur *Optimierung* dynamischer Systeme der Technik.

Komplizierte Systeme, für deren Entwicklung man das Wissen um Prinzipien und Werkzeuge der Systemdynamik dringend benötigt, finden sich auf Schritt und Tritt. Sei es bei High-Tech-Regelungen von Motor, Triebstrang, Fahrwerk, Lenkung und Bremsen moderner Straßenfahrzeuge, seien es Industrieroboter mit ihrem komplizierten Zusammenspiel von Mechanik, Stellantrieben, Sensorik, Steuerelektronik, Regelalgorithmen und Software, sei es bei Flugzeugen, Raumfahrzeugen oder im modernen Anlagenbau, seien es die immer komplizierter werdenden Geräte und Implantate der Medizintechnik oder die phantastischen Möglichkeiten der Mikromechanik - in sehr vielen Bereichen spielt die Systemdynamik eine wichtige Rolle.

Dies gilt natürlich nicht nur in der Technik. Scheinbar unverständliche Phänomene in der Ökologie werden erst durch systemdynamische Simulationen erklärbar. Ähnliches gilt in den Wirtschaftswissenschaften, der Physik, der Chemie, der Biologie, der Geologie, der Meteorologie, der Astronomie. Der Leser möge mir verzeihen, wenn ich sein Spezialgebiet vergessen habe. Ich bin mir sicher, daß ich selbst nur einen Bruchteil der möglichen und tatsächlichen Anwendungen der Systemdynamik kenne.

Um die Systemdynamik wirklich zu verstehen, braucht man gleichermaßen gewisse theoretische Grundkenntnisse und viel praktische Erfahrung mit Simulationsmodellen. Dieses Buch soll für beides eine erste Einführung bieten. Die Zielgruppe: Studierende technischer Studiengänge an Fachhochschulen und vergleichbaren Einrichtungen, die in ihrem Studium nur am Rande mit der Systemdynamik zu tun haben oder diese gar im Eigenstudium kennenlernen möchten.

Nicht die Anwendung einer bestimmten Software, sondern das Aufzeigen der Prinzipien, die dahinterstecken, ist Lehrziel des Buches. Daß trotzdem da und dort im Text verstreut Hinweise zum Aufruf von MATLAB^{TM}-Funktionen zu finden sind, widerspricht diesem Ziel nicht. MATLAB^{TM} dient als Stellvertreter für eine Klasse ähnlicher, mathematischer Mehrzweckprogramme und soll demonstrieren, wie leicht es heute sein kann, scheinbar schwer verständliche mathematische Aussagen in praxisorientierte Berechnungsprogramme umzusetzen. Dabei wird für das Verständnis des Lehrstoffes *nicht* vorausgesetzt, daß der Leser mit MATLAB^{TM} vertraut ist. Die meisten Kommandos sind selbsterklärend; ist dies nicht der Fall, sollte der Leser dies nur als eine Anregung verstehen, sich einmal mit MATLAB^{TM} oder einem ähnlichen Programm, etwa

MATRIX$_x$^{TM} zu befassen. Für Systemdynamik und Simulation zeigen sich in ganz besonderem Maß die didaktischen Vorteile des „learning by doing".

Den Schwerpunkt des Buches bilden dynamische Systeme der Technik, noch weiter einschränkend, solche der Fahrzeugtechnik. Dies hat zunächst etwas mit der Zielgruppe zu tun, und dann natürlich mit der Persönlichkeit des Autors, der seit mehr als siebzehn Jahren Erfahrungen in der Fahrzeug-Systemdynamik sammelt. Schwerpunkte dabei waren und sind die Modellbildung im Bereich Gesamtfahrzeug/Fahrwerk/Reifen, umfangreiche Simulationsstudien auf diesen Gebieten und Softwareentwicklung für die Mehrkörperdynamik und die Computeranimation.

Im Buch wird bewußt das große Feld der modernen Regelungstechnik weitgehend ausgeklammert. Dies, obwohl die Systemdynamik von manchem Regelungstechniker unter dem Stichwort *Streckenmodell* nur als ein Teilgebiet der Regelungstechnik verstanden wird. Der Grund für die Beschränkung ist einfach: Systemdynamik und Regelungstechnik zusammen würden den vorgegebenen Rahmen bei weitem sprengen. Außerdem ist es sicher sinnvoll, im Lehrstoff zunächst mit dem Verständnis und den Werkzeugen der Systemdynamik und Simulation zu beginnen und darauf mit einer weiterführenden Vorlesung über Regelungstechnik und moderne Reglerentwurfsverfahren aufzubauen.

In diesem Zusammenhang stellen die, vor allem in der Regelungstechnik verwendeten, *Übertragungsfunktionen* für das Lernziel dieses Buches ein gewisses Problem dar. Einerseits gehören Übertragungsfunktionen zu den wichtigsten Darstellungsarten linearer Systeme, andererseits muß man zum Vermitteln dieser anspruchsvollen Materie weit ausholen. Theoretische Grundlage der Übertragungsfunktionen ist die *Laplace-Transformation*, die oft nur unzureichend oder überhaupt nicht in den Mathematik-Vorlesungen für Fachhochschul-Ingenieure behandelt wird. Um nun die Bedeutung der Übertragungsfunktion in der Systemdynamik und ihren Zusammenhang mit anderen Systembeschreibungen andeuten zu können, ohne allzuweit auszuholen, wurde folgender Kompromiß gewählt: die Behandlung von Übertragungsfunktionen beschränkt sich im wesentlichen auf die Abschnitte 2.2 und 2.4.2. Zum Verständnis dieser Abschnitte wird die Kenntnis der Laplace-Transformation vorausgesetzt. Die Abschnitte können jedoch überlesen werden, der dort präsentierte Stoff wird an keiner anderen Stelle benötigt.

Das Buch gliedert sich in die vier Kapitel: *Systemdynamik* (Begriffsbildung, Eigenschaften, Vorstellung von Methoden und Werkzeugen, Zustandsgrößen und ihre zentrale Bedeutung für die Systemdynamik), *Systemdarstellungen* (wie können Systeme im Computer dargestellt werden und wie werden diese Darstellungen ineinander überführt?), *Simulation* (wie werden mit dem Computer Experimente mit Modellen durchgeführt?) und *Simulationsmodelle in der Fahrzeugtechnik*.

Systemdynamik und Simulation haben ihre Wurzeln in der Mathematik - zum Verständnis sind deswegen einige mathematische Grundlagen unumgänglich. Vom Leser werden Kenntnisse in der Differentialrechnung, der Rechnung mit komplexen Zahlen und der Matrizenrechnung (Lineare Algebra) vorausgesetzt, und zwar in einem Umfang, wie er üblicherweise im Grundstudium technischer Fächer an Fachhochschulen vermittelt wird. Zur Wiederholung und Auffrischung dieses Stoffes kann zum Beispiel das Lehrbuch von *Brauch, Dreyer, Haacke* [4] herangezogen werden. Dort gibt es auch eine Einführung in die Laplace-Transformation. Ausführliche Darstellungen dieser Theorie findet man in vielen Lehrbüchern der modernen Regelungstechnik, z.B. in [7]. Wie oben dargelegt: außer für die Abschnitte 2.2 und 2.4.2 wird die Laplace-Transformation zum Verständnis des Lehrstoffes *nicht* vorausgesetzt.

Da im ganzen Buch von der Matrizenrechnung ausgiebig Gebrauch gemacht ist, werden im Anhang die wichtigsten Begriffe und Aussagen aus diesem mathematischen Gebiet wiederholt und, wo erforderlich, ergänzt. Dies geschieht jedoch ohne jeden Anspruch auf Vollständigkeit und immer nur soweit, wie es für das Verständnis der Systemdynamik wichtig ist. Auf mathematische Beweise wird dabei, von ganz wenigen Ausnahmen abgesehen, verzichtet. Von zentraler und sehr praktischer Bedeutung in der Systemdynamik sind die Begriffe *Eigenwert* und *Eigenvektor*, deren Behandlung jedoch manchmal in der Ingenieurmathematik zu kurz kommt. Deswegen wird ihnen im Anhang etwas mehr Platz eingeräumt.

Die im Buch erwähnten Soft- und Hardwarebezeichnungen sind in den meisten Fällen auch eingetragene Warenzeichen und unterliegen als solche den gesetzlichen Bestimmungen.

Mein Dank gilt Herrn Dr. Spuhler vom Teubner Verlag für die Anregung zu diesem Buch und seine große Geduld, was den Fertigstellungstermin betrifft.

Herzlichen Dank auch an meine Frau Gaby und an Dr. Thomas Brunner, Prof. Mathias Oberhauser und Dr. Jürgen Wimmer, die mir beim Korrekturlesen geholfen haben und mich auf so manche Ungenauigkeit aufmerksam machten. Großer Respekt gebührt der weltweiten Linux- und TeX-Gemeinde, die wirklich gute und zuverlässige Software entwickelt und diese kostenlos zur Verfügungs stellt. Ohne TeX mit seinen Erweiterungen hätte ich das Buch in der vorliegenden Form nicht schreiben können.

Zuletzt, aber vor allen Dingen, möchte ich mich bei meiner Frau und meinen beiden Kindern Sascha und Alexandra für ihr Verständnis und ihre Geduld bedanken. Sie haben mich an vielen, vielen Abenden und Wochenenden nur selten gesehen.

Esslingen, den 8.4.99   Michael Gipser

Inhalt

1 Systemdynamik - was ist das?

In der Systemdynamik werden die Eigenschaften dynamischer *Systeme* untersucht. Aber was ist das eigentlich, ein System? Und kann man diese Gebilde einer systematischen Betrachtungsweise überhaupt zugänglich machen? Und was hat man von einer solchen Systematik?

In diesem Kapitel suchen wir Antworten auf solche und ähnliche Fragen; dazu werden die Aufgaben und Werkzeuge der Systemdynamik vorgestellt, und es werden einige Begriffe eingeführt, mit deren Hilfe etwas Ordnung in die zunächst unüberschaubar scheinende Vielfalt von denkbaren Systemen gebracht wird.

Dabei bemühen wir uns um eine möglichst einfache mathematische Beschreibung der wichtigsten Systemklassen, die wir dann zusammen mit den zugehörigen Analysewerkzeugen in den folgenden Kapiteln näher untersuchen.

1.1 Systeme: Objekte und Wechselwirkungen

Gleich, aus welchem Blickwinkel man den Begriff *System* zu definieren versucht, immer findet man, daß ein System ein komplexes „Ganzes" darstellt, daß sich aus mehreren, mehr oder weniger deutlich unterscheidbaren Bestandteilen, den *Objekten*, zusammensetzt.

Diese Objekte können *materiell* oder *immateriell* sein. Wichtig ist, daß sie voneinander abgrenzbar sind. Die Objekte eines Systems beeinflussen sich gegenseitig. Anders ausgedrückt: sie *wirken* aufeinander oder: sie sind miteinander *verkoppelt*. Die wechselseitigen Wirkungen können den momentanen *Zustand* der Objekte verändern.

Unter dem Zustand eines Objektes wollen wir hier, noch sehr vage, die Gesamtheit aller seiner veränderlichen Eigenschaften verstehen. Wir kommen auf diesen Begriff zurück.

Außer den wechselseitigen Wirkungen zwischen den Objekten erfährt das System Einflüsse aus der „Außenwelt". Auch diese Einflüsse sind Wirkungen, die meist eindeutig einem oder mehreren Objekten zugeordnet werden können. Diese Wirkungen nennt man *Eingänge* oder *Eingangsgrößen* des Systems. Umgekehrt kann das System natürlich seinerseits die Außenwelt beeinflussen. Diese Wirkungen auf die Außenwelt nennt man *Ausgänge* oder *Ausgangsgrößen* des Systems.

Definiert wird ein System also durch die Angabe und Beschreibung

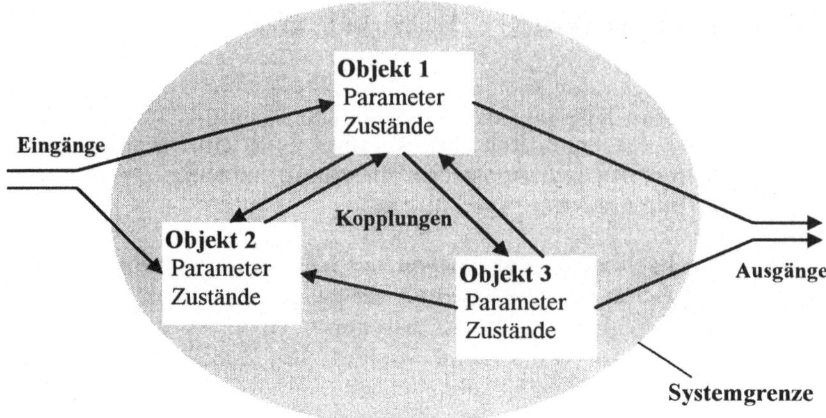

Bild 1: *innere Struktur eines Systems*

- seiner Objekte,

- der Kopplungen zwischen den Objekten,

- seiner Eingangsgrößen und

- seiner Ausgangsgrößen.

Die Kopplungen zwischen den Objekten nennt man auch *innere Kopplungen*, während Eingangs- und Ausgangsgrößen zusammen die *äußeren Kopplungen* bilden.

Die *Systemgrenze* ist die Trennlinie zwischen System und Außenwelt. Die äußeren Kopplungen kreuzen die Systemgrenze.

Technische, vom Menschen erdachte und gebaute Systeme haben einen *Systemzweck*, also eine bestimmte Funktion. Teilt man ein System, löst man also Objekte oder Kopplungen aus dem System heraus, ist diese Funktion im allgemeinen nicht mehr gewährleistet. Die Systemidentität hat sich geändert oder ist zerstört. Ein System ist normalerweise *nicht teilbar*, ohne seine Funktion zu ändern. Etwas konkreter: Ein System ändert sich immer dann, wenn man ein Objekt, eine innere Kopplung oder eine äußere Kopplung verändert, entfernt oder hinzunimmt.

Beispiele

- *System* Stabwerk*: Objekte sind die einzelnen Stäbe, innere Kopplungen die Knotenkräfte und -momente. Eingänge sind die von außen aufgeprägten Lasten, Ausgänge die Reaktionskräfte in den Auflagern.*

- *System* Fahrzeug: *als Objekte kann man einzelne Baugruppen wie Achsen, Räder, Reifen, Lenkung, Motor, Getriebe, Kupplung, Antriebstrang, Karosserie usw. auffassen. Kopplungen sind gegenseitige Beeinflussungen, zum Beispiel durch Schnittkräfte und -momente.*

- *System* Straßenverkehr: *als Objekte kann man die einzelnen Fahrzeuge in einem abzugrenzenden Straßen-Teilnetz auffassen (oder auch die einzelnen Subsysteme, die jeweils aus einem Fahrer zusammen mit seinem Fahrzeug bestehen). Innere Kopplungen sind die Relativabstände und Relativgeschwindigkeiten der Fahrzeuge. Diese Größen werden von den Fahrern, durch Blick nach vorn und in den Rückspiegel, sensiert und anschließend verarbeitet. Als Reaktion betätigen die Fahrer Gas- und Bremspedal und bewirken damit Beschleunigungen oder Verzögerungen, die ihrerseits Geschwindigkeit und Position der Fahrzeuge ändern.*

- *System* ABS-Bremse: *Objekte sind die Hydraulik-Komponenten (Ventile, Leitungen, Zylinder, Drosseln, Plunger usw.), die mechanischen Komponenten (Bremspedal, Bremsscheibe, Bremssattel, Bremsbelag usw.), die elektronischen Komponenten (Sensoren, Steuergerät) und die logischen Komponenten (Meßwertaufbereitung, Ansteueralgorithmus, Software usw.). Kopplungen sind Zusammenhänge wie: „der Druck im Radbremszylinder ruft eine Kraft auf die Bremsscheibe und eine ebenso große Kraft auf den Bremsbelag hervor", „der Raddrehzahlsensor liefert ein Signal, das eine Eingangsgröße für die Software des Mikroprozessors im Steuergerät darstellt" oder „der Mikroprozessor liefert als Ausgang eine Pulsreihe, die mit Hilfe der Magnetventileinheit den Druck im Radbremszylinder moduliert". Eingangsgrößen für das System sind: die Betätigungskraft des Bremspedals, die vier Raddrehzahlen und die Fahrzeuggeschwindigkeit. Ausgangsgrößen sind die auf die vier Räder wirkenden Bremsmomente.*

Manchmal ist ein Objekt eines Systems ein solch kompliziertes Gebilde, daß es selbst als System aufgefaßt werden kann. Die Ein- und Ausgänge eines solchen *Subsystems* sind dann die Kopplungen mit den anderen Objekten, bzw. diejenigen äußeren Kopplungen des Gesamtsystems, die direkt mit dem Subsystem verknüpft sind, vgl. Bild 2.

In den weiter oben aufgeführten Systembeispielen sieht man auch, daß die Benennung und Abgrenzung der Objekte eines Systems nicht immer eindeutig und klar ist, sondern oft, mehr oder weniger willkürlich, von demjenigen vorgenommen werden muß, der ein System beschreibt. Dieser betrachtet das System immer aus seiner persönlichen Perspektive. Dabei stehen natürlich diejenigen Funktionen des Systems im Vordergrund, die ihn besonders interessieren.

Die Einteilung in Objekte oder Subsysteme, und die genaue Definition der Eingänge, Ausgänge und inneren Kopplungen ist eine der Aufgaben der *Modellierung* oder *Modellbildung*, auf die wir in Abschnitt 1.3.2 kurz zurückkommen werden.

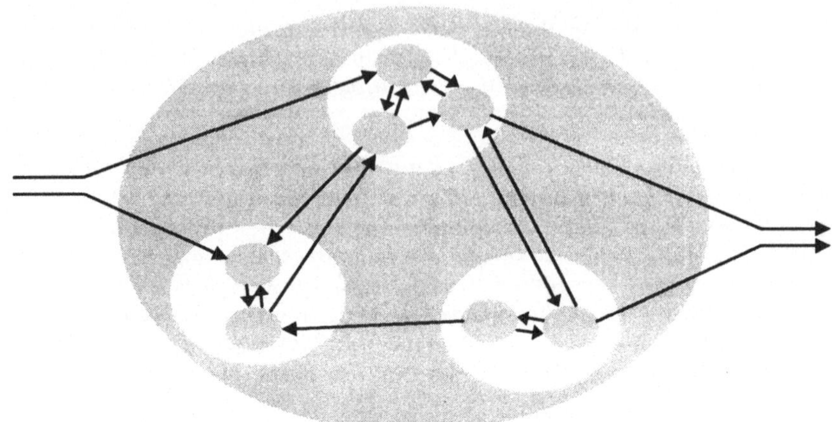

Bild 2: *Objekte als Subsysteme*

1.2   Dynamische Systeme

Eingänge, Ausgänge und innere Kopplungen eines Systems lassen sich in der Regel durch *Größen* quantifizieren, die bestimmte Werte annehmen können. Die Größen werden durch Angabe dieses *Zahlenwertes* und der zugehörigen *Einheit* definiert.

Bei *dynamischen* Systemen sind die beteiligten Größen zeitabhängig. Sie werden dann *Zeitfunktionen*, *Zeitvorgänge* oder *Signale* genannt.

Den zeitlichen Verlauf aller Signale eines dynamischen Systems nennt man manchmal auch einen *dynamischen Prozeß*. Ein dynamisches System kann also verschiedene dynamische Prozesse durchlaufen, zum Beispiel in Abhängigkeit davon, wie der zeitliche Verlauf der Eingangsgrößen gewählt wird.

Allerdings wird der Begriff *Prozeß* manchmal auch als Synonym für *System* verwendet, der Sprachgebrauch ist hier leider nicht eindeutig. In diesem Buch wird deswegen der Begriff Prozeß nur selten verwendet.

Wir werden uns in diesem Buch nahezu ausschließlich mit *dynamischen* Systemen befassen.

Die Eingangsgrößen eines dynamischen Systems bezeichnen wir mit $e(t)$. Hat ein System mehrere, z.B. m, Eingangsgrößen, dann werden die einzelnen Eingänge mit einem Index versehen: $e_i(t)$, $i = 1, \ldots, m$, und in Kurzschreibweise zu einem $m \times 1$-Spaltenvektor zusammengefaßt:

$$e(t) = \begin{bmatrix} e_1(t) \\ e_2(t) \\ \vdots \\ e_m(t) \end{bmatrix}. \tag{1}$$

Ein solches Signal mit mehreren Komponenten nennt man *vektorwertiges Signal*. Hat ein System nur eine einzige Eingangsgröße, nennt man es ein *Single-Input-System*, kurz *SI-System*, andernfalls ein *Multiple-Input-System* oder *MI-System*.

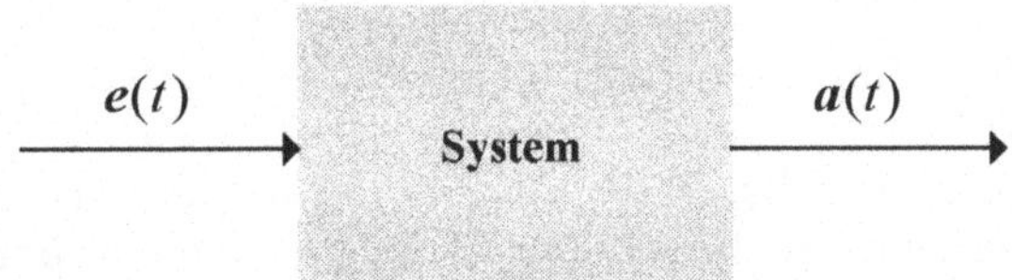

Bild 3: *Systemeingänge und Systemausgänge*

Für die Ausgangsgrößen wählen wir als Bezeichnung $a(t)$. Auch diese werden unter Umständen zu einem Vektor zusammengefaßt, nämlich dann, wenn das System mehrere, z.B. k, Ausgänge hat:

$$a(t) = \begin{bmatrix} a_1(t) \\ a_2(t) \\ \vdots \\ a_k(t) \end{bmatrix}. \tag{2}$$

Systeme mit einer einzigen Ausgangsgröße heißen *Multiple-Output-Systeme* oder *MO-Systeme*.

Single-Input-Single-Output-Systeme, also *SISO-Systeme*, heißen in der Regelungstechnik auch *Eingrößensysteme*, im Gegensatz zu den *Mehrgrößensystemen*, die mindestens je zwei Eingangs- oder Ausgangsgrößen aufweisen.

Unter dem *Eingangs-Ausgangsverhalten* eines Systems versteht man die Art und Weise, wie ein System auf den zeitlichen Verlauf einer Eingangsgröße „antwortet", wie also die Ausgangsgrößen von den Eingangsgrößen abhängen.

1.3   Methoden und Werkzeuge

Aufgabe der *Systemdynamik* ist es, dynamische Systeme im Sinne von Abschnitt 1.2

- zu beschreiben,

- zu modellieren,

- zu analysieren,

- zu bewerten,

- zu optimieren oder

- neu zu entwerfen.

Für jedes dieser Felder stellt die Systemdynamik theoretische Methoden genauso wie praxisgerechte, rechnerunterstützte Werkzeuge bereit.

1.3.1   Systembeschreibung

Die *Beschreibung* eines Systems in möglichst rechnertauglicher Form ist notwendige Vorbedingung für die nachfolgenden Arbeitsschritte der Analyse, der Bewertung und der Optimierung.

Dabei geht es zunächst um die Auswahl einer geeigneten „Sprache", in der das System mit seinen Objekten und Signalen repräsentiert wird. Solch eine Sprache kann sowohl aus mathematischen Gleichungen bestehen, wie auch ein Vorrat von bildlichen Symbolen sein, aus denen eine graphische Darstellung, etwa ein Schaltplan oder ein Blockschaltbild, zusammengesetzt wird. In Abschnitt 2 stellen wir einige dieser Möglichkeiten vor.

1.3.2   Systemmodellierung

Das zu beschreibende reale System, das *Zielsystem*, wird bei der *Modellierung* durch ein anderes System, eben das *Modell*, ersetzt. Dieses Modell, als Resultat einer gewissen Abstraktion und Vereinfachung, kann in der gewählten Beschreibungssprache exakt dargestellt werden und ist damit geeignet zur rechnergestützten Weiterverarbeitung.

Kein Modell ist ein exaktes Abbild des realen Systems - somit gibt es immer auch eine Diskrepanz zwischen dem Verhalten des realen Systems und dem seines Modells. Diese Diskrepanz nennt man *Modellierungsfehler*.

Die Art von Modellen, die hier beschrieben werden, nennt man einschränkend *mathematische* Modelle. In den folgenden Abschnitten beschäftigen wir uns ausschließlich mit solchen Modellen. Sie lassen sich immer durch mathematische Gleichungen beschreiben, genauer durch *algebraische Gleichungen, Differentialgleichungen* oder eine Kombination aus beiden. Dies gilt auch dann, wenn zunächst eine graphische Beschreibungssprache gewählt wird. Vor einer Weiterverarbeitung im Rechner muß eine graphische Beschreibung immer in eine Beschreibung durch Gleichungen überführt werden, auch wenn der Benutzer davon nichts bemerkt.

Weitere Modelltypen sind *physikalische* Modelle und *gemischt mathematisch-physikalische* Modelle.

Beispiele

- *maßstabgerecht verkleinerte Modelle der Fahrzeug-Außenhaut für Messungen aerodynamischer Eigenschaften im Wind- oder Wasserkanal. Dabei werden Ähnlichkeitsprinzipien der Strömungsdynamik ausgenutzt: bei gleicher* Reynolds-Zahl *sind Umströmungen ähnlich, auch wenn das Fluid oder der Maßstab des umströmten Körpers unterschiedlich sind,*

- *Analogrechner, bei denen eine elektronische Schaltung als Modell des Zielsystems verwendet wird. Dabei benutzt man Analogien von (z.B.) mechanischen und elektrischen Systemen. So lautet die Differentialgleichung des* Einmassenschwingers *in der Mechanik*

$$m\ddot{x} + d\dot{x} + cx = F(t)\,,$$

  mit: x Auslenkung, m Masse, d Dämpfung, c Steifigkeit und F(t) aufgeprägte Kraft einschließlich der Gewichtskraft. Die Gleichung des elektrischen Reihenschwingkreises *sieht ähnlich aus:*

$$L\ddot{q} + R\dot{q} + \frac{q}{C} = u(t)\,,$$

  mit: q im Kondensator gespeicherte Ladung, L Induktivität (entspricht der Masse), R Widerstand (entspricht der Dämpfung), C Kapazität, entspricht der reziproken Federsteifigkeit, u(t) angelegte Spannung.

- Hardware-in-the-loop-Simulationen (HiL), *bei denen mathematische Modelle von Subsystemen mit realen Subsystemen des Zielsystems, zum Beispiel mit elektronischen Steuergeräten, verkoppelt werden. Genaugenommen ist hier der „physikalische" Bestandteil kein Modell, sondern ein Teil des Zielsystems.*

1.3.3 Systemanalyse

Bei der *Analyse* des Zielsystems versucht man, das *Eingangs-Ausgangsverhalten* (Bild 3) des Systems zu ermitteln, um so die Wirkungsweise des Systems zu verstehen und bewerten zu können.

Zur Analyse hat man prinzipiell die Möglichkeit, dem System gewisse Zeit-verläufe der Eingangsgrößen aufzuprägen (dies nennt man *Stimulation*) und die resultierenden Ausgangsgrößen zu messen. Bei einer solchen Systemanaly-se durch Stimulation und Messung können aber aus den unterschiedlichsten Gründen Probleme auftreten:

- Experimente mit dem Zielsystem sind manchmal *zu teuer, zu gefährlich* oder aus anderen Gründen nicht verantwortbar. Man denke dabei an fahrdyna-mische Versuche im Grenzbereich, an Crash-Versuche mit lebenden Insassen zum Test von Rückhaltesystemen, oder allgemein an Versuche zur Biome-chanik bei Mensch und Tier,

- die Messung der Systemausgangsgrößen kann unvermeidbare *Rückwirkungen* auf das System selbst haben und damit das Experiment verfälschen. Beispie-le sind aerodynamische Messungen durch Drucksonden, die die Strömung beeinflussen, oder die Auswirkung schwerer Meß-, Auswerte- und Aufzeich-nungsgeräte auf die Fahrdynamik von Testfahrzeugen,

- manchmal sind Messungen nicht durchführbar, weil *geeignete Sensoren feh-len* oder zu teuer sind (so zum Beispiel bei der genauen Analyse der Flamm-ausbreitung während des Arbeitstaktes von Verbrennungsmotoren),

- Experimente dauern gelegentlich zu lange, weil das System *zu träge* ist, so etwa bei der Vorhersage des Bruchversagens oder der Lebensdauer von Bau-teilen bei langsam schwingender Beanspruchung,

- oft sind Experimente nicht durchführbar, da das System *noch nicht existiert* oder noch nicht verfügbar ist (Beispiel: Vorhersage der dynamischen Eigen-schaften von Konstruktionen im frühen Entwurfsstadium),

- es kann aber auch sein, daß das System *nicht mehr verfügbar* ist, jedenfalls nicht in dem Zustand, der von Interesse ist (wie zum Beispiel bei Unfallre-konstruktionen),

- manchmal sind die geometrischen Abmessungen des Systems *zu groß* oder *zu klein*, um Messungen in ausreichender Genauigkeit durchzuführen (Mi-kromechanik, Kosmologie),

- schließlich ist es oft nicht möglich oder nicht sinnvoll, das System *beliebig zu stimulieren*: so in der Wettervorhersage, in der Volkswirtschaftslehre oder bei Systemen der Biologie und Ökologie.

1.3.4 Systemsimulation

Aus obigen Gründen werden Experimente, statt mit dem Zielsystem, oft mit einem Modell durchgeführt - dies ist die *Systemsimulation*:

Simulation ist die Durchführung von Experimenten mit Modellen dynamischer Systeme ([9]).

Außer den oben diskutierten Problemen bei der Systemanalyse durch Stimulation und Messung gibt es eine Reihe weiterer guter Gründe, die eine Systemsimulation sinnvoll erscheinen lassen:

- Simulation kann *Kosten* sparen.

  Beispiel: das Experimentieren mit Produktionseinrichtungen kann extrem teuer sein, wenn man dazu den Produktionsprozeß unterbrechen muß.

- Simulation kann *Zeit* sparen.

  Beispiel: die Entwicklung neuer Fahrzeuge würde heute noch viel länger dauern, wenn man nicht viele Varianten vorab im Rechner schon untersuchen und notfalls „verwerfen" könnte, ohne sie als teure Prototypen einzeln anfertigen zu müssen.

- Simulation kann das *Systemverständnis* vertiefen. Manche Phänomene können viel besser, oder überhaupt erstmalig in der Simulation beobachtet werden. Hierbei helfen aufwendige Methoden des „Postprocessing", also des Aufbereitens von Simulationsergebnissen, z.B. durch interaktives Erstellen von Diagrammen und 3D-Animationen. Beispiele: Dynamik flüssigen Ladegutes bei Tankfahrzeugen („Schwappen"), Motorinnenströmung.

  Nicht zu vernachlässigen ist auch das Systemverständnis, das man bei der Modellierung selbst gewinnt. Hier ist man gezwungen, sich mit dem System in einer solchen Intensität auseinanderzusetzen, daß es oft schon vor den Simulationsexperimenten zu „Aha-Erlebnissen" kommt.

- Simulation ist *reproduzierbar*. Sie läßt die wiederholte Untersuchung von Vorgängen (z.B. nach Variation der Parameter) zu. Viele reale Prozesse laufen nur einmal ab oder haben so stark verrauschte Ausgabegrößen, daß sich verschiedene Experimente nicht vergleichen lassen.

  Beispiele: stationäre Kreisfahrt auf unebener Fahrbahn, ABS-Bremsung.

Um ein Experiment mit einem mathematischen Modell durchzuführen, müssen
die entsprechenden Gleichungen gelöst werden. Das ist allerdings meist *nicht*
exakt möglich.

Ein Rechner, gleichgültig wie leistungsfähig, beherrscht nämlich allenfalls die
Grundrechenarten. Alle anderen Berechnungen müssen auf diese elementaren
Operationen zurückgeführt werden, und zwar selbstverständlich auf eine *endliche* Anzahl solcher Operationen.

Das Ersetzen der Differentialgleichungen durch einen Algorithmus, der mit
endlich vielen elementaren Operationen eine Näherungslösung berechnet,
nennt man *Diskretisierung*. Bei jeder Diskretisierung entsteht ein Fehler, der
sogenannte *Diskretisierungsfehler*.

Nun könnte man einwenden, daß es für Differentialgleichungen ja Lösungsverfahren gibt, die eben nicht auf numerischen Berechnungen, sondern auf *symbolischen Formelmanipulationen* beruhen. Solche Manipulationen kann ein Rechner mit fast unglaublicher Geschwindigkeit und Zuverlässigkeit durchführen,
verglichen mit den entsprechenden menschlichen Fähigkeiten. Und es gibt in
der Tat Software, mit der sich solche Formelmanipulationen durchführen lassen, zum Beispiel die beiden weit verbreiteten Programme MAPLE^{TM} und
MATHEMATICA^{TM} (und natürlich eine ganze Reihe weiterer).

Der Haken dabei ist, daß auch diese Programme nur solche Differentialgleichungen exakt lösen können, die sich exakt lösen *lassen*. Nun sind dies nicht
eben viele, und es sind meist nicht diejenigen, die bei Simulationsaufgaben der
Praxis auftreten. Eine Ausnahme bilden hier allenfalls die *linearen* Differentialgleichungen (vgl. Abschnitt 1.5.5 und A.2).

Bei den dynamischen Systemen, die hier betrachtet werden, bedeutet Diskretisierung meist nur eine *Diskretisierung der Zeitachse*, also das Berechnen von
Näherungslösungen zu *endlich* vielen Zeitpunkten t_k anstelle der *unendlich* vielen Zeitpunkte $t \in [t_0, t_{end}]$. Bei vielen anderen Systemen, die hier *nicht* weiter
untersucht werden, müssen jedoch auch räumliche Koordinaten diskretisiert
werden, vgl. Abschnitt 1.5.3.

Den Vorgang der Diskretisierung und anschließenden Lösung der diskretisierten Gleichungen nennt man zusammenfassend *numerische Integration*.

Nach der Diskretisierung, bei der ein Anwender oft nur durch die Auswahl
eines entsprechenden Verfahrens beteiligt ist, können die *Simulationsexperimente* einschließlich der Aufbereitung ihrer Ergebnisse durchgeführt werden.
Dies geschieht in den Schritten

- Vorgabe der Eingangsgrößen, abhängig von der Zeit und/oder *Ereignissen*
  während der Simulation (s. Abschnitt 1.5.2),

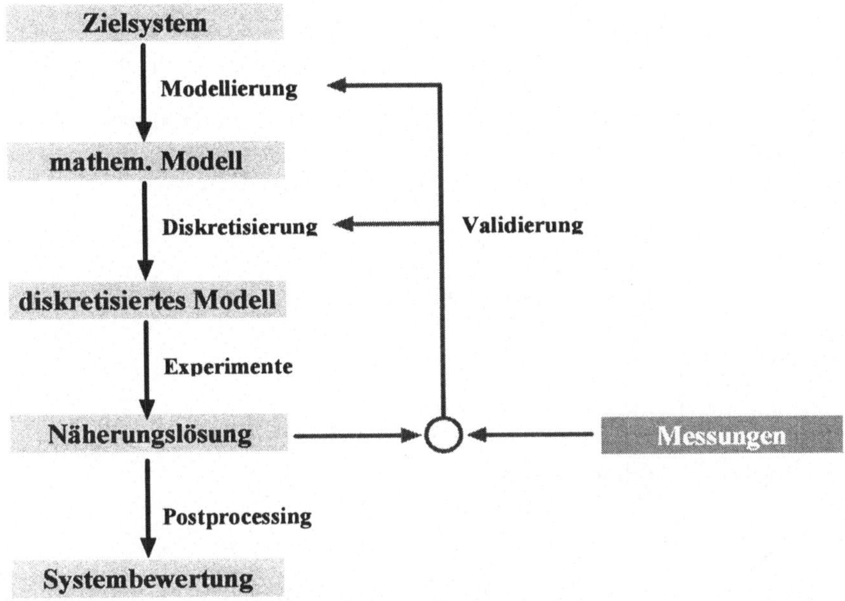

Bild 4: *Ablauf der Systemmodellierung, -diskretisierung und -simulation*

- Vorgabe von Anfangswerten für die Lösungskomponenten der Differentialgleichungen (den *Zuständen*, vgl. Abschnitt 1.4),

- näherungsweise Berechnung der Lösungskomponenten und der Ausgangsgrößen des Systems in den oben erwähnten endlich vielen Zeitpunkten $t_0 \leq t_k \leq t_{end}$ (dies nennt man die *Zeitschleife* der Simulation),

- Darstellung der Ergebnisse in Form von Tabellen, Diagrammen und Animationen (*Postprocessing*).

Ein Modell muß ähnliche Eigenschaften haben wie das Zielsystem; jedenfalls muß dies für diejenigen Eigenschaften gelten, für die sich der Anwender interessiert. Der Nachweis hierfür ist Aufgabe der *Modellvalidierung*.

Bei der Validierung beschafft man sich Messungen von Signalen des Zielsystems und vergleicht diese mit entsprechenden Signalen des Modells, genauer: man stimuliert das Zielsystem und das Modell mit den gleichen *Testsignalen* und vergleicht die resultierenden Ausgangsgrößen.

Nun treten dabei natürlich genau die Probleme wieder auf, die die Modellierung und Simulation überhaupt erst erforderlich machen (Abschnitt 1.3.3). Dahinter steckt ein prinzipieller Konflikt in der Simulationstechnik: der *vollständi-*

ge Nachweis der Gültigkeit eines Modells kann nur erbracht werden, wenn das Zielsystem vollständig bekannt ist. Dann ist aber kein Modell mehr nötig.

Was ist der Ausweg aus diesem Dilemma? Zumindest bei technischen Systemen hilft die Physik, denn das Zielsystem ist meist von *physikalischer* Natur. Damit ist sein Verhalten durch physikalische Gesetzmäßigkeiten wie

- Impuls- und Drehimpulserhaltung,

- Massenerhaltung (Kontinuitätsgleichung),

- Energieerhaltung,

- Prinzip von d'Alembert,

- Navier-Stokessche Gleichungen,

- Maxwellsche Gleichungen

usw. vollständig beschrieben. Im Modell werden dieselben Gesetzmäßigkeiten verwendet, und diese müssen natürlich nicht validiert werden.

Der Unterschied zwischen Zielsystem und Modell besteht dann in *Vereinfachungen* und *Vernachlässigungen*, wie zum Beispiel

- Ersatz eines *elastischen* Körpers durch einen *starren* Körper,

- Ersatz von *nichtlinearen* Materialgesetzen durch *lineare*,

- Beschreibung geometrischer *Nichtlinearitäten* oder nichtlinearer kinematischer Zusammenhänge durch vereinfachte *lineare* Zusammenhänge, unter der Annahme kleiner Bewegungen oder Verschiebungen,

- Vernachlässigung der *Temperaturabhängigkeit* bei elektronischen Bauteilen,

- Beschreibung einer *turbulenten* Strömung durch eine *laminare* Strömung mit erhöhter Viskosität.

Dabei hat man, zumindest im Prinzip, die Möglichkeit, das Modell mit einem anderen, komplexeren Modell statt mit dem Zielsystem zu vergleichen. In dem komplexeren Modell werden weniger oder keine vereinfachenden Annahmen gemacht.

Dies führt auf das Konzept der *Modellhierarchie*. In einer solchen Hierarchie wird das Zielsystem durch eine Reihe von „abwärtskompatiblen" Modellen zunehmender Komplexität beschrieben. Bei einer Simulationsaufgabe wird entsprechend den Anforderungen an die Genauigkeit und der verfügbaren Rechnerkapazität aus dieser Hierarchie das geeignete Modell ausgewählt. Die Qualität der Simulationsergebnisse kann fallweise durch Rechnungen mit einem höherwertigen Modell der Hierarchie überprüft werden.

Nun gibt es aber noch andere mögliche Unterschiede zwischen Zielsystem und Modell, selbst wenn alle *strukturellen* Vernachlässigungen und Vereinfachungen für die in Frage kommenden Simulationsaufgaben gerechtfertigt sind. Diese Unterschiede betreffen die *Parameter* des Modells. Mit den Parametern werden die *quantitativen* Eigenschaften des Modells, wie Geometrie, Massen, Trägheitsmomente, Steifigkeiten, Dämpfungen, Elastizitätsmodule, Strömungswiderstände, Viskositäten, Kompressibilitäten, Kapazitäten, Induktivitäten, Widerstände, Wärmeleitzahlen, Reibwerte usw. festgelegt.

Parameter sind oft einzelne Zahlenwerte. Manchmal müssen Modellteile aber auch durch *Kennlinien* oder *Kennfelder* beschrieben werden. Da die Speicherkapazität im Rechner begrenzt ist, müssen diese Kennlinien und -felder durch Angabe von *endlich vielen* Zahlenwerten approximiert, also angenähert werden.

In Frage kommt hierfür die Speicherung von *Stützstellen* und zugehörigen Funktionswerten, den *Stützwerten*. Die Modellparameter sind dann diese tabellarischen Daten.

Eine andere Möglichkeit ist die Beschreibung durch *Polynome* oder andere Klassen mathematischer Funktionen, sogenannter *Formfunktionen*. Parameter sind jetzt die Polynomkoeffizienten bzw. andere, endlich viele Zahlen, mit denen die konkrete Funktion aus der Funktionsklasse ausgewählt wird.

Die Systemparameter faßt man zu einem Vektor $\boldsymbol{p} = \begin{bmatrix} p_1 & p_2 & \ldots & p_l \end{bmatrix}^T$ zusammen.

Vor einer Simulation müssen die Parameter für ein Modell beschafft werden. Dies nennt man *Parametrierung* des Modells. Aufgabe der Validierung ist nicht nur der Nachweis der strukturellen Korrektheit des Modells, sondern auch der Nachweis der richtigen Parametrierung.

Manche Parameter eines Modells sind relativ einfach zu erhalten, wie etwa

- *Geometriedaten*, durch Vermessen oder direkt durch Übernahme aus CAD-Zeichnungen,

- *Massen*, durch Wiegen oder mit der Hilfe von Berechnungswerkzeugen für CAD-Volumenmodelle,

- *Werkstoffeigenschaften* wie Elastizitätsmodul, Kompressibilität, Viskosität, Reibwert usw. aus entsprechenden Werkstofftabellen,

- *Eigenschaften elektronischer Bauteile* aus Datenblättern der Hersteller

usw. Andere Parameter sind schwerer, manchmal überhaupt nicht direkt zugänglich, etwa

- *Materialdämpfung* (Hysterese) von Elastomeren,

- *Strömungswiderstand* bei komplizierten Rohrgeometrien,

- *Volumennachgiebigkeit* in Druckspeichern,

- *Wärmeübergangszahl*,

- c_W-*Wert*,

- *Reifen-* und *Motorkennfeld* für die Fahrzeugdynamik

usw. In diesen Fällen müssen entweder aufwendige Messungen am Zielsystem durchgeführt werden, was, falls überhaupt möglich, den Mehrwert einer anschließenden Systemsimulation schmälert, oder die Parameter müssen geschätzt werden. Bei jeder Parametrierung entsteht ein mehr oder weniger großer *Parametrierungsfehler*.

1.3.5   Systemidentifikation

Eine systematische, rechnergestützte Art der Parameterschätzung ist die *Systemidentifikation* oder *Parameteridentifikation*. Dieses Berechnungswerkzeug setzt das Vorliegen von Messungen des Eingangs-Ausgangsverhaltens des Zielsystems voraus. Auf der Basis dieser Messungen werden die unbekannten Parameter des Modells solange variiert, bis die Übereinstimmung zwischen Zielsystem und Modell bestmöglich ist.

Die systematische Variation der Parameter übernimmt ein Optimierungsprogramm. Solche Programme können mit viel größerer Geschwindigkeit und Präzision einen optimalen Parametersatz finden, als dies der Mensch durch Ausprobieren in der Lage ist. Allerdings gibt es keinerlei Garantie, daß das Programm tatsächlich einen vernünftigen Parametersatz findet. Voraussetzung ist immer, daß die Modellstruktur passend gewählt wurde und daß die Qualität der Messungen ausreicht.

Bei der Systemidentifikation gilt das gleiche wie bei der Systemanalyse und der direkten Messung von Systemparametern: das System muß verfügbar und die Messungen durchführbar sein. Dies schränkt die Anwendbarkeit ein und verringert den Mehrwert der anschließenden Simulation. Außerdem sind Systemparameter, die man durch Identifikation gewonnen hat, nicht unbedingt übertragbar auf andere, ähnliche Systeme. Man hat den Bereich der rein physikalischen Modellbildung verlassen und durch „beschreibende" Methoden ergänzt.

Systemidentifikation spielt eine große Rolle bei der Systemsimulation in den empirischen Wissenschaften, denn hier fehlen die präzisen physikalischen Gesetzmäßigkeiten.

1.3.6 Systemoptimierung

Bei der Systemidentifikation versucht man also, das gemessene Systemverhalten optimal durch ein mathematisches Modell zu beschreiben. Eng verwandt damit, obwohl verknüpft mit einer scheinbar ganz anderen Fragestellung, ist die *Systemoptimierung*.

Ziel dieses Werkzeugs ist, ein *neues* System zu *entwerfen*, anstatt wie bei der Systemidentifikation ein *vorhandenes* System zu *beschreiben*.

Dies geschieht, indem man ein mathematisches Modell des Systems so zu parametrieren versucht, daß die Vorgabe eines *Sollverhaltens* möglichst gut erfüllt wird. Das Sollverhalten wird durch *Sollantworten* auf bestimmte Test-Eingangssignale beschrieben.

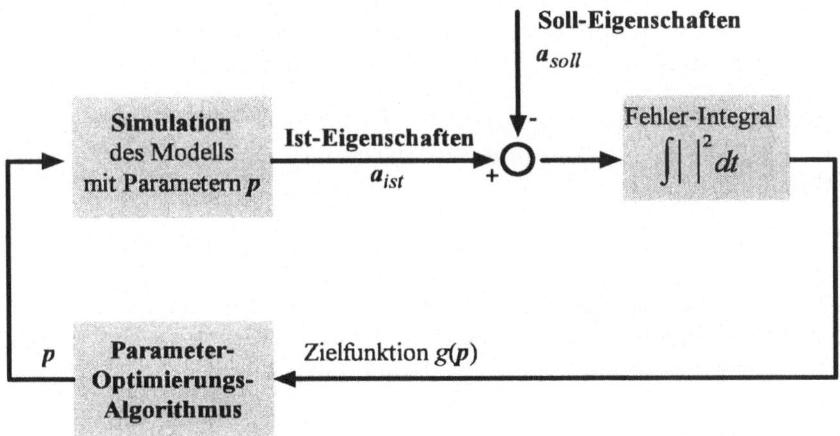

Bild 5: *Systemoptimierung*

Um zu vergleichen, wie nahe das Modell bei einer bestimmten Parametrierung dem Sollverhalten kommt, wird jeweils ein Simulationsexperiment mit den Testsignalen als Eingang durchgeführt. Gemessen wird dann der „Abstand" der Modellantwort von der Sollantwort. Dieser Abstand kann zum Beispiel das *Fehlerquadrat-Integral,* vgl. Bild 5, bzw., nach der Diskretisierung, die *Fehlerquadratsumme* sein. Er ist das zu minimierende *Gütefunktional* der Optimierung. Dieses Gütefunktional nennt man auch Zielfunktion.

Hier wird die Nähe zur Systemidentifikation deutlich: an die Stelle des *gemessenen* Systemverhaltens tritt das *Soll*verhalten. Beide Fragestellungen, Systemidentifikation und Systemoptimierung, können mit der gleichen Software bearbeitet werden.

Das Optimierungsprogramm muß für verschiedene Parameterkombinationen die Modellantworten bewerten. Die Anzahl dieser Parameterkombinationen hängt natürlich stark von der Anzahl der freien, also zur Optimierung freigegebenen Parameter ab, sowie vom Optimierverfahren selbst. Typischerweise sind 10^2 bis 10^4 Parameterkombinationen zu bewerten, bis das Optimum ausreichend genau gefunden ist.

Optimierverfahren unterscheiden sich vor allem in der Strategie, nach der die zu bewertenden Parameterkombinationen ausgewählt werden. Wichtige Klassen von Optimierverfahren sind

- *Gradientenverfahren,* die jeweils in der Richtung des steilsten Abfalls des Gütefunktionals nach einem neuen Parametervektor suchen,

- *Newtonverfahren,* die die erste Ableitung des Gütefunktionals mit Hilfe des Newtonschen Iterationsverfahrens zu Null machen, und

- *Evolutionsstrategien* (oder *genetische Algorithmen*), die das biologische Optimierungsprinzip von *Mutation* und *Selektion* in einen mathematischen Algorithmus umsetzen.

Details zu diesen und weiteren Optimierstrategien findet man in [8].

Bei der großen Zahl zu bewertender Parameterkombinationen wird deutlich, daß es auf eine effiziente, also möglichst schnelle Simulation ankommt, denn pro Parameterkombination muß ein vollständiger Simulationslauf durchgeführt werden.

1.4   Der Schlüssel zum Verständnis: Zustandsgrößen

Zwei Systeme heißen *äquivalent,* wenn ihre *Struktur,* also die Art ihrer Objekte und deren Kopplungen, sowie sämtliche *Parameter* (vgl. Abschnitt 1.3.5), die diese Objekte und Kopplungen quantitativ beschreiben, exakt übereinstimmen.

Äquivalente Systeme können natürlich verschiedene Prozesse durchlaufen. Der zu einem System gehörende Prozeß hängt ja ab von seiner Stimulation, also dem zeitlichen Verlauf der Eingangsgrößen, der mehr oder weniger beliebig wählbar ist.

Aber auch bei gleichem Verlauf der Eingangsgrößen können äquivalente Systeme unterschiedlich reagieren, also unterschiedliche Ausgangsgrößen produzieren.

Beispiele

- *ein* fallender Stein *(=System) unterliegt der Schwerkraft (=Eingangsgröße). Seine Höhe und seine Fallgeschwindigkeit zum Zeitpunkt t (=Ausgangsgrößen) hängen ab von der anfänglichen Höhe und der anfänglichen Fallgeschwindigkeit;*

- *der* Bremsweg *eines Fahrzeugs (=System), genauer der Ort zum Zeitpunkt t, bei voll durchgetretenem Bremspedal (Betätigungsweg=Eingangsgröße) hängt unter anderem von der Geschwindigkeit bei Bremsbeginn ab;*

- *die* Ausgangsspannung einer elektronischen Schaltung *(=System) hängt nicht nur von der Eingangsspannung ab, sondern unter anderem auch von den anfänglichen Ladungen der Kondensatoren und von den anfänglichen Spulenströmen;*

- *die* Auslenkung eines Hydraulikzylinders *hängt nicht nur vom Versorgungsdruck und den Ventilstellungen (=Eingangsgrößen) ab, sondern auch von den anfänglichen Drücken in den Druckspeichern;*

- *die Ausgabe, die ein* Computerprogramm *(=System) produziert, ist nicht nur eine Funktion der Eingabewerte, sondern auch der Anfangswerte der Programmvariablen.*

Die Art und Weise, wie ein System auf Eingangsgrößen reagiert, hängt also zusätzlich von seinem anfänglichen *Zustand* ab.

Die Begriffe Zustand und Zustandsgröße eines Systems sind von zentraler Bedeutung in der Systemdynamik und der Simulation; leider sind sie nur schwer exakt zu definieren.

Eine Zustandsgröße eines Systems ist eine zeitabhängige Größe, die eindeutig einem Systemobjekt zugeordnet ist, und, wie alle Zeitfunktionen, während eines Prozesses zu jedem Zeitpunkt einen eindeutigen Wert hat.

Die Gesamtheit aller Zustandsgrößen, der Zustand oder Zustandsvektor eines Systems, besteht genau aus den Größen, deren Werte man kennen muß, um das Verhalten des Systems in der nahen Zukunft vorherzusagen.

Etwas präziser formuliert:

Haben für zwei äquivalente Systeme zum Zeitpunkt t_0 alle Zustandsgrößen den gleichen Wert, und sind bis zum Zeitpunkt t_{end} die Eingangsgrößen beider Systeme gleich, so sind auch die Ausgangsgrößen im Intervall $[t_0, t_{end}]$ gleich. Dies gilt für alle in Frage kommenden Zeitverläufe der Eingangsgrößen.

Der Systemzustand beeinflußt nicht nur den weiteren Prozeßverlauf, sondern wird seinerseits durch die Eingangsgrößen und seinen eigenen Momentanwert laufend verändert.

Die Angabe eines Zustandsvektors ist *nicht immer eindeutig*. Er läßt sich jedoch immer so wählen, daß die einzelnen Zustandsgrößen voneinander unabhängig sind: keine Zustandsgröße läßt sich dann aus einer irgendwie gearteten Kombination anderer Zustandsgrößen berechnen.

Außerdem kann auf keine Zustandsgröße verzichtet werden: ist eine einzige nicht bekannt, ist das weitere Systemverhalten nicht vollständig vorhersagbar.

Der Zustandsvektor kann auch als das *Gedächtnis* des Systems aufgefaßt werden.

Im physikalischen Sinn sind Zustandsgrößen oft Objekten zugeordnet, die Energie in einer bestimmten Form speichern können, wie etwa

- *Massen* und *Trägheitsmomente* (kinetische Energie),

- *Federn* (potentielle Energie),

- *Kondensatoren* (elektrostatische Energie),

- *Spulen* (magnetische Energie),

- *Druckspeicher* (potentielle Energie).

Der entsprechende Zustand ist dann eng mit dem momentanen Energieinhalt dieses Speichers verknüpft. Die Zustandsgröße v bestimmt die kinetische Energie $E_{kin} = 1/2mv^2$ einer Masse, die Auslenkung x einer Feder, ebenfalls eine Zustandsgröße, die potentielle Energie $E_{pot} = 1/2cx^2$ der Feder, usw.

Die Angabe der *Anzahl* der Zustandsgrößen eines Systems und die Benennung dieser Größen ist der wichtigste und oft schwierigste Schritt bei der Modellbildung.

Für die Zustandsgrößen wählen wir als Bezeichnung[1] $z(t)$. Wie die Ein- und Ausgangsgrößen, werden die Zustandsgrößen zu einem Vektor zusammengefaßt, falls das System mehrere, z.B. n, solche Zustandsgrößen hat:

$$z(t) = \begin{bmatrix} z_1(t) \\ z_2(t) \\ \vdots \\ z_n(t) \end{bmatrix} . \tag{3}$$

Die Ausgangsgrößen eines Systems lassen sich immer aus den Eingangs- und den Zustandsgrößen berechnen:

$$\boxed{a = g(z, e)} . \tag{4}$$

Außerdem bestimmen die momentanen Werte der Eingangs- und Zustandsgrößen, wie sich die Zustandsgrößen selbst in der „unmittelbaren Zukunft" ändern:

$$\boxed{\Delta z = f(z, e)} , \tag{5}$$

falls sich die Zustandsgrößen nur in gewissen zeitlichen Abständen erneuern (s. Abschnitt 1.5.1), oder

$$\boxed{\dot{z} = f(z, e)} , \tag{6}$$

falls sich die Zustandsgrößen *kontinuierlich* verändern.

Die vektorwertige Funktion[2] f in (5) bzw. (6) heißt *Systemfunktion*; g in (4) heißt *Ausgangsfunktion*. System- und Ausgangsfunktion hängen natürlich zusätzlich noch von den Systemparametern ab:

$$\Delta z = f(z, e, p) \quad \text{bzw.} \quad \dot{z} = f(z, e, p)$$
$$a = g(z, e, p) . \tag{7}$$

---

[1]In der Regelungstechnik werden Zustandsgrößen meist mit $x(t)$, Eingangsgrößen („Stellgrößen", „Stellsignale") mit $u(t)$ und Ausgangsgrößen („Sensorgrößen", „Sensorsignale") mit $y(t)$ bezeichnet.

[2]Die Funktionen f in (5), (6), (7), (9) und (10) sind nicht dieselben Funktionen. Die Bezeichnung f steht immer nur als Platzhalter für eine allgemeine Abhängigkeit zwischen den jeweiligen unabhängigen und den abhängigen Größen.

Beispiel 1.1 (fallende Masse)

Eine frei fallende Masse hat die beiden Zustandsgrößen x (Höhe) und v (vertikale Geschwindigkeit). Es ist also

$$z = \begin{bmatrix} x \\ v \end{bmatrix} = \begin{bmatrix} z_1 \\ z_2 \end{bmatrix} .$$

Wenn außer der als konstant angenommenen Gewichtskraft keine weitere äußere Kraft auf die Masse wirkt (also auch kein Luftwiderstand), dann lautet die Systemfunktion wegen $m\ddot{x} = m\dot{v} = -mg$ und $\dot{x} = v$

$$\dot{z} = f(z) = \begin{bmatrix} z_2 \\ -g \end{bmatrix} .$$

Berücksichtigt man die Luftwiderstandskraft $F_L = -\frac{1}{2}c_w \rho A v |v| = -C_w v |v|$, dann gilt

$$\dot{z} = f(z) = \begin{bmatrix} z_2 \\ -(C_w z_2 |z_2|)/m - g \end{bmatrix} .$$

Ist die Masse zusätzlich noch an einer Feder aufgehängt, die die Kraft $F_F = -cx$ auf die Masse ausübt, dann gilt

$$\dot{z} = f(z) = \begin{bmatrix} z_2 \\ -(cz_1 + C_w z_2 |z_2|)/m - g \end{bmatrix} .$$

Beispiel 1.2 (Starrkörper)

Ein freier starrer Körper besitzt 12 Zustandsgrößen, die in enger Beziehung zu den 6 mechanischen Freiheitsgraden des Körpers stehen. Diese Zustandsgrößen können z.B. wie folgt gewählt werden:

- *die 3 Komponenten von r (die Ortskoordinaten des Schwerpunktes in einem unbeschleunigten Bezugssystem, dem* Inertialsystem*), vgl. [16],*

- *die 3 Komponenten von v (die vektorielle Schwerpunktgeschwindigkeit im Inertialsystem),*

- *die 3 Komponenten von s (die* Eulerwinkel*, die die Orientierung eines körperfesten Koordinatensystems im Bezugssystem beschreiben), und*

- *die 3 Komponenten von ω (die vektorielle Winkelgeschwindigkeit des Körpers, dargestellt in einem körperfesten Koordinatensystem).*

Der Zustandsvektor z setzt sich also aus den vier Teilvektoren $z_1 = r$, $z_2 = v$, $z_3 = s$, $z_4 = \omega$ zusammen:

$$z = \begin{bmatrix} r \\ v \\ s \\ \omega \end{bmatrix} = \begin{bmatrix} z_1 \\ z_2 \\ z_3 \\ z_4 \end{bmatrix} .$$

Die Änderungsraten der Werte der Zustandsgrößen werden durch die Newton-Eulerschen Bewegungsgleichungen *beschrieben:*

$$\dot{r} = v$$
$$m\dot{v} = F$$
$$\dot{s} = H(s)\omega$$
$$J\dot{\omega} + \omega \times J\omega = T .$$

Die Matrix $H(s)$, vgl. [16], beschreibt den Zusammenhang zwischen der Winkelgeschwindigkeit und den zeitlichen Ableitungen der Eulerwinkel des Körpers (in der räumlichen Mechanik sind dies verschiedene Größen). Den Zusammenhang nennt man die Kinematik der Rotation.

J ist der Trägheitstensor *des Starrkörpers, eine symmetrische 3×3-Matrix. F ist die dem Körper von außen* aufgeprägte Kraft, *die im Schwerpunkt angreift, T das aufgeprägte Moment und $\omega \times J\omega$ das Kreiselmoment, das nur bei kleinen Winkelgeschwindigkeiten vernachlässigt werden kann.*

Aufgeprägte Kraft und aufgeprägtes Moment bilden zusammen den 6-komponentigen Eingangsvektor des Systems:

$$e = \begin{bmatrix} F \\ T \end{bmatrix} = \begin{bmatrix} e_1 \\ e_2 \end{bmatrix} .$$

Damit erhält man die Systemfunktion

$$\dot{z} = f(z,e) = \begin{bmatrix} z_2 \\ e_1/m \\ H(z_3)z_4 \\ J^{-1}(e_2 - z_4 \times Jz_4) \end{bmatrix} .$$

Anstelle der 6 Geschwindigkeiten könnten übrigens auch die insgesamt 6 unabhängigen Komponenten von Impuls und Drehimpuls (Drall) als Zustandsgrößen gewählt werden.

Unserer Definition des Systemzustandes liegt eine Beobachtung zugrunde, die streng genommen nur für eine bestimmte Klasse von dynamischen Systemen richtig ist: daß nämlich die vollständige Kenntnis des Zustandsvektors das weitere Systemverhalten zumindest in einem gewissen Zeitintervall vorhersagbar macht.

Dies gilt nur für die *stabilen* Systeme oder, präziser, diejenigen Systeme, die sich in einem *stabilen Zustand* befinden, vgl. Abschnitt 1.5.6. Mit dieser Klasse von Systemen hat man es bei technischen Fragestellungen am häufigsten zu tun.

Im Gegensatz dazu gibt es auch *instabile* Systeme und *chaotische* Systeme, worauf wir in Abschnitt 1.5.6 zurückkommen.

Instabile Systeme verlassen auch bei kleinsten Störungen sofort jeden Gleichgewichtszustand. Beispiele für instabile Systeme sind

- ein aufrecht stehendes Pendel,

- ein Stab, der mit einer Kraft größer als die *Knicklast* in Richtung seiner Mittelachse belastet wird,

- ein Fahrzeug im Grenzbereich, das jederzeit ausbrechen kann,

- Fahrzeugräder, die mit maximal möglichem Antriebsmoment beaufschlagt werden und jederzeit durchdrehen können.

Das Verhalten *chaotischer* Systeme ist in gewissem Sinn eine „Zwischenform" zwischen stabilem und instabilem Verhalten. Bei chaotischen Systemen führen schon verschwindend kleine Störungen in den Eingangsgrößen, außerhalb eines Gleichgewichtszustandes, zu gänzlich anderem Verhalten. Beispiele für chaotische Systeme:

- globales Wettergeschehen,

- „Zahnradrasseln"in Getrieben,

- rollende Roulette-Kugel,

- Verkehrsfluß auf überlasteten Strecken („stop and go"),

- Herzflimmern.

Auch in den Prozessen chaotischer Systeme sind manchmal gewisse Regelmäßigkeiten erkennbar (vgl. Bild 25). Zwar sind nicht die genauen Werte der Zustandsgrößen vorhersagbar (im Gegensatz zu den stabilen Systemen), dafür aber gewisse Bereiche, in denen sich die Zustandsgrößen häufig „aufhalten". Diese Bereiche nennt man die *Attraktoren* oder die *Attraktionsbereiche* des Systems.

Je nach momentanem Zustand kann übrigens ein und dasselbe System stabiles, instabiles oder chaotisches Verhalten zeigen. Man spricht dann von einem *stabilen*, einem *instabilen* oder einem *chaotischen Betriebspunkt*.

1.5 Klassifizierung dynamischer Systeme

1.5.1 Zeitkontinuierliche und zeitdiskrete Systeme

Man nennt ein System *zeitkontinuierlich*, wenn alle Zustandsgrößen *stetige* Funktionen von der Zeit sind (Bild 6 links).

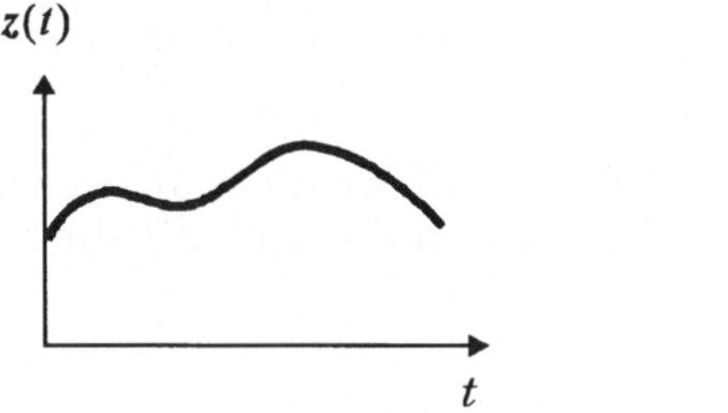
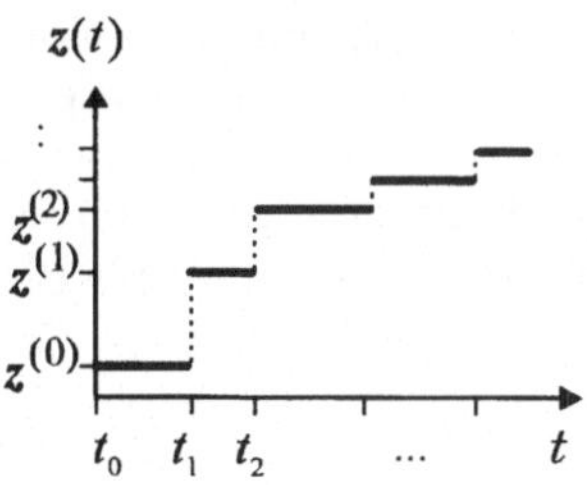

Bild 6: Zustandsgrößen: stetig (links), zeitdiskret (rechts)

Dies ist der Normalfall bei physikalischen Systemen, sieht man von *Quanteneffekten* ab: *die Natur macht keine Sprünge.*

Zeitkontinuierliche Systeme lassen sich normalerweise durch Systeme gewöhnlicher Differentialgleichungen erster Ordnung beschreiben, vgl. (6).

Da ihre Zustandsgrößen in jedem noch so kleinen Zeitintervall einen neuen Wert annehmen können, müssen diese vor der Simulation *diskretisiert* werden. Dabei ist ein gewisser numerischer Fehler unvermeidlich (vgl. Abschnitt 1.3.4).

Übrigens kann man folgende interessante Beobachtung machen, die sich natürlich auch streng mathematisch beweisen läßt: wenn die Änderungsraten der Zustandsgrößen gemäß (6) berechnet werden können, und wenn die

Eingangsgrößen $e(t)$ und die Systemfunktion $f(z,e)$ *stetige* Funktionen sind, dann sind die Zustandsgrößen automatisch nicht nur stetige, sondern sogar *differenzierbare* Funktionen; ihre Zeitverläufe weisen also keine *Knicke* auf.

Systeme, deren Eingangs- und Zustandsgrößen *unstetig* sein können, also unter Umständen sprunghaft ihren Wert ändern, die dafür aber zwischen zwei solchen Sprüngen *konstant* sind, nennt man *zeitdiskret* (Bild 6 rechts).

Falls im interessierenden Zeitintervall $[t_0, t_{end}]$ nur *endlich* viele solche Sprungzeitpunkte $t_0, t_1, t_2, t_3, \ldots$ auftreten, was wir ab jetzt annehmen wollen, läßt sich das Verhalten eines zeitdiskreten Systems exakt und ohne Informationsverlust in einem Rechner speichern: wegen

$$\left. \begin{array}{l} e(t) = e(t_k) = e^{(k)} \\[2mm] z(t) = z(t_k) = z^{(k)} \\[2mm] a(t) = a(t_k) = a^{(k)} \end{array} \right\} \quad \text{falls} \quad t_k \leq t < t_{k+1} \tag{8}$$

genügt es nämlich vollständig, die Werte $e^{(k)}, z^{(k)}, a^{(k)}$ der Eingangs-, Zustands- und Ausgangsgrößen zu diesen Zeitpunkten, zusammen mit den Zeitpunkten t_k selbst, zu kennen.

Zeitdiskrete Systeme besitzen normalerweise *Transitionsgleichungen*. Diese beschreiben den Übergang, also die „Transition", vom Zustand $z^{(k)}$ zum Zustand $z^{(k+1)}$:

$$\boxed{\Delta z^{(k+1)} = z^{(k+1)} - z^{(k)} = f(z^{(k)}, e^{(k)})}, \tag{9}$$

oder

$$\boxed{z^{(k+1)} = f(z^{(k)}, e^{(k)})} \tag{10}$$

(wie oben erwähnt, sind die beiden Funktionen f in (9) und (10) nicht gleich. Vielmehr kennzeichnen sie nur jeweils einen allgemeinen funktionalen Zusammenhang).

Den Abstand zwischen zwei Zeitpunkten t_k nennt man die *Zeitschrittweite* h_k:

$$h_k = t_{k+1} - t_k . \tag{11}$$

Ist die Zeitschrittweite *konstant* ($h_k = h$), heißt sie *äquidistant*. In diesem Fall gilt

$$t_k = t_0 + kh \ . \tag{12}$$

Zeitdiskrete Systeme mit äquidistanter Schrittweite nennt man in der Regelungstechnik *Abtastsysteme*.

Die beiden folgenden Beispiele sind äquidistante zeitdiskrete Systeme:

- elektronische *Digitalschaltungen*; die Zeitschrittweite entspricht der Taktzeit, die Zustände sind unter anderem die logischen Zustände der Speicherbausteine. Das System wird zu einem zeitkontinuierlichen System, wenn man Einschwingvorgänge mit berücksichtigt,

- *Software*; die Zeitschrittweite ist die Zykluszeit der CPU, die Zustände sind die Werte aller Variablen eines Programms.

Bei jeder *Diskretisierung* entstehen aus zeitkontinuierlichen Systemen zeitdiskrete Systeme.

Beispiel 1.3 (Bouncing ball)
Da die Beschleunigung der ohne Luftwiderstand und Federkraft frei fallenden Masse in Beispiel 1.1, S. 26, konstant ist, ändert sich in jedem Zeitintervall h die Geschwindigkeit um den gleichen Betrag $\Delta v = -hg$. Wegen

$$\begin{aligned}
x(t+h) &= x(t) + \int_{t}^{t+h} (v(\tau) - (\tau - t)g)d\tau \\
&= x(t) + hv(t) - \frac{1}{2}h^2 g
\end{aligned}$$

erhält man die Transitionsgleichungen

$$\begin{aligned}
x^{(k+1)} &= x^{(k)} + hv^{(k)} - \frac{1}{2}h^2 g \\
v^{(k+1)} &= v^{(k)} - hg
\end{aligned} \ .$$

Falls die Masse auf dem Boden abprallen kann, muß man diese Gleichungen modifizieren. Nimmt man dazu vereinfachend an, daß die Masse nur zu einem Rechenzeitpunkt t_k Bodenkontakt haben kann (dies führt natürlich dazu, daß die Gleichungen

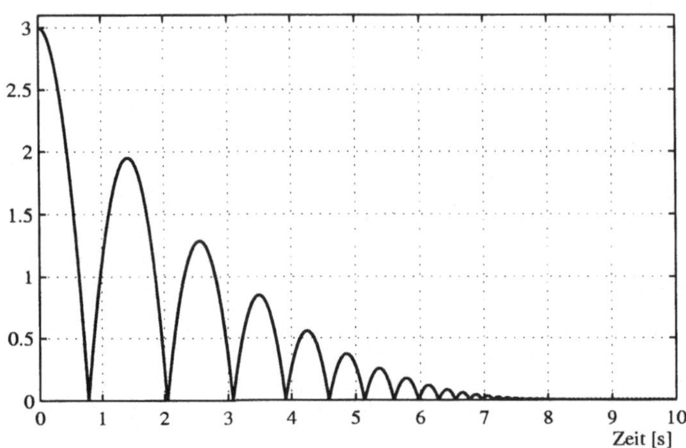

Bild 7: *Bouncing ball*

*nicht exakt, sondern nur näherungsweise richtig gelöst werden, vgl. Abschnitt 1.3.4),
erhält man die modifizierten Gleichungen*

$$
z^{(k+1)} = \begin{bmatrix} x^{(k+1)} \\ v^{(k+1)} \end{bmatrix} = \begin{cases} \begin{bmatrix} x^{(k)} + hv^{(k)} - \dfrac{1}{2}h^2 g \\ v^{(k)} - hg \end{bmatrix} & falls \quad x^{(k)} \geq 0 \\[2em] \begin{bmatrix} 0 \\ -sv^{(k)} \end{bmatrix} sonst \end{cases} ,
$$

*wobei s, $0 \leq s \leq 1$, die Stoßzahl bezeichnet, die im Fall des ideal elastischen Stoßes
1 und im Fall des vollkommen unelastischen Stoßes 0 ist.*

*In Bild 7 ist das Ergebnis einer Simulation dargestellt, die mit diesen Transitions-
gleichungen durchgeführt wurde. Dabei wurde $s = 0.8$, $h = 0.005$, $x(0) = 3$, $v(0) = 0$
gewählt.*

Implementiert wurden die Gleichungen in dem einfachen $MATLAB^{TM}$- Programm:

```
% Bouncing Ball
g=9.81; s=0.8; h=0.005; n=2000;
t=zeros(n,1); x=t; v=t; x(1)=3; h2=0.5*h; hg=h*g;
for k=1:n-1
  if x(k)<0
```

```
    x(k)=0; v(k)=-s*v(k);
  end
  t(k+1)=t(k)+h; v(k+1)=v(k)-hg; x(k+1)=x(k)+h2*(v(k)+v(k+1));
end
plot(t,x);
```

Den Fehler, den man durch die vereinfachende Annahme in diesem Beispiel macht, kann man offensichtlich reduzieren, indem man einen kleineren Zeitschritt wählt. Dabei ist es sinnvoll, h nur in der zeitlichen Nähe eines Stoßes zu verkleinern. Eine andere Möglichkeit wäre, den Stoßzeitpunkt genauer auszurechnen. Das ist bei diesem einfachen Beispiel möglich; nicht mehr jedoch bei komplizierteren Modellen mit Luftwiderstand oder bei Stoßproblemen für mehrere, geometrisch komplizierte Körper in der Ebene oder im Raum.

In jedem Fall, nicht nur in diesem Beispiel, erfordert eine genauere Simulation ein Mehr an Rechenaufwand. Dies gilt vor allem natürlich bei komplizierteren Modellen. Ein wichtiger Aspekt der Simulationstechnik ist das Auffinden des „richtigen" Kompromisses zwischen Genauigkeit, Rechenaufwand, Modellierungsaufwand und Aufwand bei der Implementierung.

Systeme können nicht nur in Bezug auf die Zeitachse, sondern auch in Bezug auf die von ihren Zustandsgrößen angenommenen Werte *diskret* sein: ein System nennt man *zustandsdiskret*, wenn einige oder alle Zustandsgrößen nur gewisse diskrete Werte annehmen. Oft besitzen Systeme gleichzeitig kontinuierliche wie diskrete Zustände. Hat ein System ausschließlich diskrete Zustände, dann ist es automatisch auch zeitdiskret.

Beispiel 1.4 (Reifen-Profilstollen)
Die Profilstollen in der Aufstandsfläche eines Reifens können in Längs- und Querrichtung um einen kontinuierlichen Betrag ausgelenkt werden. Dabei wird ein Stollen (bei etwas vereinfachter Betrachtungsweise) auf der Straßenoberfläche entweder haften oder auf ihr gleiten. Die beiden Auslenkungen werden in detaillierten Reifenmodellen als kontinuierliche Zustände betrachtet, der Zustand „Haften oder Gleiten" als diskreter Zustand.

1.5.2 Ereignisorientierte Systeme

Einen wichtigen Spezialfall zeitdiskreter Systeme vertreten die *ereignisorientierten Systeme*. Bei diesen Systemen sind die Zeitschritte nicht von vornherein bekannt, sondern ergeben sich erst *während* eines Prozesses oder eines entsprechenden Simulationsexperimentes, und zwar entweder

- infolge zufällig eintretender *äußerer* Ereignisse, oder

• als Funktion der Momentanwerte der Zustandsgrößen.

Beispiel 1.5 (Warteschlangen)
Eine wichtige Klasse ereignisorientierter Systeme sind die Warteschlangensysteme*:
die Anzahl der wartenden Kunden an den einzelnen Kassen eines Supermarktes
können als Zustandsgrößen eines einfachen dynamischen Systems aufgefaßt werden.
Die Anzahl der Zustandsgrößen entspricht also der Anzahl an Kassen.*

*Einer dieser Zustände wird größer, wenn ein neuer Kunde eintrifft und eine Schlange
auswählt, an der er ansteht. Dieser zufällige Zeitpunkt definiert den Start eines
neuen Zeitschrittes. Die Schlange, an der der Kunde ansteht, also die Zustandsgröße,
deren Wert sich ändert, ist dabei nicht ganz zufällig. Der Kunde wird sicher eine
möglichst kurze Schlange auswählen. Damit hängt die Änderung des Zustandsvektors
im nächsten Zeitschritt vom Zustandsvektor im aktuellen Zeitschritt ab.*

*Entsprechend wird einer der Zustände kleiner, wenn ein Kunde an einer Kasse ab-
gefertigt ist. Auch dieser Zeitpunkt ist mehr oder weniger zufällig, wird allerdings
auch wieder vom Zustand des Systems selbst beeinflußt: der Kassierer oder die Kas-
siererin wird den Kassiervorgang möglicherweise beschleunigen, wenn die Schlange
vor der Kasse lang ist.*

*Ein weiterer wichtiger Effekt kann hierbei eintreten: ist die Anzahl der insgesamt
wartenden Kunden sehr groß, wird vielleicht eine weitere Kasse geöffnet und damit,
in der Sprache der Systemdynamik, ein neuer Zustand eingeführt. Die Anzahl der
Zustandsgrößen im nächsten Zeitschritt kann also unter Umständen auch eine Funktion der Zustandsgrößen im aktuellen Zeitschritt sein. Dies wollen wir allerdings im
folgenden zur Vereinfachung ausschließen.*

*Schließlich ist bei diesem Beispiel interessant, daß die Zustandsgrößen nur ganzzah-
lige nichtnegative Werte annehmen können. Das System ist also* zustandsdiskret.

Bei der Simulation eines ereignisorientierten Systems liegt der Schwerpunkt
beim Erkennen des Eintretens von Ereignissen bzw. bei der Berechnung des
nächsten Zeitpunktes, zu dem ein Ereignis eintritt. Dabei kann es passieren,
daß die Simulation „hängenbleibt", wenn sich die Ereignisse plötzlich so sehr
häufen, daß kein nennenswerter Fortschritt auf der Zeitachse mehr erzielt werden kann.

Beispiel 1.6 (Bouncing ball, ereignisorientiert)
Die Stoßzeitpunkte t_k^S in Beispiel 1.3 lassen sich exakt berechnen, es ist nämlich

$$t_1^S = \sqrt{\frac{2x(0)}{g}}\,, \quad t_{k+1}^S = t_k^S + \frac{2v_k^S}{g}$$

mit $v_0^S = \sqrt{2gx(0)}$, $v_{k+1}^S = sv_k^S$, *also* $v_k^S = \sqrt{2gx(0)}s^k$. *Die Stoßzeitpunkte sind damit genau die Folgenglieder einer geometrischen Reihe. Die Reihe* konvergiert *gegen*

$$t_\infty^S = \sqrt{\frac{2x(0)}{g}}\frac{s+1}{s-1} = 7.038s \,;$$

zu diesem Zeitpunkt häufen sich die Ereignisse „unendlich dicht".

1.5.3 Konzentrierte und verteilte Systeme

Wir haben in Abschnitt 1.4 stillschweigend vorausgesetzt, daß die Anzahl von Zustandsgrößen eines dynamischen Systems *endlich* ist, da wir von einem Zustands*vektor* gesprochen haben.

Ein System und/oder sein mathematisches Modell kann aber auch *unendlich* viele innere Zustände haben, zum Beispiel

- schwingende Saiten, Balken, Membrane, Schalen, Platten,

- die Wärmeleitungsgleichung, die die Temperaturverteilung in einem Körper beschreibt,

- die *Maxwellschen Gleichungen* zur Berechnung elektromagnetischer Felder,

- die Gleichungen der Strömungsdynamik, z.B. die *Eulergleichung* oder die *Navier-Stokes-Gleichung*,

und viele andere. In allen diesen Beispielen wird das Systemverhalten durch *partielle* Differentialgleichungen beschrieben. In partiellen Differentialgleichungen kommen außer den Ableitungen nach der Zeit auch die Ableitungen nach den Raumkoordinaten vor, s. [19].

Systeme, die unendlich viele Zustände haben und (meist) nur durch partielle Differentialgleichungen beschrieben werden können, heißen *verteilte Systeme*, Systeme mit endlich vielen Zuständen dagegen *konzentrierte Systeme*.

Bei partiellen Differentialgleichungen muß die Diskretisierung nicht nur die betrachteten Zeitpunkte, sondern auch die *Zustände* auf eine endliche Anzahl reduzieren.

Beispiel 1.7 (Wärmeleitung)
Die Wärmeleitungsgleichung beschreibt die örtlich und zeitlich verteilte Temperatur $T(x, y, z, t)$ in einem Körper, dessen Oberfläche, zum Beispiel durch Umströmung

mit einem Kühlmittel, auf eine bestimmte Temperatur abgekühlt oder aufgeheizt wird. Die Gleichung lautet

$$\frac{\partial T}{\partial t} = a \left(\frac{\partial^2 T}{\partial x^2} + \frac{\partial^2 T}{\partial y^2} + \frac{\partial^2 T}{\partial z^2} \right) .$$

Dabei ist a die hier als konstant vorausgesetzte Wärmeleitfähigkeit.

Die Temperatur an jeder beliebigen Stelle im Körper ist, jedenfalls theoretisch, eine unabhängige Zustandsgröße des Systems. Dies kann man daran erkennen, daß die Anfangstemperatur an jedem Ort die weitere Entwicklung der gesamten Temperaturverteilung beeinflußt.

Bei der Diskretisierung berechnet man die Temperaturwerte näherungsweise an nur endlich vielen Stellen im Körper. Dazu ersetzt man die partiellen Ableitungen nach den Ortskoordinaten x, y und z durch numerische Näherungsformeln, die nur die Funktionswerte von T an diesen Stellen benötigen. Das Resultat ist ein System von verkoppelten gewöhnlichen Differentialgleichungen für die Temperaturen an den fraglichen Stellen. Dieses System entspricht dann einem konzentrierten System und kann bezüglich der Zeit genauso wie diese Systeme diskretisiert werden, vgl. Kapitel 3.

Wie im obigen Beispiel, wird die Reduktion der Anzahl der Zustände oft dadurch bewirkt, daß die Lösung nur in *endlich vielen Orten im Raum* angenähert wird. Verfahren dieser Art heißen *Differenzenverfahren.*

Einen scheinbar ganz anderen Zugang stellen die *Ritz-Verfahren* dar. Das wichtigste Verfahren dieses Typs ist die Methode der *Finiten Elemente (FEM).*

Grundidee der Ritzverfahren ist die Approximation der örtlich verteilten Zustände durch eine sogenannte *Formfunktion* (shape function). Diese Formfunktion $g(x, y, z, t)$ entsteht durch Kombination aus endlich vielen *Ansatzfunktionen* $g_i(x, y, z)$:

$$g(x, y, z, t) = a_1(t) \cdot g_1(x, y, z) + \ldots + a_n(t) \cdot g_n(x, y, z) . \tag{13}$$

Die Koeffizienten $a_i(t)$ sind dann die Zustände des resultierenden konzentrierten Ersatzsystems.

Verteilte Systeme werden hier nicht weiter betrachtet.

1.5.4 Zeitinvariante und zeitvariante Systeme

Ein weiteres Unterscheidungsmerkmal betrifft die Abhängigkeit der Systemeigenschaften von der Zeit (nicht die der Eingangs-, Zustands- oder Ausgangsgrößen, die sich ja immer mit der Zeit ändern). Man nennt ein System *zeitinvariant*, wenn die Systemfunktion nicht von der Zeit abhängt, und *zeitvariant* sonst. Zeitinvariante Systeme heißen manchmal auch *autonom*.

Die Eigenschaften eines zeitinvarianten Systems sind also konstant, unabhängig davon, welchen Prozeß das System gerade durchläuft und wann dies geschieht.

Beispiele

- *ein* Reifen *ist ein zeitvariantes System, da der Verschleißzustand seine Handling- und Komforteigenschaften beeinflußt;*

- Alterungs- *oder* Setzvorgänge *machen ein System zeitvariant, indem sich Geometriedaten, Steifigkeiten oder Materialdämpfungen während eines Prozesses ändern;*

- *die Eigenschaften einer* Rakete *beim Start (z.B. mit der Schubkraft als Eingangsgröße und der Beschleunigung als Ausgangsgröße) sind zeitvariant, wenn man die um den verbrannten Treibstoffanteil verringerte Masse als Parameter auffaßt, und zeitinvariant, wenn man diese Masse als Zustandsgröße auffaßt, vgl. Beispiel 1.8). Im zweiten Fall wäre die Systemgrenze so zu wählen, daß auch die Verbrennungsvorgänge im System modelliert sind, denn es muß ja beschrieben werden, wie sich die Masse in Abhängigkeit vom momentanen Zustand und der momentanen Eingangsgröße ändert.*

Die Zeitabhängigkeit eines Systems läßt sich meist durch die Zeitabhängigkeit seiner Parameter $\boldsymbol{p}$ beschreiben:

$$\boxed{\dot{\boldsymbol{z}}(t) = \boldsymbol{f}(\boldsymbol{z}(t), \boldsymbol{e}(t), \boldsymbol{p}(t))} \tag{14}$$

im zeitkontinuierlichen Fall, oder

$$\boxed{\boldsymbol{z}^{(k+1)} = \boldsymbol{f}(\boldsymbol{z}^{(k)}, \boldsymbol{e}^{(k)}, \boldsymbol{p}(t_k))} \tag{15}$$

im zeitdiskreten Fall. Wenn sich, zusätzlich zu den Parametern, auch die innere Struktur des Systems mit der Zeit ändert, muß t selbst noch in die Systemfunktion aufgenommen werden:

$$\dot{\boldsymbol{z}}(t) = \boldsymbol{f}(\boldsymbol{z}(t), \boldsymbol{e}(t), \boldsymbol{p}(t), t) \quad \text{bzw.}$$
$$\boldsymbol{z}^{(k+1)} = \boldsymbol{f}(\boldsymbol{z}^{(k)}, \boldsymbol{e}^{(k)}, \boldsymbol{p}(t_k), t_k) \, . \tag{16}$$

Natürlich kann bei zeitvarianten Systemen auch die Ausgangsfunktion von zeitvarianten Parametern und zusätzlich explizit von der Zeit abhängen:

$$\boldsymbol{a}(t) = \boldsymbol{g}(\boldsymbol{z}(t), \boldsymbol{e}(t), \boldsymbol{p}(t), t) \quad \text{bzw.}$$
$$\boldsymbol{a}^{(k)} = \boldsymbol{g}(\boldsymbol{z}^{(k)}, \boldsymbol{e}^{(k)}, \boldsymbol{p}(t_k), t_k) \ . \tag{17}$$

Jedes zeitvariante System läßt sich formal in ein zeitinvariantes System überführen, indem man die Zeit selbst als Zustand auffaßt und $\boldsymbol{z}$ entsprechend erweitert. Für den so erweiterten Zustandsvektor

$$\boxed{\hat{\boldsymbol{z}} = \begin{bmatrix} t \\ \boldsymbol{z} \end{bmatrix}} \tag{18}$$

erhält man die ebenfalls erweiterte, jetzt zeitinvariante Systemfunktion $\hat{\boldsymbol{f}}$:

$$\boxed{\dot{\hat{\boldsymbol{z}}} = \begin{bmatrix} 1 \\ \boldsymbol{f}(\boldsymbol{z}, \boldsymbol{e}, \boldsymbol{p}(\hat{z}_1), \hat{z}_1) \end{bmatrix} = \hat{\boldsymbol{f}}(\hat{\boldsymbol{z}}, \boldsymbol{e})} \ . \tag{19}$$

Beispiel 1.8 (Raketenstart)
Die Gleichungen für Geschwindigkeit v und Höhe x einer vertikal startenden Rakete in der ersten Startphase, bis zum Abwurf der Booster, lauten:

$$\dot{x} = v$$

$$m(t)\dot{v} = -\dot{m}(t)v_{rel}(t) - \frac{1}{2}c_w\rho(x)Av^2 - m(t)g(x) \ ,$$

darin ist $m(t)$ die zeitvariante Masse der Rakete ($m(0) = m_0$ ist die Startmasse), v_{rel} die relative Ausströmgeschwindigkeit der Verbrennungsgase, $\rho(x) \approx \rho(0)e^{-0.000125x}$ die höhenabhängige Luftdichte, $g(x) = (R/(R+x))^2g$ die ebenfalls höhenabhängige Erdbeschleunigung ($R = $Erdradius), A die angeströmte Fläche der Rakete und c_w ihr Luftwiderstandsbeiwert.

Bei konstanter Verbrennungsrate $a = -\dot{m}$ und konstanter Ausströmgeschwindigkeit v_{rel} erhält man die vereinfachten zeitvarianten Gleichungen

$$\dot{x} = v$$

$$\dot{v} = \frac{1}{m_0 - at}(av_{rel} - \frac{1}{2}c_w\rho(x)Av^2) - g(x) \ ,$$

die man mit dem erweiterten Zustandsvektor $z = (t, x, v)^T$ *in die zeitinvariante Form*

$$\dot{z}_1 = 1$$

$$\dot{z}_2 = z_3$$

$$\dot{z}_3 = \frac{1}{m_0 - a z_1}\left(a v_{rel} - \frac{1}{2} c_w \rho(z_2) A z_3^2\right) - g(z_2)$$

$$z(0) = (t_0, 0, 0)^T$$

überführen kann.

Eine andere Möglichkeit zur Umformung in ein zeitinvariantes System besteht darin, die Ausströmgeschwindigkeit v_{rel} *als* Eingangsgröße $e(t)$ *aufzufassen und anstelle der Zeit die Masse als neue Zustandsgröße aufzunehmen: wegen* $\dot{m}(t) = -\rho_G A_D v_{rel}(t)$ *(*ρ_G *= Dichte der Verbrennungsgase,* A_D *= gesamte Querschnittsfläche aller Düsen) erhält man für den Zustandsvektor* $z = (m, x, v)^T$

$$\dot{z}_1 = -\rho_G A_D e$$

$$\dot{z}_2 = z_3$$

$$\dot{z}_3 = -\frac{1}{z_1}\left(\rho_G A_D e^2 + \frac{1}{2} c_w \rho(z_2) A z_3^2\right) - g(z_2)$$

$$z(0) = (m_0, 0, 0)^T .$$

Der zweite Ansatz ist im Vergleich zum ersten viel allgemeiner, denn jetzt kann die Verbrennungsrate allgemein vorgegeben werden und muß nicht konstant sein.

1.5.5 Lineare und nichtlineare Systeme

Die wichtigste Klassifizierung dynamischer Systeme betrifft die *Linearität*. Diese Eigenschaft bestimmt zum Beispiel, welche Analyseverfahren zur Verfügung stehen: Laplace-Transformation, Übertragungsfunktion, Modalanalyse, Frequenzgang, Bode- und Nyquist-Diagramme, Regelungs-Normalform, Beobachter-Normalform, Wurzel-Ortskurve, Reglerentwurf durch Polvorgabe, Berechnung der Stabilitätsreserve usw. (s. [7]) sind mächtige Methoden der Systemdynamik und der Regelungstechnik, die aber nur bei linearen, meist sogar nur bei linearen zeitinvarianten Systemen angewendet werden können.

Deswegen ist die Linearität eines Systems für die Analyse äußerst wünschenswert, *leider aber in der Praxis selten, streng genommen nie gegeben.* Man hilft sich dann durch eine *Linearisierung* in einem zuvor berechneten *Betriebspunkt*, siehe Abschnitt 2.1.5.

Wie ist nun die Eigenschaft „Linearität" definiert? Ein System heißt *linear*, wenn es das *Superpositionsprinzip* erfüllt:

Die Systemantwort auf eine Linearkombination beliebiger Eingangssignale ist die entsprechende Linearkombination der einzelnen Ausgangssignale, falls jeweils $z(t_0) = 0$.

(Eine *Linearkombination* von Signalen $s_1(t), s_2(t), \ldots, s_k(t)$ ist ein neues Signal $s(t) = a_1 s_1(t) + a_2 s_2(t) + \ldots + a_k s_k(t)$ mit konstanten Koeffizienten $a_1, a_2, \ldots, a_k$).

Diese Definition ist gleichwertig mit der Bedingung:

Gilt $z(t_0) = 0$, und rufen zwei beliebige Eingangssignale $e(t)$ und $\hat{e}(t)$ die Systemantwort $a(t)$ bzw. $\hat{a}(t)$ hervor, dann ist die Systemantwort auf die Summe der Eingangssignale $e(t) + \hat{e}(t)$ die Summe der Ausgangssignale, also $a(t) + \hat{a}(t)$, und die Antwort auf ein Vielfaches eines Eingangssignals, $\lambda e(t)$, das entsprechende Vielfache des Ausgangssignals, also $\lambda a(t)$.

Beispiel 1.9 (elastisch gelagerter Dämpfer)
Ein elastisch gelagerter Dämpfer kann als einfaches System mit einer Zustandsgröße beschrieben werden. Die entsprechende Differentialgleichung erhält man aus dem Kräftegleichgewicht zwischen Federkraft F_c und Dämpferkraft F_d:

$$F_d(\dot{s}) = F_c(f - s - l_0) \, .$$

Darin ist f der Abstand der beiden Dämpferlager (vgl. Bild 8), s die momentane Länge des Dämpfers und $l_0 = f_0 - s_0$ der Abstand zwischen Dämpfergehäuse

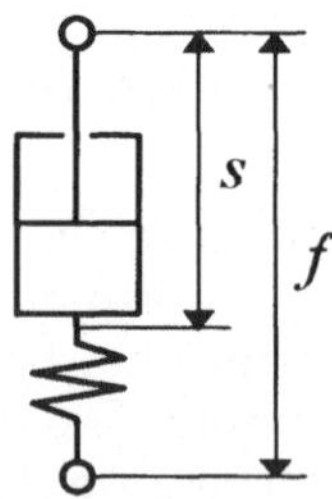

Bild 8: *elastisch gelagerter Dämpfer*

und Dämpferlager im kräftefreien Zustand. Falls für das Dämpferlager und für den Dämpfer lineare Kraftgesetze gelten: $F_c(x) = cx$, $F_d(\dot{s}) = d\dot{s}$, erhält man

$$d\dot{s} = c(f - s - l_0) = c(f - f_0 - s + s_0)$$

oder, mit $z = s - s_0$, $e = f - f_0$:

$$\dot{z} = \frac{c}{d}(e - z)$$

Dies ist ein lineares *System. Äquivalente Gleichungen beschreiben übrigens in der Regelungstechnik das PT_1-*Übertragungsglied, *in der Elektronik das* RC-Glied *und in der Meßtechnik einen* Tiefpaßfilter erster Ordnung.

Ersetzt man eine der beiden linearen Kennlinien durch einen nichtlinearen *Zusammenhang, z.B. $F_c(x) = cx^3$ (dies ist eine sehr stark progressive Feder), wird das System, dessen Gleichung jetzt*

$$\dot{z} = \frac{c}{d}(e - z)^3$$

lautet, nichtlinear. In den Bildern 9 bis 12 ist anhand von zwei Beispielen dargestellt, daß tatsächlich nur im linearen Fall das Superpositionsprinzip gilt. Dabei wurde als Ausgangsgröße a die Lagerkraft F_c gewählt.

Das System ist übrigens im linearen wie auch im nichtlinearen Fall zeitinvariant. Dies bedeutet, daß die Antwort auf ein impulsförmiges Eingangssignal nicht davon abhängt, zu welchem Zeitpunkt das System mit dem Impuls angeregt wurde, falls alle Zustandsgrößen unmittelbar vor dem Impuls den Wert 0 hatten. Um so erstaunlicher ist das in Bild 12 dargestellte Verhalten bei progressiver Feder: obwohl die Reaktion auf den ersten Impuls scheinbar fast abgeklungen ist, fällt doch die Reaktion auf den zweiten Impuls wesentlich schwächer aus.

Grund dafür ist, daß die Zustandsgröße selbst (also die Auslenkung des Dämpfers) kurz vor dem zweiten Impuls noch einen relativ großen Wert hat, dies aber in der Ausgangsgröße, der Lagerkraft, wegen der starken Nichtlinearität der Federkennlinie nicht erkennbar ist.

Lineare zeitkontinuierliche Systeme mit n Zuständen, m Eingängen und k Ausgängen lassen sich, unter Verwendung von vier Matrizen A, B, C, D, immer in die Standard-Notation

$$\boxed{\begin{aligned} \dot{z} &= A(t)z + B(t)e \\ a &= C(t)z + D(t)e \end{aligned}} \tag{20}$$

überführen. Dabei heißt die $n \times n$-Matrix A *Systemmatrix*, die $n \times m$-Matrix B *Eingangsmatrix*, die $k \times n$-Matrix C *Ausgangsmatrix* und die $k \times m$-Matrix D *Durchgangsmatrix*. Falls die vier Matrizen nicht von der Zeit t abhängen, ist das

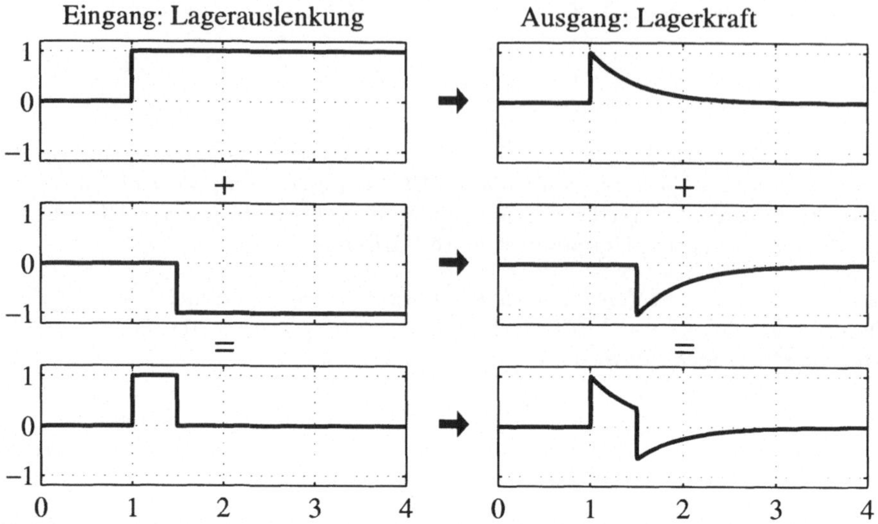

Bild 9: *elastisch gelagerter Dämpfer: lineares Systemverhalten bei linearer Feder (A)*

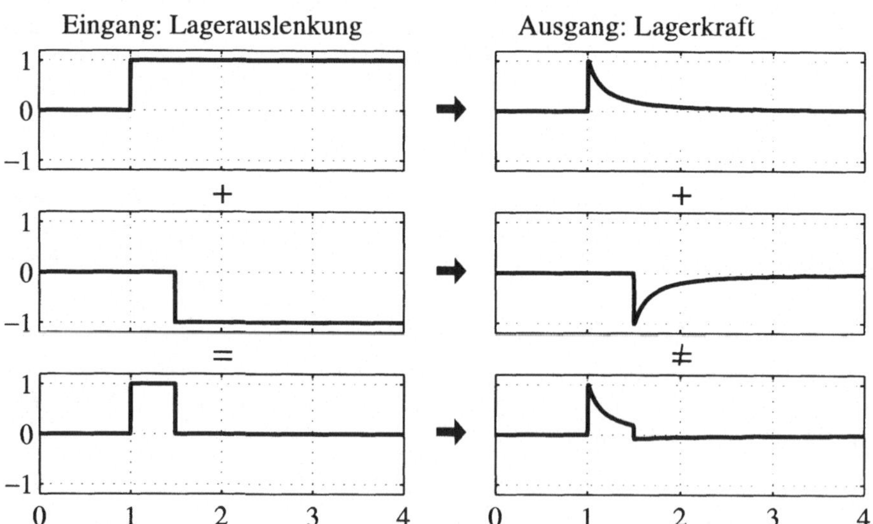

Bild 10: *elastisch gelagerter Dämpfer: nichtlineares Systemverhalten bei progressiver Feder (A)*

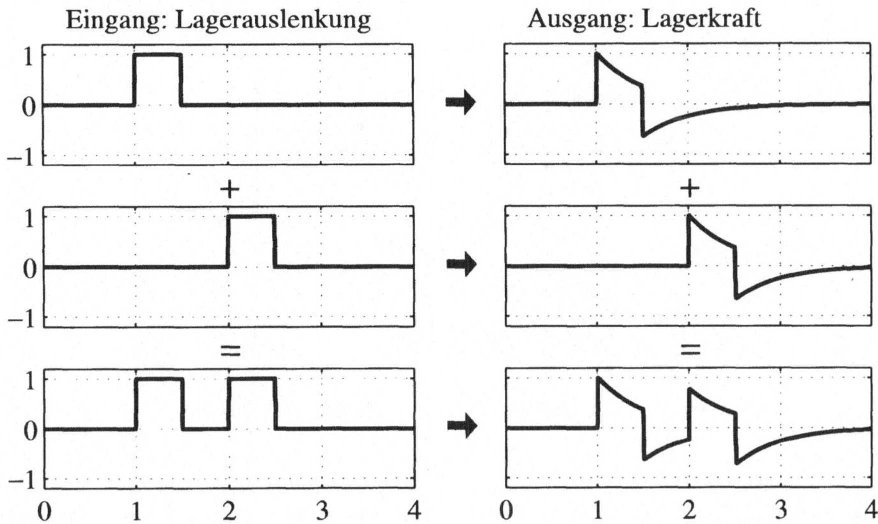

Bild 11: *elastisch gelagerter Dämpfer: lineares Systemverhalten bei linearer Feder (B)*

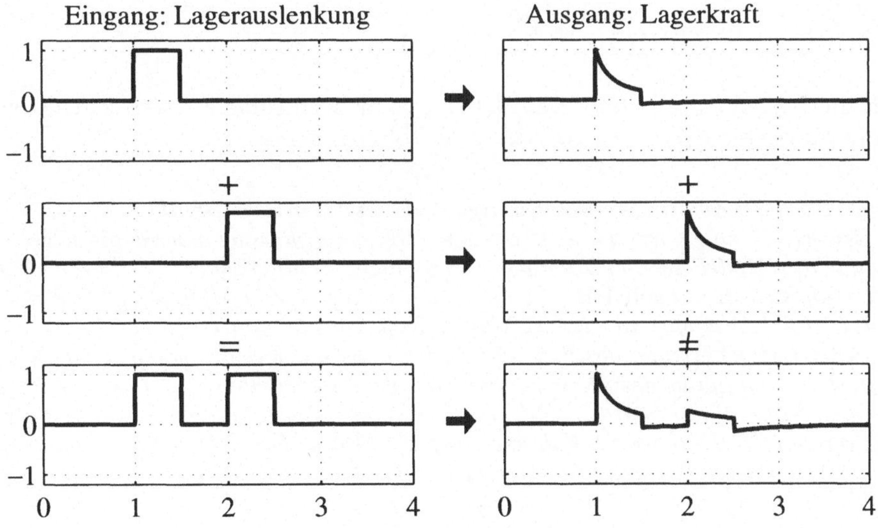

Bild 12: *elastisch gelagerter Dämpfer: nichtlineares Systemverhalten bei progressiver Feder (B)*

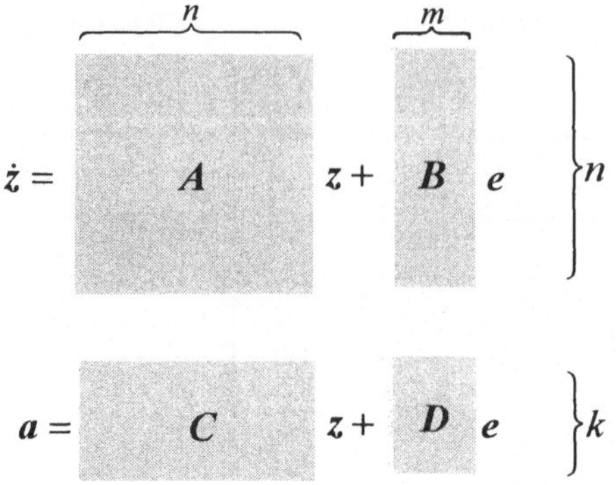

$$\dot{z} = \boxed{A} \; z + \boxed{B} \; e \quad \Big\} n$$

$$a = \boxed{C} \; z + \boxed{D} \; e \quad \Big\} k$$

Bild 13: *lineares System:* Matrizengrößen

System zeitinvariant. In diesem Fall spricht man von einem *LTI-System* (LTI = *linear time-invariant*). Im zeitdiskreten Fall lautet die Standard-Notation linearer Systeme

$$\boxed{\begin{aligned} z^{(k+1)} &= A(t_k)z^{(k)} + B(t_k)e^{(k)} \\ a^{(k)} &= C(t_k)z^{(k)} + D(t_k)e^{(k)} \end{aligned}} \quad . \tag{21}$$

Auch hier spricht man von einem LTI-System, wenn das System zeitinvariant ist, die Matrizen also nicht von der Zeit abhängen.

Beispiel 1.10 (Zweimassenschwinger als Federungsmodell)
Zur Bewertung von passiven und aktiven Fahrzeugfederungen wird als sehr stark vereinfachtes Modell oft der Zweimassenschwinger herangezogen. In diesem Modell denkt man sich die ungefederte Masse eines Rades ("Viertelfahrzeug") oder einer Achse ("Halbfahrzeug") in einer einzigen Ersatzmasse konzentriert, die sich über eine Feder auf der Straße abstützt. Die Feder repräsentiert die vertikale Reifensteifigkeit. Die Dämpfung des Reifens wird in solchen Modellen meist vernachlässigt. Zwischen dieser Radmasse m_r und einer weiteren Masse m_a, die anteilig die gefederte Masse (also Karosserie, Rahmen, Aufbau, Motor, Getriebe usw.) repräsentiert, ist eine Feder, die Tragfeder, und ein Dämpfer, der Stoßdämpfer angeordnet. Haben die beiden Federn und der Dämpfer lineare Kennungen, beschrieben mit den Federraten c_r, c_a und mit dem Dämpferbeiwert d_a, gelten die folgenden Bewegungsgleichungen:

$$m_a \ddot{x}_a = F_a - m_a g$$

$$m_r \ddot{x}_r = F_r - F_a - m_r g$$

$$\text{mit} \quad F_a = c_a f_a + d_a \dot{f}_a \; , \; F_r = c_r f_r \; , \; f_a = x_r - x_a \; , \; f_r = x_s - x_r \; .$$

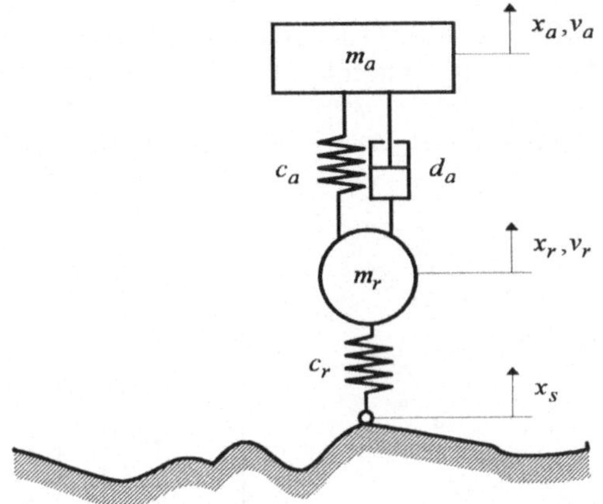

Bild 14: Zweimassenschwinger

In der statischen Gleichgewichtslage, also für $\dot{x}_a = \ddot{x}_a = \dot{x}_r = \ddot{x}_r = 0$, gilt

$$c_a f_a^{stat} = m_a g \,, \ also \quad x_a^{stat} = x_r^{stat} - \frac{m_a}{c_a} g \,, \ und$$

$$c_r f_r^{stat} - c_a f_a^{stat} = c_r f_r^{stat} - m_a g = m_r g \,, \ also \quad x_r^{stat} = x_s^{stat} - \frac{m_a + m_r}{c_r} g \,.$$

Wählt man als Zustandsvektor

$$\boldsymbol{z}(t) = \begin{bmatrix} x_a(t) - x_a^{stat} & v_a(t) & x_r(t) - x_r^{stat} & v_r(t) \end{bmatrix}^T$$

und als Eingangsgröße die zeitabhängige Straßenhöhe $e(t) = x_s(s(t))$ (darin ist $s(t)$ die Position des Fahrzeugs, also sein Ort auf dem Straßen-Höhenprofil), dann erhält man die Gleichungen

$$
\begin{aligned}
\dot{z}_1 &= \dot{x}_a - x_a^{stat} = v_a = z_2 \\[2mm]
\dot{z}_2 &= \frac{1}{m_a}\left(c_a(f_a - f_a^{stat}) + d_a \dot{f}_a \right) \\[2mm]
&= \frac{1}{m_a}\left(c_a(z_3 - z_1) + d_a(z_4 - z_2) \right) \\[2mm]
\dot{z}_3 &= \dot{x}_r - x_r^{stat} = v_r = z_4 \\[2mm]
\dot{z}_4 &= \frac{1}{m_r}\left(c_r(f_r - f_r^{stat}) - c_a(f_a - f_a^{stat}) - d_a \dot{f}_a \right) \\[2mm]
&= \frac{1}{m_r}\left(c_r(e - z_3) - c_a(z_3 - z_1) - d_a(z_4 - z_2) \right) \,.
\end{aligned}
$$

Wichtige Bewertungsgrößen für die Federung sind die vertikale Aufbaubeschleunigung $\ddot{x}_a$ *als* Komfort-Maß *und die* dynamische Radlast $F_r - F_r^{stat}$ *als* Sicherheits-Maß *(große dynamische Radlastschwankungen vermindern das Seitenführungsvermögen, die Traktion und die übertragbaren Bremskräfte der Reifen). Wir wählen deswegen als Ausgangsgrößen*

$$\boldsymbol{a}(t) = \left[\begin{array}{cc} \ddot{x}_a(t) & F_r - F_r^{stat} \end{array} \right]^T .$$

Daraus resultiert das LTI-System

$$\dot{\boldsymbol{z}} = \left[\begin{array}{cccc} 0 & 1 & 0 & 0 \\ -\dfrac{c_a}{m_a} & -\dfrac{d_a}{m_a} & \dfrac{c_a}{m_a} & \dfrac{d_a}{m_a} \\ 0 & 0 & 0 & 1 \\ \dfrac{c_a}{m_r} & \dfrac{d_a}{m_r} & -\dfrac{c_r + c_a}{m_r} & -\dfrac{d_a}{m_r} \end{array} \right] \boldsymbol{z} + \left[\begin{array}{c} 0 \\ 0 \\ 0 \\ \dfrac{c_r}{m_r} \end{array} \right] \boldsymbol{e}$$

$$\boldsymbol{a} = \left[\begin{array}{cccc} -\dfrac{c_a}{m_a} & -\dfrac{d_a}{m_a} & \dfrac{c_a}{m_a} & \dfrac{d_a}{m_a} \\ 0 & 0 & -\dfrac{c_r}{m_r} & 0 \end{array} \right] \boldsymbol{z} + \left[\begin{array}{c} 0 \\ \dfrac{c_r}{m_r} \end{array} \right] \boldsymbol{e} .$$

Sobald eine einzige Nichtlinearität in ein Modell eingebaut wird, im Beispiel 1.10 etwa ein Stoßdämpfer mit unterschiedlichen Beiwerten im Zug- und Druckbereich, ein Ein- und Ausfederanschlag oder ein Reifen, der vom Boden abheben kann, wird das gesamte System nichtlinear.

In einem solchen Fall macht die Darstellung mit Matrizen, obwohl manchmal möglich, wenig Sinn und führt oft zur Verwirrung oder sogar zu falschen Resultaten. Der Grund ist einfach: bei nichtlinearen Systemen hängen die Matrizen immer in irgendeiner Form vom Systemzustand oder von den Eingängen ab. Bei allen Frequenzbereichsmethoden oder anderen, nur auf lineare Systeme anwendbaren Analyseverfahren wird jedoch vorausgesetzt, daß die Matrizen *konstant* sind.

Viele Eigenschaften linearer zeitinvarianter Systeme lassen sich mit Hilfe der *Eigenwerte* der Systemmatrix (s. Abschnitt A.1.4) berechnen, so zum Beispiel die *Eigenfrequenzen, Dämpfungsmaße* und *Zeitkonstanten* des Systems.

Im zeitkontinuierlichen Fall gehört zu jedem *reellen* Eigenwert λ eine Zeitkonstante T mit

$$\boxed{T = -\dfrac{1}{\lambda}} . \tag{22}$$

Dies bedeutet, daß bei „abgeschalteter" Eingangsgröße, also für den Fall $\dot{z} = Az$, in den Zeitverläufen der ausschwingenden Zustandsgrößen ein Anteil der Form $s(t) = x e^{-t/T}$ enthalten ist. Dabei ist x ein zu λ gehörender Eigenvektor. Falls $T > 0$, klingt die Lösungskomponente $s(t)$ ab, vgl. Bild 15. Die *Halbwertszeit*, definiert durch $\|s(t_{0.5})\| / \|s(0)\| = 0.5$, beträgt $t_{0.5} = \ln 2 T = 0.69315 T$. Umgekehrt kann man mit Hilfe von (22) auch von

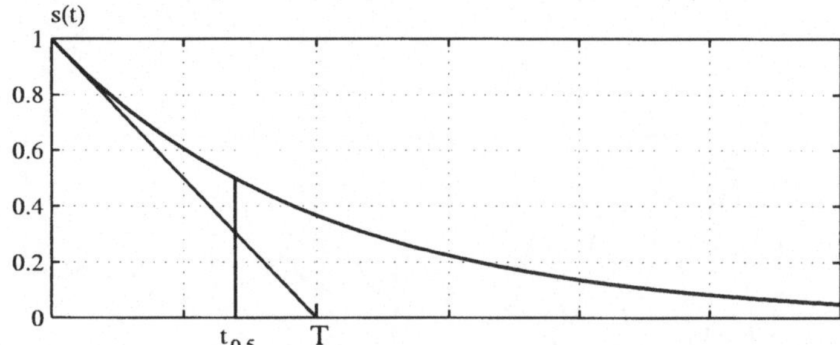

Bild 15: *Abklingverhalten bei reellen Eigenwerten*

einer aus Messungen bekannten Zeitkonstanten T auf einen reellen Eigenwert λ von A schließen:

$$\boxed{\lambda = -\frac{1}{T}} \cdot \tag{23}$$

Hat dagegen die Systemmatrix eines zeitkontinuierlichen LTI-Systems einen *komplexen* Eigenwert (genauer: ein komplexes Eigenwertpaar) $\lambda, \overline{\lambda} = a \pm bi$, $b > 0$, dann besitzt das System die Eigenfrequenz f mit dem zugehörigen Dämpfungsmaß D:

$$\boxed{\begin{aligned} f &= \frac{1}{2\pi} b \\ D &= -\frac{a}{\sqrt{a^2 + b^2}} \end{aligned}} \cdot \tag{24}$$

Bei abgeschaltetem Eingang gibt es in den Zeitverläufen der Zustandsgrößen dann einen Anteil der Form $s(t) = e^{-at}(u \cos(2\pi f t) - v \sin(2\pi f t))$. Dabei ist $x = u \pm vi$ ein Eigenvektor zu λ bzw. $\overline{\lambda}$. Für $a < 0$, also $D > 0$, klingt dieser

Anteil ab; das Verhältnis zweier aufeinanderfolgender Schwingungsamplituden $s_i = \left\| s_{max}^{(i)} \right\|$ (s. Bild 16) beträgt

$$\frac{s_{i+1}}{s_i} = e^{-\frac{2\pi D}{\sqrt{1 - D^2}}} < 1 \; . \tag{25}$$

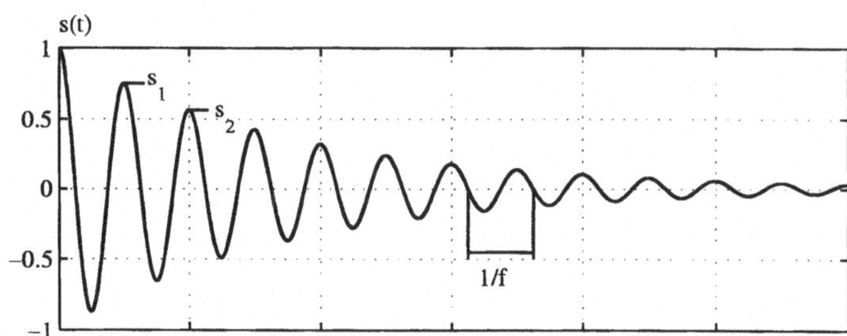

Bild 16: *Ausschwingverhalten bei komplexen Eigenwerten*

Kennt man eine Eigenfrequenz des Systems und das zugehörige Dämpfungsmaß, lassen sich umgekehrt daraus zwei konjugiert komplexe Eigenwerte von A berechnen:

$$\boxed{\lambda, \overline{\lambda} = -\frac{2\pi f D}{\sqrt{1 - D^2}} \pm 2\pi f i} \; . \tag{26}$$

Große Imaginärteile von Eigenwerten kennzeichnen also hochfrequente Eigenschwingungen und große, negative Realteile starke Dämpfungen. Hat A Eigenwerte mit positiven Realteilen, besitzt die Lösung z *aufklingende* Anteile. In Bild 17 sind die Lösungskomponenten von z zu verschiedenen Eigenwerten in der komplexen Zahlenebene dargestellt.

Beispiel 1.11 (Zweimassenschwinger, Eigenwerte)
In Bild 18 sind die Eigenwerte des Zweimassenschwingers aus Beispiel 1.10 für verschiedene Dämpferbeiwerte dargestellt. Als Fahrzeugparameter wurden die Daten für ein „Viertel"-Fahrzeug der oberen Mittelklasse verwendet: $m_a = 350$ kg, $m_r = 30$ kg, $c_a = 20$ N/mm, $c_r = 220$ N/mm. Bei kleinen Dämpferbeiwerten hat das System

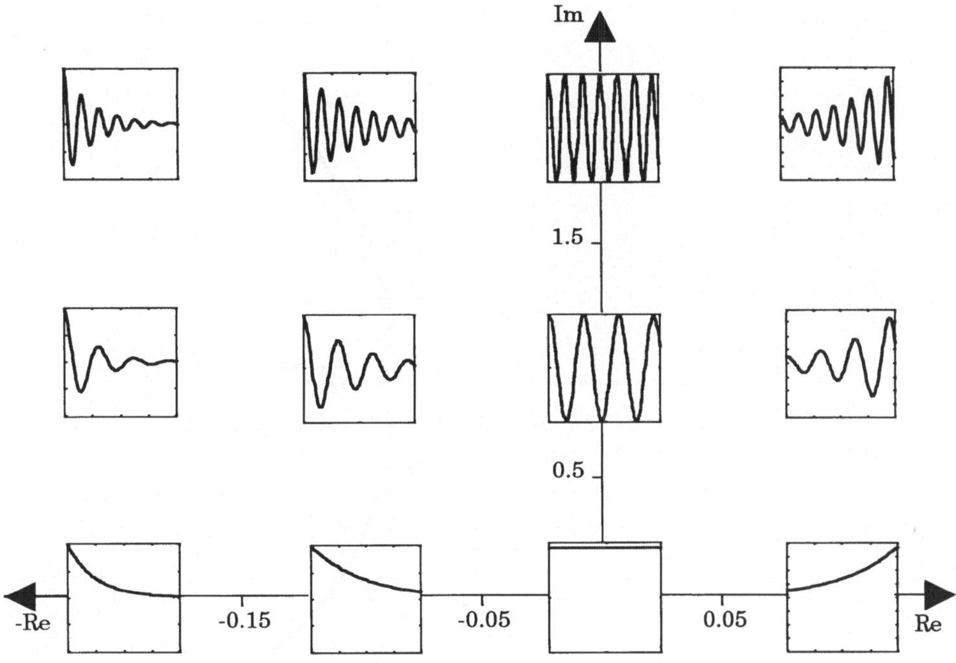

Bild 17: Eigenwerte und Systemverhalten

*vier komplexe Eigenwerte, deren Imaginärteile gemäß (24) die Frequenzen der Rad-
und Aufbaueigenschwingung im schwach gedämpften Fall ergeben:*

$$f_r = 14.240\,Hz \approx \frac{1}{2\pi}\sqrt{\frac{c_r}{m_r}} = 13.63\,Hz,$$

$$f_a = 1.128\,Hz \approx \frac{1}{2\pi}\sqrt{\frac{c_a}{m_a}} = 1.20\,Hz\,.$$

*Mit größer werdender Dämpfung wandern die Eigenwerte auf Bögen in der negativen
komplexen Zahlenhalbebene hin zur reellen Achse. Ein Serienfahrzeug hat etwa den
Dämpferbeiwert $d_a = 1500\,Ns/m$. Dazu gehören die Eigenwerte $\lambda_{1,2} = -25.306 \pm
84.718i$ und $\lambda_{3,4} = -1.836 \pm 7.087i$ und somit die Eigenfrequenzen und Dämpfungen:
$f_r = 13.483\,Hz$, $D_r = 0.286$, $f_a = 1.128\,Hz$, $D_a = 0.251$.*

*Bei $d_a = 4595\,Ns/m$ erreichen die beiden größeren konjugiert komplexen Eigenwerte
die reelle Achse und verzweigen dort in zwei reelle Eigenwerte. Jetzt hat der Zweimassenschwinger nur noch eine, sehr stark gedämpfte Eigenfrequenz und zusätzlich
zwei Zeitkonstanten. Kurz darauf (bei $d_a = 5016\,Ns/m$) erreichen auch die beiden
anderen, bisher noch komplexen Eigenwerte die reelle Achse und verzweigen dort*

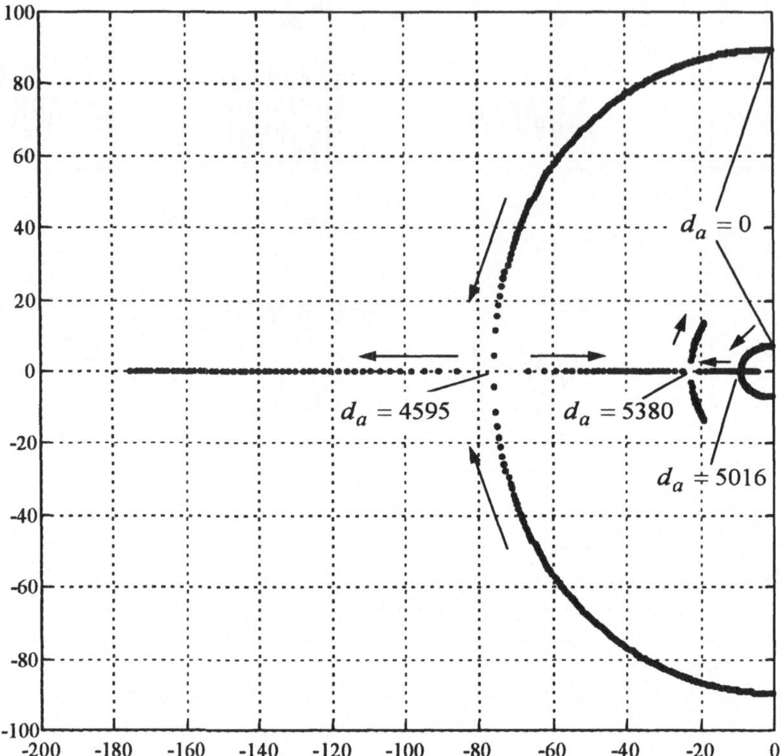

Bild 18: *Eigenwerte des Zweimassenschwingers in der komplexen Zahlenebene, bei Variation der Dämpfung*

ebenfalls in zwei weitere reelle Eigenwerte. Bei $d_a = 5380$ Ns/m treffen sich zwei der vier reellen Eigenwerte und verzweigen zu zwei jetzt wieder komplexen Eigenwerten. Dies ist der überdämpfte *Fall, bei dem die Dämpferkräfte so groß sind, daß nur kleine Relativbewegungen zwischen Rad und Aufbau möglich sind. Bei extremer Dämpfung schwingt die gesamte Fahrzeugmasse auf der Reifenfeder, und zwar mit der Eigenfrequenz*

$$f_{a+r} = 3.829\,Hz \approx \frac{1}{2\pi}\sqrt{\frac{c_r}{m_a + m_r}} = 3.78\,Hz\,.$$

Dies tritt dann ein, wenn der dritte, mittlere Bogen sich wieder der imaginären Achse nähert.

1.5.6 Stabile, instabile und chaotische Systeme

Von zentraler Bedeutung ist auch der Begriff der *Stabilität*, vor allem in der Regelungstechnik. Zunächst sehr vage formuliert, sind stabile Systeme solche Systeme, die von allein eine *Ruhelage* finden, wenn man die Eingangsgrößen entweder abschaltet oder konstant hält.

Eine der Aufgaben der Regelungstechnik ist es, instabile Systeme durch Verkoppeln mit einem Regler zu stabilisieren. Der Regler selbst kann dabei als ein dynamisches System mit *Sensorsignalen* als Eingängen und *Stellgrößen* als Ausgängen aufgefaßt werden.

Leider ist die Stabilität nichtlinearer Systeme ein theoretisch äußerst kompliziertes und vielschichtiges Thema, das hier nur oberflächlich gestreift werden kann. Wir betrachten dazu zunächst nur zeitkontinuierliche Systeme.

Als Mittel zur Veranschaulichung verwenden wir sogenannte *Phasenplots*. In diesen Diagrammen wird der momentane Zustand $z(t)$ des Systems als Punkt in der Ebene oder im Raum dargestellt, vgl. Bilder 19 bis 21. Dies funktioniert natürlich nur, wenn das System genau zwei bzw. drei Zustandsgrößen hat. Bei größeren Systemen muß man jeweils zwei oder drei Komponenten des Zustandsvektors zur Darstellung im Phasenplot auswählen, dabei geht allerdings viel Information über das Systemverhalten verloren.

Da der Zustand eines Systems also als Punkt in einem ein-, zwei-, drei- oder, allgemein, n-dimensionalen Raum aufgefaßt werden kann, spricht man auch vom *Zustandsraum* bzw. der *Zustandsraumdarstellung* eines Systems.

Verbindet man zeitlich aufeinanderfolgende Zustände, erhält man *Trajektorien*. Der Zustandsvektor eines Systems bewegt sich also mit der Zeit längs einer Trajektorie im *Zustandsraum*. Aus der Darstellung im Phasenplot geht allerdings nicht hervor, wie schnell sich der Zustand längs der Trajektorie bewegt. Lediglich die Richtung wird meist mit einem Pfeil angedeutet.

Eine Trajektorie startet im Punkt $z^{(0)} = z(t_0)$, dem *Anfangswert* des Zustandsvektors. Unterstellen wir einmal, daß das System *zeitinvariant* ist und die Eingangsgrößen konstant sind:

$$\dot{z} = f(z,\hat{e},p)\,, \quad z(t_0) = z^{(0)}\,, \quad \hat{e} = \text{const.} \tag{27}$$

Falls nun zufällig gilt

$$f(z^{(0)},\hat{e},p) = 0\,, \tag{28}$$

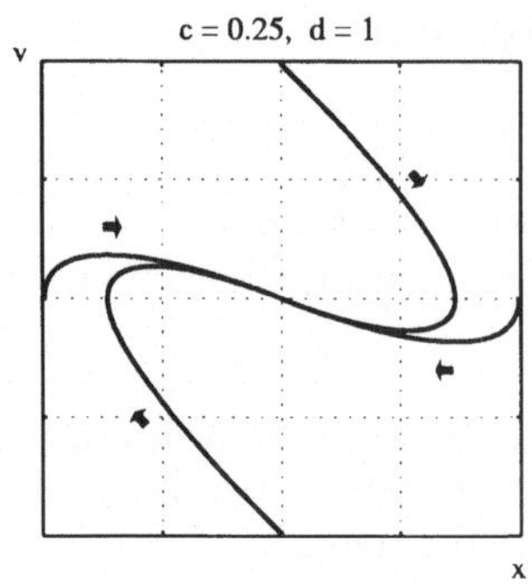

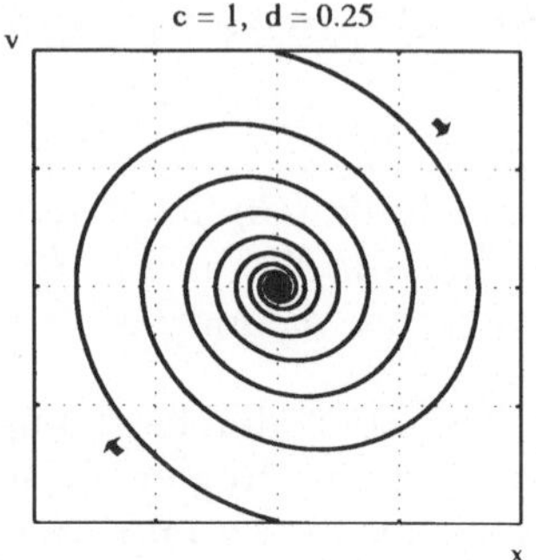

Bild 19: Phasenplots, stabile Fälle. Links: $\lambda_1 = -0.5$, $\lambda_2 = -0.5$, rechts: $\lambda_{1,2} = -0.125 \pm 0.9922i$

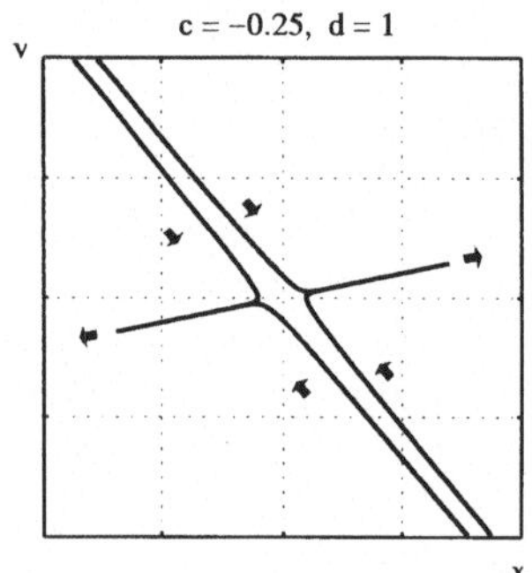

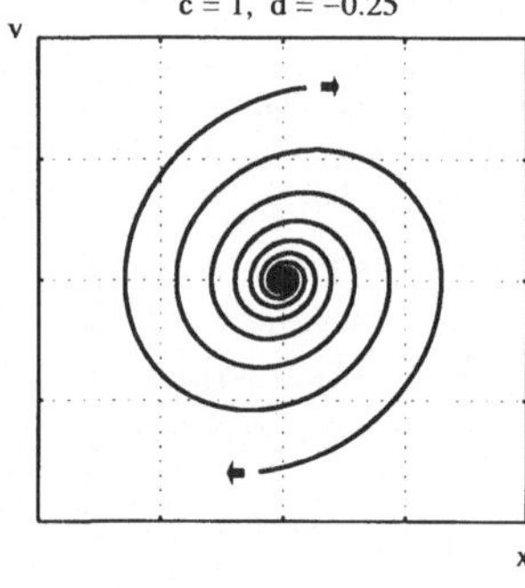

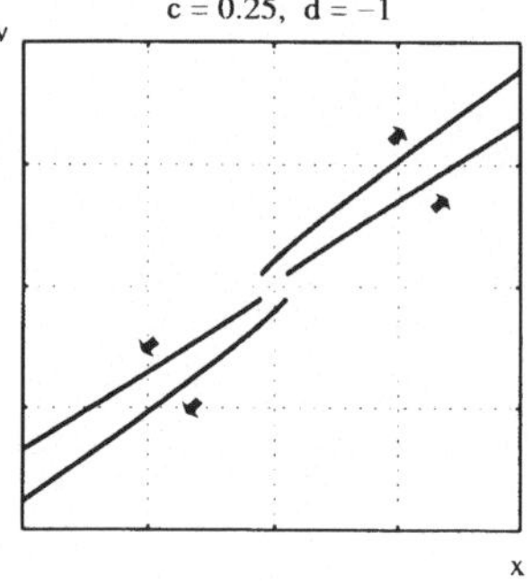

Bild 20: Phasenplots, instabile Fälle. Links: $\lambda_1 = 0.2071$, $\lambda_2 = -1.2071$, Mitte: $\lambda_{1,2} = 0.125 \pm 0.9922i$, rechts: $\lambda_1 = 0.5$, $\lambda_2 = 0.5$

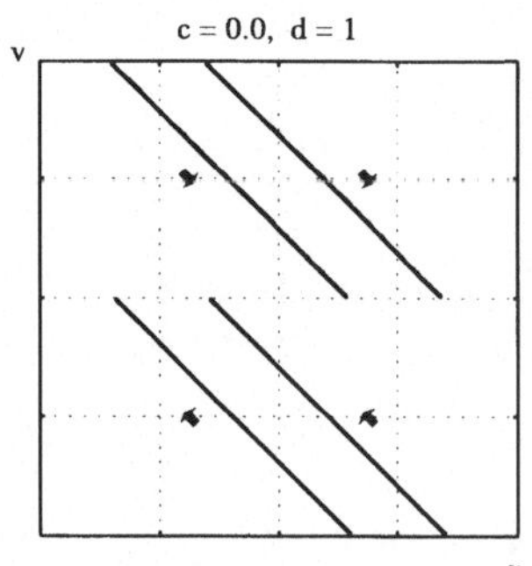

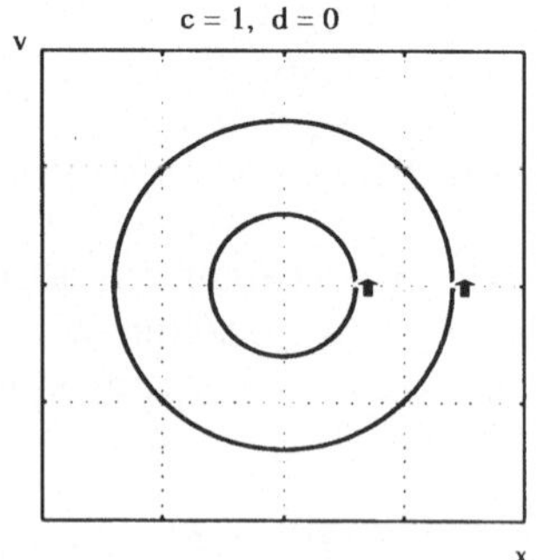

Bild 21: Phasenplots, grenzstabile Fälle. Links: $\lambda_1 = 0$, $\lambda_2 = -1$, rechts: $\lambda_{1,2} = \pm i$

so verharrt das System in diesem Anfangszustand. Es ist nämlich $\dot{z}(t_0) = 0$, was nichts anderes bedeutet, als daß sich die Zustandsgrößen zum Zeitpunkt t_0 und damit auch zu allen folgenden Zeitpunkten nicht ändern. Einen solchen Zustand nennt man eine *Ruhe-* oder *Gleichgewichtslage* des Systems. Allgemein ist ein Gleichgewichtszustand $\hat{z}$ durch

$$\boxed{f(\hat{z}, \hat{e}, p) = 0} \tag{29}$$

definiert.

Ist der Anfangszustand also eine Gleichgewichtslage, entartet die zugehörige Trajektorie zu einem Punkt im Zustandsraum.

Normalerweise wird jedoch der Anfangszustand keine Gleichgewichtslage sein. Dann führt die Trajektorie vom Anfangswert weg. Für den weiteren Verlauf der Trajektorie kann man dann mehrere wichtige Fälle unterscheiden:

- die Trajektorie verläuft mehr oder weniger „geradlinig" hin zu einer Gleichgewichtslage (Bilder 19 links und 21 links), oder

- die Trajektorie verläuft spiralförmig hin zu einer Gleichgewichtslage (Bild 19 rechts), oder

- die Trajektorie verläuft mehr oder weniger „geradlinig" weg vom Anfangswert, endet aber nicht in einer Gleichgewichtslage, sondern „im Unendlichen" (Bilder 20 links und rechts), oder

- die Trajektorie ist eine sich aufweitende Spirale, die ebenfalls keinen Endpunkt hat, sondern „ins Unendliche" läuft (Bild 20 Mitte), oder

- die Trajektorie mündet in eine geschlossene Kurve, einen sogenannten *Grenzzyklus* (Bilder 21 rechts und 23), oder

- die Trajektorie wird von einem relativ eng begrenzten Gebiet, einem *Attraktor*, „angezogen" und bewegt sich innerhalb dieses Gebietes auf ähnlichen, aber immer neuen und nicht vorhersagbaren Schleifen, sogenannten *Orbits* (ein solches *chaotisches* Verhalten können nur Systeme mit mindestens *drei* Zustandsgrößen aufweisen).

Nun macht man eine einfache, aber wichtige Beobachtung: Trajektorien von zeitinvarianten Systemen mit konstanten Eingangsgrößen können sich nicht schneiden, jedenfalls nicht unter einem von 0 verschiedenen Winkel. Die einzige Ausnahme bilden Gleichgewichtslagen, in denen Trajektorien unter verschiedenen Winkeln *enden* können. Die Richtung der Trajektorie ist nämlich in jeder Nicht-Gleichgewichtslage eindeutig durch den Vektor $\dot{z} = f(z,\hat{e},p)$ gegeben.

Zurück zur Stabilität. Unter diesem Oberbegriff wird genaugenommen ein ganzes Bündel von Eigenschaften mit zunehmenden Einschränkungen zusammengefaßt. Die „stärkste" Stabilitätseigenschaft ist die *globale asymptotische Stabilität mit einer einzigen Gleichgewichtslage.*

Bei einem solchen System endet *jede* Trajektorie in der einzigen Gleichgewichtslage des Systems. Mit anderen Worten:

Ein zeitkontinuierliches System ist global asymptotisch stabil mit einer einzigen Gleichgewichtslage, wenn der Zustand des Systems für jeden beliebigen Anfangszustand gegen ein- und dieselbe Gleichgewichtslage strebt.

Oft wird auch diese Gleichgewichtslage selbst als global asymptotisch stabil bezeichnet.

Auch wenn ein System mehrere verschiedene Gleichgewichtslagen hat und der Zustand für jeden Anfangswert gegen *eine* dieser Gleichgewichtslagen strebt, nennt man das System global asymptotisch stabil.

Beispiel 1.12 (linearer Einmassenschwinger)
Eine an einem Feder-/Dämpferelement aufgehängte Masse hat die Gleichung

$$m\ddot{x} + d\dot{x} + cx = -mg \; ,$$

also für $m = 1$ und mit $z = \begin{bmatrix} x & \dot{x} \end{bmatrix}^T$ die Zustandsraumdarstellung

$$\dot{z} = \begin{bmatrix} 0 & 1 \\ -c & -d \end{bmatrix} z + \begin{bmatrix} 0 \\ -g \end{bmatrix} \; .$$

Dieses System ist global asymptotisch stabil mit der einzigen Gleichgewichtslage

$$\hat{z} = \begin{bmatrix} -\dfrac{g}{c} \\ 0 \end{bmatrix} \; ,$$

falls $c > 0$ und $d > 0$. Einige Trajektorien für die Fälle $c = 0.25$, $d = 1$ und $c = 1$, $d = 0.25$ sind in den Bildern 19 bzw. 20 dargestellt. Der erste Fall ist der asymptotische Grenzfall mit Dämpfungsmaß $D = 1$, der zweite Fall ist unterdämpft, *mit $D = 0.125$. Im unterdämpften Fall zeigen die Trajektorien den beschriebenen spiralförmigen Verlauf. Jeder volle Umlauf entspricht einer Schwingung.*

Die Stabilität ist hier, wie fast immer, eine Folge physikalischer Gesetze, denn durch die Dämpfung wird dem System mechanische Energie entzogen (dissipiert). Wird keine neue Energie von außen zugeführt (was hier der Fall ist), muß das System nach einer Einschwingphase zur Ruhe kommen. Dabei gibt es nur eine Gleichgewichtslage, in der die Feder genau so weit ausgelenkt ist, daß sie die Gewichtskraft kompensiert. Dies ist eine Folge der linearen Federkennung. Extrem nichtlineare Federn, zum Beispiel Tellerfedern, können zwei oder mehr mögliche Gleichgewichtslagen zur Folge haben. Dies ist immer dann der Fall, wenn die Federkennlinie zu mindestens zwei verschiedenen Auslenkungen gleiche Kräfte aufweist.

Im *linearen* Fall kann man an den Eigenwerten der Systemmatrix die Stabilität des Systems erkennen (vgl. Bild 22 links):

Ein LTI-System ist global asymptotisch stabil mit einer einzigen Gleichgewichtslage, wenn die Realteile aller Eigenwerte negativ sind.

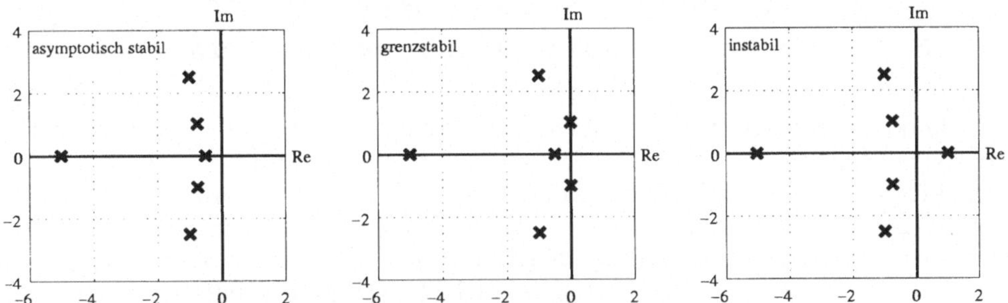

Bild 22: Eigenwerte eines asymptotisch stabilen (links), grenzstabilen (Mitte) und instabilen Systems (rechts)

Die Gleichgewichtslage $\hat{z}$ für ein LTI-System kann man leicht berechnen. Wegen $A\hat{z} + B\hat{e} = 0$ gilt

$$\boxed{\hat{z} = -A^{-1}B\hat{e}} \ . \tag{30}$$

Daß die Inverse von A existiert, ist eine Folge der asymptotischen Stabilität. Da nämlich alle Eigenwerte einen negativen Realteil aufweisen und damit von 0 verschieden sind, ist auch die Determinante von A als Produkt aller Eigenwerte von 0 verschieden, vgl. (276).

Auch für „fast" lineare Systeme der Form

$$\dot{z} = Az + Be + c$$
$$a = Cz + De + d \,,$$

$$(31)$$

wie in Beispiel 1.12, gilt die obige Bedingung für globale asymptotische Stabilität. Ein solches System läßt sich unter Verwendung der zu $\hat{e} = 0$ gehörenden Gleichgewichtslage $\hat{z} = -A^{-1}c$ in ein lineares System gemäß (20) überführen. Dazu wählt man als modifizierten Zustandsvektor w und Ausgangsvektor b:

$$\boxed{\begin{aligned} w(t) &= z(t) - \hat{z} \\ b(t) &= a(t) - C\hat{z} - d \end{aligned}}\,.$$

$$(32)$$

Für w und b gelten dann die, auch im strengen Sinn linearen, Systemgleichungen

$$\dot{w} = \dot{z} = Az + Be + c = Az + Be - A\hat{z} = Aw + Be$$
$$b = a - C\hat{z} - d = Cz + De + d - C\hat{z} - d = Cw + De$$

$$(33)$$

Wie bereits angedeutet, gibt es viele abgeschwächte Formen der Stabilität. Im Extremfall ist ein System *global instabil*. Dies ist dann der Fall, wenn die Trajektorie für jeden beliebigen Anfangszustand, abgesehen von den Gleichgewichtslagen, „ins Unendliche strebt". Mathematisch etwas präziser formuliert: die Norm des Zustandsvektors wächst mit $t \to \infty$ über alle Grenzen (vgl. Bild 20). Diese Systemeigenschaft läßt sich bei LTI-Systemen wieder leicht anhand der Eigenwerte erkennen (vgl. Bild 22 rechts):

Ein LTI-System ist global instabil, wenn der Realteil mindestens eines Eigenwertes positiv ist.

Global instabiles Verhalten kann im strengen Sinn nur bei mathematisch vereinfachten Systemen vorkommen. So ist in den drei Beispielen in Bild 20 im Einmassenschwinger jeweils eine *negative* Steifigkeit bzw. eine *negative Dämpfung* eingesetzt worden. Ein solches mechanisches System läßt sich jedoch nur näherungsweise realisieren: zum Beispiel unter Verwendung eines *Reglers*, der Energie von außen in das System einspeist, oder durch eine geeignete Anordnung mechanischer Elemente, die im Gleichgewichtszustand freisetzbare *potentielle Energie* gespeichert haben und diese bei einer noch so geringfügigen Auslenkung aus der Ruhelage in kinetische Energie umsetzen. Beispiele: ein aufrecht stehendes Einfach- oder Mehrfachpendel, zwei, in derselben Wirklinie an einer Punktmasse angreifende, gestauchte Federn, usw.

Da natürlich nicht unendlich viel Energie zugeführt bzw. gespeichert werden kann, werden die Trajektorien solcher Systeme oft nicht „ins Unendliche streben", sondern sich vielmehr in einem beschränkten Gebiet aufhalten; meistens sogar zu einer anderen Gleichgewichtslage laufen.

Diese Betrachtung führt zu einer schwächeren Stabilitätsdefinition, die nicht pauschal auf das gesamte System angewendet wird, sondern die die einzelnen Gleichgewichtslagen unterscheidet:

Eine Gleichgewichtslage eines Systems heißt asymptotisch stabil, wenn alle ausreichend kleinen Auslenkungen aus dieser Lage zu Trajektorien führen, die wieder in der Gleichgewichtslage enden.

Noch weiter abgeschwächt:

Eine Gleichgewichtslage heißt grenzstabil, wenn kleine Auslenkungen aus dieser Lage zu Trajektorien führen, die für alle Zeiten in der Nähe der Gleichgewichtslage bleiben. Dabei ist der größte Abstand der Trajektorie von der Gleichgewichtslage eine stetige Funktion des anfänglichen Abstands.

Ist eine Gleichgewichtslage nicht grenzstabil, also auch nicht asymptotisch stabil, heißt sie *instabil*.

Der *ungedämpfte* Einmassenschwinger ($c > 0$, $d = 0$) ist in seiner Gleichgewichtslage grenzstabil, vgl. Bild 21 rechts. Die Trajektorien sind, bei geeigneter Skalierung von x und $v = \dot{x}$, *Kreise* um die Gleichgewichtslage, denn es gilt z.B. für $x(0) \neq -\frac{g}{c}$, $v(0) = 0$:

$$z(t) = \begin{bmatrix} (x(0) + \frac{g}{c}) \cos \omega t - \frac{g}{c} \\ \omega(x(0) + \frac{g}{c}) \sin \omega t \end{bmatrix} \quad \text{mit} \quad \omega = \sqrt{\frac{c}{m}}.$$

Der Abstand dieser Kreise von der Gleichgewichtslage, also ihr Radius, ist gleich dem Abstand des Anfangspunktes von der Gleichgewichtslage und damit natürlich stetig von diesem abhängig.

Aber auch im Falle $c = 0$, $d > 0$, $g = 0$ ist der Einmassen„schwinger" grenzstabil, vgl. Bild 21, links. In diesem Fall gibt es unendlich viele Gleichgewichtslagen, die alle auf der Geraden $\dot{x} = v = 0$ liegen (für $g \neq 0$ gibt es dagegen überhaupt keine Gleichgewichtslage). Eine Auslenkung aus einer Gleichgewichtslage erzeugt eine Gerade als Trajektorie, die zu einem neuen, benachbarten Gleichgewichtszustand führt. Dieser, wie die gesamte Trajektorie, hat einen

Abstand vom ursprünglichen Gleichgewichtszustand, der proportional ist zum Abstand des Anfangszustandes von diesem Zustand.

Bei linearen Systemen geben wieder die Eigenwerte Auskunft (vgl. Bild 22 Mitte):

Ein LTI-System ist in jeder Gleichgewichtslage grenzstabil, wenn alle Eigenwerte nichtnegativen Realteil haben und jeder rein imaginäre Eigenwert nur einfach ist.

Dabei heißt ein Eigenwert *einfach*, wenn er nur eine einfache Nullstelle des charakteristischen Polynoms ist. Diese Forderung läßt sich noch etwas abschwächen, worauf wir hier aber nicht näher eingehen wollen.

Grenzstabilität ist oft verbunden mit dem Auftreten von *Grenzzyklen*. Diese Trajektorien sind geschlossene Schleifen im Zustandsraum, die, manchmal erst nach einer Start- oder Einschwingphase, zyklisch im immer gleichen Umlaufsinn durchlaufen werden. Die oben beschriebenen kreisförmigen Trajektorien beim Einmassenschwinger sind solche Grenzzyklen. Hier entfällt allerdings die Einschwingphase; der Anfangzustand liegt immer schon auf dem zugehörigen Grenzzyklus.

Grenzzyklen treten vor allem bei nichtlinearen Systemen auf. Dabei gibt es oft nur wenige oder sogar nur einen einzigen Grenzzyklus, in den alle Trajektorien zu beliebigen Anfangszuständen münden. Grenzzyklen, wie auch asymptotisch stabile Gleichgewichtslagen, nennt man *Attraktoren*, da sie den Systemzustand quasi „anziehen".

Beispiel 1.13 (Van-der-Pol-Schwinger)
Ein System mit einem einzigen Grenzzyklus, Bild 23, ist die Gleichung

$$\ddot{x} + (x^2 - 1)\dot{x} + x = 0 \, ,$$

die einen Einmassenschwinger mit extrem nichtlinearer, auslenkungsabhängiger „Dämpfung" $d(x)\dot{x}$ beschreibt. Allerdings kann der „Dämpfungsbeiwert" $d(x) = x^2 - 1$ auch negativ werden. Andernfalls könnte kein Grenzzyklus existieren: ein Schwinger mit (ausreichend großer) positiver Dämpfung ist nämlich immer asymptotisch stabil, da ihm ständig Schwingungsenergie entzogen wird.

Ein nichtlineares System kann natürlich auch mehrere Gleichgewichtslagen mit unterschiedlichen Stabilitätseigenschaften aufweisen.

Beispiel 1.14 (gedämpfter Duffingschwinger)
Ersetzt man beim Einmassenschwinger die lineare Federkraft cx durch eine nicht-lineare Kennlinie $F(x)$, erhält man ein System mit mehreren Gleichgewichtslagen, falls $f(x) = F(x) + mg$ mehrere Nullstellen hat. So resultieren für $F(x) = x^3 - x$ und $g = 0$, also

$$\ddot{x} + d\dot{x} + x^3 - x = 0$$

die drei Gleichgewichtslagen

$$z_1 = \begin{bmatrix} 0 \\ 0 \end{bmatrix} , \; z_2 = \begin{bmatrix} 1 \\ 0 \end{bmatrix} , \; z_3 = \begin{bmatrix} -1 \\ 0 \end{bmatrix} .$$

Ein solches System ist zum Beispiel mit einer Tellerfeder realisierbar, die „durch-beulen" kann.

Das System ist in z_2 und z_3 asymptotisch stabil und in z_1 instabil. In Bild 24 sind für $m = 1$, $d = 0.2$ einige Trajektorien mit unterschiedlichen Startwerten dargestellt.

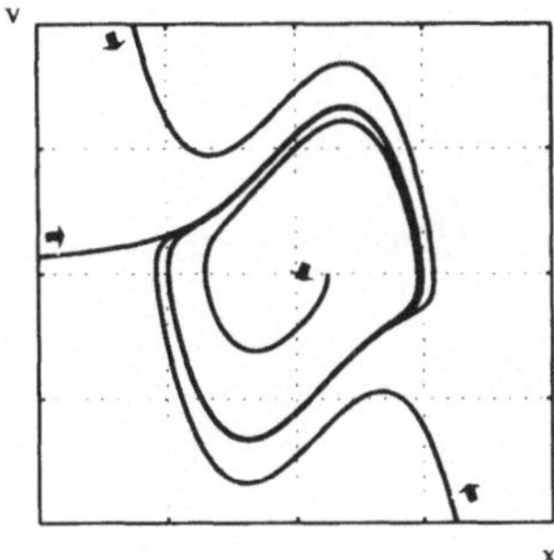

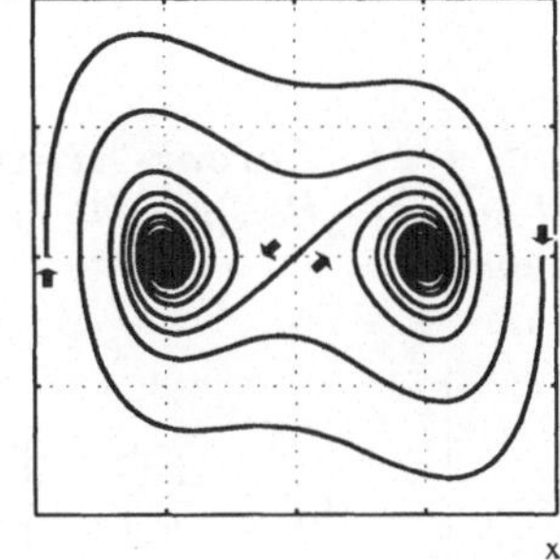

Bild 23: Grenzzyklus beim Van-der-Pol-Schwinger

Bild 24: Trajektorien beim Duffingschwinger

Wie weiter oben schon erwähnt, kann das Verhalten nichtlinearer Systeme noch merkwürdiger sein. So münden manchmal einige oder alle Trajektorien in ein beschränktes Gebiet ein, *ohne* daß dort ein Grenzzyklus vorliegt. Solche Bereiche nennt man „seltsame Attraktoren" (*strange attractors*), und die zugehörigen Systeme *chaotisch*. Chaotisch können nur *nichtlineare* Systeme sein.

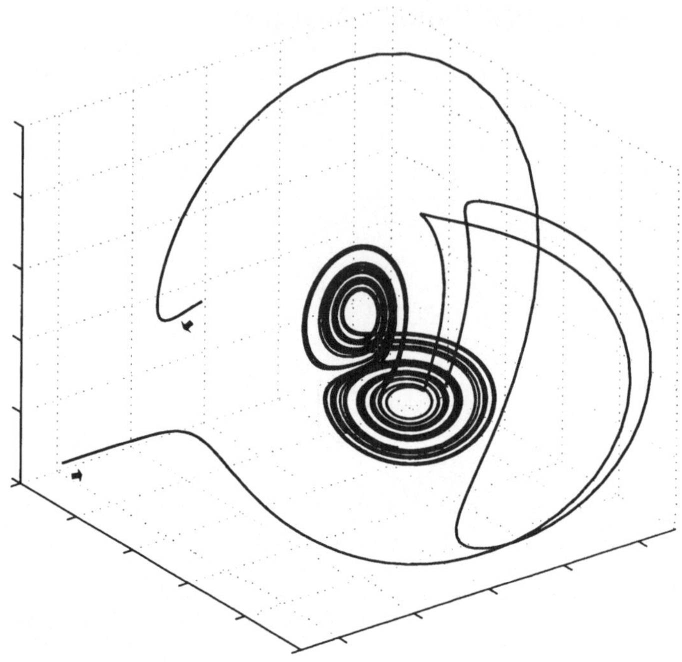

Bild 25: *Phasenplot: chaotischer Lorenz-Attraktor*

Beispiel 1.15 (Lorenz-Attraktor)
Ein oft zitiertes Beispiel für ein System mit seltsamem Attraktor stellt die Lorenz-Gleichung

$$\dot{z} = \begin{bmatrix} z_2 z_3 - \dfrac{8}{3} z_1 \\ 10(z_3 - z_2) \\ (28 - z_1) z_2 - z_3 \end{bmatrix}$$

dar. Der Attraktor besteht im wesentlichen aus zwei scheibenförmigen Bereichen in der xy– bzw. xz–Ebene, die abwechselnd in Form von fast geschlossenen Schleifen („orbits") durchlaufen werden, Bild 25. Ähnlich wie bei nichtlinearen Systemen mit endlich vielen Grenzzyklen, wird der Attraktionsbereich erst nach einer mehr oder weniger langen Startphase erreicht, die vom Anfangszustand abhängt.

Beispiel 1.16 (Magnetpendel)
Ein weiteres Beispiel für ein System, das je nach Anfangszustand grenzstabiles oder

chaotisches Verhalten zeigt, ist das Magnetpendel*: ein an einem langen Faden auf-
gehängter Magnet schwingt in gewissem Abstand über eine Unterlage, unter der
ebenfalls Magnete angebracht sind. Je nach Ausrichtung ziehen diese den pendeln-
den Magneten an oder stoßen ihn ab. Vernachlässigt man den Luftwiderstand und
andere, Energie verzehrende („dissipative") Effekte, kommt das Pendel, einmal an-
gestoßen, nie zur Ruhe.*

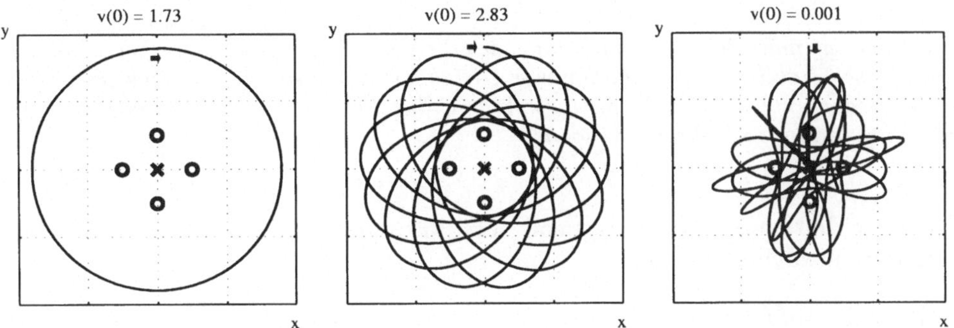

Bild 26: Magnetpendel: einfacher Grenzzyklus (links), komplizierter Grenzzyklus (Mitte), Chaos (rechts)

Das Pendel kann durch seinen momentanen Ort in der xy*−Ebene beschrieben werden. Es hat also die 4 Zustandsgrößen*

$$z = \begin{bmatrix} x & \dot{x} & y & \dot{y} \end{bmatrix}^T$$

Die Bewegungsgleichungen lauten in etwas vereinfachter Form

$$m\ddot{x} = \sum_{k=1}^{n} c_k \frac{x - x_k}{\left(x - x_k\right)^2 + \left(y - y_k\right)^2}$$

$$m\ddot{y} = \sum_{k=1}^{n} c_k \frac{y - y_k}{\left(x - x_k\right)^2 + \left(y - y_k\right)^2}$$

Dabei beschreiben die Koordinaten (x_k/y_k)*,* $k = 1 \ldots n$*, die Orte der Magnete unter
der Unterlage. Die vorzeichenbehafteten Beiwerte* c_k *sind ein Maß für die Stärke der
Magnete; es gilt* $c_k < 0$ *für anziehende und* $c_k > 0$ *für abstoßende Magnete. Wählt
man z.B. 4 anziehende Magnete der relativen Stärke* $c_k = -1$ *mit den Koordinaten
(−0.25/0), (0.25/0), (0/ − 0.25) und (0/0.25) (die Kreise in Bild 26) sowie einen
abstoßenden Magneten der relativen Stärke* $c_k = 1$ *in (0/0) (das Kreuz), dann ergeben sich je nach Anfangszustand die dargestellten Trajektorien (man beachte dabei,
daß die Phasenbilder hier nicht den vollständigen Systemzustand zeigen, sondern
nur zwei der vier Komponenten, nämlich die Lagegrößen* x *und* y *darstellen).*

In Bild 26 links ist mit $z^{(0)} = \begin{bmatrix} 0 & 1.73 & 0.9 & 0 \end{bmatrix}^T$ der Anfangszustand so gewählt, daß sich ein einfacher, nahezu kreisförmiger Grenzzyklus einstellt. Komplizierter, aber immer noch grenzstabil ist das Verhalten für $z^{(0)} = \begin{bmatrix} 0 & 2.83 & 0.9 & 0 \end{bmatrix}^T$ (Bild 26 Mitte). Chaotisch wird das Pendel z.B. bei $z^{(0)} = \begin{bmatrix} 0 & 0.001 & 0.9 & 0 \end{bmatrix}^T$ (Bild 26 rechts), wo, bedingt durch die nur kleine anfängliche Quergeschwindigkeit, das Pendel in das Innere des durch die vier anziehenden Magneten begrenzten Gebietes eintritt und so in den Wirkbereich des abstoßenden Magneten gerät.

Berücksichtigt man den Luftwiderstand des Pendels, dann wird das System global asymptotisch stabil. In welchem der vier Gleichgewichtszustände, die sich jeweils in der Nähe der anziehenden Magnete befinden, das Pendel zur Ruhe kommen wird, läßt sich allerdings nicht vorhersagen.

Zum Abschluß dieses Abschnitts soll noch kurz die Stabilität bei *zeitdiskreten* Systemen beleuchtet werden.

Die Begriffe *Anfangszustand*, *Trajektorie* und *Gleichgewichtszustand* lassen sich in naheliegender Weise auf solche Systeme übertragen: ein Gleichgewichtszustand zu $e^{(k)} = \hat{e} = \text{const.}$ für DLTI-Systeme der Form (10) ist definiert durch

$$\boxed{\hat{z} = f(\hat{z}, \hat{e}, p)}. \tag{34}$$

Trajektorien sind jetzt nicht mehr kontinuierliche Kurvenzüge, sondern bestehen aus diskreten, abzählbar vielen Punkten. Diese liegen allerdings oft so dicht beieinander, daß sie wie zusammenhängende Kurven aussehen. Auch die Begriffe *global asymptotische Stabilität eines Systems* bzw. *asymptotische Stabilität* oder *Grenzstabilität* eines Gleichgewichtszustandes finden ihre direkte Entsprechung bei den zeitkontinuierlichen Systemen.

Für *zeitdiskrete LTI-Systeme* gelten die folgenden Zusammenhänge zwischen den Eigenwerten der Systemmatrix und den Stabilitätseigenschaften des Systems:

Ein zeitdiskretes LTI-System ist global asymptotisch stabil mit einer einzigen Gleichgewichtslage, wenn für alle Eigenwerte λ_i der Systemmatrix A gilt $|\lambda_i| < 1$.

Ein zeitdiskretes LTI-System ist global instabil, wenn für mindestens einen Eigenwert λ_i von A gilt $|\lambda_i| > 1$.

Ein zeitdiskretes LTI-System ist in jeder Gleichgewichtslage grenzstabil, wenn für alle Eigenwerte λ_i von A gilt $|\lambda_i| \leq 1$ und alle Eigenwerte mit $|\lambda_i| = 1$ nur einfach sind.

Bei *nichtlinearen* zeitdiskreten Systemen können alle Phänomene auftreten, die wir oben auch für zeitkontinuierliche Systeme diskutiert haben.

2 Systemdarstellungen, oder: wie sage ich es dem Computer?

Schwerpunkt dieses Kapitels ist die Diskussion der wichtigsten Systemdarstellungen. Dazu gehören auch, soweit vorhanden, die jeweiligen „Übersetzer" zwischen diesen Darstellungen, also die Algorithmen, die eine Systemdarstellung in eine andere, äquivalente Form überführen.

Zunächst werden die schon in Abschnitt 1.5 vorgestellten, verschiedenen Formen der linearen und nichtlinearen *Zustandsraumdarstellung* systematisch zusammengestellt. Ergänzt werden sie durch die, vor allem in der Mechanik wichtigen, *DAE-Systeme* (differential-algebraic equations).

Mit *Betriebspunktberechnung* und *Linearisierung* kann man versuchen, nichtlineare Zustandsraumdarstellungen in lineare zu „übersetzen". Dies wird erläutert. Eng verwandt mit der Zustandsraumdarstellung für die hieraus resultierenden LTI-Systeme sind die *Übertragungsfunktionen* bzw. *-matrizen*, die vor allem in der Regelungstechnik eine dominante Rolle spielen.

Weiter werden *graphische Systemdarstellungen* wie *Schaltpläne*, *Strukturbilder* und *Bondgraphen*, sowie die Systembeschreibung mit *CSSL-Sprachen* etwas näher beleuchtet.

2.1 Zustandsraumdarstellungen

2.1.1 Grundtypen

Hier sind alle bisher angesprochenen Systemklassen mit ihrer Zustandsraumdarstellung:

- *NTV-Systeme = nichtlineare zeitkontinuierliche zeitvariante Systeme:*

$$
\boxed{
\begin{aligned}
\dot{z}(t) &= f(z(t), e(t), p(t), t) \\
a(t) &= g(z(t), e(t), p(t), t) \\
z(t_0) &= z^{(0)}
\end{aligned}
}
\tag{35}
$$

- *NTI-Systeme = nichtlineare zeitkontinuierliche zeitinvariante Systeme:*

$$\boxed{\begin{aligned}
\dot{z}(t) &= f(z(t), e(t), p) \\
a(t) &= g(z(t), e(t), p) \\
z(t_0) &= z^{(0)}
\end{aligned}} \tag{36}$$

oder kurz

$$\boxed{\begin{aligned}
\dot{z} &= f(z, e, p) \\
a &= g(z, e, p) \\
z(t_0) &= z^{(0)}
\end{aligned}} \tag{37}$$

- *LTV-Systeme = lineare zeitkontinuierliche zeitvariante Systeme:*

$$\boxed{\begin{aligned}
\dot{z}(t) &= A(p(t), t)z(t) + B(p(t), t)e(t) \\
a(t) &= C(p(t), t)z(t) + D(p(t), t)e(t) \\
z(t_0) &= z^{(0)}
\end{aligned}} \tag{38}$$

- *LTI-Systeme = lineare zeitkontinuierliche zeitinvariante Systeme:*

$$\boxed{\begin{aligned}
\dot{z}(t) &= A(p)z(t) + B(p)e(t) \\
a(t) &= C(p)z(t) + D(p)e(t) \\
z(t_0) &= z^{(0)}
\end{aligned}} \tag{39}$$

oder kurz

$$\boxed{\begin{aligned}
\dot{z} &= Az + Be \\
a &= Cz + De \\
z(t_0) &= z^{(0)}
\end{aligned}} \tag{40}$$

- *DNTV-Systeme = nichtlineare zeitdiskrete zeitvariante Systeme:*

$$\boxed{\begin{aligned}
z^{(k+1)} &= f(z^{(k)}, e^{(k)}, p(t_k), t_k) \\
a^{(k)} &= g(z^{(k)}, e^{(k)}, p(t_k), t_k) \\
z^{(0)} &\ \text{gegeben}
\end{aligned}} \tag{41}$$

- *DNTI-Systeme = nichtlineare zeitdiskrete zeitinvariante Systeme:*

$$
\boxed{
\begin{aligned}
z^{(k+1)} &= f(z^{(k)}, e^{(k)}, p) \\
a^{(k)} &= g(z^{(k)}, e^{(k)}, p) \\
z^{(0)} &\text{ gegeben}
\end{aligned}
}
\tag{42}
$$

- *DLTV-Systeme = lineare zeitdiskrete zeitvariante Systeme:*

$$
\boxed{
\begin{aligned}
z^{(k+1)} &= A(p(t_k), t_k) z^{(k)} + B(p(t_k), t_k) e^{(k)} \\
a^{(k)} &= C(p(t_k), t_k) z^{(k)} + D(p(t_k), t_k) e^{(k)} \\
z^{(0)} &\text{ gegeben}
\end{aligned}
}
\tag{43}
$$

- *DLTI-Systeme = lineare zeitdiskrete zeitinvariante Systeme:*

$$
\boxed{
\begin{aligned}
z^{(k+1)} &= A(p) z^{(k)} + B(p) e^{(k)} \\
a^{(k)} &= C(p) z^{(k)} + D(p) e^{(k)} \\
z^{(0)} &\text{ gegeben}
\end{aligned}
}
\tag{44}
$$

oder kurz

$$
\boxed{
\begin{aligned}
z^{(k+1)} &= A z^{(k)} + B e^{(k)} \\
a^{(k)} &= C z^{(k)} + D e^{(k)} \\
z^{(0)} &\text{ gegeben.}
\end{aligned}
}
\tag{45}
$$

2.1.2   Differentialgleichungssysteme höherer Ordnung

Bei der Modellierung eines Systems resultieren oft Differentialgleichungen oder Systeme von Differentialgleichungen *höherer Ordnung*, so in der Mechanik, wenn Impuls- und Drallsatz als Gleichungen zweiter Ordnung angeschrieben werden:

$$
\begin{aligned}
m\ddot{x} &= F(x, s, t, ..) \\
J\ddot{s} &= T(x, s, t, ..) \,.
\end{aligned}
\tag{46}
$$

Systeme höherer Ordnung heißen *explizit*, wenn für jede Lösungskomponente eine Gleichung angegeben ist, mit der sich die höchste auftretende zeitliche

Ableitung dieser Komponente durch eine eindeutige Berechnungsvorschrift aus einigen oder allen niederen Ableitungen berechnen läßt.

Explizite Systeme lassen sich immer in eine der Grundtypen der Zustandsraumdarstellung überführen. Dazu ersetzt man jede einzelne Differentialgleichung der Form

$$u^{(k)} = f(\ldots, u, \dot{u}, \ddot{u}, \ldots, u^{(k-1)}, \ldots)\,, \tag{47}$$

nach folgendem Schema durch k Differentialgleichungen erster Ordnung:

$$\begin{aligned} \dot{z}_{u,1} &= z_{u,2} \\ \dot{z}_{u,2} &= z_{u,3} \\ &\cdots \\ \dot{z}_{u,k-1} &= z_{u,k} \\ \dot{z}_{u,k} &= f(\ldots, z_{u,1}, z_{u,2}, z_{u,3}, \ldots, z_{u,k}, \ldots)\,, \end{aligned} \tag{48}$$

es ist also

$$\boxed{z_{u,1} = u\,, \quad z_{u,2} = \dot{u}\,, \quad z_{u,3} = \ddot{u}\,, \quad \ldots, \quad z_{u,k} = u^{(k-1)}}\,. \tag{49}$$

Die Gesamtzahl der Zustandsgrößen ist somit gleich der Summe der höchsten Ableitungsstufen aller Lösungskomponenten.

Beispiel 2.1 (Umwandlung in Systeme erster Ordnung)

- *Das System*

$$\begin{aligned} \ddot{x} &= -9x - 4y - 8\dot{x} - 2\ddot{y} + e_1 \\ \ddot{y} &= -7x - 5y - 3\dot{x} - 6\dot{y} + e_2 \\ a &= 3\dot{x} + 4\ddot{y} \end{aligned}$$

hat, mit dem Zustandsvektor

$$z = \begin{bmatrix} z_{x,1} & z_{x,2} & z_{y,1} & z_{y,2} & z_{y,3} \end{bmatrix}^T = \begin{bmatrix} x & \dot{x} & y & \dot{y} & \ddot{y} \end{bmatrix}^T\,,$$

die folgende Darstellung als LTI-System:

$$\dot{z} = \begin{bmatrix} 0 & 1 & 0 & 0 & 0 \\ -9 & -8 & -4 & 0 & -2 \\ 0 & 0 & 0 & 1 & 0 \\ 0 & 0 & 0 & 0 & 1 \\ -7 & -3 & -5 & -6 & 0 \end{bmatrix} z + \begin{bmatrix} 0 & 0 \\ 1 & 0 \\ 0 & 0 \\ 0 & 0 \\ 0 & 1 \end{bmatrix} e$$

$$a = \begin{bmatrix} 0 & 3 & 0 & 0 & 4 \end{bmatrix} z .$$

- *Die Differentialgleichung*

$$u^{(n)} + a_{n-1} u^{(n-1)} + a_{n-2} u^{(n-2)} + \ldots + a_2 \ddot{u} + a_1 \dot{u} + a_0 u = e$$

lautet als LTI-System (Ausgabegrößen sind nicht spezifiziert, deswegen entfallen die Matrizen C und D):

$$\dot{z} = \begin{bmatrix} 0 & 1 & 0 & \cdots & 0 & 0 \\ 0 & 0 & 1 & \cdots & 0 & 0 \\ \vdots & \vdots & \vdots & \ddots & \vdots & \vdots \\ 0 & 0 & 0 & \cdots & 1 & 0 \\ 0 & 0 & 0 & \cdots & 0 & 1 \\ -a_0 & -a_1 & -a_2 & \cdots & -a_{n-2} & -a_{n-1} \end{bmatrix} z + \begin{bmatrix} 0 \\ 0 \\ \vdots \\ 0 \\ 0 \\ 1 \end{bmatrix} e .$$

- *Lineare Systeme der Mechanik haben immer die Form*

$$M\ddot{x} + D\dot{x} + Cx = F .$$

Dabei heißt M Massenmatrix, *D* Dämpfungsmatrix *und C* Steifigkeitsmatrix. *F ist der Vektor der* aufgeprägten Lasten.

Die Darstellung als System erster Ordnung lautet, mit $z = \begin{bmatrix} x \\ \dot{x} \end{bmatrix}$ und $e = F$:

$$\dot{z} = \begin{bmatrix} 0 & I \\ -M^{-1}C & -M^{-1}D \end{bmatrix} z + \begin{bmatrix} 0 \\ M^{-1} \end{bmatrix} e .$$

2.1.3 DAE-Systeme

In allen Darstellungsformen in Abschnitt 1.4 sind die Systemgleichungen *explizit* gegeben, vgl. Abschnitt 2.1.2: die Änderungsrate $\dot{z}$ der Zustandsgrößen bzw. der neue Wert $z^{(k+1)}$ selbst ist durch eine eindeutige Berechnungsvorschrift, ausgedrückt durch die Systemfunktion f, direkt berechenbar.

Manchmal liegen die Systemgleichungen jedoch auch nur in *impliziter* Form vor, zum Beispiel in der Form von algebraischen Gleichungen, die anstelle der einfachen Auswertung der Systemfunktion gelöst werden müssen.

Eine Sonderform dieser impliziten Zustandsraumbeschreibungen stellen die *DAE-Systeme* (DAE = *differential-algebraic systems*) dar. Obwohl solche Systeme in der Systemdynamik und Simulation eine sehr wichtige Rolle spielen, vor allem bei den Systemen der Starrkörpermechanik, wollen wir sie hier nur sehr oberflächlich behandeln. Eine detaillierte Analyse würde den Rahmen dieses Buches sprengen.

Bei DAE-Systemen zerfällt der Zustandsvektor in zwei Teilvektoren:

$$z = \begin{bmatrix} z_d \\ z_a \end{bmatrix}. \tag{50}$$

Differentialgleichungen oder Transitionsgleichungen liegen nur für die Komponenten von z_d vor, während die Komponenten von z_a durch zusätzliche algebraische Gleichungen definiert sind. Im nichtlinearen, zeitkontinuierlichen, zeitinvarianten Fall haben DAE-Systeme zum Beispiel die Form

$$\begin{aligned}
\dot{z}_d &= f_d(z_d, z_a, e, p) \\
0 &= f_a(z_d, z_a, e, p) \\
a &= g(z_d, z_a, e, p) \\
z_d(t_0) &= z_d^{(0)}
\end{aligned} \tag{51}$$

Solche zusätzlichen algebraischen Gleichungen treten zum Beispiel in der Mechanik auf, wo die Zustandsgrößen oft kinematische Nebenbedingungen erfüllen müssen. Dies wird sichergestellt durch, zunächst nicht bekannte, *Zwangskräfte und -momente*, die im Vektor z_a zusammengefaßt werden, vgl. Beispiel 2.2, und bei der Lösung der Systemgleichungen mitberechnet werden.

Falls sich die Gleichung $f_a(z_d, z_a, e, p) = 0$ direkt nach z_a auflösen läßt, kann man natürlich durch Substitution von z_a in $\dot{z}_d = f_d(z_d, z_a, e, p)$ das System in ein herkömmliches NTI-System überführen. Dies ist jedoch häufig nicht der Fall; so kann es zum Beispiel sein, daß f_a überhaupt nicht von z_a abhängt. In diesem Fall kann z_a nur eliminiert werden, nachdem man f_a ein- oder mehrmals nach der Zeit differenziert hat (s. Beispiel 2.2). Die Anzahl der hierbei mindestens benötigten Differentiationen nennt man den *Index* des DAE-Systems. DAE-Systeme der Starrkörpermechanik haben meist den Index 2.

Ein lineares DAE-System

$$
\begin{aligned}
\dot{z}_d &= A_{dd}z_d + A_{da}z_a + B_d e \\
0 &= A_{ad}z_d + A_{aa}z_a + B_a e \\
a &= C_d z_d + C_a z_a + De \\
z_d(t_0) &= z_d^{(0)}
\end{aligned}
\tag{52}
$$

hat den Index 0, falls die Matrix A_{aa} regulär ist. In diesem Fall erhält man
wegen $z_a = -A_{aa}^{-1}(A_{ad}z_d + Be)$ das herkömmliche LTI-System

$$
\begin{aligned}
\dot{z}_d &= \underbrace{\left(A_{dd} - A_{da}A_{aa}^{-1}A_{ad}\right)}_{\hat{A}} z_d + \underbrace{\left(B_d - A_{da}A_{aa}^{-1}B_a\right)}_{\hat{A}} e \\
a &= \underbrace{\left(C_d - C_a A_{aa}^{-1} A_{ad}\right)}_{\hat{C}} z_d + \underbrace{\left(D_d - C_a A_{aa}^{-1}B_a\right)}_{\hat{D}} e \\
z_d(t_0) &= z_d^{(0)} \ .
\end{aligned}
\tag{53}
$$

DAE-Systeme werden manchmal näherungsweise durch herkömmliche Diffe-
rentialgleichungssysteme dargestellt, indem man einen *singulären Störungsansatz* macht:

$$
\begin{aligned}
\dot{z}_d &= f_d(z_d, z_a, e, p) \\
\epsilon \dot{z}_a &= f_a(z_d, z_a, e, p) \\
a &= g(z_d, z_a, e, p) \\
z_d(t_0) &= z_d^{(0)} \ .
\end{aligned}
\tag{54}
$$

Die kleine Zahl ϵ kann bei Starrkörpersystemen oft als eine geringfügige Nachgiebigkeit aufgefaßt werden, die man anstelle einer exakten kinematischen Bin-
dung einführt.

Beispiel 2.2 (nichtlineares Pendel als DAE-System)
*Eine Punktmasse m, die sich nur in der xy-Ebene bewegen kann, ist mit einem
masselosen, starren Stab der Länge l im Punkt $(0,0)^T$ aufgehängt (Bild 27). Dieses*

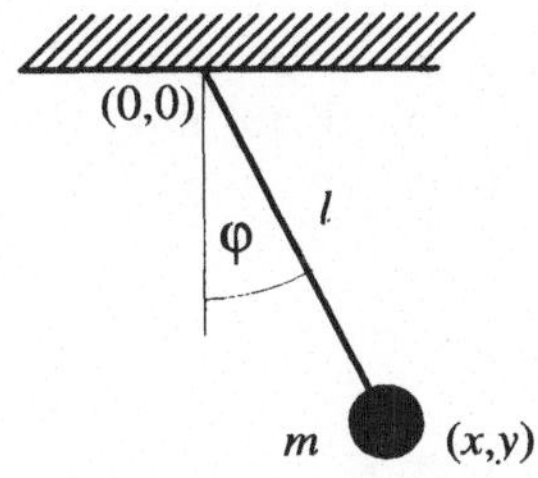

Bild 27: *einfaches Pendel*

Pendel hat einen mechanischen Freiheitsgrad, zum Beispiel die Winkelauslenkung φ. *Die Bewegungsgleichung für diese sogenannte* Minimalkoordinate *ist*

$$\ddot{\varphi} = -\frac{g}{l}\sin\varphi \ .$$

Dagegen lauten die nicht-reduzierten Bewegungsgleichungen

$$m\ddot{x} = Q_x$$
$$m\ddot{y} = Q_y - mg$$

mit einer Zwangskraft $\boldsymbol{Q} = [\ Q_x \quad Q_y\ ]^T$, *die als Stabkraft entweder von der Masse zum Ursprung oder vom Ursprung zur Masse zeigt:*

$$\boldsymbol{Q} = \left[\begin{array}{c} Q_x \\ Q_y \end{array}\right] = -\frac{q}{l}\left[\begin{array}{c} x \\ y \end{array}\right] ,$$

wobei q zu jedem Zeitpunkt gerade so groß ist, daß die kinematische Längenbedingung erfüllt ist:

$$x^2 + y^2 = l^2 \ .$$

Dies ergibt zusammen das DAE-System

$$\dot{x} = v_x$$
$$\dot{v}_x = -\frac{q}{ml}x$$
$$\dot{y} = v_y$$
$$\dot{v}_y = -\frac{q}{ml}x - g$$
$$0 = x^2 + y^2 - l^2$$

mit $\mathbf{z}_d = \begin{bmatrix} x & v_x & y & v_y \end{bmatrix}^T$ *und* $z_a = q$. *Diese Darstellung der Bewegungsgleichungen heißt auch* Deskriptor-Form. *Wenn man die algebraische Nebenbedingung zweimal differenziert (das System hat den Index 2):*

$$f_a(x, y) = x^2 + y^2 - l^2 = 0$$

$$\frac{d}{dt} f_a(x, y) = 2x\dot{x} + 2y\dot{y} = 0$$

$$\frac{d^2}{dt^2} f_a(x, y) = 2\dot{x}^2 + 2x\ddot{x} + 2\dot{y}^2 + 2y\ddot{y} = 2(v_x^2 + v_y^2 + x\dot{v}_x + y\dot{v}_y) = 0 \,,$$

und in der Gleichung für die zweite Ableitung von f_a, *unter Verwendung der Bewegungsgleichungen, die Beschleunigungen durch Zustandsgrößen substituiert:*

$$v_x^2 + v_y^2 - \frac{q}{ml} \underbrace{(x^2 + y^2)}_{=l^2} - gy = 0, \; also \quad q = \frac{m}{l}(v_x^2 + v_y^2 - gy) \,,$$

erhält man schließlich das NTI-System

$$\dot{x} = v_x$$

$$\dot{v}_x = -\frac{1}{l^2}((v_x^2 + v_y^2)x - gy)$$

$$\dot{y} = v_y$$

$$\dot{v}_y = -\frac{1}{l^2}((v_x^2 + v_y^2)y + gx^2) \,.$$

In dieser Systemdarstellung sind allerdings die beiden Zustandsgrößen x *und* y *nicht unabhängig voneinander, sondern lassen sich, abgesehen vom Vorzeichen, auseinander berechnen:* $y = \pm\sqrt{l^2 - x^2}$. *Deswegen nennt man diese Zustandsraumdarstellung* nichtminimal. *Nach Differenzieren der Beziehung zwischen* x *und* y *läßt sich, bis auf das Vorzeichen, auch* v_y *aus* x *und* v_x *berechnen.*

Obwohl die Deskriptorform und die Darstellung als nichtminimales System in diesem einfachen Beispiel viel komplizierter aussehen als die Darstellung in Minimalkoordinaten, werden diese speziellen Zustandsraumformen sehr häufig gewählt, und zwar aus den folgenden Gründen:

- die Darstellung in Minimalkoordinaten ist für kompliziertere Mechanismen, als es das einfache Pendel darstellt, manchmal nur äußerst mühsam aufzustellen.

- außerdem werden die Gleichungen für die Minimalkoordinaten selbst oft enorm kompliziert und damit fehleranfällig beim Aufstellen und Programmieren.

Ein großer Nachteil der nichtminimalen Darstellung ist dagegen, daß die Nebenbedingungen nur in der zweifach differenzierten Form berücksichtigt werden. Dies bedeutet unter anderem, daß die Anfangswerte der Zustandsgrößen unbedingt so gewählt werden müssen, daß sie die kinematischen Nebenbedingungen erfüllen. Außerdem kann während der numerischen Lösung von nichtminimalen Differentialgleichungen die quantitative Einhaltung der Nebenbedingung langsam „abdriften", was eine *Stabilisierungsprozedur* erforderlich macht. Eine solche Prozedur korrigiert von Zeit zu Zeit die Zustandsgrößen derart, daß sie die algebraischen Nebenbedingungen wieder exakt erfüllen.

Diese Probleme kann man zum Teil vermeiden, wenn man direkt mit der Deskriptor-Form arbeitet. Für mechanische Systeme mit kinematischen Bindungen läßt sich die Deskriptor-Form relativ leicht automatisiert aufstellen. Sie enthält nämlich nur die Bewegungsgleichungen der beteiligten Starrkörper in ihrer einfachsten Form, dem *Impuls-* und dem *Drallsatz*, ergänzt um Gleichungen, die die Zwangsbedingungen beschreiben. Es gibt sehr effiziente numerische Diskretisierungen, die diese Gleichungen, ohne weitere formelmäßige Manipulationen, direkt in ein zeitdiskretes System mit endlich vielen Rechenoperationen umsetzen. Diese sogenannten *Projektionsverfahren* sind in einigen *MKS-Programmen* (MKS = *Mehrkörpersystem*) implementiert und in der entsprechenden Fachliteratur beschrieben.

Zum Schluß dieses Abschnitts werden, am Beispiel des einfachen Pendels, zwei weitere Ansätze zur Herleitung von Zustandsraumdarstellungen für DAE-Systeme betrachtet:

Beispiel 2.3 (nichtlineares Pendel, alternative Ansätze)
Wählt man den singulären Störungsansatz für das Pendel, erhält man durch Modifikation der DAE-Gleichungen das NTI-System

$$\dot{x} = v_x$$
$$\dot{v}_x = -\frac{q}{ml}x$$
$$\dot{y} = v_y$$
$$\dot{v}_y = -\frac{q}{ml}x - g$$
$$\epsilon \dot{q} = x^2 + y^2 - l^2 \, .$$

Bei diesem Ansatz gibt es allerdings keine Garantie, daß das resultierende System stabil ist: dies ist hier tatsächlich auch nicht der Fall. Erst die Addition der einmal *differenzierten Zwangsbedingung mit einem passenden Vorfaktor ρ stabilisiert das System:*

$$\dot{x} = v_x$$
$$\dot{v}_x = -\frac{q}{ml}x$$
$$\dot{y} = v_y$$
$$\dot{v}_y = -\frac{q}{ml}x - g$$
$$\epsilon\dot{q} = x^2 + y^2 - l^2 + \rho(xv_x + yv_y)\,.$$

Ein weiterer, in vergleichbaren Situationen sehr häufig verwendeter numerischer Trick besteht darin, den Stab durch die Parallelschaltung einer steifen Feder der Länge l und eines dazu passenden Dämpfers zu ersetzen. Ein solcher Ansatz ist automatisch stabil, da er das Modell eines passiven mechanischen Systems darstellt. Allerdings erfordert die steife Feder bei der Diskretisierung kleine Schrittweiten, was den Rechenaufwand bei der Simulation um so größer werden läßt, je genauer die Zwangsbedingung erfüllt sein soll. Wir kommen in Kapitel 3 auf diese Fragen zurück.

2.1.4   LTI-Systeme in MATLAB^{TM} und MATRIX$_x$^{TM}

In MATLAB^{TM}, MATRIX$_x$^{TM} und in ähnlichen Programmen gibt es viele fertige Berechnungswerkzeuge für LTI- und DLTI-Systeme. Dazu gehören zum Beispiel

- die Berechnung und Darstellung von Sprungantworten,

- die Berechnung und Darstellung von Frequenzgängen,

- die Berechnung der zugehörigen Übertragungsfunktion bzw. -matrix,

- die Berechnung der Eigenfrequenzen, Dämpfungen und Zeitkonstanten,

- die *Verschaltung* linearer Subsysteme zu größeren Systemen (Parallelschaltung, Reihenschaltung, Rückkopplung usw.)

- der lineare Regler- und Beobachterentwurf,

- die lineare Systemidentifikation.

LTI- und DLTI-Systeme werden normalerweise nur durch die vier Matrizen A, B, C, D repräsentiert. Wie bei allen Matrizen, wird die jeweilige Zeilen- und Spaltenzahl intern, zusammen mit den Komponenten der Matrizen, gespeichert. Sie kann vom Benutzer mit entsprechenden Funktionen abgefragt werden. Manchmal wird allerdings auch zusätzlich der Anfangswert $z^{(0)}$ der Zustandsgrößen als Systeminformation benötigt.

Bei den oben aufgezählten Berechnungswerkzeugen für LTI- und DLTI-Systeme werden die vier Matrizen und evtl. der Vektor der Anfangswerte als Parameter der entsprechenden MATLAB^{TM}- und MATRIX$_x$^{TM}-Funktionen eingegeben. Diese brechen vor der Ausführung mit einer Fehlermeldung ab, falls die Größen der Matrizen nicht kompatibel sind.

Beispiel 2.4 (Zweimassenschwinger als LTI-System in MATLAB^{TM})
Das folgende einfache MATLAB^{TM}-Programm beschreibt den Zweimassenschwinger aus Beispiel 1.10 als LTI-System und gibt Sprungantworten und Frequenzgänge (Bild 28) jeweils für die Aufbaubeschleunigung und die dynamische Radlast aus. Zur besseren Veranschaulichung wurde die Dämpfung extrem klein gewählt:

```
% Zweimassenschwinger
ca=20000; da=100; ma=300; cr=200000; mr=30;
A=[0,1,0,0;-ca/ma,-da/ma,ca/ma,da/ma;
   0,0,0,1;ca/mr,da/mr,-(cr+ca)/mr,-da/mr];
B=[0;0;0;cr/mr];
C=[-ca/ma,-da/ma, ca/ma,da/ma;0,0,-cr/mr,0];
D=[0;cr/mr];
%
step(A,B,C,D); pause; bode(A,B,C,D);
```

2.1.5 Betriebspunkt und Linearisierung

Häufig benötigt man in der Systemdynamik *lineare* Modelle von *nichtlinearen* Systemen - eigentlich ein Ding der Unmöglichkeit. Das Systemverhalten von nichtlinearen Systemen hängt nämlich unter anderem vom momentanen Systemzustand ab. Ein Fahrzeug bei Geradeausfahrt reagiert völlig anders auf kleine Lenkkorrekturen als ein Fahrzeug mit der gleichen Geschwindigkeit, aber bei extremer Kurvenfahrt. Dies kann man unmöglich mit einem einzigen linearen Modell beschreiben.

Wenn man ein nichtlineares System *linearisieren* will, muß man also zunächst den *Betriebspunkt* wählen. Dieser wird durch einen Wert des Zustandsvektors charakterisiert. Hat man für diesen Zustandsvektor ein lineares System gefunden, das ungefähr das Verhalten des ursprünglichen Systems widerspiegelt, muß man daran denken, daß dies meist nur in der näheren „Umgebung" des Betriebspunktes gilt. Man muß also sicherstellen, daß man sich bei der Analyse des linearen Systems, zum Beispiel mit Hilfe einer Simulation, nicht zu weit vom Betriebspunkt wegbewegt. Dies kann man normalerweise dadurch

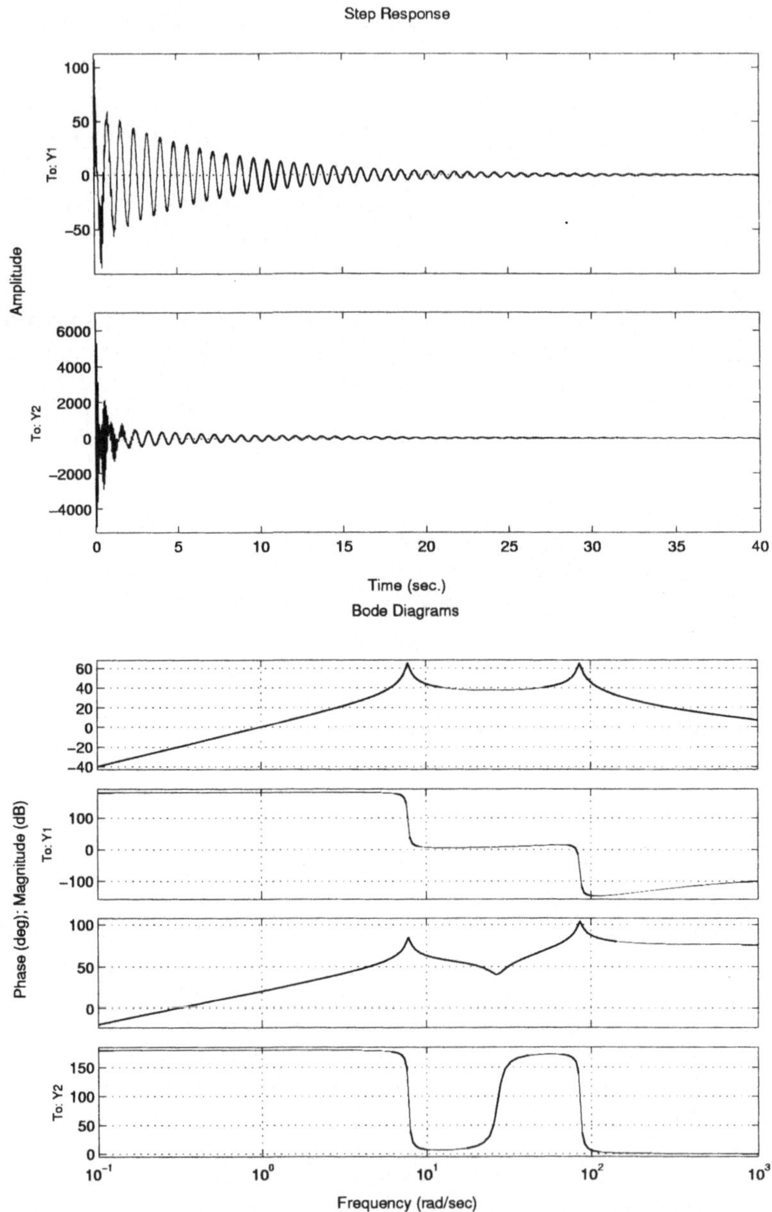

Bild 28: Zweimassenschwinger: Sprungantworten und Frequenzgänge mit MATLAB^{TM}

sicherstellen, daß man das System nur durch kleine Änderungen in den Eingangsgrößen stimuliert.

Was passiert aber, wenn man die Eingangsgrößen überhaupt nicht ändert, also konstant hält? Das System sollte dann natürlich nicht von alleine seinen Betriebspunkt und damit den Bereich der Gültigkeit des linearen Systems verlassen. Dies bedeutet aber nichts anderes, als daß der Betriebspunkt eine *Gleichgewichtslage* (s. Abschnitt 1.5.6) des Systems darstellen muß. Außerdem muß das System *zeitinvariant* sein, denn sonst könnte das System ebenfalls von allein den Betriebspunkt verlassen.

Will man die Gleichgewichtslage eines Systems, und damit den Betriebspunkt für eine Linearisierung, berechnen, muß man zunächst Werte für die Systemeingänge wählen und diese „einfrieren":

$$e(t) = \hat{e} = \text{const.} \tag{55}$$

Die zugehörige Gleichgewichtslage ist ein *Verharrungszustand* und wird beschrieben durch einen Zustandsvektor $\hat{z}$ (vgl. Abschnitt 1.5.6), der konstant ist, für den also gilt

$$\dot{\hat{z}} = f(\hat{z}, \hat{e}, p) = 0 \,. \tag{56}$$

Gleichung (56) stellt ein *algebraisches Gleichungssystem* zur Berechnung der Gleichgewichtslage $\hat{z}$ zu $\hat{e}$ dar.

Ist das System in einer Gleichgewichtslage stabil, kann man diese auch durch eine Simulation berechnen, indem man es bei eingefrorenen Eingangsgrößen *einschwingen* läßt. Oft ist dies jedoch rechenaufwendiger, als direkt das algebraische System zu lösen. In der Mechanik entspricht das Berechnen der Gleichgewichtslage einer *Statik*-Rechnung. Die Eingänge sind aufgeprägte Lasten, also Kräfte und Momente. In der Elektronik nennt man den Betriebspunkt bzw. die Gleichgewichtslage einen *Bias-Punkt*. Eingänge sind hier die an die Schaltung angelegten konstanten Spannungen oder Ströme.

Beispiel 2.5 (hydraulische Hubvorrichtung: Betriebspunkt)
In Bild 29 ist eine hydraulische Hubvorrichtung für eine federnd aufgehängte Last m dargestellt.

Die Vorrichtung, die die Masse mit definierter Geschwindigkeit anzuheben gestattet, verfügt über eine sehr groß dimensionierte Pumpe und ein als ideal angenommenes Druckregelventil. Zur Vereinfachung wird also angenommen, daß der Versorgungsdruck p_v unabhängig von der Last, exakt und ohne Verzögerung eingestellt

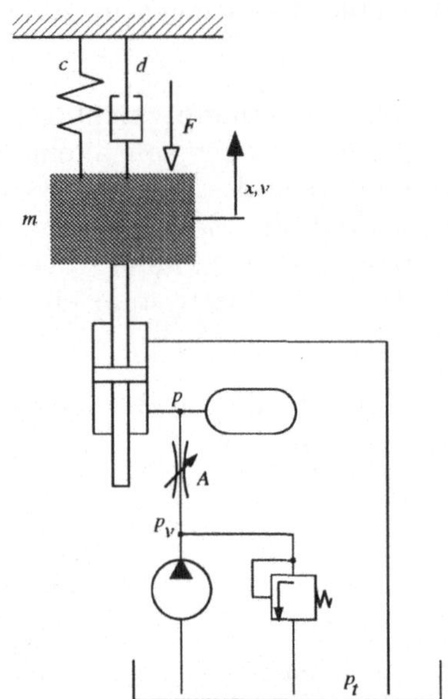

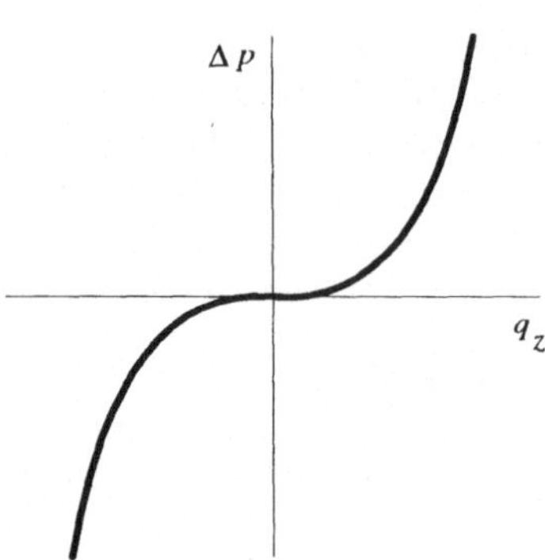

Bild 30: Drosselkennlinie

Bild 29: hydraulische Hubvorrichtung

werden kann. Pumpe und Druckregelventil müssen somit nicht modelliert werden. Die Vorrichtung läßt ein schnelles Absenken der Masse nur durch Abschalten des Versorgungsdrucks zu. Besser, aber für die Modellierung viel aufwendiger wäre ein Vierwegeventil, mit dem die Masse bei konstantem Versorgungsdruck auf jede Höhe gebracht werden kann.

Die Zustandsgrößen *des Systems sind*

- *die Höhe x der Masse,*

- *die Geschwindigkeit v der Masse und*

- *der Druck p im Druckspeicher,*

also $z = \begin{bmatrix} x & v & p \end{bmatrix}^T$. *Die* Eingangsgrößen *sind*

- *der Versorgungsdruck p_v,*

- *der relative Öffnungsgrad A der Drosselblende und*

- *eine zusätzlich der Masse aufgeprägte Kraft F,*

also $e = \begin{bmatrix} p_v & A & F \end{bmatrix}^T$. *Der Versorgungsdruck p_v fällt über eine verstellbare Drosselblende zum Druck p im Druckspeicher ab. Diese Druckdifferenz Δp ist eine Funk-*

tion des als turbulent *angenommenen Durchflusses (Stroms)* q_z *durch die Drosselblende (Bild 30):*

$$\Delta p = p_v - p = \frac{R_m}{A^2} q_z \, |q_z| \, ,$$

wobei R_m *den Strömungswiderstand der Drossel bei voll geöffneter Blende* $(A = 1)$ *bezeichnet. Aufgelöst nach* q_z *erhält man*

$$q_z = A \, \text{sign}(p_v - p) \sqrt{\frac{|p_v - p|}{R_m}} \, .$$

Dieser Strom fließt in *den Druckspeicher. Aus dem Druckspeicher heraus fließt der Volumenstrom* q_A *zur Betätigung des Zylinders. Für das im Druckspeicher befindliche* Ölvolumen V *gilt somit*

$$\dot{V} = q_z - q_a \, .$$

Der Strom q_a*, der in den Zylinder fließt, setzt sich aus zwei Anteilen zusammen:*

$$q_a = A_k v + q_l \, , \quad q_l = G_l \cdot (p - p_t) \, .$$

Darin ist A_k *die wirksame Kolbenfläche und* G_l *der* Leckölbeiwert, *der den durch die Kolbendichtung fließenden* Leckstrom q_l *beeinflußt, und* p_t *der Druck im Tank, der normalerweise mit dem Umgebungsdruck übereinstimmt.*

Der Druckspeicher ist zur Reduktion von Druckstößen beim schnellen Schließen der Drossel vorgesehen. Außerdem wird damit im Modell, jedenfalls in erster Näherung, die Ölkompressibilität *und die* Volumensteifigkeit *der Zuleitung berücksichtigt.*

Der Druckspeicher ist als Gashydrospeicher *ausgeführt. Das Ölvolumen im Speicher ist durch eine Membran von einem Gasvolumen getrennt. Befindet sich kein Öl im Speicher, hat das Gas das Volumen* V_0 *und den Druck* p_0*. Es gilt*

$$p_0 V_0^n = p \, (V_0 - V)^n \, .$$

n *ist der* Polytropenkoeffizient. *Es ist* $n = 1$ *bei isothermer (langsamer) Zustandsänderung, und* $n = 1.4$ *bei adiabatischer (schneller) Zustandsänderung.*

Löst man diese Gleichung nach V *auf und differenziert man nach der Zeit, erhält man nacheinander*

$$V = V_0 \left(1 - \sqrt[n]{\frac{p_0}{p}} \right) \, , \quad \dot{V} = \frac{V_0}{np} \sqrt[n]{\frac{p_0}{p}} \, \dot{p} = (q_z - q_a) \, ,$$

woraus die Systemgleichung für die Zustandsgröße p folgt:

$$\dot{p} = \frac{np}{V_0} \sqrt[n]{\frac{p}{p_0}} \, (q_z - q_a)$$

$$= \frac{np}{V_0} \sqrt[n]{\frac{p}{p_0}} \left(A \, \operatorname{sign}(p_v - p) \sqrt{\frac{|p_v - p|}{R_m}} - A_k v - G_l \cdot (p - p_t) \right) .$$

Auf die Masse m wirken fünf Kräfte: die hydraulische Kraft $F_{hyd} = A_k(p - p_t)$, die Federkraft $F_c = -cx$, die Dämpferkraft $F_d = -dv$, die aufgeprägte Kraft F und die Gewichtskraft $-mg$. Daraus folgen die beiden anderen Systemgleichungen

$$\dot{x} = v \, , \quad \dot{v} = \frac{1}{m} \left(A_k(p - p_t) - cx - dv - F \right) - g \, .$$

Somit lautet die nichtlineare Zustandsraumdarstellung

$$\dot{z} = \begin{bmatrix} z_2 \\[2mm] \dfrac{1}{m} \left(A_k(z_3 - p_t) - cz_1 - dz_2 - e_3 \right) - g \\[2mm] \dfrac{nz_3}{V_0} \sqrt[n]{\dfrac{z_3}{p_0}} \left(e_2 \, \operatorname{sign}(e_1 - z_3) \sqrt{\dfrac{|e_1 - z_3|}{R_m}} - A_k z_2 - G_l \cdot (z_3 - p_t) \right) \end{bmatrix} .$$

Für eine Gleichgewichtlage folgt nach etwas mühseliger Rechnung, die man zum Beispiel auch MAPLE^{TM} überlassen könnte,

$$\hat{z}_2 = 0$$

$$\hat{z}_3 = p_t + \frac{\hat{e}_2^2}{2R_m G_l'^2} \left(-1 + \sqrt{1 + \frac{4R_m G_l'^2}{\hat{e}_2^2}(\hat{e}_1 - p_t)} \right)$$

$$\hat{z}_1 = \frac{1}{c} \left((A_k(\hat{z}_3 - p_t) - \hat{e}_3) - mg \right) .$$

Zur Lösung des Gleichungssystems wurde zunächst angenommen, daß $\hat{z}_3 \le \hat{e}_1$, also $p \le p_v$. Die Gültigkeit der Annahme kann man nach erfolgter Berechnung von $\hat{z}$ leicht überprüfen. Streng genommen müßte man allerdings auch untersuchen, ob nicht die entgegengesetzte Annahme $p > p_v$ ebenfalls zu einer physikalisch möglichen Lösung führt. Dies ist hier nicht der Fall.

Außerdem ist zu beachten, daß aus physikalischen Gründen bei der Lösung der quadratischen Gleichung für $\hat{z}_3$ nur eine der beiden Lösungen, nämlich die positive, relevant ist.

Die Gleichungen für den Betriebspunkt beschreiben den stationären *Zusammenhang zwischen Eingangsgrößen und Systemantwort. So läßt sich zum Beispiel daraus das Kennfeld* $x_{stat} = f(A, p_v)$ *(„Hub als Funktion von Drosselöffnung und Versorgungsdruck, im eingeschwungenen Zustand, ohne zusätzliche Last") ableiten: es ist* $x_{stat} = \hat{z}_1$ *für* $\hat{e}_1 = p_v$, $\hat{e}_1 = A$, $\hat{e}_3 = 0$. *Für die Parameter*

$$p_v^{max} = 100\,bar\,, \quad p_t = 1\,bar\,, \quad p_0 = 20\,bar\,, \quad R_m = 4.5 \cdot 10^5\,\frac{bar \cdot s^2}{m^6}$$

$$A_k = 0.0015\,m^2\,, \quad G_l = 3.0 \cdot 10^{-6}\,\frac{m^3}{bar \cdot s}\,, \quad m = 100\,kg\,, \quad d = 500\,\frac{N \cdot s}{m}$$

$$c = 10^4\,\frac{N}{m}\,, \quad V_0 = 0.01\,m^3\,, \quad n = 1.4$$

erhält man das in Bild 31 dargestellte Kennfeld.

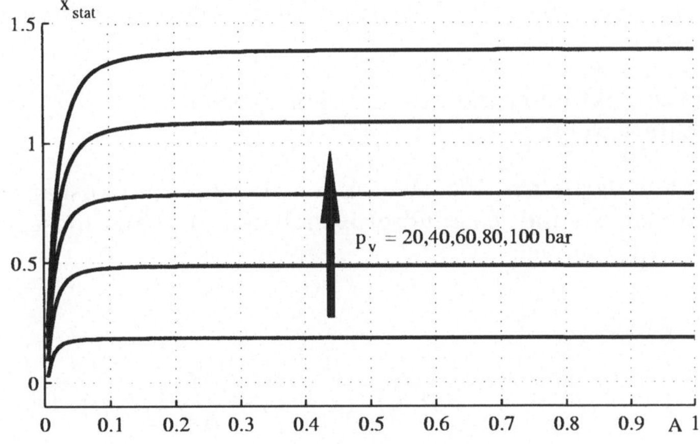

Bild 31: *Hubvorrichtung: stationäres Kennfeld*

In MATLAB^{TM} steht zur Betriebspunktberechnung die Funktion `trim` zur Verfügung, falls das System in Form eines Simulink^{TM}-Modells vorliegt. Simulink^{TM} ist eine graphische Oberfläche zu MATLAB^{TM}, in der Systeme in Form von Blockschaltbildern (oder *Strukturbildern*) eingegeben werden (s. Abschnitt 2.4).

`trim` ist eine sehr allgemein gehaltene Funktion, mit der man unterschiedliche Aufgabenstellungen lösen kann. Zur Berechnung des Betriebspunktes kann man das folgende kleine MATLAB^{TM}-Programm verwenden (darin steht `sfun`

für den Namen eines beliebigen Simulink ^{TM}-Modells, der vom Benutzer eingesetzt werden muß):

```
% Abfrage der Anzahl von Eingaengen, Zustaenden, Ausgaengen
  [sizes,z0] = sfun([ ],[ ],[ ],0);
% Vorgabe der Eingangsgroessen, z.B. e = [1,0,..,0]'
  e = zeros(sizes(4,1);
  e(1) = 1;
% Startwert zur Loesung des Gleichungssystems,
% z.B. gleich Anfangswert der Simulation
  z = z0;
% Generierung eines Ausgangsvektors der richtigen Laenge
  a = zeros(sizes(3),1);
% Aufruf von trim
  [z,e,a] = trim('sfun',z,e,a,[ ],1:sizes(4),[ ]);
```

`trim` ist, vor allem bei extrem nichtlinearen Systemen, nicht immer sehr zu-
verlässig. Kennt man eine gute Näherung für $\hat{z}$, sollte man diese anstelle von
$z^{(0)}$ verwenden.

Ist der Betriebspunkt berechnet, kann in einem zweiten Schritt die *Linearisierung* durchgeführt werden.

Dazu werden alle *partiellen Ableitungen* der System- und Ausgangsfunktionen
nach allen Eingangs- und Zustandsgrößen benötigt. Falls diese Ableitungen
alle existieren, ist nämlich

$$
\begin{aligned}
\dot{z} &= f(z,e,p) \\
&\approx f(\hat{z},\hat{e},p) + \frac{\partial f}{\partial z}(\hat{z},\hat{e},p)\cdot(z-\hat{z}) + \frac{\partial f}{\partial e}(\hat{z},\hat{e},p)\cdot(e-\hat{e}) \\
&= \frac{\partial f}{\partial z}(\hat{z},\hat{e},p)\cdot(z-\hat{z}) + \frac{\partial f}{\partial e}(\hat{z},\hat{e},p)\cdot(e-\hat{e}) \\
&= A(z-\hat{z}) + B(e-\hat{e})
\end{aligned}
\tag{57}
$$

und

$$
\begin{aligned}
a &= g(z,e,p) \\
&\approx g(\hat{z},\hat{e},p) + \frac{\partial g}{\partial z}(\hat{z},\hat{e},p)\cdot(z-\hat{z}) + \frac{\partial g}{\partial e}(\hat{z},\hat{e},p)\cdot(e-\hat{e}) \\
&= \hat{a} + \frac{\partial g}{\partial z}(\hat{z},\hat{e},p)\cdot(z-\hat{z}) + \frac{\partial g}{\partial e}(\hat{z},\hat{e},p)\cdot(e-\hat{e}) \\
&= \hat{a} + C(z-\hat{z}) + D(e-\hat{e}),
\end{aligned}
\tag{58}
$$

wobei

$$\frac{\partial \boldsymbol{f}}{\partial \boldsymbol{z}} = \begin{bmatrix} \dfrac{\partial f_1}{\partial z_1} & \dfrac{\partial f_1}{\partial z_2} & \cdots & \dfrac{\partial f_1}{\partial z_n} \\[2ex] \dfrac{\partial f_2}{\partial z_1} & \dfrac{\partial f_2}{\partial z_2} & \cdots & \dfrac{\partial f_2}{\partial z_n} \\[2ex] \vdots & \vdots & \ddots & \vdots \\[2ex] \dfrac{\partial f_n}{\partial z_1} & \dfrac{\partial f_n}{\partial z_2} & \cdots & \dfrac{\partial f_n}{\partial z_n} \end{bmatrix} , \quad \frac{\partial \boldsymbol{g}}{\partial \boldsymbol{z}} \text{ entsprechend.} \tag{59}$$

Bei kleinen Abweichungen der Eingangsgrößen $\boldsymbol{e}$ von $\hat{\boldsymbol{e}}$ gelten also näherungsweise die Gleichungen des linearen Systems

$$\boxed{\begin{aligned} \dot{\bar{\boldsymbol{z}}} &= \boldsymbol{A}\bar{\boldsymbol{z}} + \boldsymbol{B}\bar{\boldsymbol{e}} \\[1.5ex] \bar{\boldsymbol{a}} &= \boldsymbol{C}\bar{\boldsymbol{z}} + \boldsymbol{D}\bar{\boldsymbol{e}} \end{aligned}} \tag{60}$$

mit

$$\boxed{\begin{aligned} \bar{\boldsymbol{z}}(t) &= \boldsymbol{z}(t) - \hat{\boldsymbol{z}} , \quad \bar{\boldsymbol{e}}(t) = \boldsymbol{e}(t) - \hat{\boldsymbol{e}} , \quad \bar{\boldsymbol{a}}(t) = \boldsymbol{a}(t) - \hat{\boldsymbol{a}} , \\[2ex] \boldsymbol{A} &= \frac{\partial \boldsymbol{f}}{\partial \boldsymbol{z}}(\hat{\boldsymbol{z}}, \hat{\boldsymbol{e}}, \boldsymbol{p}) , \quad \boldsymbol{B} = \frac{\partial \boldsymbol{f}}{\partial \boldsymbol{e}}(\hat{\boldsymbol{z}}, \hat{\boldsymbol{e}}, \boldsymbol{p}) , \\[2ex] \boldsymbol{C} &= \frac{\partial \boldsymbol{g}}{\partial \boldsymbol{z}}(\hat{\boldsymbol{z}}, \hat{\boldsymbol{e}}, \boldsymbol{p}) , \quad \boldsymbol{D} = \frac{\partial \boldsymbol{g}}{\partial \boldsymbol{e}}(\hat{\boldsymbol{z}}, \hat{\boldsymbol{e}}, \boldsymbol{p}) . \end{aligned}} \tag{61}$$

Die Systemmatrizen $\boldsymbol{A}$, $\boldsymbol{B}$, $\boldsymbol{C}$, $\boldsymbol{D}$, die ja konstant sind, werden berechnet, indem in die Ausdrücke für die partiellen Ableitungen der Betriebspunkt, also $\boldsymbol{e} = \hat{\boldsymbol{e}}$, $\boldsymbol{z} = \hat{\boldsymbol{z}}$ eingesetzt wird.

Das formelmäßige Herleiten der partiellen Ableitungen ist dabei, von Ausnahmen abgesehen, äußerst mühsam und fehleranfällig. Deswegen wird die Linearisierung meist durch *numerisches* Differenzieren bewerkstelligt, was man vollständig dem Rechner überlassen kann. Hier verwendet man oft den *symmetrischen Differenzenquotienten*

$$\boxed{\frac{\partial f_i}{\partial \hat{z}_j}(\hat{\boldsymbol{z}}, \hat{\boldsymbol{e}}, \boldsymbol{p}) \approx \frac{f_i(\ldots, \hat{z}_j + \epsilon, \ldots, \hat{\boldsymbol{e}}, \boldsymbol{p}) - f_i(\ldots, \hat{z}_j - \epsilon, \ldots, \hat{\boldsymbol{e}}, \boldsymbol{p})}{2\epsilon}} . \tag{62}$$

Für ϵ wählt man, bei Rechnung mit doppelt genauen Gleitpunktzahlen, einen Wert zwischen 10^{-5} und 10^{-7}, vgl. [14]. Diese Schrittweiten bewirken normalerweise einen vernünftigen Kompromiß zwischen dem (theoretischen) *Abbruchfehler* und dem Fehler durch *Auslöschung* bei der Differenzenbildung. Übrigens werden die gleichen partiellen Ableitungen von f auch bei der Berechnung des Betriebspunktes selbst benötigt, wenn dies mit dem *Newtonverfahren* oder einer verwandten Methode geschieht, vgl. [14].

Für ein NTI-System mit bekannter Linearisierung gilt die wichtige Stabilitätsaussage:

Ein NTI-System ist in einem Betriebspunkt grenzstabil, wenn alle partiellen Ableitungen der Systemfunktion in der Nähe des Betriebspunktes stetig sind und alle Eigenwerte der linearisierten Systemmatrix negativen Realteil haben.

In der Praxis wird manchmal übersehen, daß es wenig Sinn macht, Systeme mit unstetiger oder nicht differenzierbarer Systemfunktion im obigen Sinn zu „linearisieren". Solche Unstetigkeiten entstehen zum Beispiel durch trockene Reibung, durch Kennlinien mit Knicken, durch Anschläge oder Lose usw., vgl. Abschnitt 3.7. In allen diesen Fällen sollte vor dem Versuch der Linearisierung sichergestellt werden, daß die Systemfunktion wenigstens in der Nähe des Betriebspunktes differenzierbar ist. Im Fall der trockenen Reibung ist dies fast nie der Fall, denn die Unstetigkeit der Reibkennlinie liegt bei $v = 0$, und im Betriebspunkt sind automatisch alle diejenigen Geschwindigkeiten Null, für die der zugehörige Weg eine Zustandsgröße des Systems darstellt. Es gibt noch andere Ansätze zur Linearisierung, zum Beispiel die *harmonische Balance*, bei denen sich eine nicht differenzierbare Systemfunktion weniger schädlich auswirkt, die aber dafür viel schwerer zu handhaben sind. Auf diese Ansätze wird hier nicht weiter eingegangen.

Beispiel 2.6 (Linearisierung)
Das folgende System mit der Eingangsfunktion $e(t)$ hat zu $\hat{e} = -3$ den Betriebspunkt $\hat{u} = 1$, $\hat{v} = 0$, $\hat{a} = 1$:

$$\dot{u} = 6\cos(2\pi v) - 3u + e$$

$$\dot{v} = 10^{-3(u+v)} - 10^e$$

$$a = u^2 + v^2 \,.$$

Die benötigten partiellen Ableitungen lauten

$$\frac{\partial f_1}{\partial u} = -3 \,, \quad \frac{\partial f_1}{\partial v} = -12\pi \sin(2\pi v) \,, \quad \frac{\partial f_2}{\partial u} = \frac{\partial f_2}{\partial v} = -3\ln 10 \cdot 10^{-3(u+v)} \,,$$

$$\frac{\partial f_1}{\partial e} = 1 \,, \quad \frac{\partial f_2}{\partial e} = -\ln 10 \cdot 10^e \,, \quad \frac{\partial a}{\partial u} = 2u \,, \quad \frac{\partial a}{\partial v} = 2v \,, \quad \frac{\partial a}{\partial e} = 0 \,,$$

also, nach Einsetzen der Zahlenwerte des Betriebspunktes,

$$A = \begin{bmatrix} -3 & 0 \\ -0.0069 & -0.0069 \end{bmatrix} \,, \quad B = \begin{bmatrix} 1 \\ -0.0023 \end{bmatrix} \,,$$

$$C = \begin{bmatrix} 2 & 0 \end{bmatrix} \,, \quad D = \begin{bmatrix} 0 \end{bmatrix} \,.$$

A *ist eine Dreiecksmatrix, hat also die Eigenwerte (vgl. Anhang A.1.4)* $\lambda_{1,2} =$ $-3 \,, -0.0069$. *Somit ist das System im Betriebspunkt grenzstabil.*

In MATLAB^{TM} kann ein NTI-System mit der Funktion `linmod` linearisiert werden, falls es in Form eines Simulink^{TM}-Modells vorliegt. Der Aufruf ist einfach und selbsterklärend:

```
[A,B,C,D] = linmod('sfun',z,e);
```

Vor `linmod` wird normalerweise `trim` (s.o.) aufgerufen; nach `linmod` empfiehlt es sich, die Eigenwerte von A zu berechnen: `lambda=eig(A)`. `lambda` ist der Vektor der, möglicherweise komplexen, Eigenwerte von A, mit deren Hilfe entschieden werden kann, ob das linearisierte System stabil ist. Der Parametervektor p tritt hier übrigens weder in `trim` noch in `linmod` auf, obwohl dies möglich wäre. Normalerweise werden die aktuellen Werte der System-Parameter in einem *globalen Arbeitsspeicher* abgelegt, zu dem alle MATLAB^{TM}-Funktionen direkten Zugriff haben.

Beispiel 2.7 (hydraulische Hubvorrichtung: Linearisierung)
`linmod` *liefert folgende Linearisierungen des Systems aus Beispiel 2.5 (die Matrizen* C *und* D *werden aus Platzgründen nicht angegeben):*

- $\hat{e} = \begin{bmatrix} 100 & 0.01 & 0 \end{bmatrix}^T$:

$$A = \begin{bmatrix} 0 & 1 & 0 \\ -100 & -5 & 1.5 \\ 0 & -13.55 & -0.0358 \end{bmatrix} \,, \quad B = \begin{bmatrix} 0 & 0 & 0 \\ 0 & 0 & -0.01 \\ 0.0087 & 104.68 & 0 \end{bmatrix}$$

- $\hat{e} = [\ 100\quad 0.1\quad 0\ ]^T:$

$$
A = \begin{bmatrix} 0 & 1 & 0 \\ -100 & -5 & 1.5 \\ 0 & -62.17 & -1.735 \end{bmatrix}, \quad
B = \begin{bmatrix} 0 & 0 & 0 \\ 0 & 0 & -0.01 \\ 1.6104 & 118.52 & 0 \end{bmatrix}
$$

- $\hat{e} = [\ 100\quad 1\quad 0\ ]^T:$

$$
A = \begin{bmatrix} 0 & 1 & 0 \\ -100 & -5 & 1.5 \\ 0 & -66.25 & -165.44 \end{bmatrix}, \quad
B = \begin{bmatrix} 0 & 0 & 0 \\ 0 & 0 & -0.01 \\ 165.29 & 13.11 & 0 \end{bmatrix}
$$

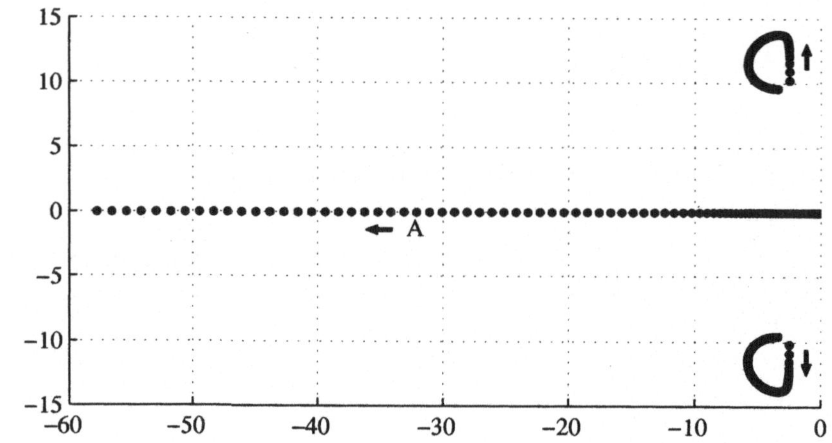

Bild 32: *Hubvorrichtung: Eigenwerte in Abhängigkeit vom Betriebspunkt*

In Bild 32 sind die Eigenwerte der linearisierten Systemmatrizen für Drosselblenden-Öffnungen von A = 0 → 0.6 aufgetragen. Dabei wird deutlich, daß das System zwar in allen Betriebspunkten stabil, jedoch insgesamt extrem nichtlinear ist. Die Eigenwerte hängen nämlich sehr stark vom Betriebspunkt ab. Dies gilt in besonderem Maß für den reellen Eigenwert.

2.1.6 Normalformen im linearen Fall

Wie in Abschnitt 1.4 schon erwähnt, liegen die Zustandsgrößen eines dynamischen Systems nicht fest: man kann immer von einer Zustandsraumbeschreibung auf beliebig viele andere überwechseln. Dabei bleibt lediglich die *Anzahl* der Zustandsgrößen und das *Eingangs-Ausgangsverhalten* des Systems unverändert.

Besonders deutlich und einfach wird dies bei LTI-Systemen, wo der Wechsel zwischen zwei verschiedenen Systembeschreibungen allein durch Angabe einer Transformationsmatrix $\boldsymbol{T}$ beschrieben werden kann, die quadratisch, nichtsingulär und konstant sein muß.

Ist $\boldsymbol{z}(t)$ der ursprüngliche Vektor der Systemzustände, dann gelten für den neuen, transformierten Vektor $\bar{\boldsymbol{z}}(t) = \boldsymbol{T}\boldsymbol{z}(t)$ die Gleichungen

$$\begin{aligned}
\dot{\bar{\boldsymbol{z}}} &= \boldsymbol{T}\dot{\boldsymbol{z}} = \boldsymbol{T}(\boldsymbol{A}\boldsymbol{z} + \boldsymbol{B}e) = \boldsymbol{T}\boldsymbol{A}\boldsymbol{z} + \boldsymbol{T}\boldsymbol{B}e \\
&= \boldsymbol{T}\boldsymbol{A}\boldsymbol{T}^{-1}\bar{\boldsymbol{z}} + \boldsymbol{T}\boldsymbol{B}e = \bar{\boldsymbol{A}}\bar{\boldsymbol{z}} + \bar{\boldsymbol{B}}e \\
a &= \boldsymbol{C}\boldsymbol{z} + \boldsymbol{D}e = \boldsymbol{C}\boldsymbol{T}^{-1}\bar{\boldsymbol{z}} + \boldsymbol{D}e = \bar{\boldsymbol{C}}\bar{\boldsymbol{z}} + \bar{\boldsymbol{D}}e \\
\bar{\boldsymbol{z}}^{(0)} &= \boldsymbol{T}\boldsymbol{z}^{(0)} .
\end{aligned}$$

(63)

Die beiden LTI-Systeme, definiert durch

$$(\boldsymbol{A}, \boldsymbol{B}, \boldsymbol{C}, \boldsymbol{D}, \boldsymbol{z}^{(0)}) \tag{64}$$

und

$$(\bar{\boldsymbol{A}}, \bar{\boldsymbol{B}}, \bar{\boldsymbol{C}}, \bar{\boldsymbol{D}}, \bar{\boldsymbol{z}}^{(0)}) = (\boldsymbol{T}\boldsymbol{A}\boldsymbol{T}^{-1}, \boldsymbol{T}\boldsymbol{B}, \boldsymbol{C}\boldsymbol{T}^{-1}, \boldsymbol{D}, \boldsymbol{T}\boldsymbol{z}^{(0)}) \tag{65}$$

beschreiben also zwei Systeme mit exakt gleichem Eingangs-Ausgangsverhalten, aber unterschiedlicher innerer Struktur. Die Systemmatrizen $\boldsymbol{A}$ und $\bar{\boldsymbol{A}}$ haben die gleichen Eigenwerte.

Beispiel 2.8 (LTI-Systeme: Zustandstransformation)
Das LTI-System mit

$$\boldsymbol{A} = \begin{bmatrix} -7 & -2 \\ 2 & -2 \end{bmatrix}, \quad \boldsymbol{B} = \begin{bmatrix} 2 \\ 1 \end{bmatrix}, \quad \boldsymbol{C} = [\, 2 \;\; 1 \,], \quad \boldsymbol{D} = 1, \quad \boldsymbol{z}^{(0)} = \begin{bmatrix} 1 \\ 0 \end{bmatrix}$$

wird durch die Transformationsmatrix $\boldsymbol{T} = \begin{bmatrix} 2 & 1 \\ 1 & 2 \end{bmatrix}$ *in das System*

$$\bar{\boldsymbol{A}} = \begin{bmatrix} -6 & 0 \\ 0 & -3 \end{bmatrix}, \quad \bar{\boldsymbol{B}} = \begin{bmatrix} 3 \\ 0 \end{bmatrix}, \quad \bar{\boldsymbol{C}} = [\, 1 \;\; 0 \,], \quad \bar{\boldsymbol{D}} = 1, \quad \bar{\boldsymbol{z}}^{(0)} = \begin{bmatrix} 2 \\ 1 \end{bmatrix}$$

überführt. Bei gleicher Eingangsfunktion $e(t)$ erzeugen beide Systeme die gleiche Ausgangsfunktion $a(t)$.

Ähnliche Transformationsregeln gelten auch für alle anderen Systemtypen. So haben auch die beiden NTV-Systeme

$$\dot{z} = f(z, e, p, t)$$
$$a = g(z, e, p, t)$$
$$z(t_0) = z^{(0)}$$
(66)

und

$$\dot{\bar{z}} = T f(T^{-1}\bar{z}, e, p, t)$$
$$a = g(T^{-1}\bar{z}, e, p, t)$$
$$\bar{z}(t_0) = T z^{(0)}$$
(67)

exakt das gleiche Eingangs-Ausgangsverhalten, falls die Transformationsmatrix T konstant ist.

Der Vorteil einer solchen Zustandstransformation ist jedoch nur bei LTI-Systemen wirklich erkennbar, wo durch geeignete Wahl von T das System in eine von mehreren *Normalformen* überführt werden kann, die entweder

- *besonders einfach zu analysieren* sind (wichtig zum Beispiel für den Entwurf von Reglern), oder

- bei der Simulation *besonders wenig Rechenaufwand* erfordern, oder

- bei der Simulation *besonders unempfindlich gegenüber Rundungsfehlern* sind.

Normalformen sind im linearen Fall immer durch die *Besetzungsstruktur* der Systemmatrix definiert, also durch die Anzahl und die Position der Nullen in $\bar{A}$. Die wichtigsten Normalformen sind:

- die *Diagonalform*:

$$\bar{A} = \begin{bmatrix} a & & & & & & \\ & b & & & & & \\ & & c & & & & \\ & & & d & & & \\ & & & & e & & \\ & & & & & f & \\ & & & & & & g \end{bmatrix}$$
(68)

Diese Normalform ist bei schwingfähigen Systemen komplexwertig, denn die Elemente auf der Hauptdiagonalen sind gerade die Eigenwerte von A. Diese Normalform existiert nicht für jedes System, aber auf jeden Fall für solche mit n verschiedenen Eigenwerten oder solche mit symmetrischer Systemmatrix. Die Transformationsmatrix ist die *Modalmatrix* von A, s. Anhang A.1.5. Diese Normalform führt zu einer vollständigen Entkopplung des transformierten Systems. Man erhält n, unter Umständen komplexe, Differentialgleichungen erster Ordnung, die unabhängig voneinander analysiert und gelöst werden können.

- Die *Jordansche Normalform*:

$$\bar{A} = \begin{bmatrix} a & 1 & & & & & \\ & a & 1 & & & & \\ & & a & & & & \\ & & & b & 1 & & \\ & & & & b & & \\ & & & & & c & \\ & & & & & & d \end{bmatrix} . \tag{69}$$

Auch diese Normalform ist bei schwingfähigen Systemen komplex, denn die Elemente auf der Hauptdiagonalen sind wieder die Eigenwerte von A. Im Gegensatz zur Diagonalform existiert die Jordansche Normalform jedoch für *jedes* System. Die Anzahl und die Positionen der Einsen auf der ersten Nebendiagonalen hängen von A ab. Die Jordansche Normalform entkoppelt das System in Subsysteme, deren Größe durch die Einsen auf der Nebendiagonale bestimmt ist. Im obigen Beispiel sind dies ein 3×3-, ein 2×2- und zwei 1×1-Systeme. Diese Normalform ist nicht leicht zu berechnen und vor allem für theoretische Untersuchungen interessant. Existiert die Diagonalform, stimmt diese automatisch mit der Jordanschen Normalform überein.

- Die *Blockdiagonal-Normalform*:

$$\bar{A} = \begin{bmatrix} a & b & & & & & \\ -b & a & & & & & \\ & & c & d & & & \\ & & -d & c & & & \\ & & & & e & f & \\ & & & & -f & e & \\ & & & & & & g \end{bmatrix} . \tag{70}$$

Diese Normalform ist immer reell. Sie existiert genau dann, wenn die Diagonalform existiert, also jedenfalls für Systeme mit n verschiedenen Eigenwerten und für Systeme mit symmetrischer Systemmatrix. Sie hat hervorragende numerische Eigenschaften. Die 2×2-Blöcke auf der Hauptdiagonalen sind jeweils einem komplexen Eigenwertpaar $\lambda, \overline{\lambda} = a \pm bi$ von $\boldsymbol{A}$ zugeordnet. Die Transformationsmatrix $\boldsymbol{T}$ ist reell und läßt sich leicht aus der Modalmatrix berechnen. Die Blockdiagonal-Normalform entkoppelt das System in reelle Subsysteme der Größe 2 (schwingfähige Anteile) oder 1 (Exponentialanteile).

- Die *Regelungs-Normalform* (*Frobeniussche Normalform, Begleitmatrix-Normalform*):

$$\bar{\boldsymbol{A}} = \begin{bmatrix} & 1 & & & & & \\ & & 1 & & & & \\ & & & 1 & & & \\ & & & & 1 & & \\ & & & & & 1 & \\ & & & & & & 1 \\ -a_0 & -a_1 & -a_2 & -a_3 & -a_4 & -a_5 & -a_6 \end{bmatrix} . \tag{71}$$

Diese Normalform existiert immer und ist immer reell, hat jedoch, vor allem bei größeren Systemen, sehr ungünstige numerische Eigenschaften. So kann sie zum Beispiel bei Simulationsexperimenten eine extrem große Rundungsfehler-Fortpflanzung hervorrufen. Die Regelungs-Normalform führt zu keinerlei Entkopplung des Systems, dafür läßt sie sich sehr leicht aus der *Übertragungsfunktion* des Systems berechnen: in der letzten Zeile von $\bar{\boldsymbol{A}}$ stehen die Koeffizienten des *Nennerpolynoms von* $G(s)$ (das mit dem *charakteristischen Polynom* von $\boldsymbol{A}$ und $\bar{\boldsymbol{A}}$ übereinstimmt), vgl. Abschnitt A.1.4 und 2.2.1. Die Regelungsnormalform erhält man auch, wenn man eine lineare Differentialgleichung höherer Ordnung in ein System erster Ordnung überführt, vgl. Beispiel 2.1.

- Die *Beobachter-Normalform*:

$$\bar{\boldsymbol{A}} = \begin{bmatrix} & & & & & & -a_0 \\ 1 & & & & & & -a_1 \\ & 1 & & & & & -a_2 \\ & & 1 & & & & -a_3 \\ & & & 1 & & & -a_4 \\ & & & & 1 & & -a_5 \\ & & & & & 1 & -a_6 \end{bmatrix} . \tag{72}$$

Diese Normalform ist eng mit der Regelungs-Normalform verwandt und geht durch Transposition aus dieser hervor. Vor- und Nachteile sind die gleichen wie bei der Regelungs-Normalform. Beide Normalformen spielen in der modernen Regelungstechnik, bei rechnergestützten Regler- und Beobachter-Entwurfsverfahren, eine wichtige Rolle.

Alle Normalformen haben den großen Nachteil, daß bei der Transformation normalerweise der Bezug zum physikalischen Modell verlorengeht. Die neuen Zustände $\bar{z}$ sind bestimmte Kombinationen der ursprünglichen Zustände z, wobei es durchaus sein kann, daß gänzlich unterschiedliche physikalische Größen, ausgestattet mit entsprechenden Vorfaktoren, addiert werden.

2.2   Übertragungsfunktionen

In der Regelungstechnik werden Systeme oft durch ihre *Übertragungsfunktion* beschrieben. Diese, auf LTI-Systeme beschränkte Darstellung ist, im Gegensatz zur Zustandsraumdarstellung, *nicht modellorientiert*: die innere, „physikalische" Struktur des Systems ist nicht allein anhand seiner Übertragungsfunktion zu erkennen. Die in der Übertragungsfunktion enthaltenen Informationen sind nur abstrakte Eigenschaften des Systems: das *Eingangs-Ausgangsverhalten* einschließlich der *stationären Verstärkung*, die *Anzahl* der Zustandsgrößen (nicht aber deren physikalische Interpretation), die *Eigenfrequenzen*, die *Dämpfungsmaße* und die *Zeitkonstanten*.

Übertragungsfunktionen haben gegenüber der Zustandsraumdarstellung durchaus auch Vorteile. So können damit auch im zeitkontinuierlichen Fall leicht *Totzeiten* berücksichtigt werden, was in der Zustandsraumdarstellung allenfalls näherungsweise möglich ist.

Wie bereits in der Einleitung erwähnt, würde es den Rahmen dieses Buches sprengen, eine umfassende Einführung in Theorie und Anwendung von Übertragungsfunktionen zu geben, dazu wird zum Beispiel auf [4] und [7] verwiesen.

2.2.1   Rationale Übertragungsfunktionen

Die Übertragungsfunktion G eines zeitkontinuierlichen Eingrößensystems (SISO-Systems) ist definiert als der (komplexwertige) Quotient aus Ausgangsfunktion a und zugehöriger Eingangsfunktion e, nachdem beide *Laplacetransformiert* (bzw. im zeitdiskreten Fall *z-transformiert*) wurden:

$$\boxed{G(s) = \frac{a(s)}{e(s)}} . \tag{73}$$

Die entscheidende Tatsache dabei ist, das dieser Quotient *nicht* von der Eingangsfunktion selbst abhängt, falls das System linear und zeitinvariant ist.

Ist der Zusammenhang zwischen der Eingangsgröße e und der Ausgangsgröße a des Systems durch eine lineare Differentialgleichung mit konstanten Koeffizienten der Form

$$a^{(n)} + q_{n-1}a^{(n-1)} + \ldots + q_1\dot{a} + q_0a =$$
$$p_k e^{(k)} + p_{k-1} e^{(k-1)} + \ldots + p_1\dot{e} + p_0 e \tag{74}$$

beschrieben, dann folgt nach Laplace-Transformation dieser Gleichung

$$s^n a(s) + q_{n-1}s^{n-1}a(s) + \ldots + q_1 sa(s) + q_0 a(s) =$$
$$p_k s^k e(s) + p_{k-1}s^{k-1}e(s) + \ldots + p_1 se(s) + p_0 e(s) \,, \tag{75}$$

also

$$\boxed{G(s) = \frac{p_k s^k + p_{k-1}s^{k-1} + \ldots + p_1 s + p_0}{s^n + q_{n-1}s^{n-1} + \ldots + q_1 s + q_0}} \,. \tag{76}$$

In diesem Fall ist also $G(s)$ eine *rationale* Funktion: der Quotient zweier Polynome. Normalerweise ist dabei der Grad des Zählerpolynoms, hier k (falls $p_k \neq 0$) höchstens so groß wie der Grad des Nennerpolynoms, hier n.

Um eine Übertragungsfunktion im Rechner darzustellen, muß man also nur die insgesamt höchstens $2n$ Koeffizienten p_i ($i = 1, \ldots, k$) und q_j ($j = 1, \ldots, n$) speichern, zusammen mit den Ordnungen k und n selbst. Dabei sind zwei verschiedene Speicherreihenfolgen möglich. In MATLAB^{TM} werden die Koeffizienten nach fallenden Potenzen geordnet. Die Übertragungsfunktion

$$G(s) = \frac{3s^2 + 4s + 1}{s^4 + 5s^3 + s^2 + 4s} \tag{77}$$

wird hier also durch die Vektoren p=[3 4 1] und q=[1 5 1 4 0] beschrieben.

Für ein Eingrößen-LTI-System, dargestellt durch die Matrizen $(\boldsymbol{A}, \boldsymbol{B}, \boldsymbol{C}, D)$, läßt sich, jedenfalls theoretisch, leicht die Übertragungsfunktion ausrechnen. Es ist nämlich

$$\boxed{G(s) = \boldsymbol{C}(s\boldsymbol{I} - \boldsymbol{A})^{-1}\boldsymbol{B} + D} \,. \tag{78}$$

Die *stationäre Verstärkung* des Systems, also das Verhältnis

$$K = \frac{\hat{a}}{\hat{e}} \tag{79}$$

in einem beliebigen Betriebspunkt, erhält man durch Ersetzen von $s = 0$ in der Übertragungsfunktion. Für die Zustandsraumdarstellung folgt also aus (78)

$$\boxed{K = G(0) = -\boldsymbol{C}\boldsymbol{A}^{-1}\boldsymbol{B} + D}\,, \tag{80}$$

falls die Matrix A nichtsingulär ist. Dies ist der Fall, wenn das System global asymptotisch stabil ist, denn dann haben ja alle Eigenwerte negativen Realteil.

Beispiel 2.9 (LTI-Systeme: Zeitbereich → Frequenzbereich)
Das LTI-System aus Beispiel 2.9 hat die Übertragungsfunktion

$$
\begin{aligned}
G(s) &= \begin{bmatrix} 2 & 1 \end{bmatrix} \begin{bmatrix} s+7 & 2 \\ -2 & s+2 \end{bmatrix}^{-1} \begin{bmatrix} 2 \\ 1 \end{bmatrix} + 1 \\[2ex]
&= \frac{1}{(s+7)(s+2)+4} \begin{bmatrix} 2 & 1 \end{bmatrix} \begin{bmatrix} s+2 & -2 \\ 2 & s+7 \end{bmatrix} \begin{bmatrix} 2 \\ 1 \end{bmatrix} + 1 \\[2ex]
&= \frac{5s+15}{s^2+9s+18} + 1 = \frac{s^2+14s+33}{s^2+9s+18}\,.
\end{aligned}
$$

Das System hat die stationäre Verstärkung $K = \dfrac{11}{6}$.

So einfach und einprägsam die Formel (78) auch aussieht, als Berechnungsvorschrift für große Systeme ist sie in dieser Form wenig geeignet. Ihre Anwendung setzt nämlich *symbolisches* Rechnen voraus, da die komplexe Variable s in der zu invertierenden Matrix $s\boldsymbol{I} - \boldsymbol{A}$ enthalten ist. Man kann allenfalls bestimmte Werte für s einsetzen und so $G(s)$ an diskreten Stellen berechnen. Auf diese Weise läßt sich zum Beispiel der *Amplitudengang*

$$\boxed{A(\omega) = |G(i\omega)| = |\boldsymbol{C}(i\omega\boldsymbol{I} - \boldsymbol{A})^{-1}\boldsymbol{B} + D|} \tag{81}$$

für Stützstellen $\omega_k = \omega_0 + k\Delta\omega$ berechnen und graphisch darstellen.

Will man dagegen die *Koeffizienten* der Übertragungsfunktion berechnen, genügt es nicht, Zahlenwerte in (78) einzusetzen. Einige Berechnungsprogramme, wie MATLAB^{TM}, behelfen sich hier mit der mathematischen Beziehung

$$C(s\boldsymbol{I} - \boldsymbol{A})^{-1}\boldsymbol{B} + D = \frac{\det(\boldsymbol{A} - \boldsymbol{BC} - s\boldsymbol{I}) + (D-1)\det(\boldsymbol{A} - s\boldsymbol{I})}{\det(\boldsymbol{A} - s\boldsymbol{I})} \cdot \tag{82}$$

Der Ausdruck $\det(\boldsymbol{M} - s\boldsymbol{I})$, der in (82) für die zwei Matrizen $\boldsymbol{M}_1 = \boldsymbol{A}$ und $\boldsymbol{M}_2 = \boldsymbol{A} - \boldsymbol{BC}$ vorkommt, ist das *charakteristische Polynom* der Matrix $\boldsymbol{M}$ (vgl. Abschnitt A.1.4), wobei hier die unabhängige Variable nicht λ, sondern s heißt. Für große Matrizen lassen sich die Koeffizienten dieses Polynoms nur mit Hilfe der Eigenwerte von $\boldsymbol{M}$ finden. Es ist nämlich

$$\det(\boldsymbol{M} - \lambda\boldsymbol{I}) = (\lambda_1 - \lambda) \cdot (\lambda_2 - \lambda) \cdot \ldots \cdot (\lambda_n - \lambda), \tag{83}$$

woraus letztlich die Koeffizienten durch Ausmultiplizieren mit endlich vielen arithmetischen Operationen bestimmt werden können. Übrigens folgt aus (82), daß die Nullstellen des Nennerpolynoms von $G(s)$, die *Pole*, mit den *Eigenwerten* der Systemmatrix A übereinstimmen.

Alternativ zur Eigenwertmethode können die $2n$ Koeffizienten von $G(s)$ auch durch *rationale Interpolation* berechnet werden, vgl. [14].

Gleichung (78) beschreibt, zumindest formal, wie die Zustandsraumdarstellung eines LTI-Systems in die Darstellung als Übertragungsfunktion „übersetzt" werden kann.

Umgekehrt ist manchmal nur die Übertragungsfunktion eines Systems gegeben, zum Beispiel nach der Auswertung von Frequenzgangmessungen, und man benötigt eine Zustandsraumdarstellung. Vielleicht möchte man eine Simulation im Zeitbereich durchführen, oder man muß das System als Subsystem in ein größeres, nichtlineares System einbetten.

Es gibt verschiedene Möglichkeiten zur Konstruktion einer LTI-Zustandsraumdarstellung. Keines dieser Verfahren kann jedoch die physikalische Modellbildung ersetzen, die ja auch eine Zustandsraumdarstellung zum Ziel hat. Wir haben schon gesehen, daß die Übertragungsfunktion eine *abstrakte* Systembeschreibung darstellt, in der die physikalische Interpretation verlorengegangen ist, oder nie vorhanden war. Diese fehlende Information kann natürlich nicht durch den Übergang auf eine andere Beschreibungsart von allein entstehen. Mit anderen Worten: die Zustände, die bei den folgenden Konstruktionen von LTI-Systemen resultieren, haben *keinerlei physikalische*

Bedeutung, und die Besetzungsstruktur der Systemmatrix A hat *nichts* mit der Struktur der Objektkopplungen des Systems, der *Systemtopologie*, zu tun.

Zähler und Nenner einer gegebenen rationalen Übertragungsfunktion werden zunächst durch den Koeffizienten der höchsten im Nenner auftretenden Potenz, den *Leitkoeffizienten* des Nenners, dividiert. Dadurch erhält man die Darstellung (76), in der der Leitkoeffizient des Nenners auf 1 normiert ist.

Für den zweiten Schritt wollen wir zur Vereinfachung annehmen, daß der Grad des Zählerpolynoms *höchstens so groß* wie der Grad des Nennerpolynoms ist. Sind beide genau gleich, wird durch Polynomdivision der ganzzahlige Anteil abgespalten; dieser ganzzahlige Anteil ist gerade die 1×1-Durchgangsmatrix D. Nun hat man eine Übertragungsfunktion der Form

$$\hat{G}(s) = \frac{r_{n-1}s^{n-1} + r_{n-2}s^{n-2} + \ldots + r_1 s + r_0}{s^n + q_{n-1}s^{n-1} + q_{n-2}s^{n-2} + \ldots + q_1 s + q_0} \tag{84}$$

vorliegen, bei der fehlende Potenzen im Zähler mit dem Koeffizient 0 ergänzt wurden. Mit Hilfe von (84) kann man jetzt leicht zwei Zustandsraumdarstellungen mit gleichem Eingangs-Ausgangsverhalten wie die ursprünglich gegebene Übertragungsfunktion $G(s)$ angeben:

- die *Regelungsnormalform*

$$\dot{z} = \begin{bmatrix} 0 & 1 & 0 & \cdots & 0 & 0 \\ 0 & 0 & 1 & \cdots & 0 & 0 \\ \vdots & \vdots & \vdots & \ddots & \vdots & \vdots \\ 0 & 0 & 0 & \cdots & 1 & 0 \\ 0 & 0 & 0 & \cdots & 0 & 1 \\ -q_0 & -q_1 & -q_2 & \cdots & -q_{n-2} & -q_{n-1} \end{bmatrix} z + \begin{bmatrix} 0 \\ 0 \\ \vdots \\ 0 \\ 0 \\ 1 \end{bmatrix} e$$

$$a = \begin{bmatrix} r_0 & r_1 & r_2 & \cdots & r_{n-2} & r_{n-1} \end{bmatrix} z + De \tag{85}$$

• die *Beobachtungsnormalform*

$$\dot{z} = \begin{bmatrix} 0 & 0 & \cdots & 0 & 0 & -q_0 \\ 1 & 0 & \cdots & 0 & 0 & -q_1 \\ 0 & 1 & \cdots & 0 & 0 & -q_2 \\ \vdots & \vdots & \ddots & \vdots & \vdots & \vdots \\ 0 & 0 & \cdots & 1 & 0 & -q_{n-2} \\ 0 & 0 & \cdots & 0 & 1 & -q_{n-1} \end{bmatrix} z + \begin{bmatrix} r_0 \\ r_1 \\ r_2 \\ \vdots \\ r_{n-2} \\ r_{n-1} \end{bmatrix} e$$

$$a = \begin{bmatrix} 0 & 0 & \cdots & 0 & 0 & 1 \end{bmatrix} z + De$$

(86)

Die Systemmatrizen beider Darstellungen haben die in Abschnitt 2.1.6 erwähnten numerischen Probleme, besonders bei hoher Systemordnung. Deswegen empfiehlt es sich, mit Hilfe einer geeigneten Transformationsmatrix T das System in eine andere Darstellung, zum Beispiel die Blockdiagonalnormalform, zu überführen, vgl. Abschnitt 2.1.6.

Beispiel 2.10 (LTI-Systeme: Frequenzbereich $\rightarrow$ Zeitbereich)
Die Übertragungsfunktion

$$G(s) = \frac{6s^4 + 4s^2 + 8}{2s^4 + 6s^3 + 10s^2 + 2s + 2}$$

lautet nach der Normierung

$$G(s) = \frac{3s^4 + 2s^2 + 4}{s^4 + 3s^3 + 5s^2 + s + 1}$$

und nach der Polynomdivision (die erforderlich ist, da der Grad von Zähler- und Nennerpolynom gleich ist):

$$G(s) = \frac{-9s^3 - 13s^2 - 3s + 1}{s^4 + 3s^3 + 5s^2 + s + 1} + 3 \,,$$

also $D = 3$. Sie hat somit die beiden Zustandsraumdarstellungen

$$\dot{z} = \begin{bmatrix} 0 & 1 & 0 & 0 \\ 0 & 0 & 1 & 0 \\ 0 & 0 & 0 & 1 \\ -1 & -1 & -5 & -3 \end{bmatrix} z + \begin{bmatrix} 0 \\ 0 \\ 0 \\ 1 \end{bmatrix} e$$

$$a = \begin{bmatrix} 1 & -3 & -13 & -9 \end{bmatrix} z + 3e$$

und

$$\dot{z} = \begin{bmatrix} 0 & 0 & 0 & -1 \\ 1 & 0 & 0 & -1 \\ 0 & 1 & 0 & -5 \\ 0 & 0 & 1 & -3 \end{bmatrix} z + \begin{bmatrix} 1 \\ -3 \\ -13 \\ -9 \end{bmatrix} e$$

$$a = \begin{bmatrix} 0 & 0 & 0 & 1 \end{bmatrix} z + 3e .$$

2.2.2 Pol-Nullstellenform

Zähler- und Nennerpolynom einer rationalen Übertragungsfunktion kann man immer als Produkt ihrer reellen oder komplexen *Nullstellen* darstellen. Daraus resultiert die sogenannte *Pol-Nullstellenform* rationaler Übertragungsfunktionen (*zero-pole-gain representation*):

$$G(s) = k\frac{(s - \mu_1)(s - \mu_2)\ldots(s - \mu_m)}{(s - \lambda_1)(s - \lambda_2)\ldots(s - \lambda_n)} . \tag{87}$$

Darin stimmen, wie schon oben erwähnt, die Pole λ_i, also die Nullstellen des Nennerpolynoms, mit den Eigenwerten einer zugehörigen Systemmatrix A überein. Der Vorfaktor k in (87) darf nicht mit der stationären Verstärkung von $G(s)$ verwechselt werden. Vielmehr gilt der Zusammenhang

$$K = G(0) = k(-1)^{m+n}\frac{\mu_1\mu_2\ldots\mu_m}{\lambda_1\lambda_2\ldots\lambda_n} . \tag{88}$$

Abgesehen vom Vorfaktor k, kann man Übertragungsfunktionen vollständig durch ihre sogenannte *Pol-Nullstellenkarte* charakterisieren. In dieser Karte sind die Pole und die Nullstellen durch je zwei unterschiedliche Marker in der komplexen Zahlenebene dargestellt.

Beispiel 2.11 (Leitungsmodell)
Bild 33 zeigt ein Ersatzmodell für die Longitudinalschwingungen einer gespannten Saite. Mit ähnlichen Modellen kann auch das idealisierte Übertragungsverhalten von elektrischen und hydraulischen Leitungen beschrieben werden, die aus verteilten Induktivitäten, Kapazitäten und Widerständen bzw. Fluidmassen, Kompressibilitäten und Strömungswiderständen bestehen, s. Beispiel 2.15. In dem mechanischen Ersatzmodell wird die Gesamtmasse der Saite $\bar{m}$ auf n diskrete Knoten der Masse $m = \frac{1}{n}\bar{m}$

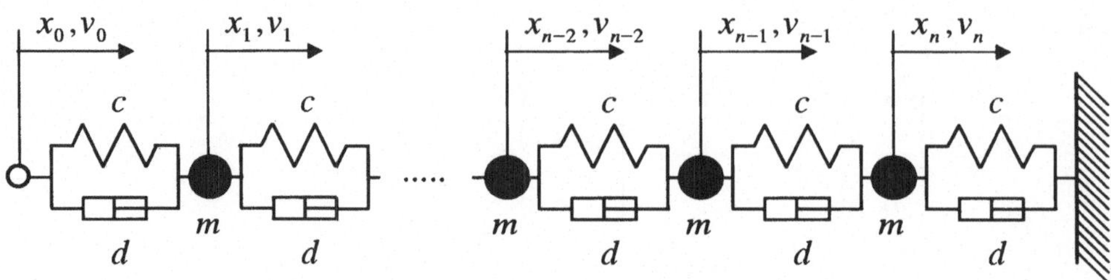

Bild 33: *Leitungsmodell*

verteilt. Damit hat das System die 2n Zustandsgrößen $x_1, v_1, x_2, v_2, \ldots, x_n, v_n$, und die zwei Eingangsgrößen x_0 und v_0; die Saite soll also durch longitudinale Auslenkung am linken Ende zum Schwingen angeregt werden. Zur Vereinfachung wird zunächst angenommen, daß die beiden Eingangsgrößen unabhängig voneinander frei wählbar sind. In Wirklichkeit gilt natürlich

$$x_0(t) = \int_{t_0}^{t} v_0(\tau)\,d\tau \ .$$

Gesamtsteifigkeit $\bar{c}$ und -dämpfung $\bar{d}$ verteilen sich auf die $n+1$ in Reihe geschalteten Federn c bzw. Dämpfer d; nach den Rechenregeln für die Reihenschaltung linearer Federn und Dämpfer gilt $c = (n+1)\bar{c}$ und $d = (n+1)\bar{d}$. Die Bewegungsgleichung einer einzelnen diskreten Masse lautet

$$m\ddot{x}_i + d \cdot (2\dot{x}_i - \dot{x}_{i-1} - \dot{x}_{i+1}) + c \cdot (2x_i - x_{i-1} - x_{i+1}) = 0 \ , \quad i = 1, \ldots, n \ ,$$

mit $x_{n+1} = v_{n+1} = 0$. Mit den Abkürzungen $\gamma = \dfrac{c}{m} = n(n+1)\dfrac{\bar{c}}{\bar{m}}$ und $\delta = \dfrac{d}{m} = n(n+1)\dfrac{\bar{d}}{\bar{m}}$ folgt daraus die lineare Zustandsraumdarstellung $\dot{z} = Az + Be$ mit

$$A = \begin{bmatrix} 0 & 1 & 0 & & & & \\ -2\gamma & -2\delta & \gamma & \delta & & & \\ 0 & 0 & 0 & 1 & 0 & & \\ \gamma & \delta & -2\gamma & -2\delta & \gamma & \delta & \\ & & \ddots & \ddots & \ddots & \ddots & \ddots & \ddots \\ & & & \gamma & \delta & -2\gamma & -2\delta & \gamma & \delta \\ & & & & 0 & 0 & 0 & 0 & 1 \\ & & & & & & \gamma & \delta & -2\gamma & -2\delta \end{bmatrix}, \ B = \begin{bmatrix} 0 & 0 \\ \gamma & \delta \\ 0 & 0 \\ 0 & 0 \\ \vdots & \vdots \\ 0 & 0 \\ 0 & 0 \\ 0 & 0 \end{bmatrix} .$$

Wählt man als Ausgangsgröße die Beschleunigung der ersten Masse, erhält man als zugehörige Ausgangs- und Durchgangsmatrix die zweite Zeile von A bzw. B, also

$$C = [\ -2\gamma \quad -2\delta \quad \gamma \quad \delta \quad 0 \quad 0 \quad \cdots \quad 0\ ]\ ,\ D = [\ \gamma \quad \delta\ ]\ .$$

Die Übertragungsfunktion läßt sich in diesem Fall nicht direkt mit (78) berechnen, da statt einer Eingangsgröße, wie dort vorausgesetzt, hier zwei voneinander abhängige Eingangsgrößen vorliegen. Genaugenommen hat die Zustandsraumdarstellung die Form

$$\dot{z} = Az + B_1 e + B_2 \dot{e}$$
$$a = Cz + D_1 e + D_2 \dot{e}\ ,$$

wobei B_1, B_2, D_1, D_2 die erste bzw. zweite Spalte von B bzw. D bezeichnet.

Die Laplace-Transformation dieser Gleichungen liefert

$$sz = Az + B_1 e + B_2 se$$
$$a = Cz + D_1 e + D_2 se\ .$$

Aus der ersten dieser beiden Gleichungen kann $z(s)$ eliminiert werden:

$$(sI - A)z = B_1 e + B_2 se\ ,\ \text{also}\ z = (sI - A)^{-1}(B_1 e + B_2 se)\ .$$

Setzt man diese Beziehung in der zweiten Gleichung ein, erhält man

$$\begin{aligned}
a &= C(sI - A)^{-1}(B_1 e + B_2 se) + D_1 e + D_2 se \\
&= \{C(sI - A)^{-1}B_1 + D_1\}\, e + s\,\{C(sI - A)^{-1}B_2 + D_2\}\, e \\
&= G_1(s)e + sG_2(s)e = G(s)e\ ,
\end{aligned}$$

mit $G(s) = G_1(s) + sG_2(s)$. $G(s)$ ist die gesuchte Übertragungsfunktion.

Für $\hat{m} = 1$, $\hat{c} = 1$, $\hat{d} = 0.1$, $n = 10$ erhält man die in Bild 34 dargestellte Pol-Nullstellenkarte. Die komplexen Pole und Nullstellen liegen offensichtlich alle auf einem Kreis, der den Koordinatenursprung berührt. Der Radius dieses Kreises ist umgekehrt proportional zur Gesamtdämpfung $\bar{d}$. Auf dem Kreis wechseln sich Pole und Nullstellen gegenseitig ab. Pole, die nahe der imaginären Achse liegen, führen zu Überhöhungen im Amplitudengang, während Nullstellen „Einbrüche" hervorrufen. Dies wird in Bild 35 deutlich, wo der Amplituden- und Phasengang des Leitungsmodells bei sehr kleiner Dämpfung ($\hat{d} = 0.001$) dargestellt ist. In diesem Fall sind alle Pole und Nullstellen fast rein imaginär.

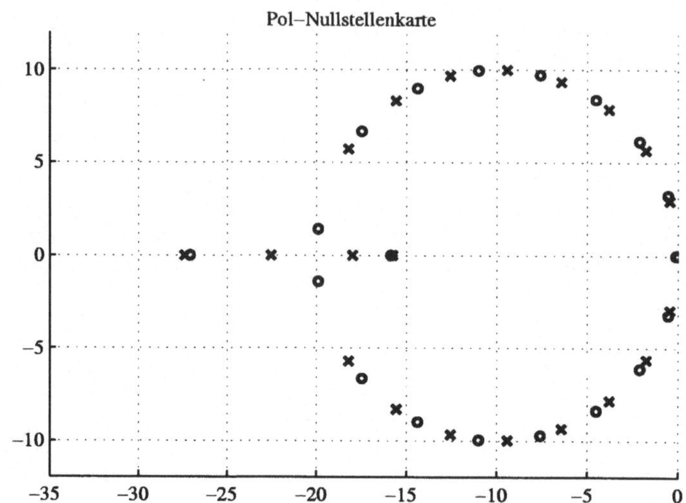

Bild 34: *Pole (x) und Nullstellen (o) des Leitungsmodells*

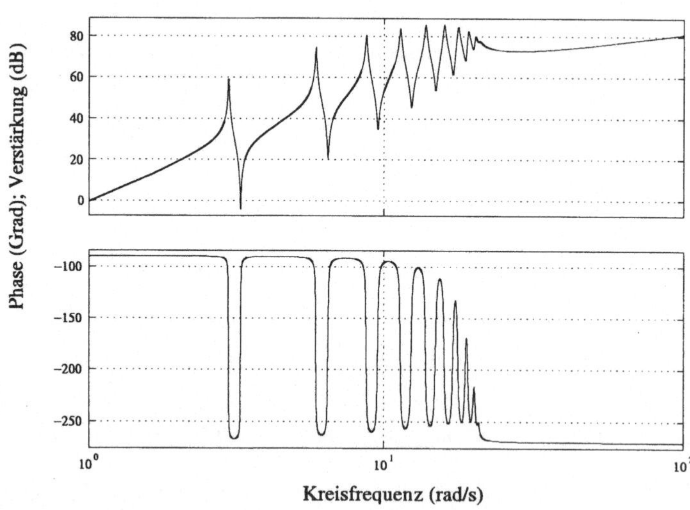

Bild 35: *Frequenzgang des Leitungsmodells mit kleiner Dämpfung*

2.2.3 Übertragungsmatrizen für Mehrgrößensysteme

Auch für lineare zeitinvariante Mehrgrößensysteme, also Systeme mit mehr als einer Eingangs- oder Ausgangsgröße, läßt sich die Laplace-Transformation durchführen. In diesem Fall erhält man jedoch statt der skalaren Übertragungsfunktion eine *Übertragungsmatrix*, die den Zusammenhang zwischen den vektorwertigen Eingangs- und Ausgangsfunktionen beschreibt:

$$\boxed{\boldsymbol{a}(s) = \boldsymbol{G}(s)\boldsymbol{e}(s)} \, . \tag{89}$$

Bei m Eingangsgrößen und k Ausgangsgrößen ist $\boldsymbol{G}(s)$ also eine komplexwertige $k \times m$-Matrix, die von der komplexen Variablen s abhängt.

Viele Rechenregeln für Übertragungsfunktionen lassen sich von Eingrößen- auf Mehrgrößensysteme übertragen. Dabei sind allerdings immer die Besonderheiten der Matrizenrechnung zu beachten: Matrizen können nicht einfach dividiert werden, und das Matrizenprodukt ist nicht vertauschbar.

Die Berechnung der Übertragungsmatrix aus der Zustandsraumdarstellung läßt sich formal genauso wie bei Eingrößensystemen durchführen (vgl. (78)), es gilt

$$\boxed{\boldsymbol{G}(s) = \boldsymbol{C}(s\boldsymbol{I} - \boldsymbol{A})^{-1}\boldsymbol{B} + \boldsymbol{D}} \, . \tag{90}$$

Beispiel 2.12 (Übertragungsmatrix bei Mehrgrößensystemen)
Das LTI-System mit den Matrizen

$$\boldsymbol{A} = \begin{bmatrix} -4 & 1 \\ 3 & -6 \end{bmatrix}, \ \boldsymbol{B} = \begin{bmatrix} 2 & 1 \\ 1 & 1 \end{bmatrix}, \ \boldsymbol{C} = \begin{bmatrix} 1 & 1 \\ -2 & 0 \end{bmatrix}, \ \boldsymbol{D} = \begin{bmatrix} 0 & 0 \\ 1 & 0 \end{bmatrix}$$

hat die Übertragungsmatrix

$$\boldsymbol{G}(s) = \frac{1}{s^2 + 10s + 21} \begin{bmatrix} 3s + 23 & 2s + 14 \\ s^2 + 6s - 5 & -2s - 14 \end{bmatrix} \, .$$

Übertragungsmatrizen, die aus einer Zustandsraumdarstellung hergeleitet werden, haben immer die Form „Matrix von Polynomen, geteilt durch das charakteristische Polynom von $\boldsymbol{A}$". Der Grad der Polynome in der Matrix ist dabei höchstens so groß wie die Ordnung des Systems, also wie der Grad des charakteristischen Polynoms.

2.2.4 Umrechnungen der LTI-Darstellungen in MATLAB^{TM}

In MATLAB^{TM}gibt es für die Umrechnungen zwischen Zustandsraumdarstellung, Übertragungsfunktion bzw. -matrix und Pol-Nullstellenform die Funktionenfamilie **xx2yy**. Dabei stehen **xx** und **yy** für

- **ss** = state-space = Zustandsraumdarstellung,

- **tf** = transfer function = Übertragungsfunktion/-matrix,

- **zp** = zero-pole-gain = Pol-Nullstellenform.

So berechnet zum Beispiel

```
[p,q] = ss2tf(A,B,C,D)
```

die Koeffizienten des Zählerpolynoms $p(s)$ (sortiert nach fallenden Potenzen von s, gespeichert in **p**) und die des Nennerpolynoms $q(s)$ (sortiert wie **p**, gespeichert in **q**), der Übertragungsfunktion $G(s)$ für ein Eingrößensystem mit der Zustandsraumdarstellung A, B, C, D.

Bei MI-Systemen, also Systemen mit mehreren Eingängen, muß die Übertragungsmatrix spaltenweise durch mehrere Aufrufe von **ss2tf** berechnet werden:

```
[pi,q] = ss2tf(A,B,C,D,i)
```

berechnet die i-te Spalte der Übertragungsmatrix, die zur i-ten Eingangsgröße gehört. **pi** ist im allgemeinen Fall eine *Matrix*, genauer ein Vektor von Koeffizientenvektoren. Das Nennerpolynom $q(s)$ ist dagegen für alle Elemente der Übertragungsmatrix gleich; zu seiner Angabe genügt deswegen der einfache Koeffizienten*vektor* **q**.

2.2.5 S-Functions in MATLAB^{TM}

Allgemeine nichtlineare Zustandsraumdarstellungen werden in MATLAB^{TM}am besten durch eine *S-Function* beschrieben. Eine S-Function ist entweder ein MATLAB^{TM}-, ein C- oder ein Fortran-Unterprogramm, das bestimmten formalen Regeln genügt.

Eine S-Function beschreibt im allgemeinsten Fall ein System, das gleichzeitig aus einem zeitdiskreten und einem zeitkontinuierlichen Anteil besteht. Je nach Art des Aufrufs muß die S-Function jede Art von Information liefern können, die dieses System charakterisiert. Dies ist vor allem:

- die Anzahl der Eingangsgrößen

- die Anzahl der zeitkontinuierlichen Zustände

- die Anzahl der zeitdiskreten Zustände

- die Anzahl der Ausgangsgrößen

- die Anfangswerte der Zustandsgrößen

- die zeitlichen Ableitungen der zeitkontinuierlichen Zustandsgrößen als Funktion von den Eingangs- und Zustandsgrößen (also die Systemfunktion f für die kontinuierlichen Zustände)

- die Neuwerte der zeitdiskreten Zustandsgrößen als Funktion von den Eingangs- und Zustandsgrößen (also die Systemfunktion f für die diskreten Zustände)

- die Ausgangsgrößen als Funktion von den Eingangs- und Zustandsgrößen (also die Ausgangsfunktion g)

- den nächsten Zeitpunkt, zu dem die diskreten Zustände ihre Werte ändern.

Welche dieser Informationen von der S-Function berechnet und ausgegeben werden soll, wird vom „Benutzer" durch Vorgabe einer Eingabevariablen `flag` gesteuert. Dieser „Benutzer" kann auch ein anderes MATLAB^{TM}-Programm sein, zum Beispiel ein *numerischer Integrierer*, der eine Simulation für das System durchführt.

Die Grundidee einer S-Function ist einfach: die vollständige Information eines dynamischen Systems wird in einem einzigen Unterprogramm *gekapselt*. Eine solche Kapselung ist eines der Fundamente des *objektorientierten* Programmierens (OOP).

S-Functions können, einfach durch Angabe des Unterprogrammnamens, direkt in ein Simulink^{TM}-Blockschaltbild eingebunden werden. Damit stehen für die so beschriebenen Systeme alle Analyse-Tools wie `trim` und `linmod` zur Verfügung.

Für weitere Details sei auf [12] und die Simulink^{TM}-Dokumentation verwiesen.

2.3   Allgemeines zu graphischen Systemdarstellungen

In der Praxis werden Systeme häufig in einer graphischen Darstellung eingegeben und von der Software in eine Zustandsraumdarstellung übersetzt, mit deren Hilfe dann erst die *Systemanalyse, -simulation, -identifikation und -optimierung* durchgeführt werden kann.

Die Programmteile der Simulationssoftware, die die graphische Eingabe organisieren, heißen *GUI = graphical user interface.* Beispiele für GUIs sind die strukturbild-orientierten Programme Simulink^{TM}in MATLAB^{TM}, SystemBuild^{TM}in MATRIX$_x$^{TM}und GraphicsModeler in ACSL^{TM}, sowie die bauteilorientierten Programme Aview in ADAMS^{TM}und Schematics in PSPICE^{TM}.

Bei anderen, meist älteren Programmen, muß der Benutzer selbst aus der graphischen Darstellung eine Eingabe in Form von Textzeilen (das *Inputfile*) oder Programmzeilen (den *Quellcode*) ableiten.

Graphische Darstellungen (Graphen, Netzwerke) bestehen aus *Knoten* und *Kanten.* Die Knoten, oder *Elemente*, werden aus einem Katalog verfügbarer Elemente ausgewählt. Sie haben eine feste Zahl von Anschlüssen, die mit Kanten verbunden werden. Diese Kanten, oder *Zweige*, sind manchmal gerichtet. Dann werden sie als Pfeil dargestellt, und man spricht von einem *gerichteten Graphen.* In einen Knotenanschluß kann entweder ein Pfeil hineinzeigen (Eingang), oder er kann aus ihm herauszeigen (Ausgang).

Es gibt eine Teildisziplin in der Mathematik, die sich mit den Eigenschaften solcher abstrakter Gebilde befaßt, die *Graphentheorie.*

Die Struktur der Verkopplungen der Elemente, also die Vernetzung der Elemente, nennt man die *Netztopologie.* Die Netztopologie kann durch eine *Strukturmatrix*, vgl. Abschnitt 2.4.1, beschrieben werden. Es sind immer Netztopologien denkbar, die physikalisch nicht sinnvoll sind, wie zum Beispiel Kurzschlüsse in elektrischen Schaltungen. Simulationsprogramme überprüfen die Zulässigkeit der Netztopologie meist in der Preprocessingphase, also der Vorbereitungsphase vor der eigentlichen Systemanalyse.

Die meisten graphischen Systemdarstellungen sind entweder *bauteilorientiert* oder *signalflußorientiert.*

Bauteilorientierte Graphen spiegeln den Aufbau und die Verschaltung des Systems aus diskreten Bauteilen wieder. Diese *Bauteile* bilden die Knoten. Außerdem gibt es weitere spezielle Knoten mit drei oder mehr Anschlüssen, die *Verzweigungen*, die keinem Bauteil zugeordnet sind. Die *Kanten* stellen starre Verbindungen (bei Modellen der Mechanik), Leiter (bei elektronischen Schaltplänen) oder Rohrleitungen (in der Hydraulik und Pneumatik) dar. Sie sind ungerichtet.

Bauteilorientierte Graphen, also *Schaltpläne*, sind in der Elektronik, der Hydraulik und der Pneumatik das normalerweise bei der Entwicklung eingesetzte Darstellungswerkzeug. Das macht die Modellierung im engeren Sinn oft überflüssig: die Schaltpläne liegen ja bereits vor. Hier wird also schon mit dem Entwurf des realen Systems ein rechnertaugliches Modell erzeugt. Im Maschinenbau ist dies meist nicht der Fall: CAD-Zeichnungen sind noch keine für die dynamische Simulation geeigneten Systemdarstellungen von Mechanismen.

Signalflußorientierte Graphen, oder *Strukturbilder*, kommen aus der Regelungstechnik. Sie stellen gegenüber den bauteilorientierten Graphen die nächsthöhere Abstraktionsstufe dar. Knoten sind jetzt nicht mehr die Bauteile eines Systems, sondern stellen vielmehr deren *Eigenschaften* dar. Genauer: die Kanten sind den Signalen (oder Größen) des Systems zugeordnet, in den Knoten werden diese Signale generiert oder umgewandelt, also „geformt". Da Signale eine bestimmte *Flußrichtung* haben, sind Strukturbilder gerichtete Graphen.

Strukturbilder sind detaillierter als Schaltpläne, obwohl sie nicht unbedingt mehr Information beinhalten.

Ein Bauteil verknüpft im allgemeinen mehrere Signale, und dies oft in mehreren Stufen. Deswegen untergliedert sich ein Schaltplan-Knoten, nämlich das Bauteil, in mehrere Strukturbildknoten, nämlich in die einzelnen „Signalformungseigenschaften" dieses Bauteils. In den zugehörigen Netztopologien sind Gemeinsamkeiten kaum erkennbar.

Schaltpläne sind vor allem deswegen „konzentrierter" und, jedenfalls für den Experten, leichter lesbar als Strukturbilder, weil sie implizit physikalische Gesetzmäßigkeiten enthalten.

In einer elektrischen Schaltung verschwindet bekanntlich die Summe der Ströme, die in einen Verzweigungsknoten fließen. Genauso ist die Summe der Spannungsabfälle in einer Masche, also einem beliebigen geschlossenen Umlauf durch das Netzwerk, Null. Auch in mechanischen, hydraulischen und pneumatischen Schaltplänen sind vergleichbare Gesetzmäßigkeiten enthalten.

Diese sogenannten Knoten- und Maschengleichungen kennt und berücksichtigt der Fachmann, der einen Schaltplan liest. In einem Strukturbild müssen sie jedoch als Signaleigenschaften dargestellt werden. Sie erscheinen dort zum Beispiel als Summierglieder, vgl. Bild 37.

Beispiel 2.13 (Systemdarstellungen RLC-Schwingkreis)
Ein RLC-Schwingkreis mit dem Schaltplan nach Bild 36 wird vollständig durch

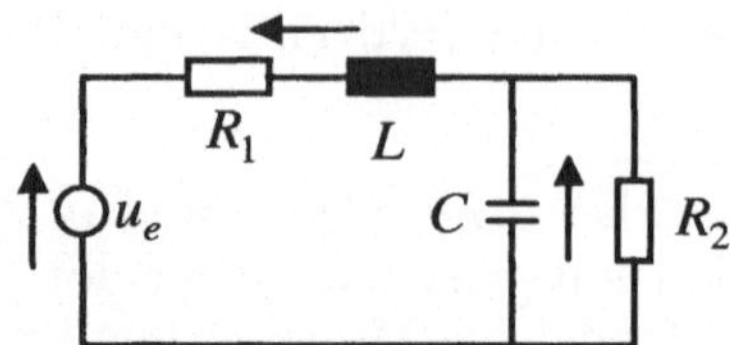

Bild 36: RLC-Schwingkreis, Schaltplan

die Eigenschaften seiner Bauteile sowie eine voneinander unabhängige Menge von Knoten- und Maschengleichungen beschrieben:

$$\text{Maschengleichungen:} \quad u_{R_1} + u_L + u_C = u_e \, , \quad u_C = u_{R_2}$$

$$\text{Knotengleichungen:} \quad i_L = i_C + i_{R_2} \, , \quad i_L = i_{R_1}$$

$$\text{Bauteileigenschaften:} \quad u_{R_1} = R_1 i_{R_1} \, , \quad u_{R_2} = R_2 i_{R_2} \, ,$$

$$C \dot{u}_C = i_C \, , \quad L \dot{i}_L = u_L \, .$$

Diese Gleichungen können in mehreren Eliminationsschritten in die Zustandsraumdarstellung *überführt werden:*

$$\dot{i}_L = -\frac{R_1}{L} i_L - \frac{1}{L} u_C + \frac{1}{L} u_e$$

$$\dot{u}_C = \frac{1}{C} i_L - \frac{1}{R_2 C} u_C \, ,$$

woraus sich schließlich ein Strukturbild ableiten läßt, hier in der Darstellungsart von MATLAB/Simulink^{TM}:

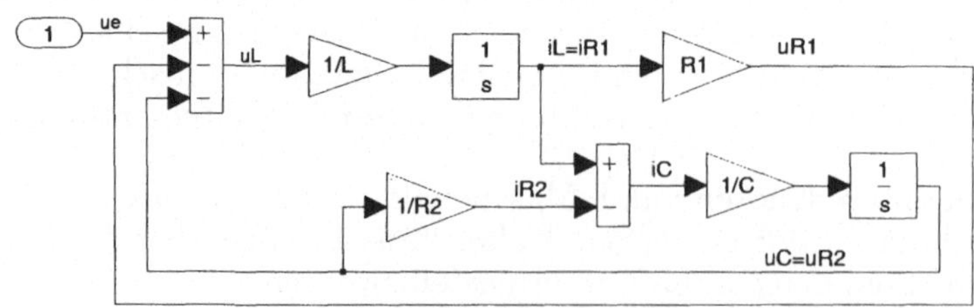

Bild 37: RLC-Schwingkreis, Strukturbild (Darstellung in Simulink^{TM})

Strukturbilder sind zwar aufwendiger, dafür lassen sich damit aber auch nicht-physikalische Systeme (z.B. Regler, Algorithmen und Software), oder *mechatronische* Systeme beschreiben, bei denen verschiedene Subsysteme aus der Mechanik, der Elektronik, der Hydraulik und anderen Energiedomänen integriert sind.

Außerdem können Strukturbilder einfacher in die Zustandsraumdarstellung übersetzt werden, die letzten Endes Basis der Simulation ist. Bei der Verwendung von Schaltplänen müssen die physikalischen Gesetze, wie bereits erwähnt, erst noch „eingearbeitet" werden, vgl. Beispiel 2.13.

Eine spezielle Art von Schaltplänen entsteht durch die Untergliederung in *Zwei-* oder *Vierpole*. Diese Darstellung wird häufig bei Systemen verwendet, die in Form einer Kette angeordnet sind. In der Elektrotechnik sind dies zum Beispiel *Leitungsmodelle* (vgl. Beispiel 2.11), in der „eindimensionalen" Mechanik *Rotorsysteme*. Wichtiges Beispiel in der Fahrzeugtechnik sind Modelle für den Antriebstrang, dessen Subsysteme in Form einer Zweipolkette angeordnet sind.

Auch in Strukturbildern kommen oft Blöcke mit vier Anschlüssen vor. Zwei dieser Anschlüsse sind jeweils Eingänge, die zwei anderen Ausgänge. Solche Blöcke wollen wir *Zweipolblöcke* nennen, denn sie beschreiben die Signalformungseigenschaften von Zweipolen.

In der Systemdynamik nicht ganz so weit verbreitet wie Strukturbilder sind die sogenannten *Bondgraphen-Darstellungen*. Bondgraphen sind eine Mischform aus bauteil- und signalflußorientierten Graphen. Sie vereinen in sich viele Vorteile der beiden Darstellungen, sind dafür aber in ihrer Darstellung gewöhnungsbedürftig und oft wenig anschaulich.

In Bondgraphen sind die Knoten- und Maschengleichungen zwar nicht implizit enthalten, lassen sich aber besonders einfach darstellen. Bondgraphen nutzen die Analogien der unterschiedlichen physikalischen Domänen und sind daher ganz besonders zur Simulation gemischter Systeme geeignet.

Eng verwandt mit dem Strukturbild ist die bis zu einem gewissen Grad genormte Darstellung von Systemen in einer *CSSL-Simulationssprache*. Mit Hilfe dieser Sprachen kann ein Strukturbild sehr schnell in ein zur Simulation geeignetes Text-Inputfile umgesetzt werden. CSSL-Sprachen sind also nichtgraphische Systemdarstellungen. Allerdings gibt es inzwischen auch GUIs, die ein vom Benutzer eingegebenes Strukturbild in ein CSSL-Programm übersetzen. Der wichtigste Vertreter der Sprachenfamilie ist das Simulationsprogramm ACSL[TM].

Weitere, seltener verwendete graphische Systemdarstellungen sind *Petri-Netze* sowie *Flußdiagramme* und *Struktogramme*. Die beiden letztgenannten Darstel-

lungen sind sehr software-bezogen. Ihre Verwendung setzt eine vorangegangene
Aufbereitung der Systemgleichungen in eine programmierfähige Form voraus.

2.4 Strukturbilder

2.4.1 Blöcke: Darstellung und Klassifizierung

Strukturbilder (oder *Blockschaltbilder*), nach DIN 19226, sind ein Abbild der
Wirkstruktur des dargestellten dynamischen Systems, unabhängig von der kon-
kreten physikalischen Realisierung. Diese Wirkstruktur besteht aus

- den *Signalformungseigenschaften* der Objekte des Systems, und aus

- den *Signalflüssen*, die jeweils Quelle und Ziel der Signale angeben.

Die Signalformungseigenschaften werden im Strukturbild durch Blöcke dargestellt, die Signalflüsse durch Pfeile. Blöcke werden auch Übertragungsglieder
genannt. Sie beschreiben jeweils ein Subsystem oder einen Teil eines Subsystems des betrachteten dynamischen Systems.

Im allgemeinsten Fall ordnet ein Block den n verschiedenen Eingangsfunktionen $e_i(t)$ die m Ausgangsfunktionen $a_j(t)$ zu, vgl. Bild 38.

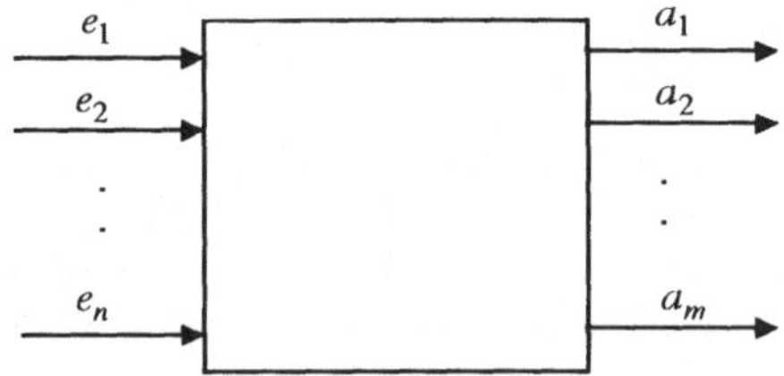

Bild 38: *Allgemeiner Block im Strukturbild*

Blöcke ohne Eingänge heißen *Quellen*, Blöcke ohne Ausgänge *Senken*. Quellen und Senken in einem Strukturbild beschreiben meist die Eingangs- und
Ausgangsgrößen des Gesamtsystems.

Das Übertragungsverhalten eines Blocks, also der Zusammenhang von
Eingangs- und Ausgangsgrößen, muß *kausal* sein:

Die Werte der Ausgangsfunktionen zu einem bestimmten Zeitpunkt t dürfen nur von Werten der Eingangsfunktionen zu Zeitpunkten τ abhängen, für die $\tau \le t$ gilt.

Prägnanter ausgedrückt:

Zukünftige Ereignisse am Eingang eines Blocks können nicht die momentanen Werte am Ausgang beeinflussen.

Dies gilt übrigens in gleicher Weise für alle Systeme, die in diesem Buch betrachtet werden, unabhängig von der speziellen Darstellung.

Obwohl Blöcke Subsysteme eines dynamischen Systems beschreiben, gibt es Blöcke, für die keine Zustandsraumdarstellung angegeben werden kann. Ein Beispiel hierfür ist die Darstellung einer *Totzeit* mit der Signalformung $a(t) = e(t - T_{tot})$.

In fast jedem Strukturbild benötigt man *Summierer* und *Verzweigungen*. Dort werden Signale „zusammengeführt" bzw. „vervielfältigt". Beide Komponenten sind eigentlich nur spezielle, besonders einfache Blöcke, vgl. Bilder 39 und 40.

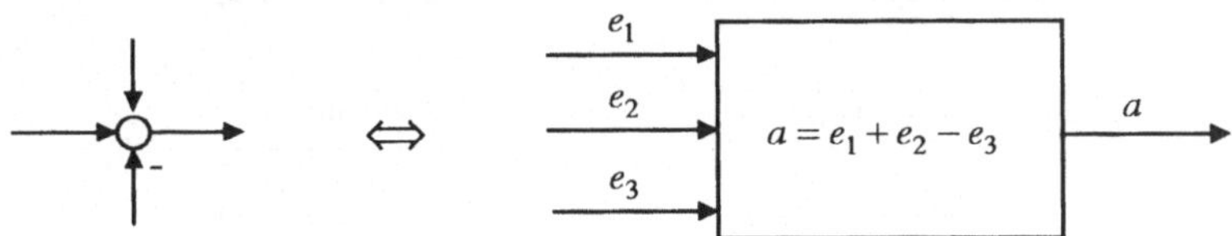

Bild 39: *Summierer als Block*

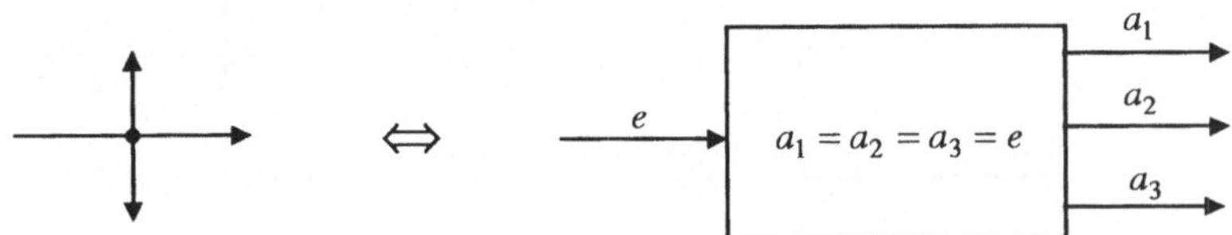

Bild 40: *Verzweigung als Block*

Um die Anzahl der Pfeile zu reduzieren und damit die Übersichtlichkeit eines Strukturbildes zu erhöhen, werden oft mehrere Einzelsignale zu einem vektorwertigen Signal zusammengefaßt. Für dieses sogenannte *Multiplexing* benötigt man je einen Block, der die Einzelsignale zu einem Vektor kombiniert (*Multiplexer*), und einen, der die vektorwertigen Signale wieder in ihre Komponenten zerlegt (*Demultiplexer*). In MATLAB/Simulink^{TM}sind diese beiden Blöcke in der Bibliothek *Connections* enthalten.

Für Blöcke in Strukturbildern gilt die gleiche Klassifizierung wie für die zugeordneten Subsysteme. Man spricht von *zeitkontinuierlichen/zeitdiskreten, zeitinvarianten/zeitvarianten, linearen/nichtlinearen* Blöcken, wenn das vom Block beschriebene Subsystem die entsprechende Eigenschaft aufweist. Summierer und Verzweigung sind lineare, zeitinvariante Blöcke, die sowohl in zeitkontinuierlichen wie in zeitdiskreten Systemen verwendet werden.

Besteht ein Strukturbild nur aus linearen und/oder zeitinvarianten Blöcken, dann ist das beschriebene System als ganzes linear und/oder zeitinvariant. Ein einziger nichtlinearer Block macht jedoch das Gesamtsystem nichtlinear, von „pathologischen" Fällen abgesehen.

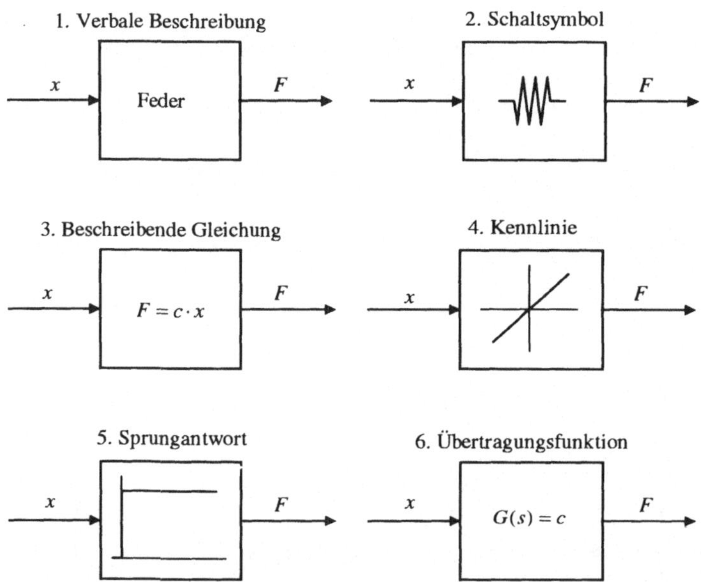

Bild 41: *Varianten zur Darstellung des Blocktyps*

Für die Blöcke gibt es ganz unterschiedliche graphische Darstellungen. Aus einer solchen Darstellung geht jedoch immer die Art der Signalformung des Blockes hervor, vgl. Bild 66.

Bei linearen, zeitinvarianten Blöcken (*LTI-Blöcken*) kann die Signalformung durch die Übertragungsfunktion beschrieben werden, die in diesem Fall in den Block eingetragen wird. Wichtige LTI-Übertragungsblöcke sind

- die *stationäre Verstärkung (Proportionalglied, P-Glied)* mit der Übertragungsfunktion $G(s) = K$,

- der *Integrierer (I-Glied)*, $G(s) = 1/s$,

- der *Differenzierer (D-Glied)*, $G(s) = s$,

- das *Totzeitglied (TZ-Glied)*, $G(s) = e^{-T_{tot}s}$,

- das *Verzögerungsglied 1. Ordnung (PT$_1$-Glied)*, $G(s) = \dfrac{1}{1 + Ts}$,

- das *Verzögerungsglied 2. Ordnung (PT$_2$-Glied)*, $G(s) = \dfrac{1}{1 + 2DTs + T^2s^2}$.

Für LTI-Blöcke gibt es *Verschaltungregeln*, mit deren Hilfe die Anzahl der Blöcke durch Zusammenfassen systematisch reduziert werden kann. Diese Verschaltungsregeln werden im Abschnitt 2.4.2 vorgestellt.

Die Netztopologie eines Strukturbildes (wie auch die eines Schaltplanes, worauf hier aber nicht eingegangen wird) kann man leicht durch seine *Strukturmatrix* S beschreiben. Mit Hilfe dieser Matrix können dann die Verkopplungseigenschaften des Systems vom Rechner untersucht werden.

Die Strukturmatrix S ist quadratisch und hat so viele Zeilen und Spalten, wie das Strukturbild Blöcke aufweist. Die Verzweigungen kann man dabei als eigenständige Blöcke auffassen, dies ist aber nicht unbedingt erforderlich. Summierer werden immer als eigene Blöcke gezählt.

Die Elemente von S sind wie folgt definiert:

$$S_{ik} = \begin{cases} 1 & \text{falls in den Block } i \text{ ein Signal vom Block } k \text{ fließt} \\ 0 & \text{sonst.} \end{cases} \tag{91}$$

Beispiel 2.14 (Strukturmatrix beim RLC-Schwingkreis)
Numeriert man die 9 Blöcke des Strukturbildes aus Beispiel 2.13, Bild 37 fortlaufend von oben nach unten und links nach rechts (Verzweigungen nicht als eigenständige

Blöcke gezählt), erhält man die 9×9-Strukturmatrix

$$S = \begin{bmatrix} 0 & 0 & 0 & 0 & 0 & 0 & 0 & 0 & 0 \\ 1 & 0 & 0 & 0 & 1 & 0 & 0 & 0 & 1 \\ 0 & 1 & 0 & 0 & 0 & 0 & 0 & 0 & 0 \\ 0 & 0 & 1 & 0 & 0 & 0 & 0 & 0 & 0 \\ 0 & 0 & 0 & 1 & 0 & 0 & 0 & 0 & 0 \\ 0 & 0 & 0 & 0 & 0 & 0 & 0 & 0 & 1 \\ 0 & 0 & 0 & 1 & 0 & 1 & 0 & 0 & 0 \\ 0 & 0 & 0 & 0 & 0 & 0 & 1 & 0 & 0 \\ 0 & 0 & 0 & 0 & 0 & 0 & 0 & 1 & 0 \end{bmatrix}$$

In S ist zum Beispiel $S_{21} = S_{25} = S_{29} = 1$, da in den Summierer oben links (Block 2) Signale vom Block 1 (Quelle des Eingangssignals u_e), vom Block 5 (Verstärkung, die den Widerstand R_1 beschreibt) und vom Block 9 (Integrierer unten rechts) fließen.

Deutlicher wird die Besetzungsstruktur von S und damit die Netztopologie des Strukturbildes, wenn man die Nullen wegläßt:

$$S = \begin{bmatrix} 1 & & & & 1 & & & & 1 \\ & 1 & & & & & & & \\ & & 1 & & & & & & \\ & & & 1 & & & & & \\ & & & & & & & & 1 \\ & & & 1 & & 1 & & & \\ & & & & & & 1 & & \\ & & & & & & & 1 & \end{bmatrix} .$$

In den inneren Kopplungen eines Systems treten oft typische Muster auf, die sich in der Besetzungsstruktur von S wiederspiegeln.

Ein System heißt zum Beispiel *vorwärtsverkoppelt*, vgl. Bild 42, wenn die Signale nur in einer Richtung von einer Quelle zu einer Senke laufen.

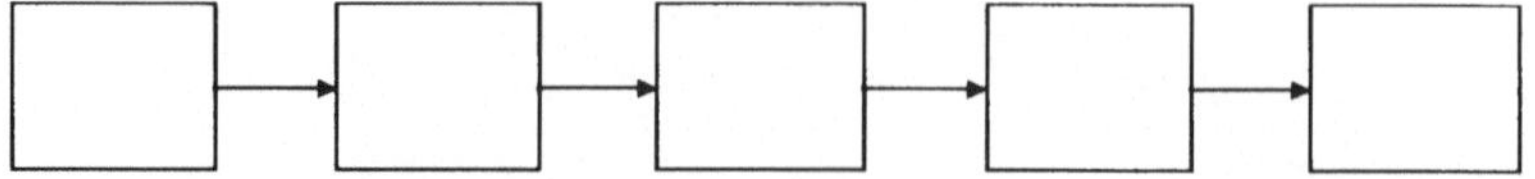

Bild 42: Vorwärts verkoppeltes System

Bei Numerierung der Blöcke von der Quelle in Richtung Senke ist dann die Strukturmatrix eine untere Dreiecksmatrix (genauer: eine Matrix, bei der nur die untere erste Nebendiagonale besetzt ist):

$$S = \begin{bmatrix} 1 & & & \\ & 1 & & \\ & & 1 & \\ & & & 1 \end{bmatrix}. \tag{92}$$

Bei der Beurteilung von Strukturmatrizen denke man an die Lösung linearer Gleichungssysteme: Dreiecksmatrizen sind besonders „angenehm", weil hier die Unbekannten sukzessiv von oben nach unten aus jeweils einer einzelnen Gleichung berechnet werden können. Bei vorwärtsverkoppelten Systemen kann ein Block i in keiner Weise durch einen Block j beeinflußt werden, wenn $i < j$ ist.

Ein interessantes Beispiel für ein solches System ist die Beschreibung des *Verkehrsflusses* auf einer Straße ohne Überholmöglichkeit. Das System ist vorwärts verkoppelt, wenn jeder Fahrer seine Geschwindigkeit nur vom Abstand und der Geschwindigkeit des jeweils vorausfahrenden Fahrzeugs (oder weiteren Informationen, die nur vom eigenen Fahrzeug und/oder dem vorausfahrenden Fahrzeug stammen) abhängig macht.

Fahren in diesem Beispiel die Fahrzeuge im *Kreisverkehr*, also das „erste" Fahrzeug hinter dem „letzten", erhält man ein *ringförmig verkoppeltes* System, Bild 43. Die Blöcke wurden dabei im Uhrzeigersinn numeriert.

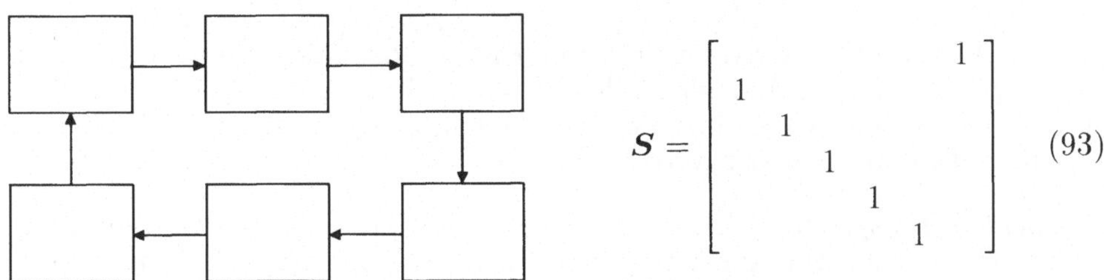

$$S = \begin{bmatrix} & & & & 1 \\ 1 & & & & \\ & 1 & & & \\ & & 1 & & \\ & & & 1 & \\ & & & & 1 \end{bmatrix} \tag{93}$$

Bild 43: Ringförmig verkoppeltes System

Ist ein System *vollständig verkoppelt*, vgl. Bild 44, dann ist die Strukturmatrix voll besetzt, eventuell mit Ausnahme der Hauptdiagonalen: Die Schwingungen der Atome in einem Kristallgitter lassen sich zum Beispiel, genaugenommen, nur durch ein solches vollständig verkoppeltes System beschreiben, denn jedes

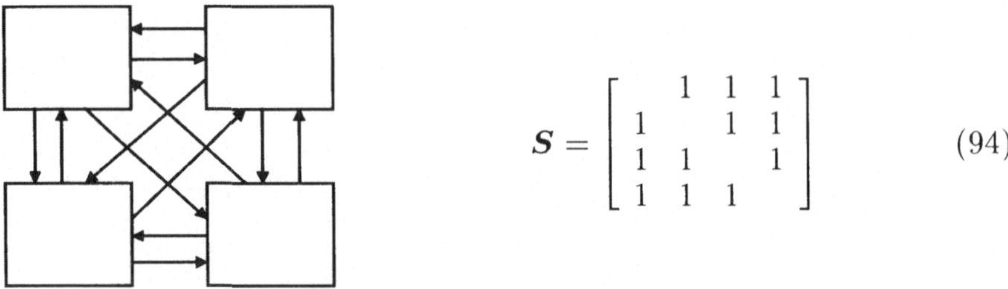

$$S = \begin{bmatrix} & 1 & 1 & 1 \\ 1 & & 1 & 1 \\ 1 & 1 & & 1 \\ 1 & 1 & 1 & \end{bmatrix} \tag{94}$$

Bild 44: Vollständig verkoppeltes System

Atom übt auf jedes andere Atom Kräfte aus. Allerdings nehmen diese Kräfte mit größer werdendem Abstand so schnell ab, daß das System mit ausreichender Genauigkeit auch durch ein *lokal* verkoppeltes System beschrieben werden kann, in dem nur die Kräfte zwischen unmittelbaren Nachbarn berücksichtigt werden.

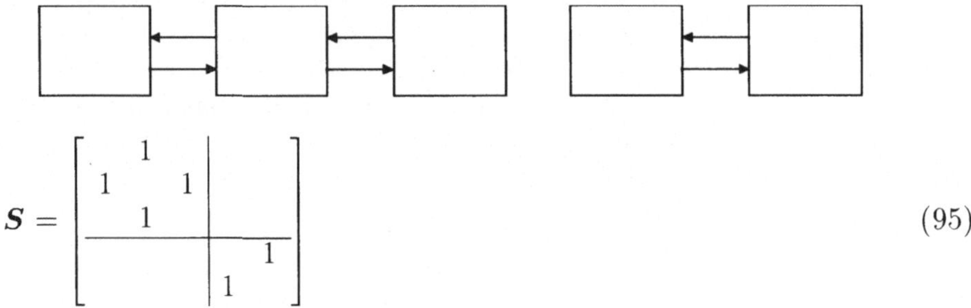

$$S = \left[\begin{array}{ccc|cc} & 1 & & & \\ 1 & & 1 & & \\ & 1 & & & \\ \hline & & & & 1 \\ & & & 1 & \end{array} \right] \tag{95}$$

Bild 45: Entkoppeltes (zerfallendes) System

In Bild 45 zerfällt das System in zwei *entkoppelte Teilsysteme*. Um bei der oben angesprochenen Analogie zu den linearen Gleichungssystemen zu bleiben: ein solches System würde in, voneinander unabhängige, kleinere Teilsysteme zerfallen, die einzeln gelöst werden können.

Die beiden Teilsysteme in Bild 45 haben beide für sich eine weitere, häufig anzutreffende Struktur: sie sind *kettenförmig verkoppelt*, vgl. Bild 46.

Die Struktur kettenförmig verkoppelter Systeme ist sehr einfach. Trotzdem darf nicht übersehen werden, daß bei solchen Systemen jeder Block jeden anderen beeinflußt, das System also durchgängig verkoppelt ist. Trennt man in einer kettenförmigen Verkopplung allerdings eine einzige Leitung auf, zerfällt das System in zwei Subsysteme, von denen das erste vom zweiten „nichts weiß" (wohl aber das zweite vom ersten, da ein Signal vom ersten ins zweite Subsystem fließt). Die Verkopplung bei kettenförmigen Systemen ist von lokaler

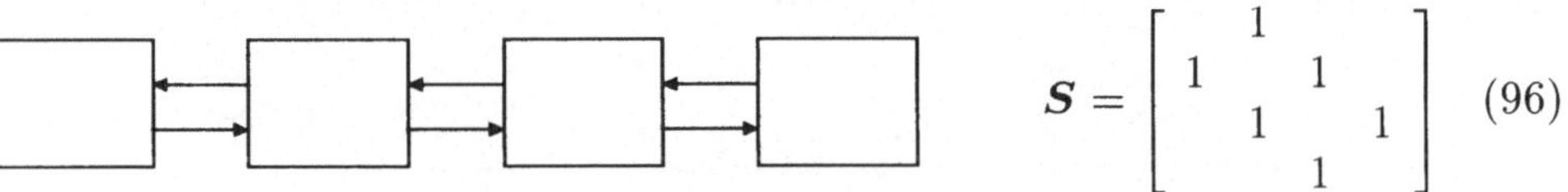

$$S = \begin{bmatrix} & 1 & & \\ 1 & & 1 & \\ & 1 & & 1 \\ & & 1 & \end{bmatrix} \qquad (96)$$

Bild 46: Kettenförmig verkoppeltes System

Natur: Signale fließen jeweils nur zwischen benachbarten Blöcken. Information, die vom ersten zum letzten Block läuft, wird durch alle dazwischenliegenden Blöcke „durchgereicht".

Oft lassen sich Systeme oder Teile von Systemen in einer solchen Kette anordnen. Die speziellen Blöcke, die solche Ketten bilden, haben wir schon weiter oben *Zweipolblöcke* genannt. Zweipolblöcke werden am besten rechts und links mit je einem Eingang und einem Ausgang gezeichnet, Bild 47. Allerdings lassen nicht alle GUIs eine solche graphische Darstellung zu.

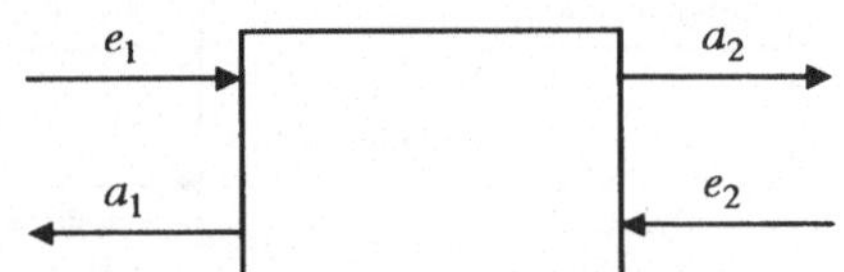

Bild 47: *Zweipolblock als Übertragungsglied im Strukturbild*

Der Begriff *Zweipol* (wie auch *Drei-*, *Vier-* und *n-Pol*), kommt aus der Elektrotechnik und bezeichnet ein Bauteil mit zwei bzw. drei, vier, allgemein n Polen (= Klemmen). Da an jeder Klemme zu jedem Zeitpunkt ein bestimmtes Potential anliegt und ein bestimmter Strom in die Klemme hinein- oder aus der Klemme herausfließt, verknüpfen Zweipole *vier* verschiedene Signale und können deswegen durch einen Zweipolblock dargestellt werden.

Beispiel 2.15 (*Leitungsmodell: Schaltung aus Vierpolen*)
Die in Bild 48 dargestellte Schaltung ist ein Ausschnitt aus einem Modell für lange elektrische Leitungen mit verteilten Widerständen, Induktivitäten und Kapazitäten (vgl. Beispiel 2.11). Gruppiert man die bei der Modellbildung eingeführten diskreten Bauelemente so wie durch die grauen Flächen angedeutet, erhält man eine kettenförmige Schaltung aus identischen Vierpolen.

Beispiel 2.16 (*Triebstrangmodell mit Zweipolblöcken*)
In Bild 49 ist die Subsystem-Untergliederung des Modells eines Pkw-Triebstrangs

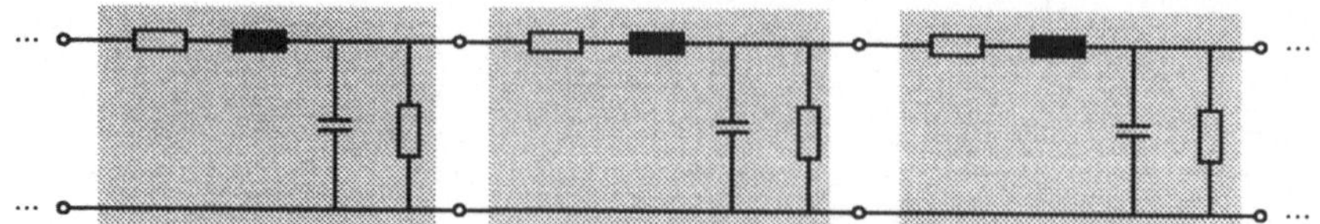

Bild 48: *Vierpole in einem Schaltplan: Leitungsmodell*

(ohne Motor) dargestellt. Das Strukturbild ist kettenförmig verkoppelt. Die einzelnen, teils nichtlinearen Zweipolblöcke beschreiben in alternierender Folge Trägheiten *(Trägheitswirkung des Schaltgetriebes, der Räder und der Fahrzeugmasse) und* Kraft-/Momentenelemente *(Kupplung, Kardanwelle/Antriebswelle, Reifen, Aerodynamik).*

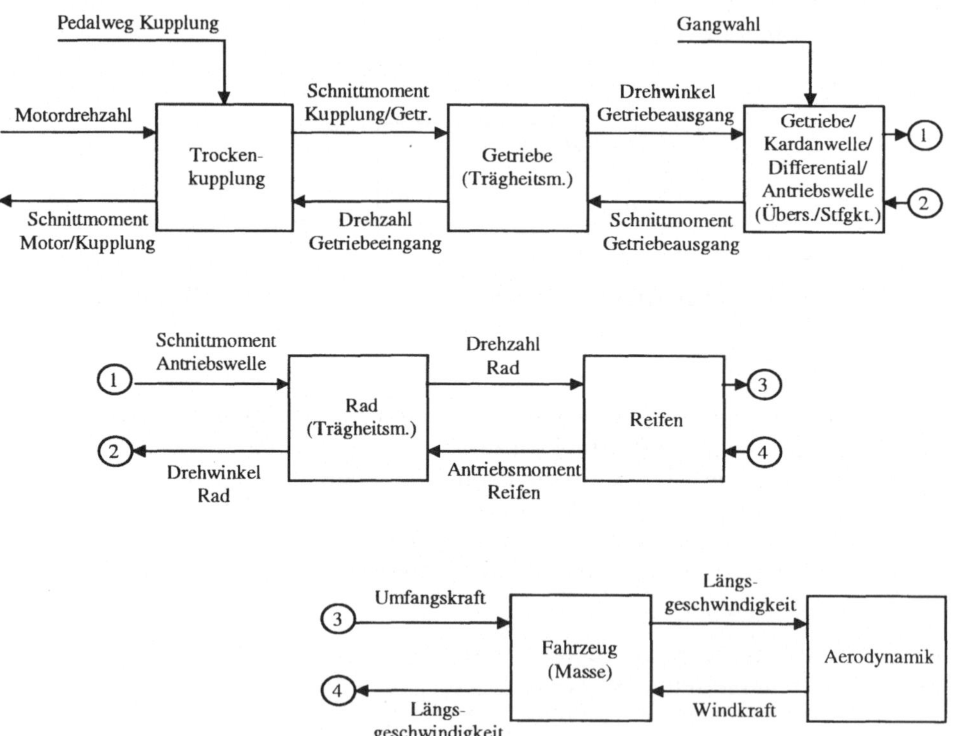

Bild 49: *Zweipolblöcke in einem Strukturbild: Triebstrang*

In Abschnitt 2.4.2 wird gezeigt, daß es für LTI-Zweipolblöcke spezielle Verschaltungsregeln gibt. Mit diesen Regeln kann man die Übertragungsmatrix einer Kette aus Zweipolblöcken einfach berechnen.

Durch „trickreiche" Rückkopplungen kann man in Strukturbildern übrigens sehr einfach auch Verknüpfungen zwischen Signalen formulieren, die während einer Simulation nur durch das Lösen von *algebraischen Gleichungssystemen* einzuhalten sind. Solche Verknüpfungen nennt man *algebraische Nebenbedingungen* oder *algebraische Schleifen*.

Beispiel 2.17 (Algebraische Nebenbedingung in einem Strukturbild)
Will man in einer elektronischen Schaltung erzwingen, daß zwei Potentiale u_1 und u_2 gleich sind, kann man den Block in Bild 50 verwenden.

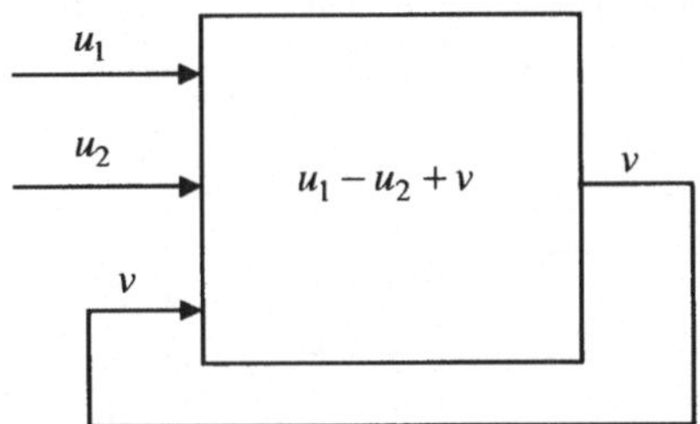

Bild 50: *Erzwungene Gleichheit zweier Signale*

Aus der direkten Rückkopplung des Signals v folgt nämlich $u_1 - u_2 + v = v$, also $u_1 = u_2$. Dabei muß man beachten, daß u_1 und u_2 jeweils Ausgangssignale von anderen Blöcken sind. Es ist also nicht möglich, einfach das Signal u_2 von Signal u_1 abzuzweigen.

Algebraische Schleifen können allerdings nicht von jedem Simulationsprogramm aufgelöst werden. MATLAB/Simulink^{TM}erkennt algebraische Schleifen automatisch und versucht, diese mit dem *Newtonverfahren* zu lösen. Dabei kann der Erfolg natürlich nicht garantiert werden. Deswegen sollte man generell versuchen, auf algebraische Schleifen zu verzichten. Zuverlässiger ist die Verwendung von Blöcken, die gezielt zur Lösung von algebraischen Gleichungssystemen entwickelt wurden.

2.4.2 Umrechnung Strukturbild - Übertragungsfunktion

Besteht ein Strukturbilder nur aus LTI-Blöcken einschließlich Verzweigungen und Summierern, kann oft mit Hilfe von nur vier *Verschaltungsregeln* eine

äquivalente Übertragungsfunktion (bzw. eine Übertragungsmatrix bei Mehrgrößensystemen) berechnet werden. Mit diesen Verschaltungsregeln wird systematisch die Anzahl der Blöcke reduziert. Werden durch eine solche Regel
zwei Blöcke zu einem neuen zusammengefaßt, berechnet sich dessen Übertragungsfunktion (bzw. -matrix) aus denjenigen der beiden zusammengefaßten
Blöcke.

In den Bildern 51 bis 54 sind die vier Verschaltungsregeln zur *Reihenschaltung*,
zur *Parallelschaltung* sowie zur *Gegen-* und *Mitkopplung* dargestellt. Die Regeln
lassen sich auch bei vektorwertigen Signalen anwenden. In diesem Fall sind die
Blöcke durch Übertragungs*matrizen* charakterisiert, s. Abschnitt 2.2.3. Bei der
Verschaltung muß dann allerdings beachtet werden, daß vektorwertige Ein-
und Ausgänge von Blöcken nur dann verbunden werden können, wenn die
Anzahl der Komponenten übereinstimmt. Nur in diesem Fall lassen sich die
zugehörigen Matrizenoperationen durchführen.

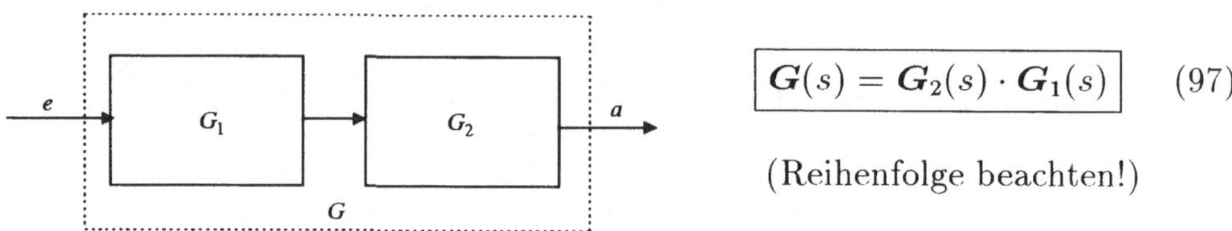

$$\boxed{G(s) = G_2(s) \cdot G_1(s)} \qquad (97)$$

(Reihenfolge beachten!)

Bild 51: Reihenschaltung von zwei LTI-Blöcken

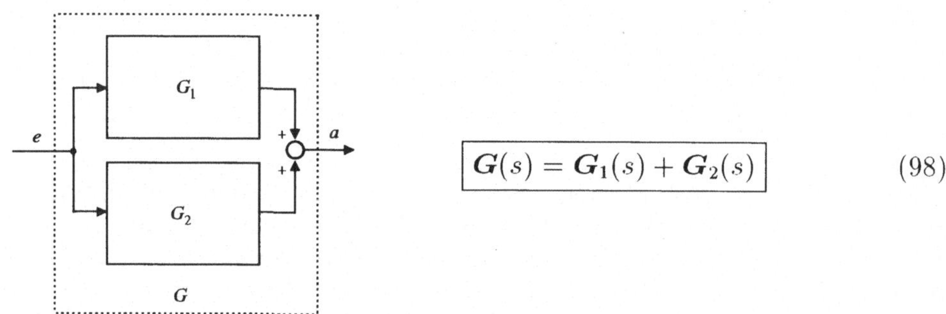

$$\boxed{G(s) = G_1(s) + G_2(s)} \qquad (98)$$

Bild 52: Parallelschaltung von zwei LTI-Blöcken

Für die Verschaltung von Zweipolblöcken (Bild 47) gibt es weitere Regeln.
Diese beruhen auf der Umrechnung der Übertragungsmatrix $G(s)$, mit der
man ja die beiden *Ausgangsgrößen* aus den beiden *Eingangsgrößen* berechnet:

$$\begin{bmatrix} a_1(s) \\ a_2(s) \end{bmatrix} = G(s) \begin{bmatrix} e_1(s) \\ e_2(s) \end{bmatrix} \qquad (103)$$

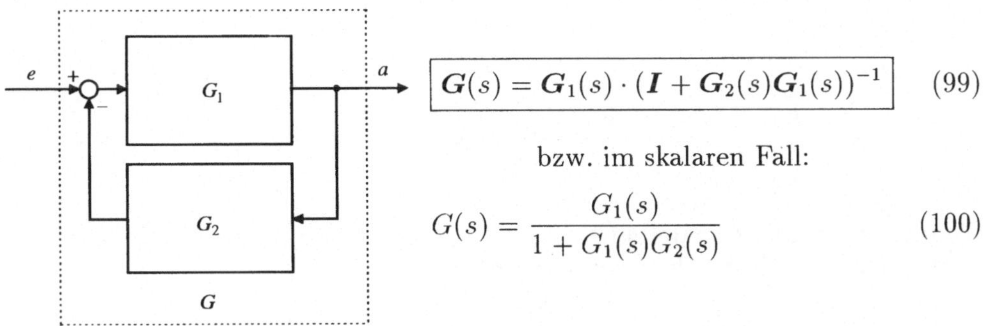

$$G(s) = G_1(s) \cdot (I + G_2(s)G_1(s))^{-1} \qquad (99)$$

bzw. im skalaren Fall:

$$G(s) = \frac{G_1(s)}{1 + G_1(s)G_2(s)} \qquad (100)$$

Bild 53: Gegenkopplung von zwei LTI-Blöcken

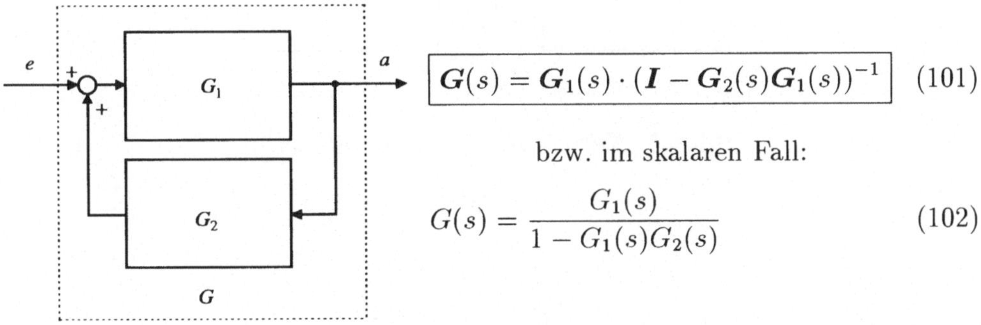

$$G(s) = G_1(s) \cdot (I - G_2(s)G_1(s))^{-1} \qquad (101)$$

bzw. im skalaren Fall:

$$G(s) = \frac{G_1(s)}{1 - G_1(s)G_2(s)} \qquad (102)$$

Bild 54: Mitkopplung von zwei LTI-Blöcken

in die *Kettenmatrix* $K(s)$, die die beiden Größen auf der *linken Seite* des Zweipolblocks mit denen auf der *rechten Seite* verknüpft:

$$\begin{bmatrix} e_1(s) \\ a_1(s) \end{bmatrix} = K(s) \begin{bmatrix} a_2(s) \\ e_1(s) \end{bmatrix} \qquad (104)$$

Kettenmatrix und Übertragungsmatrix lassen sich ineinander umrechnen, vom Sonderfall $G_{21}(s) = 0$ bzw. $K_{11}(s) = 0$ abgesehen:

$$K = \begin{bmatrix} \dfrac{1}{G_{21}} & -\dfrac{G_{22}}{G_{21}} \\[2ex] \dfrac{G_{11}}{G_{21}} & G_{12} - \dfrac{G_{11}G_{22}}{G_{21}} \end{bmatrix} = \frac{1}{G_{21}} \begin{bmatrix} 1 & -G_{22} \\ G_{11} & -\det G \end{bmatrix}, \qquad (105)$$

$$G = \begin{bmatrix} \dfrac{K_{21}}{K_{11}} & K_{22} - \dfrac{K_{12}K_{21}}{K_{11}} \\[2ex] \dfrac{1}{K_{11}} & -\dfrac{K_{12}}{K_{11}} \end{bmatrix} = \frac{1}{K_{11}} \begin{bmatrix} K_{21} & \det \boldsymbol{K} \\[1ex] 1 & -K_{12} \end{bmatrix}. \tag{106}$$

Werden zwei LTI-Zweipolblöcke in Form einer Kette verschaltet (Bild 55), multiplizieren sich ihre Kettenmatrizen:

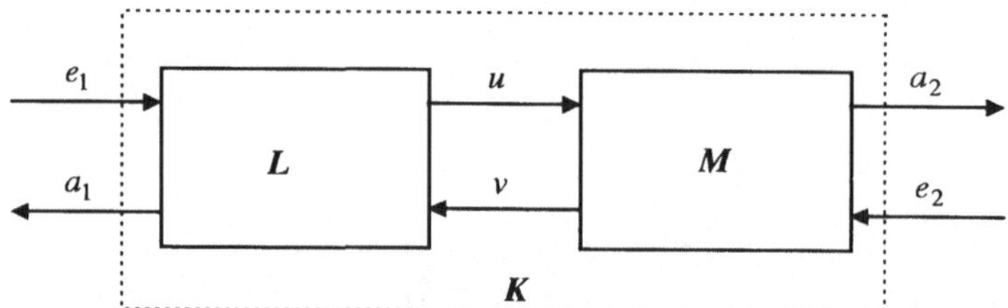

Bild 55: *Kette aus zwei Zweipolblöcken*

$$\begin{bmatrix} e_1 \\ a_1 \end{bmatrix} = \boldsymbol{L} \begin{bmatrix} u \\ v \end{bmatrix} \quad \text{und} \quad \begin{bmatrix} u \\ v \end{bmatrix} = \boldsymbol{M} \begin{bmatrix} a_2 \\ e_2 \end{bmatrix}, \tag{107}$$

also

$$\begin{bmatrix} e_1 \\ a_1 \end{bmatrix} = \boldsymbol{L} \cdot \boldsymbol{M} \begin{bmatrix} a_2 \\ e_2 \end{bmatrix}, \tag{108}$$

und somit

$$\boxed{\boldsymbol{K}(s) = \boldsymbol{L}(s) \cdot \boldsymbol{M}(s)}. \tag{109}$$

Komplizierter ist die Berechnung der *Parallelschaltung* von Zweipolblöcken nach Bild 56.

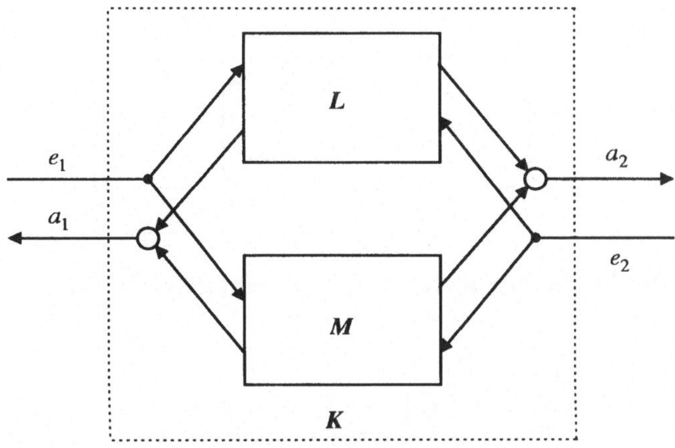

Bild 56: *Parallelschaltung zweier Zweipolblöcke*

Die Kettenmatrix $\boldsymbol{K}$ dieser Verschaltung berechnet sich aus den Kettenmatrizen $\boldsymbol{L}$ und $\boldsymbol{M}$ wie folgt:

$$\boldsymbol{K}(s) = \begin{bmatrix} K_{11}(s) & K_{12}(s) \\ K_{21}(s) & K_{22}(s) \end{bmatrix},$$

$$K_{11} = \frac{L_{11}M_{11}}{L_{11} + M_{11}} \qquad K_{12} = \frac{L_{11}M_{12} + L_{12}M_{11}}{L_{11} + M_{11}}$$

$$K_{21} = \frac{L_{11}M_{21} + L_{21}M_{11}}{L_{11} + M_{11}}$$

$$K_{22} = \frac{\det \boldsymbol{L} + \det \boldsymbol{M} + L_{11}M_{22} + L_{22}M_{11} + L_{12}M_{21} + L_{21}M_{12}}{L_{11} + M_{11}}$$

$$(110)$$

Diese Formeln sind recht kompliziert; der eigentliche Vorteil bei der Rechnung mit Kettenmatrizen liegt bei der Vereinfachung *kettenförmig* verschalteter Zweipolblöcke.

Bild 57 zeigt den *Abschluß* eines Zweipolblocks mit der Kettenmatrix $\boldsymbol{K}$, die natürlich auch eine längere Zweipolkette beschreiben kann, mit einem einfachen LTI-Block, beschrieben durch die Übertragungsfunktion A.

Die resultierende Übertragungsfunktion $G(s)$ lautet

$$G(s) = \frac{K_{21}(s) + K_{22}(s)A(s)}{K_{11}(s) + K_{12}(s)A(s)}. \qquad (111)$$

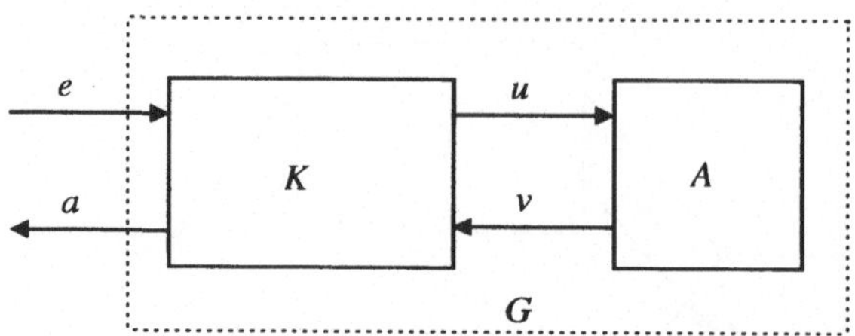

Bild 57: *Abschluß einer Kette durch ein einfaches Übertragungsglied*

Beispiel 2.18 (Feder-Masse-System als Zweipolkette)
Eine lineare Feder nach Bild 58, die sich nur longitudinal auslenken läßt, hat die zwei Eingangsgrößen x_1, x_2 (Verschiebung des linken bzw. rechten Anlenkpunktes aus der Ruhelage) und die beiden Ausgangsgrößen F_1, F_2 (von der Feder hervorgerufene Kräfte im linken bzw. rechten Anlenkpunkt).

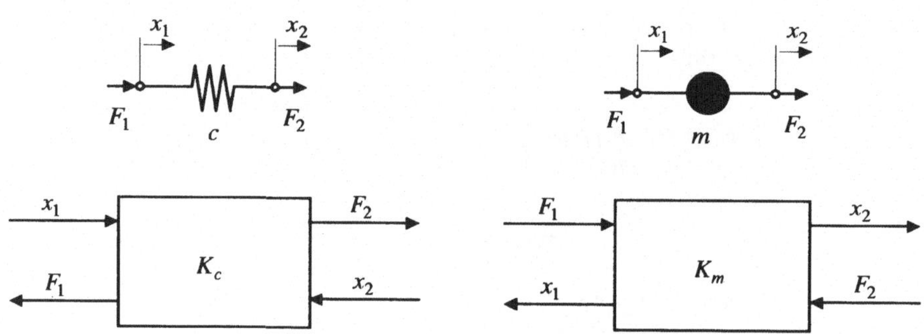

Bild 58: Feder und Masse als Zweipolblöcke

Für die Eingangs- und Ausgangsgrößen gelten die Zusammenhänge $F_1 = c(x_2 - x_1)$ und $F_2 = -F_1 = c(x_1 - x_2)$, also

$$\begin{bmatrix} F_1 \\ F_2 \end{bmatrix} = \boldsymbol{G}_c(s) \begin{bmatrix} x_1 \\ x_2 \end{bmatrix} \quad mit \quad \boldsymbol{G}_c(s) = \begin{bmatrix} -c & c \\ c & -c \end{bmatrix}.$$

Nach Gleichung (104) lautet deswegen die Kettenmatrix der Feder

$$\boldsymbol{K}_c(s) = \begin{bmatrix} \dfrac{1}{c} & 1 \\ -1 & 0 \end{bmatrix}.$$

Bei einer Masse (vgl. Bild 58) sind die Rollen der Eingangs- und Ausgangsgrößen gerade vertauscht: die beiden Eingänge sind jetzt die Kräfte F_1 und F_2, die beiden Ausgänge x_1 und x_2. Aus dem Impulssatz folgt $m\ddot{x}_1 = m\ddot{x}_2 = F_1 + F_2$. Nach Laplace-Transformation gilt also $ms^2 x_1 = ms^2 x_2 = F_1 + F_2$, und somit

$$\begin{bmatrix} x_1 \\ x_2 \end{bmatrix} = \boldsymbol{G}_m(s) \begin{bmatrix} F_1 \\ F_2 \end{bmatrix} \quad \textit{mit} \quad \boldsymbol{G}_m(s) = \frac{1}{ms^2} \begin{bmatrix} 1 & 1 \\ 1 & 1 \end{bmatrix} .$$

Die Kettenmatrix der Masse lautet also

$$\boldsymbol{K}_m(s) = \begin{bmatrix} ms^2 & -1 \\ 1 & 0 \end{bmatrix} .$$

In Bild 59 ist die Reihenschaltung aus einer Feder und einer Masse dargestellt.

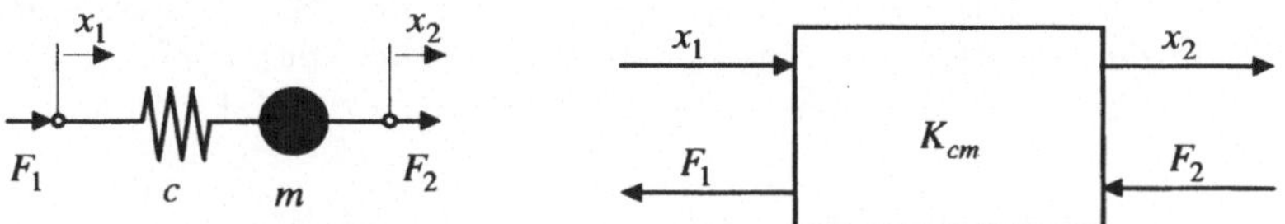

Bild 59: Feder-Masse-Element als Zweipolblock

Der zugehörige Zweipolblock wird durch die Kettenmatrix

$$\boldsymbol{K}_{cm}(s) = \boldsymbol{K}_c(s) \cdot \boldsymbol{K}_m(s) = \begin{bmatrix} \dfrac{1}{c} & 1 \\ -1 & 0 \end{bmatrix} \begin{bmatrix} ms^2 & -1 \\ 1 & 0 \end{bmatrix} = \begin{bmatrix} \dfrac{m}{c}s^2 + 1 & -\dfrac{1}{c} \\ -ms^2 & 1 \end{bmatrix}$$

beschrieben.

In Bild 60 sind zwei solche Feder-Masse-Elemente in Reihe geschaltet.

Die Kettenmatrix dieser Schaltung lautet

$$\boldsymbol{K}(s) = \boldsymbol{K}_{cm}(s) \cdot \boldsymbol{K}_{cm}(s) = \begin{bmatrix} \left(\dfrac{m}{c}s^2 + 1\right)^2 + \dfrac{m}{c}s^2 & -\dfrac{1}{c}\left(\dfrac{m}{c}s^2 + 2\right) \\ -ms^2\left(\dfrac{m}{c}s^2 + 2\right) & \dfrac{m}{c}s^2 + 1 \end{bmatrix} .$$

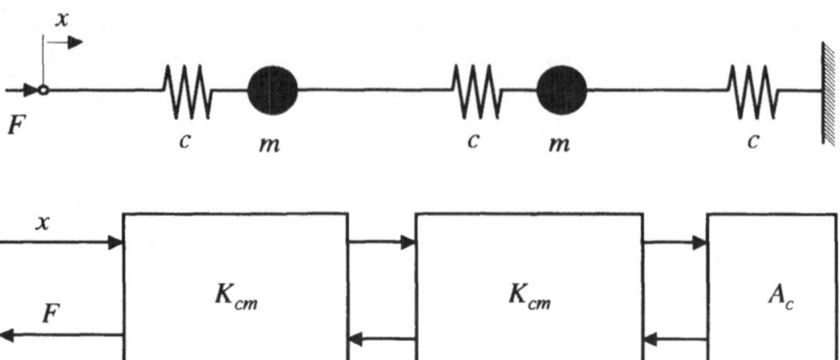

Bild 60: *Feder-Masse-System als Zweipolkette*

Das rechte Feder-Masse-Element stützt sich über eine weitere Feder an einer festen Wand ab. Diese Feder läßt sich als Übertragungsblock mit der einfachen Übertragungsfunktion $F(s) = A_c \cdot x(s)$ mit $A_c = -c$ beschreiben. Wählt man als Eingangsgröße der gesamten Anordnung die Verschiebung x der Feder links, und als Ausgangsfunktion die resultierende Kraft F in dieser Feder, dann folgt aus Gleichung (108) für die zugehörige Übertragungsfunktion $G(s)$, $F(s) = G(s)x(s)$:

$$G(s) = \frac{K_{21} + K_{22}A_c}{K_{11} + K_{12}A_c} = \frac{K_{21} - cK_{22}}{K_{11} - cK_{12}} = -c \cdot \frac{\hat{s}^4 + 3\hat{s}^2 + 1}{\hat{s}^4 + 4\hat{s}^2 + 3} \ , \ mit \quad \hat{s} = \sqrt{\frac{c}{m}}s \ .$$

Die Pole von $G(s)$ lassen sich leicht berechnen: es ist $\hat{s}_{1,2} = \pm i$ und $\hat{s}_{3,4} = \pm\sqrt{3}i$. Die Anordnung hat also die beiden ungedämpften Eigenfrequenzen $f_1 = \dfrac{1}{2\pi}\sqrt{\dfrac{m}{c}}$ (die beiden Massen schwingen gleichphasig) und $f_2 = \sqrt{3}f_1$ (die beiden Massen schwingen gegenphasig).

Es gibt zwei einfache Kettenmatrizen, mit deren Hilfe sich zwei Kraftelemente bzw. zwei Trägheitselemente in Reihe schalten lassen. Zu diesen Kettenmatrizen existieren keine Übertragungsmatrizen, diese werden aber auch nicht benötigt.

Kraftelemente (wie die Feder in Beispiel 2.18) haben *Verschiebungen* als Eingänge und *Kräfte* als Ausgänge. Werden zwei Kraftelemente ohne dazwischenliegende Masse in Reihe geschaltet, müssen die beiden Verschiebungen am Verbindungspunkt gleich sein, und die Summe der beiden Kräfte muß verschwinden. Die Kettenmatrix

$$\boldsymbol{K}_{c-c} = \begin{bmatrix} 0 & -1 \\ 1 & 0 \end{bmatrix} \tag{112}$$

stellt dies sicher:

$$\begin{bmatrix} F_1 \\ x_1 \end{bmatrix} = \boldsymbol{K}_{c-c} \begin{bmatrix} x_2 \\ F_2 \end{bmatrix} \quad \Rightarrow x_1 = x_2 \quad \text{und} \quad F_1 + F_2 = 0\,. \tag{113}$$

$\boldsymbol{K}_{c-c}$ ist die Kettenmatrix einer Masse für $m \to 0$. Für die Reihenschaltung zweier Federn mit den Steifigkeiten c_1 und c_2 erhält man erwartungsgemäß die Kettenmatrix zu $c = \dfrac{c_1 c_2}{c_1 + c_2}$:

$$\boldsymbol{K} = \begin{bmatrix} \dfrac{1}{c_1} & 1 \\ -1 & 0 \end{bmatrix} \begin{bmatrix} 0 & -1 \\ 1 & 0 \end{bmatrix} \begin{bmatrix} \dfrac{1}{c_2} & 1 \\ -1 & 0 \end{bmatrix} = \begin{bmatrix} \dfrac{c_1 + c_2}{c_1 c_2} & 1 \\ -1 & 0 \end{bmatrix}. \tag{114}$$

Bei *Trägheiten* sind *Kräfte* die Eingänge und *Verschiebungen* die Ausgänge. Auch hier müssen bei einer Reihenschaltung (ohne dazwischenliegende Nachgiebigkeit) die Verschiebungen gleich sein, und die Summe der beiden am Verbindungspunkt angreifenden Kräfte muß verschwinden. Dies wird durch die Kettenmatrix

$$\boxed{\boldsymbol{K}_{m-m} = \begin{bmatrix} 0 & 1 \\ -1 & 0 \end{bmatrix}} \tag{115}$$

erzwungen:

$$\begin{bmatrix} x_1 \\ F_1 \end{bmatrix} = \boldsymbol{K}_{m-m} \begin{bmatrix} F_2 \\ x_2 \end{bmatrix} \quad \Rightarrow x_1 = x_2 \quad \text{und} \quad F_1 + F_2 = 0\,. \tag{116}$$

$\boldsymbol{K}_{m-m}$ ist die Kettenmatrix einer Steifigkeit für $c \to \infty$. Für die Reihenschaltung zweier Massen m_1 und m_2 erhält man, wie zu erwarten, die Kettenmatrix der Masse $m = m_1 + m_2$:

$$\boldsymbol{K} = \begin{bmatrix} m_1 s^2 & -1 \\ 1 & 0 \end{bmatrix} \begin{bmatrix} 0 & 1 \\ -1 & 0 \end{bmatrix} \begin{bmatrix} m_2 s^2 & -1 \\ 1 & 0 \end{bmatrix}$$

$$= \begin{bmatrix} (m_1 + m_2) s^2 & -1 \\ 1 & 0 \end{bmatrix}. \tag{117}$$

Auch für *Übersetzungen* wie verlustfreie Getriebe und Hebel lassen sich leicht die Kettenmatrizen angeben. Bei einer idealen Übersetzung i gilt $x_1 = ix_2$, $F_2 = iF_1$. Dies wird durch je eine der folgenden vier Kettenmatrizen beschrieben:

$$\boldsymbol{K}_{cim} = \begin{bmatrix} \dfrac{1}{i} & 0 \\ 0 & i \end{bmatrix}, \qquad \boldsymbol{K}_{mic} = \begin{bmatrix} i & 0 \\ 0 & \dfrac{1}{i} \end{bmatrix}$$
$$\boldsymbol{K}_{cic} = \begin{bmatrix} 0 & -\dfrac{1}{i} \\ i & 0 \end{bmatrix}, \qquad \boldsymbol{K}_{mim} = \begin{bmatrix} 0 & i \\ -\dfrac{1}{i} & 0 \end{bmatrix} \tag{118}$$

Welche der vier Matrizen zur Anwendung kommt, hängt vom Typ der benachbarten Elemente ab: $\boldsymbol{K}_{cim}$ wird zwischen einem Kraftelement und einer Trägheit verwendet, $\boldsymbol{K}_{mic}$ zwischen einer Trägheit und einem Kraftelement, $\boldsymbol{K}_{cic}$ zwischen zwei Kraftelementen, und $\boldsymbol{K}_{mim}$ zwischen zwei Trägheiten.

2.5   Bondgraphen

Die in Abschnitt 2.4.1 und 2.4.2 beschriebene Zweipoldarstellung, hauptsächlich für kettenförmig verkoppelte Systeme, ist deswegen so interessant, weil sie gewisse Vorteile der Strukturbilder mit denen von Schaltplänen verbindet, vgl. Abschnitt 2.3.

Für Strukturbilder gilt:

- sie können relativ leicht in die Zustandsraumdarstellung und damit in ein Simulationsprogramm umgesetzt werden,

- mit den Verschaltungsregeln im linearen Fall läßt sich die zugehörige Übertragungsfunktion automatisiert berechnen,

- die Signalflüsse werden detailliert dargestellt,

- mit Strukturbildern lassen sich auch gemischte und nichtphysikalische Systeme, zum Beispiel digitale Regler, darstellen.

Schaltpläne dagegen

- können vom Fachmann leichter „gelesen" und verstanden werden,

- brauchen wesentlich weniger Platz auf der Zeichenfläche,

- liegen meist ohne jede Modellierung vor, vor allem in der Elektrotechnik, Hydraulik und Pneumatik.

Zweipoldarstellungen sind Strukturbilder und trotzdem stark bauteilorientiert: pro Bauteil ein Zweipol, der einer Bibliothek entnommen werden kann. Allerdings gibt es Einschränkungen: nicht jedes Strukturbild läßt sich ohne weiteres als Verschaltung von Zweipolen darstellen. Dies ist zum Beispiel nicht möglich, wenn ein Subsystem mehr als zwei Ein- oder Ausgänge hat.

Ähnliche Eigenschaften wie die Zweipoldarstellung hat die Systemdarstellung durch einen *Bondgraphen*. Diese Darstellung ist darüberhinaus komfortabler in der Eingabe und für eine größere Klasse von Systemen anwendbar.

Auch Bondgraphen sind bauteilorientiert und nicht an eine Energieart gebunden. Gleichzeitig repräsentieren Bondgraphen sämtliche Signalflüsse eines Systems. Sie lassen sich, wenn man den Umgang damit erst einmal gewohnt ist, sehr schnell erstellen und in ein Simulationsprogramm eingeben.

In diesem Buch kann nur ein ganz oberflächlicher Eindruck vom Arbeiten mit Bondgraphen vermittelt werden. Eine ausführliche Darstellung der Bondgraph-Theorie und -Praxis findet man in [10].

Wichtige, Bondgraph-basierte Simulationsprogramme sind ENPORT^{TM}, TUTSIM^{TM}, CAMAS^{TM}, DYMOLA^{TM}, CAMP^{TM} und BAPS^{TM}. Diese Programme arbeiten teilweise als *Präprozessoren*. Sie überführen das durch den Bondgraphen beschriebene System zunächst in eine andere Darstellung und reichen diese Darstellung an ein Simulationsprogramm weiter.

Bondgraphen sind gerichtete Graphen. *Knoten* sind die Bauteile oder bestimmte Verknüpfungen zwischen den Bauteilen und heißen hier *Elemente*. Die *Kanten* werden *Bonds* genannt und beschreiben den *Leistungsfluß* zwischen den Elementen. Zu jedem Bond gehört eine e-Größe (e steht für *effort*) und eine f-Größe (f für *flow*).

Die physikalische Bedeutung der e- und f-Größe hängt von der *Energiedomäne* ab. In der Mechanik der Punktmassen, die hier in den Beispielen herangezogen wird, ist die e-Größe eine *Kraft* und die f-Größe eine *Geschwindigkeit*.

Die e-Größe wird manchmal auch *Spannnungsgröße*, die f-Größe *Flußgröße* genannt. In der Elektronik ist die *Spannung*, genauer das *Potential*, die e-Größe und der *Strom* die f-Größe, in der Hydraulik und Pneumatik ist der *Druck* die e-Größe und der *Durchfluß* die f-Größe.

Die *Leistung*, die über einen Bond in ein Element fließt, ist immer das Produkt aus der jeweiligen e- und f-Größe des Bonds.

In der Bondgraph-Schreibweise werden die Elemente normalerweise zusammen mit ihren angeschlossenen Bonds dargestellt. Die Bonds werden mit einem Halbpfeil gezeichnet und geben die (gedachte) Flußrichtung der Leistung an. Die Elemente selbst werden durch einen oder mehrere Großbuchstaben bezeichnet, die den Typ des Elements angeben.

Die Anschlüsse der Elemente, zu denen die Bonds zeigen oder von denen die Bonds wegführen, heißen *Ports*.

Entsprechend der Zahl der Anschlüsse spricht man von *Ein-*, *Zwei-*, *Drei-* oder n-*Port-Elementen*. Ein Port in einem Bondgraphen hat eine ähnliche Bedeutung wie ein *Pol* bei einem Zwei- oder Vierpol.

Es gibt fünf verschiedene Typen von *Ein-Port-Elementen*, Bild 61.

Resistor (Dämpfer, Reibung)	$\xrightarrow{\quad F \quad}R$ v	$F = d(v)$
Capacity (Feder)	$\xrightarrow{\quad F \quad}C$ v	$F = c(x)$ $= c\left(\int v\,dt\right)$
Inertia (Masse)	$\xrightarrow{\quad F \quad}I$ v	$F = m\dot{v}$
e-Source (aufgeprägte Kraft)	$S_F\xrightarrow{\quad F \quad}$	$F = F_{in}$
f-Source (erzwungene Geschwindigkeit)	$S_v\xrightarrow{\qquad}$ v	$v = v_{in}$

Bild 61: *Ein-Port-Elemente am Beispiel der Mechanik der Massenpunkte*

Die Ein-Port-Elemente in der Mechanik der Massenpunkte verknüpfen Geschwindigkeit und Kraft des angeschlossenen Bonds, oder auch Integrale oder Ableitungen dieser Größen. Der Zusammenhang kann sowohl linear wie nichtlinear sein. Die beiden *Quellen* nennt man auch *aktive Ein-Ports*.

Weiter gibt es zwei *Zwei-Port-Elemente*, abgesehen von den Verknüpfungen, die weiter unten vorgestellt werden, Bild 62. Diese beiden Elemente heißen auch *Transducer*. Das zweite Zwei-Port-Element, der *Gyrator*, beschreibt gewisse linearisierte Kreiseleffekte in der Rotordynamik und ist in der translatorischen Mechanik ohne Bedeutung. Beide Zwei-Port-Elemente reichen die Leistung verlustlos weiter.

Die, neben den Ein-Ports, wichtigsten Elemente in Bondgraphen sind die beiden *Verknüpfungen*. Diese stellen einfache Beziehungen zwischen den e- und

Transformator (Übersetzung, Hebelarm)	$\xrightarrow[v_1]{F_1}$ **TF** $\xrightarrow[v_2]{F_2}$	$v_2 = \kappa v_1$ $F_2 = \dfrac{1}{\kappa} F_1$
Gyrator (Kreisel)	$\xrightarrow[v_1]{F_1}$ **GY** $\xrightarrow[v_2]{F_2}$	$v_2 = \dfrac{1}{\kappa} F_1$ $F_2 = \kappa v_1$

Bild 62: *Zwei-Port-Elemente*

f-Größen ihrer Ports her, die die Bedingungen bei Parallel- und Reihenschaltung von Bauelementen beschreiben. Beide Verknüpfungen können beliebig viele Ports haben. In Bild 90 sind sie beispielsweise als Drei-Port-Elemente dargestellt.

0-Verknüpfung (Mechanik: Reihenschaltung)		$F_1 = F_2 = F_3$ $v_1 + v_2 + v_3 = 0$
1-Verknüpfung (Mechanik: Parallelschaltung)		$v_1 = v_2 = v_3$ $F_1 + F_2 + F_3 = 0$

Bild 63: *Verknüpfungen*

Auch die beiden Verknüpfungen sind verlustlos. Normalerweise zeigt *ein* Pfeil zum Element hin und einer, zwei oder mehr Pfeile vom Element weg: die Leistung, die über den einen Pfeil in das Element fließt, wird auf die anderen Pfeile verteilt. Die Darstellung in Bild 63 ist so zu interpretieren, daß die Summe der in das Element einfließenden Leistungen verschwindet.

Neben den Elementen in den Bildern 61, 62 und 61 gibt es noch sogenannte *modulierte* Zwei-Port-Elemente, *Multi-Port-Transformatoren* und *Signal-Bonds*. Näheres hierzu siehe [10].

Beispiel 2.19 (Einmassenschwinger als Bondgraph)
In Bild 64 ist der Bondgraph für einen Einmassenschwinger dargestellt, der durch eine aufgeprägte Kraft F angeregt wird. Die Summe der Kräfte im Verzweigungsknoten oberhalb der Masse verschwindet, außerdem sind die Auslenkungsgeschwindigkeiten von Feder und Dämpfer sowie die Vertikalgeschwindigkeit der Masse gleich. Deswegen sind die drei Elemente Feder, Dämpfer und Masse durch eine 1-Verknüpfung gekoppelt.

Die Leistung, die durch die aufgeprägte Kraft in das System „gepumpt" wird, fließt teilweise in die Feder (wo dieser Anteil in Form von potentieller Energie gespeichert wird), in die Masse (die einen weiteren Anteil in Form von kinetischer Energie speichert) und in den Dämpfer, der den restlichen Anteil der Leistung in Wärme umwandelt. Natürlich kann, je nach Vorzeichenkombination von Geschwindigkeit und Kraft, von der Feder und/oder der Masse Leistung auch an das restliche System abgegeben oder in die Quelle zurückgespeist werden.

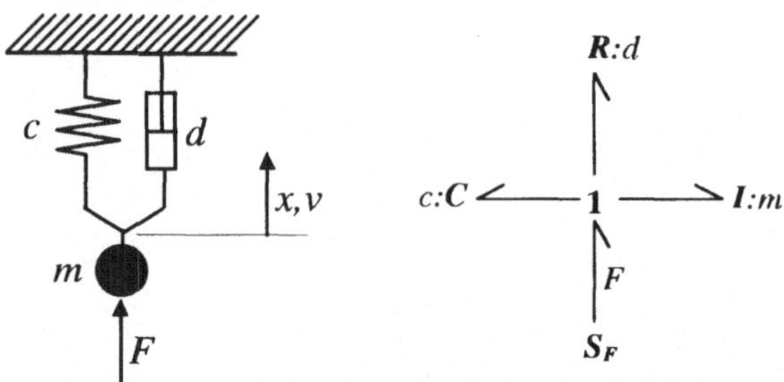

Bild 64: *Einmassenschwinger als Bondgraph*

Zu den Vorzeichen von Kräften und Geschwindigkeiten braucht man sich bei Bondgraphen, jedenfalls bei linearen Elementen, kaum Gedanken zu machen, sie sind bei richtiger Pfeilrichtung automatisch richtig. Die Wahl der Pfeilrichtungen wird entweder vom Anwender vorgenommen oder von der verwendeten Bondgraph-Software automatisch durchgeführt. Dabei sind folgende Regeln zu beachten:

- ist die Leistung auf einem Bond, also das Produkt aus e- und f-Größe, positiv, dann fließt die Leistung in Pfeilrichtung,

- die Pfeile zeigen von Quellen weg (was ausdrückt, daß die aktiven Ein-Ports Leistung liefern, wenn diese positiv ist),

- die Pfeile zeigen zu passiven Elementen hin (was ausdrückt, daß die passiven Ein-Ports Leistung aufnehmen, also verbrauchen oder speichern, wenn diese positiv ist),

- zu jeder Verknüpfung sollte mindestens ein Pfeil hinzeigen,

• von jeder Verknüpfung sollte mindestens ein Pfeil wegzeigen.

Den Ein-Port-Symbolen R, I und C sowie den Zwei-Port-Symbolen TR und GY kann, wie in Bild 64, durch einen Doppelpunkt abgetrennt, ein Parameter als Symbol oder Zahlenwert zugeordnet werden. Wie erwähnt, können Ein-Ports auch nichtlinear sein. In diesem Fall kann das Bauteilverhalten nicht durch einen einzelnen Parameter, sondern nur durch eine Kennlinie beschrieben werden. Der angehängte Parameter ist dann programmtechnisch ein Zeiger auf diese Kennlinie.

Beispiel 2.20 (*Zweimassenschwinger als Bondgraph*)
Bild 65 zeigt einen einfachen Zweimassenschwinger als Bondgraphen. Da die zwei Massen mit der verbindenden Feder in Reihe geschaltet sind, kommt jetzt auch eine 0-Verknüpfung vor. Diese sorgt dafür, daß die Auslenkung der Feder c_2 mit der Differenz der Höhen der beiden Massen übereinstimmt. Den beiden Massen ist jeweils eine 1-Verknüpfung zugeordnet. Zu jeder 1-Verknüpfungen gehört eine Geschwindigkeit, nämlich die Geschwindigkeit der jeweiligen Masse.

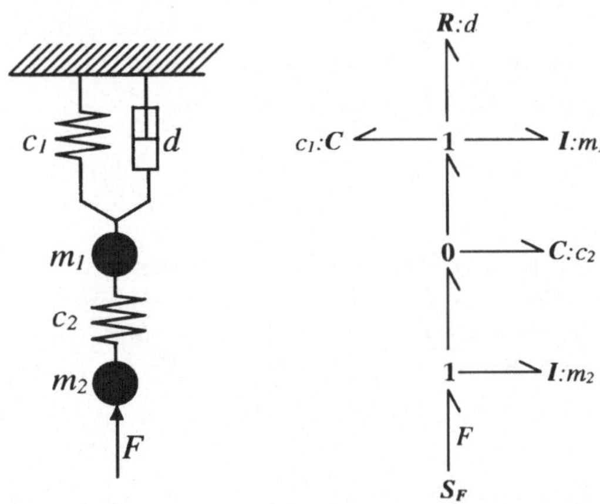

Bild 65: *Zweimassenschwinger als Bondgraph*

Bondgraphen für mechanische Systeme kann man mit etwas Übung leicht nach der folgenden Prozedur erstellen:

1. jede Masse und jeder masselose Verzweigungspunkt wird durch eine 1-Verknüpfung gekennzeichnet, bei Reihenschaltungen auch der innere Verknüpfungspunkt,

2. Quellen und Trägheitsspeicher (Massen) werden mit ihren Bonds direkt an die jeweiligen 1-Verknüpfungen angefügt,

3. eventuelle Übersetzungen (also Hebel) zwischen zwei 1-Verknüpfungen werden eingefügt,

4. Speicher potentieller Energie und Verbraucher (also Federn und Dämpfer) werden zwischen zwei entsprechenden 1-Verknüpfungen über eine 0-Verknüpfung eingefügt,

5. die Leistungsflußrichtungen, also die Pfeile, werden nach den obigen Regeln eingetragen,

6. der Bondgraph wird vereinfacht.

Für die Vereinfachung von Bondgraphen gibt es eine Reihe von Regeln. Hier die beiden wichtigsten:

- 0- und 1-Verknüpfungen mit zwei Anschlüssen können gelöscht („kurzgeschlossen") werden, und

- 1-Verknüpfungen, in die eine Geschwindigkeitsquelle mit $v = 0$ zeigt, können mit allen anhängenden Bonds gelöscht werden.

Weitere Regeln findet man in Lehrbüchern, z.B. in [10].

Beispiel 2.21 (Hebelmechanismus als Bondgraph)
Die oben beschriebene Prozedur führt für den Hebelmechanismus in Bild 66 schrittweise und systematisch zum beschreibenden Bondgraphen. Dies ist in Bild 67 dargestellt. In Bild 66 sind die Knoten eingetragen, für die im Bondgraph 1-Verknüpfungen vorzusehen sind.

Bondgraph-Simulationsprogramme erlauben entweder direkt die graphische Eingabe in einer entsprechenden GUI, oder der Bondgraph muß in ein ASCII-Input-File überführt werden. Dazu sind zunächst die Bonds durchzunumerieren und anschließend alle Elemente mit ihren angeschlossenen Bonds aufzulisten.

Beispiel 2.22 (Bondgraph-Inputfile)
Im obigen Beispiel würde in einem typischen Bondgraph-Programm (z.B. ENPORT) die Struktur des Bondgraphen ähnlich wie in Bild 68 eingegeben werden. Dieses Inputfile enthält nicht die Richtungen der Bonds, diese werden von dem Bondgraph-Programm selbst festgelegt.

Hinzu kommen Vorgaben der Parameterwerte, der Quellen (als Zeitfunktionen), die Definition der Ausgabegrößen und Angaben zum Simulationsablauf.

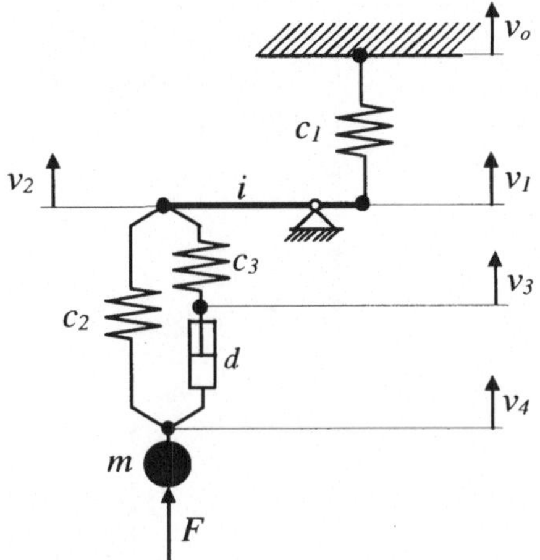

Bild 66: *Hebelmechanismus*

Einen breiten Raum in der Bondgraph-Theorie nimmt der Begriff der *Kausalität* ein. Bei der Realisierung eines Ein-Port gibt es nämlich zwei Möglichkeiten:

- entweder wird aus der Geschwindigkeit die Kraft berechnet (bei einer Feder nach vorangegangener Integration, bei einer Masse nach vorangegangener Differentiation), oder

- aus der Kraft wird die Geschwindigkeit berechnet.

Die Frage, ob die f-Größe, also die Geschwindigkeit, von der e-Größe, also der Kraft abhängt, oder umgekehrt (was also *Ursache*, was *Wirkung* ist), nennt man die *Kausalität* des Elementes. Die Kausalität liegt nicht immer von vornherein fest. Bei einem linearen Dämpfer ist es zum Beispiel gleichgültig, ob aus der Kraft die Geschwindigkeit oder aus der Geschwindigkeit die Kraft errechnet wird.

Schwieriger wird es bei einer Masse oder einer Feder. Wenn man aus dem Bondgraphen eine Zustandsraumdarstellung ableiten will, ist die *Integral-Kausalität* wünschenswert. Ein Element weist Integral-Kausalität auf, wenn sich die abhängige Größe aus dem *zeitlichen Integral* der unabhängigen Größe ergibt:

$$\dot{v} = \frac{1}{m}F \text{ , also } \quad v = \frac{1}{m}\int F\,dt \tag{119}$$

Schritt 1+2 1-Verkn. Trägheiten Quellen	*Schritt 3+4* Federn Dämpfer Hebel	*Schritt 5* Flußrichtungen der Leistung	*Schritt 6* Vereinfachung in zwei Durchläufen

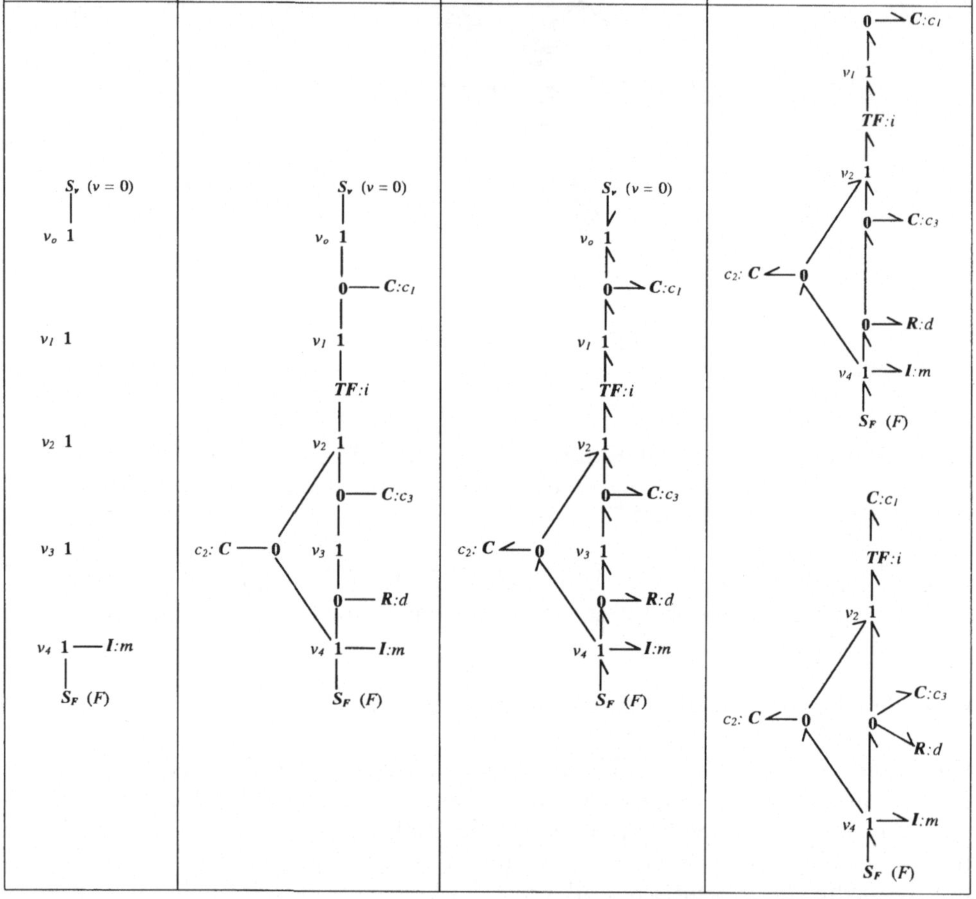

Bild 67: Bondgraphen: Hebelmechanismus

bzw.

$$F = cx \text{ , also } \quad F = c \int v\,dt \tag{120}$$

Andernfalls spricht man von *Differential-Kausalität*.

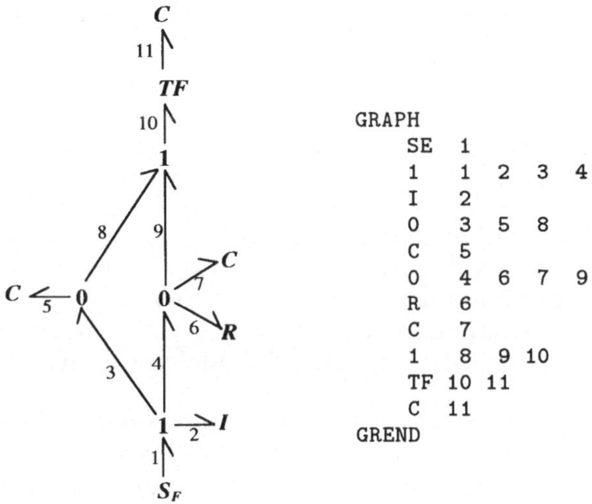

Bild 68: *Bondgraph-Inputfile für Hebelmechanismus*

Bei manchen nichtlinearen Ein-Ports kommt überhaupt nur die Integral-Kausalität in Frage: im Fall einer *trockenen Reibung* kann zum Beispiel nur aus der Geschwindigkeit die Kraft berechnet werden, aber nicht umgekehrt aus der Kraft die Geschwindigkeit. Dies gilt für alle Ein-Ports mit Kennlinien, die nicht invertierbar sind.

In einem Bondgraphen werden die Kausalitäten der Bonds durch einen kurzen Querstrich an einem der beiden Enden markiert. Dieser Querstrich steht an derjenigen Seite des Bonds, an der die e-Größe die unabhängige Größe darstellt.

Für einige Elemente liegt die Kausalität der anliegenden Bonds von vornherein fest, bei anderen sind bestimmte Regeln zu beachten. So darf bei der 0-Verknüpfung nur genau ein Bond *mit* Querstrich enden, bei der 1-Verknüpfung dagegen nur genau ein Bond *ohne* Querstrich.

Bei der Festlegung der Kausalität wird nun, entweder vom Benutzer oder automatisch vom Programm, jeder Bond an einem Ende mit einem Querstrich versehen, und zwar derart, daß alle oben erwähnten Regeln erfüllt sind. Ist dies nicht möglich, spricht man von einem Kausalitätskonflikt. Diese Konflikte erzeugen *algebraische Schleifen*. Bei dem zugrundeliegenden System handelt es sich also dann um ein DAE-System. Nur bei Bondgraphen ohne Kausalitätskonflikt (dies ist der Normalfall) läßt sich eine herkömmliche Zustandsraumdarstellung angeben.

Auf weitere Details der Kausalität, und wie Kausalitätskonflikte vermieden

werden können, kann hier nicht näher eingegangen werden. Einzelheiten findet
man wieder in [10].

2.6 CSSL-Sprachen

CSSL (*Continuous System Simulation Language*) ist ein Standard für Simulati-
onssprachen aus dem Jahr 1967. Aus dem damaligen Normenvorschlag gingen
als Realisierung einige Simulationsprogramme hervor (vgl. [5]). Der wichtigste Vertreter dieser Programme ist ACSL^{TM} (*Advanced Continuous Simulation
Language*), weitere sind ASIM^{TM}, CSMP^{TM}, ESL^{TM} und MOSIS^{TM}.

CSSL-Programme sind meist als Fortran-Präprozessoren realisiert. Das vom
Benutzer eingegebene, in der Syntax an ein Fortran-Programm erinnernde Modell wird vom CSSL-Programm in richtigen Fortran-Source-Code umgewandelt
und anschließend an einen Compiler zur Erzeugung eines ausführbaren Maschi-
nenprogramms weitergereicht.

Der CSSL-Standard definiert die Beschreibung des Modells wie auch die Beschreibung des damit durchzuführenden Experiments.

Das Experiment, also der Simulationsablauf, wird durch *Steueranweisungen*
definiert, während das Modell aus *Strukturanweisungen* und *Datenanweisungen*
besteht.

Die Datenanweisungen ordnen den im Modell verwendeten symbolischen Variablen Zahlenwerte zu, während die Strukturanweisungen, auf der Basis von
Gleichungen, die inneren und äußeren Kopplungen des Modells definieren.

Diese Strukturanweisungen sind stark an die Darstellung des Modells durch ein
Strukturbild angelehnt. In der Regel gehört zu jedem einfachen Übertragungs-
block in diesem Strukturbild eine spezielle CSSL-Anweisung, ein sogenannter
Funktionsoperator.

Genau wie die Übertragungsblöcke, berechnen die Funktionsoperatoren aus
den Eingangsgrößen Werte, die einer Ausgangsgröße zugewiesen werden.

In Tabelle 1 sind einige typische Funktionsoperatoren von ACSL gelistet, anhand derer ihr Prinzip klar wird.

Der wichtige Unterschied zu Strukturbildern ist die Tatsache, daß die Netztopologie des Modells nicht durch den Graphen direkt angegeben wird, sondern
sich indirekt aus den Variablenverknüpfungen in den Strukturanweisungen ergibt. Jede Ausgangsgröße in einem Funktionsoperator ist ein Signal im Strukturbild. Dieses Signal kann, eventuell über Verzweigungsstellen, in mehrere

`z = integ(zp,z0)`	einfacher *Integrierer*. Integriert während der Simulation die Größe `zp` und weist das Ergebnis der Größe `z` zu. Der Startwert für `z` ist `z0`
`z = limint(zp,z0,bu,bo)`	*begrenzter Integrierer*. Arbeitet ähnlich wie `integ`, begrenzt jedoch zusätzlich das Ergebnis zwischen `bu` und `bo`
`a = realpl(T,e,a0)`	PT_1-*Übertragungsglied* mit der Übertragungsfunktion $G(s) = 1/(1 + Ts)$. `e` ist die Eingangsgröße, `a` die gefilterte Ausgangsgröße und `a0` der Startwert für `a`
`a = tran(n,m,p,q,e)`	*rationale Übertragungsfunktion* $G(s) = p(s)/q(s)$. `n` und `m` ist der Grad des Zähler- bzw. Nennerpolynoms, in den Vektoren `p` und `q` stehen die Koeffizienten der Polynome
`a = harm(ts,om,phi0)`	*Sinusgenerator* $a(t) = \sin(\omega(t - t_s) + \Phi_0)$, falls $t \geq t_s$, und 0 sonst
`a = f(e,...)`	allgemeine *Funktion* aus der Fortran-Bibliothek (zum Beispiel `sin`, `exp`, `ln`), oder vom Benutzer als Fortran-Unterprogramm selbst programmierte Funktion

Tabelle 1: CSSL: Funktionsoperatoren

andere Übertragungsblöcke laufen. In CSSL-Programmen bedeutet dies, daß die Ausgangsgröße wieder als Eingangsgröße in beliebig vielen anderen Funktionsoperatoren vorkommen darf.

Der Benutzer muß sich nicht um die Reihenfolge der Funktionsoperatoren kümmern, diese ist sogar beliebig. Eine Größe darf durchaus zuerst als Eingangsgröße verwendet werden, bevor sie als Ausgangsgröße definiert wird. Dies ist für den Anfänger in einer CSSL-Sprache verwirrend, da es in krassem Gegensatz zum sonst üblichen *sequentiellen* Programmieren steht.

$ACSL^{TM}$, wie auch andere CSSL-Sprachen, *sortiert* die Funktionsblöcke selbst so, daß alle Größen, bevor sie in einem Funktionsblock als Eingangsgröße verwendet werden, im aktuellen Zeitschritt definiert worden sind. Das ist der Fall, wenn entweder

- die Größe eine Zustandsgröße ist, also in einem Integrierer einen Anfangswert zugewiesen bekam, oder

- die Größe zuvor in der Zeitschleife in einem anderen Funktionsblock Ausgabegröße war.

Zustandsgrößen dürfen direkt in ihren eigenen Integrator zurückgeführt werden: die Anweisung

$$z = \text{integ}(-z,1) \tag{121}$$

ist korrekt und liefert als Ergebnis, abgesehen von numerischen Integrationsfehlern, $z(t) = e^{-t}$.

Es kann allerdings vorkommen, daß die Sortierung *nicht* erfolgreich ist. Beim Auftreten von *algebraischen Schleifen*, wie sie z.B. die beiden Operatoren

$$\begin{aligned} y &= 2*x-1 \\ x &= 3*y+1 \end{aligned} \tag{122}$$

bilden, bricht $ACSL^{TM}$ mit einer Fehlermeldung ab.

Genauso ist die Mehrfachbelegung einer Größe nicht erlaubt. Das gilt sinngemäß natürlich auch in Strukturbildern: ein und dasselbe Signal kann nicht in zwei verschiedenen Übertragungsgliedern generiert werden.

Der Benutzer von $ACSL^{TM}$ hat die Möglichkeit, für einen oder mehrere Funktionsoperatoren die Reihenfolge der Abarbeitung vorzuschreiben, also für diese Blöcke die Sortierung abzuschalten. Für jeden solchen *Procedural-Block* wird in einem Block-Header angegeben, welche Größen vor dem Block berechnet worden sein müssen, also Eingangsgrößen für den Block sind, und welche Größen erst nach dem Block berechnet werden dürfen, also die Ausgangsgrößen darstellen.

Beispiel 2.23 (Räuber-Beute-System als ACSL-Modell)
Anhand eines einfachen Beispiels sollen Strukturbild und entsprechende $ACSL^{TM}$-Modellbeschreibung gegenübergestellt werden. Es handelt sich um das Räuber-Beute-System, *ein nichtlineares Modell der Populationsdynamik in der Biologie, verändert übernommen aus [5].*

Die beiden Zustandsgrößen dieses rein endogenen Systems, das ist ein System ohne externe Eingangsgrößen, sind n_1 und n_2, die relativen Populationszahlen zweier biologischer Arten.

Die beiden Arten stehen, durch den Mechanismus von „Fressen und Gefressenwerden", in starker wechselseitiger Kopplung. Stark vereinfacht beschreiben dies die beiden Differentialgleichungen

$$\dot{n}_1 = an_1 - bn_1^2 - cn_1 n_2$$

$$\dot{n}_2 = dn_2 - en_2^2 + fn_1 n_2$$

Bild 69 zeigt ein Simulink^{TM}-Strukturbild sowie den Rumpf (die Strukturanweisungen) eines ACSL^{TM}-Inputfiles für das System.

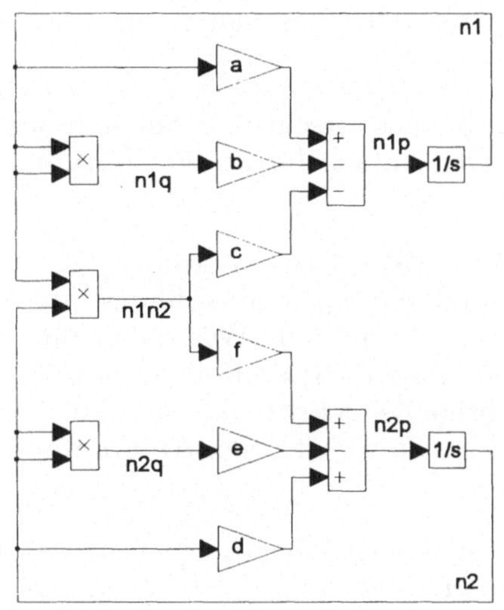


```
...
DERIVATIVE
  n1q = n1*n1
  n1n2 = n1*n2
  n2q = n2*n2
  n1p = a*n1-b*n1q-c*n1n2
  n2p = d*n2-e*n1q+f*n1n2
  n1 = integ(n1p,n10)
  n2 = integ(n2p,n20)
END
...
```

Bild 69: Räuber-Beute-System in Simulink^{TM}(links) und ACSL^{TM}(rechts)

3 Simulation, oder: was kann der Computer tun?

In diesem Kapitel werden Methoden zur *Diskretisierung* zeitkontinuierlicher Systeme vorgestellt, um sie Simulationsexperimenten mit dem Computer zugänglich zu machen. In Abschnitt 1.3.4 wurde schon darauf hingewiesen, daß vor jeder Computersimulation das mathematische Modell des realen Systems in ein zeitdiskretes Modell überführt werden muß, das mit *endlich vielen elementaren Rechenoperationen* lösbar ist.

„Endlich viel" ist dabei allerdings ein dehnbarer Begriff. Die hohe Kunst der *Diskretisierung* besteht darin, die Anzahl der Operationen so klein wie irgend möglich zu halten, und damit die Wartezeit auf das Ergebnis der Simulation zu minimieren. Andererseits muß sichergestellt sein, daß die Ergebnisse den Genauigkeitsanforderungen genügen. Bei jeder Diskretisierung entsteht nämlich ein numerischer Fehler, den es zu kontrollieren gilt. Dies haben wir schon in Abschnitt 1.5.1 diskutiert.

Die aus einer Diskretisierung resultierende Rechenvorschrift nennt man auch *Integrationsverfahren*, *Integrationsschema* oder einfach *Integrator*. Warum das so ist, werden wir in Abschnitt 3.1.2 sehen.

Rechenzeit, Genauigkeit und, mit dem zweiten Begriff eng verknüpft, *numerische Stabilität* dieser Experimente werden durch die spezielle Wahl des Integrationsverfahrens und durch die Zeitschrittweite beeinflußt. Was dabei für das eine System vernünftig ist, kann sich für ein anderes System als unbrauchbar erweisen: der richtige Integrator und die richtige Zeitschrittweite sind abhängig von den Eigenschaften des Systems sowie von den spezifischen Anforderungen des Benutzers.

Deswegen analysieren wir anschließend die „Numerik" der Integrationsverfahren. Dazu werden die Begriffe *numerische Stabilität*, *numerische Genauigkeit*, *Verfahrensordnung* und *Echtzeitfaktor* als Bewertungskriterien eingeführt und erklärt.

Dies geschieht am Beispiel der klassischen expliziten und impliziten Verfahren von *Euler*, *Heun*, *Runge-Kutta*, *Adams* sowie der *Trapezregel*. Es werden aber auch moderne, komplizierte Implementierungen mit automatischer Fehlerkontrolle durch Schrittweiten- und Ordnungssteuerung angesprochen.

Ein eigener Abschnitt ist der numerischen Behandlung „bösartiger" Nichtlinearitäten gewidmet, die in der Praxis sehr häufig vorkommen, und mit denen trotzdem so manches weitverbreitete Integrationsverfahren seine liebe Not hat. Dabei greifen wir auf Beispiele aus der Mechanik zurück; die vorgestellten Ansätze lassen sich jedoch auch auf andere Bereiche übertragen.

Den Abschluß dieses Kapitels bildet ein Überblick über die Organisation und den Ablauf von Simulationsexperimenten in der Praxis.

3.1 Diskretisierung und Integrationsverfahren

LTI-Systeme können, jedenfalls theoretisch, *exakt* gelöst werden, falls die Eingangsgrößen bestimmte „einfache" Funktionen sind.

Ist zum Beispiel $e(t)$ stückweise konstant, gilt die im Anhang A.2, Gleichung (288) hergeleitete Formel

$$
\begin{aligned}
z^{(k+1)} &= A_h z^{(k)} + B_h e^{(k)} \\
A_h &= e^{Ah} \\
B_h &= \left(e^{Ah} - I\right) A^{-1} B \, .
\end{aligned}
\tag{123}
$$

Dies ist nichts anderes als ein zum ursprünglichen LTI-System äquivalentes DLTI-System, also eine Diskretisierung.

Allerdings gilt die Lösungsformel (123) nur für *lineare* Systeme, und auch für solche ist ihre Anwendung nicht immer sinnvoll. Sie setzt nämlich die Berechnung der Fundamentalmatrix von A voraus, was bei großen Systemen mit Hunderten oder Tausenden von Zustandsgrößen einen großen Rechenaufwand bedeutet.

Nichtlineare Systeme lassen sich, von ganz wenigen, in der Praxis bedeutungslosen Ausnahmen abgesehen, *nicht* geschlossen lösen. Hier ist man auf numerische Näherungsformeln angewiesen, die ihrerseits zu einfach berechenbaren Diskretisierungen führen.

Bei der Betrachtung dieser Diskretisierungen wollen wir uns, damit die Formeln leichter lesbar sind, auf den *zeitinvarianten* Fall beschränken. In Abschnitt 1.5.4 haben wir ja gesehen, daß sich *jedes* zeitvariante System in ein gleichwertiges zeitinvariantes umwandeln läßt, vgl. (19). Damit ist die ausschließliche Betrachtung von LTI- und NTI-Systemen keine wirkliche Einschränkung.

Schwerwiegender ist allerdings der Ausschluß von *DAE*-Systemen und von *verteilten* Systemen. Beide erfordern weit kompliziertere Diskretisierungen, die wir hier aus Platzgründen nicht diskutieren können.

3.1.1 Diskretisierung durch numerisches Differenzieren

Der naheliegende Ansatz zur Diskretisierung besteht darin, die Ableitung $\dot{z}$ durch einen *Differenzenquotienten* zu ersetzen:

$$\dot{z}(t) = \lim_{\epsilon \to 0} \frac{z(t+\epsilon) - z(t)}{\epsilon} \approx \frac{z(t+h) - z(t)}{h} \, . \tag{124}$$

Setzt man für t eine Stützstelle t_k ein, erhält man mit $z(t_k) = z^{(k)}$

$$\dot{z}(t_k) = f(z^{(k)}, e^{(k)}, p) \approx \frac{z(t_k + h) - z(t_k)}{h} = \frac{z^{(k+1)} - z^{(k)}}{h} \, . \tag{125}$$

An dieser Stelle begeht man nun eine mathematische „Sünde": man ersetzt einfach das $\approx$-Zeichen durch ein Gleichheitszeichen. Das Ergebnis ist eine Berechnungsvorschrift für $z^{(k+1)}$:

$$\boxed{z^{(k+1)} = z^{(k)} + h f(z^{(k)}, e^{(k)}, p)} \, . \tag{126}$$

Allerdings, wegen der besagten mathematischen „Sünde", ist das so berechnete $z^{(k+1)}$ nicht exakt, sondern nur *angenähert* gleich $z(t_{k+1})$. Dieser Fehler, der sogenannte *Diskretisierungsfehler*, pflanzt sich bei mehrfacher Anwendung von (126) natürlich fort.

Gleichung (126) beschreibt das älteste und einfachste Integrationsverfahren: das *(explizite) Eulerverfahren (EE)* oder auch *Polygonzugverfahren*.

Der Name *Polygonzugverfahren* stammt aus Zeiten, in denen noch keine Computer existierten. Das Eulerverfahren läßt sich nämlich auch zeichnerisch durchführen. Dabei wird ein Polygonzug konstruiert, wobei die Steigungen der einzelnen Geradenstücke eine Funktion der y-Koordinate ihres jeweiligen linken Endpunktes ist. Diese Funktion ist gerade die Systemfunktion f, die sich in einfachen Fällen ebenfalls geometrisch konstruieren läßt. Allerdings funktioniert dieses zeichnerische Verfahren nur für Systeme mit einer einzigen Zustandsgröße.

Man beachte, daß (126) *immer*, für *jedes beliebige* NTI-System, anwendbar ist. Außerdem sind keinerlei Vorabberechnungen erforderlich, wie sie etwa bei der exakten Lösung von LTI-Systemen mit Hilfe der Fundamentalmatrix durchzuführen wären.

In (124) haben wir den sogenannten *vorwärtsgerichteten Differenzenquotienten* verwendet. Genausogut hätten wir natürlich auch den *rückwärtsgerichteten* Differenzenquotienten wählen können:

$$\dot{z}(t) = \lim_{\epsilon \to 0} \frac{z(t) - z(t - \epsilon)}{\epsilon} \approx \frac{z(t) - z(t - h)}{h} . \qquad (127)$$

Diese Näherung führt auf das *implizite Eulerverfahren* (*EI*):

$$\boxed{z^{(k+1)} = z^{(k)} + h f(z^{(k+1)}, e^{(k+1)}, p)} . \qquad (128)$$

Im englischsprachigen Raum heißt dieses Verfahren auch *BDF-Verfahren*. *BDF* ist die Abkürzung für *backward differentiation formula*.

Im Gegensatz zum expliziten Eulerverfahren ist die Anwendung des impliziten Verfahrens recht kompliziert. Da man bei der Simulation ja (normalerweise) längs der Zeitachse vorwärtsgerichtet voranschreitet, also $z^{(k+1)}$ *nach* $z^{(k)}$ berechnet, stellt (128) ein algebraisches Gleichungssystem für den unbekannten Vektor $x = z^{(k+1)}$ dar:

$$\begin{aligned} \text{löse} \quad & F(x) = 0 \\ \text{mit} \quad & F(x) = x - h f(x, e^{(k+1)}, p) - z^{(k)} . \end{aligned} \qquad (129)$$

Ein solches Gleichungssystem muß in jedem Zeitschritt gelöst werden. Dies ist auch der Grund dafür, daß das Verfahren *implizit* heißt: die zu berechnenden Zustandsvektoren sind eben nur *implizit* gegeben. Es gibt viele weitere, kompliziertere implizite Verfahren. Auf einige davon werden wir in den folgenden Abschnitten kurz eingehen.

Implizite Verfahren führen oft, aber nicht immer zu einem stark erhöhten Mehraufwand gegenüber expliziten Verfahren (letztere geben immer eine direkt ausführbare Berechnungsvorschrift für den jeweils nächsten Zustandsvektor an). Dieser Mehraufwand muß sich natürlich lohnen - und das tut er unter bestimmten Bedingungen auch. Wir kommen in Abschnitt 3.3 darauf zurück.

Meist kann das Gleichungssystem eines impliziten Verfahrens nicht geschlossen gelöst werden. Dann wendet man das iterative Näherungsverfahren von *Newton-Raphson* an.

Für eine allgemeine Gleichung $F(x) = 0$ funktioniert dieses Verfahren wie folgt:

- man wählt einen *Startvektor* $\boldsymbol{x}^{(0)}$

- man berechnet sukzessive (*iterativ*) weitere Näherungen $\boldsymbol{x}^{(1)}$, $\boldsymbol{x}^{(2)}$, ..., wobei sich die $n + 1$-te Näherung wie folgt aus der n-ten ergibt:

$$\boldsymbol{x}^{(n+1)} = \boldsymbol{x}^{(n)} - \boldsymbol{F}'(\boldsymbol{x}^{(n)})^{-1}\boldsymbol{F}(\boldsymbol{x}^{(n)}) \tag{130}$$

In jedem Iterationsschritt wird also ein *lineares Gleichungssystem* gelöst. Eigentlich müßte man nun diese Iteration solange fortsetzen, bis die Lösung $\boldsymbol{x}$ genau genug erscheint (oder offensichtlich keine Konvergenz erzielt wird). Beim impliziten Eulerverfahren verzichtet man jedoch meist auf eine Genauigkeitskontrolle, sondern führt immer genau *einen* Schritt aus. Als Startwert wählt man zweckmäßigerweise den Zustandsvektor aus dem letzten Zeitschritt: $\boldsymbol{x}^{(0)} = \boldsymbol{z}^{(k)}$. Wegen

$$\boldsymbol{F}'(\boldsymbol{x}) = \boldsymbol{I} - h\frac{\partial\boldsymbol{f}}{\partial\boldsymbol{z}}(\boldsymbol{x}, \boldsymbol{e}^{(k+1)}, \boldsymbol{p}) \tag{131}$$

führt dies auf das *linearisiert-implizite Eulerverfahren*

$$\boxed{\boldsymbol{z}^{(k+1)} = \boldsymbol{z}^{(k)} + h\left(\boldsymbol{I} - h\frac{\partial\boldsymbol{f}}{\partial\boldsymbol{z}}(\boldsymbol{z}^{(k)}, \boldsymbol{e}^{(k+1)}, \boldsymbol{p})\right)^{-1}\boldsymbol{f}(\boldsymbol{z}^{(k)}, \boldsymbol{e}^{(k+1)}, \boldsymbol{p})} \tag{132}$$

Die *Jacobimatrix* der partiellen Ableitungen $\partial\boldsymbol{f}/\partial\boldsymbol{z}$ der Systemfunktion ist uns schon bei der System-Linearisierung in Abschnitt 2.1.5 begegnet, vgl. Gleichungen (57) bis (62). Dort haben wir auch eine Näherungsformel zu ihrer Berechnung kennengelernt, die ohne formales (exaktes) Differenzieren auskommt. Solche Näherungsformeln sind beim praktischen Einsatz von linearisiert-impliziten Verfahren oft unverzichtbar, weil das *formale* Differenzieren sehr aufwendig und fehleranfällig ist.

Für *lineare* Systeme gibt es übrigens keinen Unterschied zwischen impliziter und linearisiert-impliziter Integration.

Oft wird eine sehr einfache Mischform aus explizitem und implizitem Eulerverfahren verwendet. Ein eindeutiger Name hat sich für dieses Verfahren jedoch noch nicht etabliert. Wir wollen es *halbimplizites Eulerverfahren (EH)* nennen. Dieses Verfahren läßt sich nur bei Systemen 2. Ordnung anwenden, wie sie zum Beispiel in der Mechanik auftreten, vgl. Beispiel 2.1 in Abschnitt 2.1.2. Solche Gleichungen haben im nichtlinearen Fall die allgemeine Form

$$\ddot{\boldsymbol{x}} = \boldsymbol{f}(\boldsymbol{x}, \dot{\boldsymbol{x}}, \boldsymbol{e}, \boldsymbol{p}). \tag{133}$$

Mit dem Zustandsvektor $z = \begin{bmatrix} x \\ \dot{x} \end{bmatrix} = \begin{bmatrix} x \\ v \end{bmatrix}$ folgt die Darstellung

$$\begin{aligned} \dot{x} &= \dot{v} \\ \dot{v} &= f(x, v, e, p) \end{aligned} \tag{134}$$

Hier liegt es nun nahe, zur Berechnung des neuen Lagevektors $x^{(k+1)}$ den *alten* Geschwindigkeitsvektor $v^{(k)}$ zu verwenden (dies ist der *explizite* Teil des Verfahrens), dafür aber zur Berechnung des neuen Geschwindigkeitsvektors $v^{(k+1)}$ den, jetzt ja schon bekannten, *neuen* Lagevektor $x^{(k+1)}$ einzusetzen (dies ist der *implizite* Teil):

$$\boxed{\begin{aligned} x^{(k+1)} &= x^{(k)} + h v^{(k)} \\ v^{(k+1)} &= v^{(k)} + h f(x^{(k+1)}, v^{(k)}, e^{(k+1)}, p) \, . \end{aligned}} \tag{135}$$

Tatsächlich stellt sich heraus, daß dieses Verfahren einige der Vorteile des impliziten Eulerverfahrens „geerbt" hat (s. das nachfolgende Beispiel und Abschnitt 3.3), aber *keinerlei Mehraufwand,* verglichen mit dem expliziten Eulerverfahren, erfordert.

Im Gegenteil: bei der Implementierung in einem Programm wird der Zeitschrittindex k oft weggelassen. Die Transitionsgleichungen erscheinen in Form von Wertzuweisungen, bei denen der jeweils alte Wert einer Zustandsgröße mit dem neuen Wert *überschrieben* wird. Dann entfällt beim halbimpliziten Eulerverfahren das lästige Zwischenspeichern der alten Werte. So heißt es, im Fall einer einzelnen Gleichung 2. Ordnung, statt, wie beim *expliziten* Eulerverfahren

```
t = t+h;
x_alt = x;
x = x+h*v;
v = v+h*f(x_alt,v,e(t),p);
```

beim *halbimpliziten* Eulerverfahren einfach

```
t = t+h;
x = x+h*v;
v = v+h*f(x,v,e(t),p);
```

Erstaunlicherweise darf man die Wertzuweisungen für x, v und t auch vertauschen, ohne daß sich etwas wesentliches ändert. Da die Wertzuweisungen nämlich in der Zeitschleife *alternierend* aufgerufen werden, was in beiden Fällen gleichbedeutend mit der „schleifenlosen" Darstellung

```
...
t = t+h;
x = x+h*v;
v = v+h*f(x,v,e(t),p);
t = t+h;
x = x+h*v;
v = v+h*f(x,v,e(t),p);
t = t+h;
x = x+h*v;
v = v+h*f(x,v,e(t),p);
...
```

ist, unterscheiden sich die beiden Varianten nur in der Belegung der Startwerte für $\boldsymbol{x}$ und $\boldsymbol{v}$.

Beispiel 3.1 (Eulerverfahren beim Einmassenschwinger)

Der mit einer äußeren Kraft angeregte lineare Einmassenschwinger (vgl. Beispiele 1.3.2, 1.12, 2.19) hat die Zustandsraumdarstellung

$$\dot{x} = v$$
$$\dot{v} = -\frac{c}{m}x - \frac{d}{m}v + \frac{1}{m}F \, .$$

Das explizite Eulerverfahren hierfür lautet

$$x^{(k+1)} = x^{(k)} + hv^{(k)}$$
$$v^{(k+1)} = v^{(k)} - h\left(\frac{c}{m}x^{(k)} + \frac{d}{m}v^{(k)} - \frac{1}{m}F(t_k)\right) \, .$$

Im ungedämpften Fall, ohne äußere Kraft, schwingt das Pendel mit konstanter Amplitude und der Frequenz $f_0 = \omega_0/2\pi$, $\omega_0 = \sqrt{c/m}$. Die Amplitude ergibt sich aus den Anfangswerten für x und v. Das explizite Eulerverfahren liefert für die Parameterwerte $m = 1$, $c = 30$, $x(0) = 1$, $v(0) = 0$ mit den Schrittweiten $h = 1ms$, $5ms$, $10ms$ die in Bild 70 dargestellten Ergebnisse.

Für alle drei Schrittweiten wächst also die Schwingungsamplitude an, wobei dieser Zuwachs mit kleiner werdender Schrittweite drastisch abnimmt. Dieser numerische

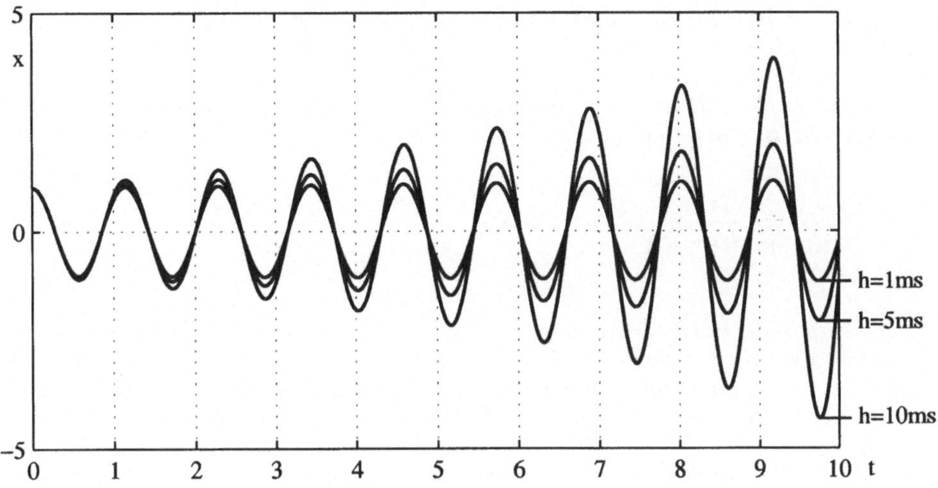

Bild 70: explizites Eulerverfahren: Einmassenschwinger

Fehler läßt sich leicht erklären, wenn man die gesamte Energie *des Systems errechnet: es ist*

$$E(x, v) = E_{pot}(x) + E_{kin}(v) = \frac{1}{2}cx^2 + \frac{1}{2}mv^2 \,.$$

Für die numerische Lösung beim expliziten Eulerverfahren gilt nun:

$$
\begin{aligned}
E^{(k+1)} \; &= \; E(x^{(k+1)}, v^{(k+1)}) = \frac{1}{2}c(x^{(k+1)})^2 + \frac{1}{2}m(v^{(k+1)})^2 \\[2mm]
&= \; \frac{1}{2}c(x^{(k)} + hv^{(k)})^2 + \frac{1}{2}m\left(v^{(k)} - h\frac{c}{m}x^{(k)}\right)^2 \\[2mm]
&= \; \frac{1}{2}c(x^{(k)})^2 + chx^{(k)}v^{(k)} + \frac{1}{2}ch^2(v^{(k)})^2 \\[2mm]
&\quad + \frac{1}{2}m(v^{(k)})^2 - chx^{(k)}v^{(k)} + \frac{1}{2}\frac{c^2h^2}{m}(x^{(k)})^2 \\[2mm]
&= \; \frac{1}{2}c(x^{(k)})^2 + \frac{1}{2}m(v^{(k)})^2 + \frac{ch^2}{m}\left(\frac{1}{2}c(x^{(k)})^2 + \frac{1}{2}m(v^{(k)})^2\right) \\[2mm]
&= \; \left(1 + \frac{ch^2}{m}\right)E^{(k)} \,.
\end{aligned}
$$

Ergebnis dieser Rechnung ist also, daß die Gesamtenergie der numerischen Lösung in jedem Integrationsschritt um den Faktor $1 + ch^2/m = 1 + (h\omega_0)^2$ größer wird. Nun müssen pro Schwingung, die ja die Periodendauer $T = 1/f_0 = 2\pi/\omega_0$ hat, etwa $n = T/h = 2\pi/h\omega_0$ Integrationsschritte durchgeführt werden. Folglich nimmt die Gesamtenergie in jeder Periode um den Faktor

$$\left(1 + (h\omega_0)^2\right)^{\frac{2\pi}{h\omega_0}} > 1$$

zu. Die Amplitude wächst, wegen $E = E_{pot} = 1/2cx^2$ im Umkehrpunkt, nur mit der Wurzel aus diesem Faktor. Für unser Zahlenbeispiel bedeutet dies: nach acht Schwingungen, simuliert mit der Schrittweite $h = 10ms$, wird die Amplitude um den Faktor 3.953 größer. Dies stimmt exakt mit dem Wert in Bild 70 überein.

Anders sind die Verhältnisse beim impliziten *Eulerverfahren. Hier lauten die Transitionsgleichungen*

$$x^{(k+1)} = x^{(k)} + hv^{(k+1)}$$

$$v^{(k+1)} = v^{(k)} - h\left(\frac{c}{m}x^{(k+1)} + \frac{d}{m}v^{(k+1)} - \frac{1}{m}F(t_{k+1})\right) \; .$$

Nach einer etwas längeren Rechnung, die ich dem Leser ersparen will, kann man diese Gleichungen in die explizite *Form*

$$v^{(k+1)} = v^{(k)} - h\left(\frac{c}{m_h}x^{(k)} + \frac{d_h}{m_h}v^{(k)} - \frac{1}{m_h}F(t_{k+1})\right)$$

$$x^{(k+1)} = x^{(k)} + hv^{(k+1)}$$

überführen. Darin treten der numerisch modifizierte Dämpferbeiwert d_h und die numerisch modifizierte Masse m_h auf:

$$d_h = d + hc \, , \quad m_h = m + hd + h^2c = m + hd_h$$

Bei genauerer Betrachtung dieser Gleichungen stellt sich heraus, daß das implizite Eulerverfahren äquivalent zum expliziten Eulerverfahren ist, wenn man die Masse und den Dämpferbeiwert, wie angegeben, numerisch modifiziert. Dies gilt allgemein für lineare Systeme der Mechanik. An die Stelle von Masse, Dämpferbeiwert und Federsteifigkeit treten dabei die Massenmatrix, die Dämpfungsmatrix und die Steifigkeitsmatrix (vgl. Beispiele 2.1 und 3.2).

Mit obigen Parametern liefert das implizite Verfahren nun die in Bild 71 dargestellten Ergebnisse.

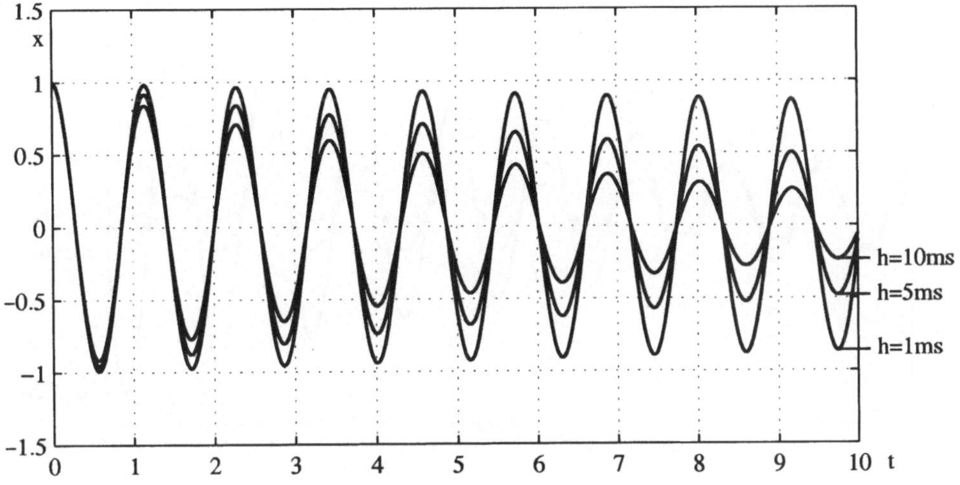

Bild 71: *implizites Eulerverfahren: Einmassenschwinger*

Beim impliziten Eulerverfahren nimmt also die Schwingungsamplitude ab. Auch dies wird wieder verständlich, wenn man die Gesamtenergie betrachtet. Eine Rechnung analog zum expliziten Fall ergibt, daß jetzt die Energie in jeder Periode um den Faktor

$$\left(1 + (h\omega_0)^2\right)^{-\frac{2\pi}{h\omega_0}} < 1$$

kleiner *wird. Nur das* halbimplizite Verfahren *mit den Transitionsgleichungen*

$$v^{(k+1)} = v^{(k)} - h\left(\frac{c}{m}x^{(k)} + \frac{d}{m}v^{(k)} - \frac{1}{m_h}F(t_{k+1})\right)$$

$$x^{(k+1)} = x^{(k)} + hv^{(k+1)}$$

zeigt die gewünschte Eigenschaft, daß die Gesamtenergie von Umkehrpunkt zu Umkehrpunkt exakt *erhalten bleibt (auch wenn während einer Periode ein kleiner „Einbruch" stattfindet). Der mathematische Nachweis hierfür ist allerdings recht kompliziert.*

Diese Eigenschaft des halbimpliziten Verfahrens wird in den Bilder 72 und 73 deutlich, wo die drei Varianten des Eulerverfahrens bei einer Schrittweite von h = 10ms nebeneinandergestellt werden.

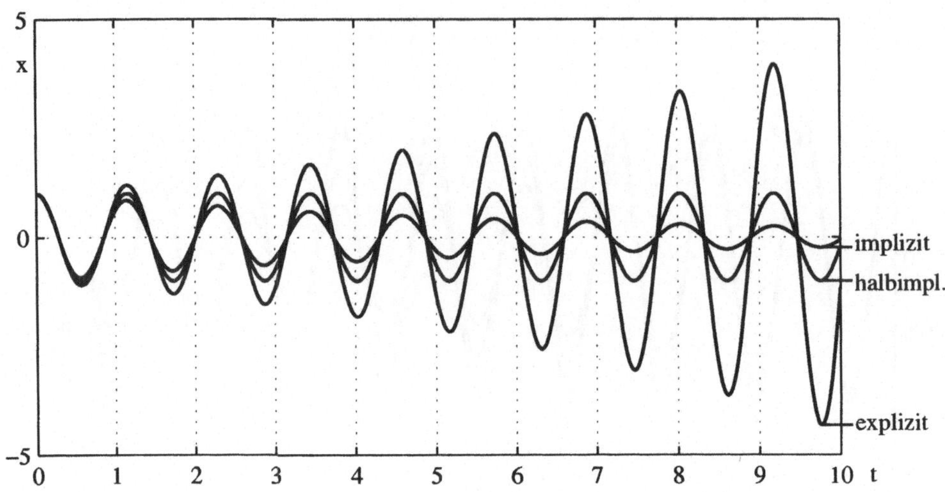

Bild 72: *Eulerverfahren: Auslenkungen beim Einmassenschwinger*

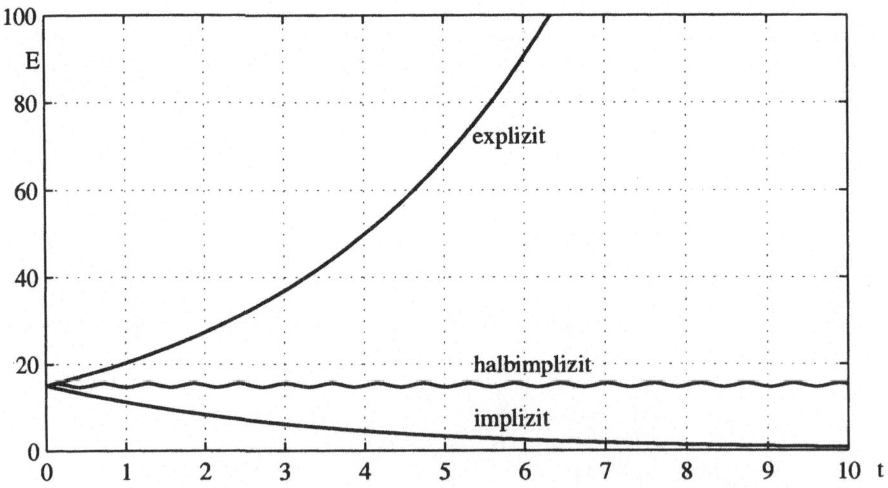

Bild 73: *Eulerverfahren: Gesamtenergie beim Einmassenschwinger*

Im Beispiel 3.1 deutet sich eine recht allgemeingültige Eigenschaft von Integrationsverfahren an, worauf wir in Abschnitt 3.5 zurückkommen:

- *explizite* Verfahren führen auf zu schwach gedämpfte Lösungen

- *implizite* Verfahren führen auf zu stark gedämpfte Lösungen.

3.1.2 Diskretisierung durch numerisches Integrieren

Ein anderer Ansatz, mit dem man kompliziertere, aber dafür genauere Diskretisierungen herleiten kann, führt über Näherungsformeln zur numerischen Berechnung bestimmter Integrale. Um diese Näherungsformeln anwenden zu können, werden die Differentialgleichungen des NTI-Systems, durch formales Integrieren im Intervall $[t_k, t]$, zunächst in gleichwertige *Integralgleichungen* überführt:

$$\dot{\boldsymbol{z}} = \boldsymbol{f}(\boldsymbol{z}, \boldsymbol{e}, \boldsymbol{p}) \Rightarrow \boldsymbol{z}(t) = \boldsymbol{z}(t_k) + \int_{t_k}^{t} \boldsymbol{f}(\boldsymbol{z}(\tau), \boldsymbol{e}(\tau), \boldsymbol{p}) d\tau \,,$$

$$\Rightarrow \boldsymbol{z}^{(k+1)} = \boldsymbol{z}^{(k)} + \int_{t_k}^{t_{k+1}} \boldsymbol{f}(\boldsymbol{z}(\tau), \boldsymbol{e}(\tau), \boldsymbol{p}) d\tau \,. \tag{136}$$

Das bestimmte Integral in (136) wird nun durch eine Näherungsformel approximiert. Solche Näherungsformeln für bestimmte Integrale heißen auch *Quadraturformeln*.

Bei diesen Quadraturformeln wird der Integrand, in unserem Fall die vektorwertige Funktion $\boldsymbol{g}(t) = \boldsymbol{f}(\boldsymbol{z}(t), \boldsymbol{e}(t), \boldsymbol{p})$, durch ein einfaches Polynom ersetzt, welches den Integranden in bestimmten Stützstellen *interpoliert*. Anstelle des unbekannten, exakten Integralwertes wird dann das bestimmte Integral dieses Polynoms verwendet. In Bild 74 sind die einfachsten Fälle dargestellt, nämlich die Interpolation mit einer konstanten Funktion bei zwei verschiedenen Stützstellen (*Rechteckregel* und *Mittelpunktregel*), mit einer Geraden (*Trapezregel*) und mit einer Parabel (*Simpson-Regel*).

Angewendet auf $\boldsymbol{g}(t)$, erhält man daraus die Näherungen

$$\int_{t_k}^{t_{k+1}} \boldsymbol{f}(\boldsymbol{z}(\tau), \boldsymbol{e}(\tau), \boldsymbol{p}) d\tau \approx h \boldsymbol{f}(\boldsymbol{z}^{(k)}, \boldsymbol{e}^{(k)}, \boldsymbol{p})$$
$$\text{(Rechteckregel)} \tag{137}$$

$$\int_{t_k}^{t_{k+1}} \boldsymbol{f}(\boldsymbol{z}(\tau), \boldsymbol{e}(\tau), \boldsymbol{p}) d\tau \approx h \boldsymbol{f}(\boldsymbol{z}^{(k+\frac{1}{2})}, \boldsymbol{e}^{(k+\frac{1}{2})}, \boldsymbol{p})$$
$$\text{(Mittelpunktregel)} \tag{138}$$

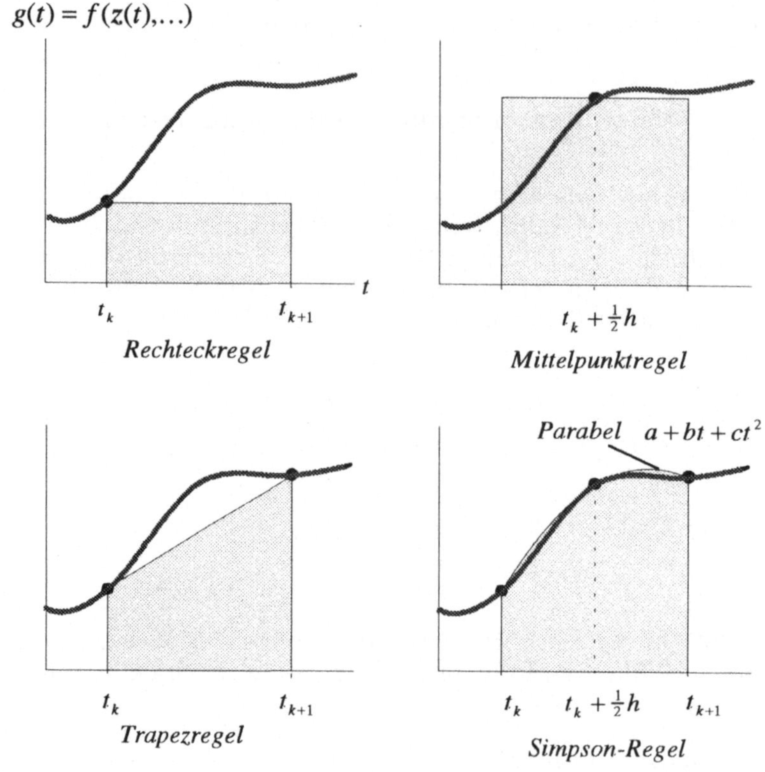

Bild 74: Qadraturformeln: geometrische Bedeutung

$$
\int_{t_k}^{t_{k+1}} \boldsymbol{f}(\boldsymbol{z}(\tau), \boldsymbol{e}(\tau), \boldsymbol{p})d\tau \approx
$$

$$
\frac{h}{2}\left\{ \boldsymbol{f}(\boldsymbol{z}^{(k)}, \boldsymbol{e}^{(k)}, \boldsymbol{p}) + \boldsymbol{f}(\boldsymbol{z}^{(k+1)}, \boldsymbol{e}^{(k+1)}, \boldsymbol{p}) \right\} \tag{139}
$$

(Trapezregel)

$$
\int_{t_k}^{t_{k+1}} \boldsymbol{f}(\boldsymbol{z}(\tau), \boldsymbol{e}(\tau), \boldsymbol{p})d\tau \approx
$$

$$
\frac{h}{6}\left\{ \boldsymbol{f}(\boldsymbol{z}^{(k)}, \boldsymbol{e}^{(k)}, \boldsymbol{p}) + 4\boldsymbol{f}(\boldsymbol{z}^{(k+\frac{1}{2})}, \boldsymbol{e}^{(k+\frac{1}{2})}, \boldsymbol{p}) + \boldsymbol{f}(\boldsymbol{z}^{(k+1)}, \boldsymbol{e}^{(k+1)}, \boldsymbol{p}) \right\} \tag{140}
$$

(Simpson-Regel)

In (138) und (140) ist $e^{\left(k+\frac{1}{2}\right)} = e(t_k+h/2)$, und $z^{\left(k+\frac{1}{2}\right)}$ steht für eine (zunächst unbekannte) Näherung von $z(t_k + h/2)$.

Diese Quadraturformeln führen nun zu einer ganzen Familie von Integrationsverfahren, den *Verfahren vom Runge-Kutta-Typ*.

Dabei wird $z^{\left(k+\frac{1}{2}\right)}$ und bei expliziten Verfahren auch $z^{(k+1)}$ durch je eine Näherung ersetzt, zum Beispiel durch das Ergebnis eines Eulerschrittes mit der halben bzw. der vollen Schrittweite:

$$z^{\left(k+\frac{1}{2}\right)} \approx z^{(k)} + \frac{h}{2}f(z^{(k)}, e^{(k)}, p)$$
$$z^{(k+1)} \approx z^{(k)} + hf(z^{(k)}, e^{(k)}, p) \,. \tag{141}$$

Man erhält so

- aus der Rechteckregel das schon ausführlich besprochene *explizite Eulerverfahren (EE)*,

- aus der Mittelpunktregel das *modifizierte explizite Eulerverfahren I (EMI)*:

$$\boxed{\begin{aligned}\hat{z} &= z^{(k)} + \frac{h}{2}f(z^{(k)}, e^{(k)}, p) \\ z^{(k+1)} &= z^{(k)} + hf(\hat{z}, e^{\left(k+\frac{1}{2}\right)}, p)\end{aligned}} \tag{142}$$

- aus der Trapezregel die (gleichnamige) implizite *Trapezregel (TR)*:

$$\boxed{z^{(k+1)} = z^{(k)} + \frac{h}{2}\left\{f(z^{(k)}, e^{(k)}, p) + f(z^{(k+1)}, e^{(k+1)}, p)\right\}} \tag{143}$$

- ebenfalls aus der Trapezregel das *modifizierte explizite Eulerverfahren II, (EMII)*:

$$\boxed{\begin{aligned}\hat{z} &= z^{(k)} + hf(z^{(k)}, e^{(k)}, p) \\ z^{(k+1)} &= z^{(k)} + \frac{h}{2}\left\{f(z^{(k)}, e^{(k)}, p) + f(\hat{z}, e^{(k+1)}, p)\right\}\end{aligned}} \tag{144}$$

(die Bezeichnungen für die beiden modifizierten Eulerverfahren sind in der Literatur unterschiedlich. Oft wird auch von *verbesserten Polygonzugverfahren* usw. gesprochen),

- aus einer mit der Trapezregel verwandten Quadraturformel das *Heunverfahren (HE)*:

$$\hat{z} = z^{(k)} + \frac{2}{3}h f(z^{(k)}, e^{(k)}, p)$$
$$z^{(k+1)} = z^{(k)} + \frac{h}{4}\left\{ f(z^{(k)}, e^{(k)}, p) + 3f(\hat{z}, e^{(k+\frac{2}{3})}, p)\right\}$$

$$(145)$$

Für das Heunverfahren findet man in der Literatur die Berechnungsvorschrift oft auch in der äquivalenten Form

$$q_1 = f(z^{(k)}, e^{(k)}, p)$$
$$q_2 = f(z^{(k)} + \frac{2}{3}h q_1, e^{(k+\frac{2}{3})}, p)$$
$$z^{(k+1)} = z^{(k)} + \frac{h}{4}\left\{ q_1 + 3q_2 \right\}$$

$$(146)$$

Aus der *Simpson-Regel* lassen sich viele verschiedene explizite und implizite Integrationsverfahren ableiten. Die beiden wichtigsten aus dieser Klasse sind:

- das explizite *Runge-Kutta-3-Verfahren (RK3)*:

$$q_1 = f(z^{(k)}, e^{(k)}, p)$$
$$q_2 = f(z^{(k)} + \frac{h}{2}q_1, e^{(k+\frac{1}{2})}, p)$$
$$q_3 = f(z^{(k)} - h q_1 + 2h q_2, e^{(k+1)}, p)$$
$$z^{(k+1)} = z^{(k)} + \frac{h}{6}\left\{ q_1 + 4q_2 + q_3 \right\}$$

$$(147)$$

- das explizite *Runge-Kutta-4-Verfahren (RK4)*:

$$
\begin{aligned}
q_1 &= f(z^{(k)}, e^{(k)}, p) \\[2mm]
q_2 &= f(z^{(k)} + \frac{h}{2}q_1, e^{(k+\frac{1}{2})}, p) \\[2mm]
q_3 &= f(z^{(k)} + \frac{h}{2}q_2, e^{(k+\frac{1}{2})}, p) \\[2mm]
q_4 &= f(z^{(k)} + hq_3, e^{(k+1)}, p) \\[2mm]
z^{(k+1)} &= z^{(k)} + \frac{h}{6}\{q_1 + 2q_2 + 2q_3 + q_4\}
\end{aligned}
\tag{148}
$$

Die Zahl 3 bzw. 4 bei den beiden Runge-Kutta-Verfahren gibt die *Ordnung* an. Dies ist Maß für die Genauigkeit der Verfahren. Wir gehen in Abschnitt 3.5 auf diesen Begriff ein.

Die Berechnungsvorschriften der Heun- und Runge-Kutta-Verfahren sehen auf den ersten Blick recht kompliziert aus. Viel einfacher wird es, wenn man diese Gleichungen wieder, ähnlich wie oben schon das halbimplizite Eulerverfahren, in programmähnlicher Form anschreibt. Dabei läßt man den Zeitschrittindex k weg. An die Stelle mathematischer Gleichungen treten wieder *Wertzuweisungen*: die Schreibweise `z = z+h*q` steht zum Beispiel für die Rechenvorschrift „nimm die aktuellen Werte von z und q, berechne daraus z+h*q und speichere das Ergebnis in z".

Es stellt sich heraus, daß man die Transitionsgleichung aller bisher vorgestellten expliziten Integrationsverfahren unter Verwendung weniger Grundoperationen formulieren kann. Diese Grundoperationen sind

- „werte die Systemfunktion aus: `q = f(z,e(t),p)`",

- „erhöhe die Zeit: `t = t+h`",

- „berechne einen Hilfszustand aus dem alten Zustand: `zh = z+h*q`",

- „berechne den neuen Zustand: `z = z+h*q`".

Damit erhält man die in den Tabellen 2 und 3 gelisteten Algorithmen.

Will man etwas über den *Rechenaufwand* all dieser Verfahren aussagen, so muß man zunächst zwischen den expliziten und den impliziten Verfahren unterscheiden. Wie das implizite Eulerverfahren, erfordern auch alle anderen impliziten Verfahren in jedem Integrationsschritt das Aufstellen und das Lösen eines algebraischen Gleichungssystems. Es gibt Verfahren, bei denen sogar mehr als ein

Explizites Eulerverfahren	`q = f(z,e(t),p)`
	`t = t+h`
	`z = z+h*q`

Modifiziertes Eulerverfahren I	`q = f(z,e(t),p)`
	`t = t+h/2`
	`zh = z+h/2*q`
	`q = f(zh,e(t),p)`
	`t = t+h/2`
	`z = z+h*q`

Modifiziertes Eulerverfahren II	`q1 = f(z,e(t),p)`
	`t = t+h`
	`zh = z+h*q1`
	`q2 = f(zh,e(t),p)`
	`z = z+h/2*(q1+q2)`

Heunverfahren	`q1 = f(z,e(t),p)`
	`t = t+2/3*h`
	`zh = z+2/3*h*q1`
	`q2 = f(zh,e(t),p)`
	`t = t+h/3`
	`z = z+h/4*(q1+3*q2)`

Tabelle 2: Algorithmen der expliziten Integrationsverfahren, Teil 1

Gleichungssystem pro Zeitschritt gelöst werden muß. Diese Verfahren werden jedoch in der Praxis kaum verwendet.

Bei den linearisiert-impliziten Varianten wird das meist nichtlineare Gleichungssystem durch ein *lineares* ersetzt. Dabei benötigt man immer die Jacobimatrix der Systemfunktion f, vgl. (132). In der Praxis ist (fast) immer der Aufwand zur Berechnung dieser Jacobimatrix und zur Lösung des Gleichungssystems viel größer als der übrige Rechenaufwand. Stark vereinfachend kann man deswegen sagen:

Alle einfachen impliziten Verfahren erfordern bei einem gegebenen System pro Zeitschritt etwa den gleichen Rechenaufwand.

Anders sieht es bei den expliziten Verfahren aus. Hier ist meist die Auswertung der Systemfunktion mit dem größten Aufwand verbunden. Deswegen kann man explizite Verfahren vereinfacht durch die Angabe der Anzahl der f-Auswertungen vergleichen:

Runge-Kutta-3-Verfahren	``` q1 = f(z,e(t),p) t = t+h/2 zh = z+h/2*q1 q2 = f(zh,e(t),p) t = t+h/2 zh = z+h*(2*q2-q1) q3 = f(zh,e(t),p) z = z+h/6*(q1+4*q2+q3) ```
Runge-Kutta-4-Verfahren	``` q1 = f(z,e(t),p) t = t+h/2 zh = z+h/2*q1 q2 = f(zh,e(t),p) zh = z+h/2*q2 q3 = f(zh,e(t),p) t = t+h/2 zh = z+h*q3 q4 = f(zh,e(t),p) z = z+h/6*(q1+2*q2+2*q3+q4) ```

Tabelle 3: Algorithmen der expliziten Integrationsverfahren, Teil 2

Alle expliziten Verfahren erfordern bei einem gegebenen System etwa den gleichen Rechenaufwand, wenn die verwendeten Zeitschrittweiten proportional sind zur Anzahl der f-Auswertungen pro Zeitschritt.

Das Eulerverfahren verlangt nur eine Auswertung pro Zeitschritt, beim modifizierten Eulerverfahren und beim Heunverfahren sind es zwei, beim RK3-Verfahren drei und beim RK4-Verfahren sogar vier. Somit erfordert das RK4-Verfahren bei $h = 4ms$ etwa den gleichen Rechenaufwand wie das explizite Eulerverfahren bei $h = 1ms$. Wir werden im Abschnitt 3.5 sehen, daß nicht nur der Rechenaufwand, sondern auch die Genauigkeit der Verfahrens stark mit der Anzahl der f-Auswertungen korreliert.

Natürlich ist der Rechenaufwand pro Zeitschritt bei impliziten Verfahren in aller Regel unvergleichlich größer als bei expliziten Verfahren. Implizite Verfahren lohnen sich nur, wenn man wesentlich größere Zeitschrittweiten als im expliziten Fall wählen kann. Darauf kommen wir im Abschnitt 3.3 zurück.

Beispiel 3.2 (Trapezregel bei LTI-Systemen der Mechanik)

Lineare Systeme der Mechanik (vgl. Beispiel 2.1) haben die Form

$$M\ddot{x} + D\dot{x} + Cx = F \, ,$$

oder, als System erster Ordnung angeschrieben,

$$\dot{x} = v$$

$$\dot{v} = -M^{-1}\left\{Cx + Dv - F\right\} \, .$$

Die Trapezregel lautet dann

$$x^{(k+1)} = \ x^{(k)} + \frac{h}{2}\left(v^{(k)} + v^{(k+1)}\right)$$

$$v^{(k+1)} = \ v^{(k)} - \frac{h}{2}M^{-1}\left\{Cx^{(k)} + Cx^{(k+1)}\right.$$

$$\left. +Dv^{(k)} + Dv^{(k+1)} - F^{(k)} - F^{(k+1)}\right\} \, .$$

Um hieraus eine explizite Berechnungsvorschrift herzuleiten, wird zunächst die zweite Gleichung mit der Massenmatrix M multipliziert und die Gleichung für $x^{(k+1)}$ dort eingesetzt:

$$Mv^{(k+1)} = \ Mv^{(k)} - \frac{h}{2}\left\{Cx^{(k)} + Cx^{(k)} + \frac{h}{2}C\left(v^{(k)} + v^{(k+1)}\right)\right.$$

$$\left. +Dv^{(k)} + Dv^{(k+1)} - F^{(k)} - F^{(k+1)}\right\} \, .$$

Nun wird diese Gleichung so umgestellt, daß links nur der unbekannte Vektor $v^{(k+1)}$ steht. Dabei tritt eine, schon in Beispiel 2.1 erwähnte, numerisch modifizierte Massenmatrix M_h auf:

$$M_h v^{(k+1)} \ = \left(M + \frac{h}{2}D + \frac{h^2}{4}C\right)v^{(k+1)}$$

$$= Mv^{(k)} - hCx^{(k)} - \frac{h^2}{4}Cv^{(k)} - \frac{h}{2}Dv^{(k)} + \frac{h}{2}F^{(k)} + \frac{h}{2}F^{(k+1)}$$

$$= M_h v^{(k)} - hCx^{(k)} - \frac{h^2}{2}Cv^{(k)} - hDv^{(k)} + \frac{h}{2}F^{(k)} + \frac{h}{2}F^{(k+1)}$$

$$= M_h v^{(k)} - hC\hat{x} - hDv^{(k)} + \frac{h}{2}F^{(k)} + \frac{h}{2}F^{(k+1)} \, .$$

In der letzten Gleichung wurde zur Abkürzung der Vektor $\hat{x} = x^{(k)} + \frac{h}{2}v^{(k)}$ verwendet, es ist also $x^{(k+1)} = \hat{x} + \frac{h}{2}v^{(k+1)}$. Obige Gleichung ist ein lineares Gleichungssystem *zur Berechnung von $v^{(k+1)}$. Der Zeitschritt der Trapezregel kann dann am effizientesten wie folgt organisiert werden:*

1. *ein „halber" Integrationsschritt für den Lagevektor:* $\hat{x} = x^{(k)} + \dfrac{h}{2}v^{(k)}$

2. *Berechnung der inneren Kräfte und Momente:* $F_i = C\hat{x} + Dv^{(k)}$

3. *Addition des Lastanteils aus dem letzten Zeitschritt:* $F_1 = \dfrac{1}{2}F^{(k)} - F_i$

4. *Berechnung der Last $F^{(k+1)}$ im aktuellen Zeitschritt*

5. *Addition des Lastanteils aus dem aktuellen Zeitschritt:* $F_{ges} = F_1 + \dfrac{1}{2}F^{(k+1)}$

6. *Lösung des Gleichungssystems* $M_h a = F_{ges}$

7. *Integrationsschritt für den Geschwindigkeitsvektor:* $v^{(k+1)} = v^{(k)} + ha$

8. *ein „halber" Integrationsschritt für den Lagevektor:* $x^{(k+1)} = \hat{x} + \dfrac{h}{2}v^{(k+1)}$

Da in der Zeitschleife immer der Schritt 1 nach dem Schritt 8 des letzten Durchlaufs durchgeführt wird, können diese beiden Schritte sogar zusammengefaßt werden. Dies ist allerdings nur möglich, wenn die Werte der Lagegrößen zum Zeitpunkt t_k nicht ausgegeben oder gespeichert werden sollen.

Wichtig bei der Implementierung impliziter Verfahren ist die Beachtung der numerischen Eigenschaften der Systemmatrix, also zum Beispiel die der modifizierten Massenmatrix M_h in Beispiel 3.2. Diese Matrix ist normalerweise bei Systemen mit vielen Zustandsgrößen *schwach besetzt*, englisch *„sparse"*: der Anteil der von Null verschiedenen Elemente ist sehr klein.

Für Gleichungssysteme mit solchen schwach besetzten Matrizen gibt es spezielle Lösungsverfahren, die extrem viel Rechenzeit einsparen können (vgl. [14]).

Außerdem ist die Systemmatrix bei LTI-Systemen konstant. Damit muß die rechenintensive Phase der Lösung des Gleichungssystems, die *Faktorisierung* (zum Beispiel mit dem *Gauß-* oder *Cholesky-Algorithmus*, [14]) nur einmal, zu Beginn der Simulation durchgeführt werden. Beachtet man dieses Einsparpotential, können unter Umständen auch implizite Integrationsverfahren sehr schnell sein.

Beispiel 3.3 (Trapezregel beim Leitungsmodell)
Das in Beispiel 2.11 vorgestellte Leitungsmodell ist ein LTI-System der Mechanik und hat die in Beispiel 3.2 betrachtete Struktur. Steifigkeitsmatrix, Dämpfungsmatrix, Massenmatrix und aufgeprägte Last (hervorgerufen durch die Auslenkung $x_0(t)$ und dessen zeitliche Ableitung) lauten

$$C = \begin{bmatrix} 2c & -c & & & \\ -c & 2c & -c & & \\ & \ddots & \ddots & \ddots & \\ & & -c & 2c & -c \\ & & & -c & 2c \end{bmatrix}, \quad D = \begin{bmatrix} 2d & -d & & & \\ -d & 2d & -d & & \\ & \ddots & \ddots & \ddots & \\ & & -d & 2d & -d \\ & & & -d & 2d \end{bmatrix},$$

$$M = mI = \begin{bmatrix} m & & & & \\ & m & & & \\ & & \ddots & & \\ & & & m & \\ & & & & m \end{bmatrix}, \quad F(t) = \begin{bmatrix} cx_0(t) + d\dot{x}_0(t) \\ 0 \\ \vdots \\ 0 \\ 0 \end{bmatrix}$$

(Steifigkeits- und Dämpfungsmatrix dürfen nicht mit der gleich bezeichneten Ausgangs- bzw. Durchgangsmatrix der linearen LTI-Darstellung verwechselt werden).

Die modifizierte Massenmatrix

$$M_h = \begin{bmatrix} \rho & \sigma & & & \\ \sigma & \rho & \sigma & & \\ & \ddots & \ddots & \ddots & \\ & & \sigma & \rho & \sigma \\ & & & \sigma & \rho \end{bmatrix}, \quad \rho = m + hd + \frac{h^2}{2}c, \quad \sigma = -\frac{h}{2}d - \frac{h^2}{4}c$$

ist eine Tridiagonalmatrix: *nur die Hauptdiagonale sowie die untere und die obere Nebendiagonale ist mit Nicht-Null-Elementen besetzt.*

Löst man das Gleichungssystem, ohne diese besonders einfache Struktur zu beachten, muß der Rechner in jedem Zeitschritt etwa $n^3/6$ Multiplikationen für die Faktorisierung und ziemlich genau n^2 Multiplikationen für die Substitution durchführen (in der numerischen Mathematik wird meist die Anzahl der Multiplikationen als ein rechnerunabhängiges Maß für den Rechenaufwand verwendet).

In Wirklichkeit kommt man bei einem Gleichungssystem mit einer Tridiagonalmatrix jedoch mit $2n$ Multiplikationen und n Divisionen für die Faktorisierung, sowie $3n$ Multiplikationen für die Substitution aus. Da in unserem Beispiel die modifizierte Massenmatrix konstant ist, die Faktorisierung also nur einmal durchgeführt werden muß, kann der Aufwand dafür sogar ganz vernachlässigt werden. Außer der

Lösung des Gleichungssystems müssen jedoch noch 4n Multiplikationen zur Berechnung der Kräfte und 2n Multiplikationen zur eigentlichen Integration der Lage- und Geschwindigkeitsgrößen durchgeführt werden, vgl. das Beispielprogramm in Anhang D.1.

Ein beim Erscheinungdatum des Buches moderner PC benötigt für eine einzelne Multiplikation, zusammen mit den zugehörigen Speicheroperationen, Indexrechnungen und einer meist in Verbindung mit der Multiplikation auftretenden Addition, im Mittel etwa $5 \cdot 10^{-8}s$. Simuliert man 1s lang, mit einer Zeitschrittweite von $h = 1ms$, kann man somit die in Tabelle 4 gelisteten Rechenzeiten erwarten. Diese Schätzungen wurden, abgesehen von den extrem großen Werten, mit entsprechenden Simulationsexperimenten bestätigt.

	$n = 100$	$n = 1000$	$n = 10000$	$n = 100000$
ohne Rechenzeit-optimierung	$8.86s$	$2.33h$	96.5 Tage	271 Jahre
einmalige Faktorisierung	$0.53s$	$50.3s$	$1.39h$	5.79 Tage
einmalige Faktorisierung + Ausnutzung Matrixstruktur	$0.045s$	$0.45s$	$4.5s$	$45s$

Tabelle 4: Rechenzeiten für das Leitungsmodell

Tabelle 4 zeigt eindrucksvoll, welches enorme Potential in einer sorgfältigen Auswahl und Optimierung der numerischen Algorithmen liegt.

Übrigens müßte man bei exakter Lösung der Differentialgleichungen, was ja theoretisch möglich ist, in jedem Schritt die Substitution für ein vollbesetztes Gleichungssystem durchführen; die Rechenzeiten würden dann also etwa denjenigen von Fall 2 der Tabelle entsprechen. Dagegen ist die Ersparnis bei expliziter Integration in diesem Beispiel nur gering. Selbst beim rechenzeitoptimalen halbimpliziten Eulerverfahren spart man nur 33% Multiplikationen, verglichen mit der Trapezregel.

In Anhang D.1 ist ein optimiertes C-Programm für das Leitungsmodell gelistet, das auch verdeutlicht, wie „schlank“ Simulationsprogramme sein können. In Bild 75 ist ein mit diesem Programm durchgeführtes Simulationsexperiment dargestellt. Dabei wurde mit $n = 1000$ Massen 4s lang mit einer Schrittweite von $h = 1ms$ simuliert. Zu Beginn der Simulation wurde mit $x_0(t)$ ein kurzer Impuls eingeleitet. Es ist gut zu erkennen, wie dieser Impuls mit konstanter Schallgeschwindigkeit durch die Leitung fließt, an der Wand reflektiert wird, zurückkommt, wieder reflektiert wird, und so fort. Außerdem kann man die Dämpfung des Signals erkennen: die Amplitude wird kleiner, und das Signal „breiter“. Die Rechenzeit für diese Simulation betrug etwa $1.2s$.

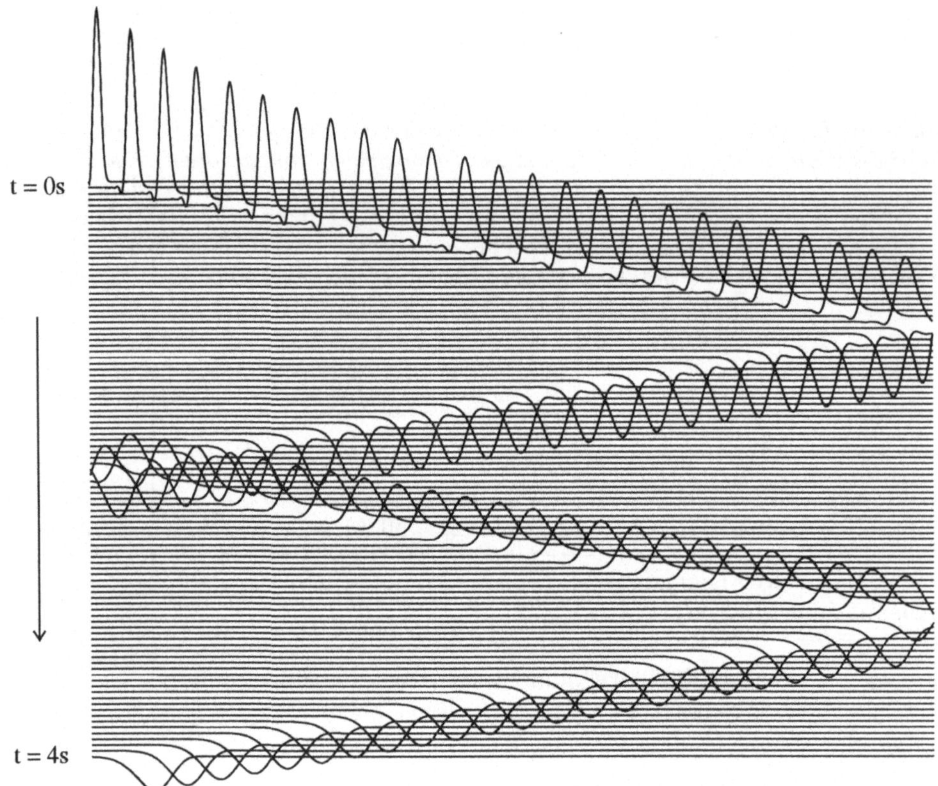

Bild 75: *Leitungsmodell: Simulation eines durchlaufenden und reflektierten Signals*

3.1.3 Mehrschrittverfahren

Bei allen bisher vorgestellten Verfahren hängt der neue Zustandsvektor nur vom Zustandsvektor des letzten Zeitschritts und von den Eingangsgrößen ab. Solche Verfahren nennt man auch *Einschrittverfahren*.

Im Gegensatz dazu kommen oft auch *Mehrschrittverfahren* zum Einsatz, bei denen noch „ältere" Werte des Zustandsvektors, also außer $z^{(k)}$ zum Beispiel auch $z^{(k-1)}$, den neuen Zustand beeinflussen.

Auch Mehrschrittverfahren kann man wie die Verfahren vom Runge-Kutta-Typ aus den in Bild 74 dargestellten Qadraturformeln herleiten. Dabei verwendet man statt (136) die genauso gültige Beziehung

$$z^{(k+1)} = z^{(k-m)} + \int_{t_{k-m}}^{t_{k+1}} f(z(\tau), e(\tau), p)d\tau \ . \tag{149}$$

Bei den *expliziten Mehrschrittverfahren* ersetzt man das Integral durch eine Quadraturformel, in der nur alte Werte des Zustandsvektors vorkommen. Diese Verfahren heißen auch *Adams-Bashforth-Verfahren*

Das explizite Eulerverfahren läßt sich als einfachstes Adams-Bashforth-Verfahren interpretieren (obwohl es natürlich kein Mehrschrittverfahren darstellt). Weitere Verfahren dieser Klasse sind:

- das *Adams-Bashforth-2-Verfahren (AB2)*:

$$\boxed{z^{(k+1)} = z^{(k)} + \frac{h}{2}\left\{3f(z^{(k)}, e^{(k)}, p) - f(z^{(k-1)}, e^{(k-1)}, p)\right\}} \tag{150}$$

- das *Adams-Bashforth-3-Verfahren (AB3)*:

$$\boxed{\begin{aligned} z^{(k+1)} = z^{(k)} + \frac{h}{12}\Big\{23f(z^{(k)}, e^{(k)}, p) - 16f(z^{(k-1)}, e^{(k-1)}, p) \\ + 5f(z^{(k-2)}, e^{(k-2)}, p)\Big\} \end{aligned}} \tag{151}$$

- das *Adams-Bashforth-4-Verfahren (AB4)*:

$$\boxed{\begin{aligned} z^{(k+1)} = z^{(k)} + \frac{h}{24}\Big\{55f(z^{(k)}, e^{(k)}, p) - 59f(z^{(k-1)}, e^{(k-1)}, p) \\ + 37f(z^{(k-2)}, e^{(k-2)}, p) - 9f(z^{(k-3)}, e^{(k-3)}, p)\Big\} \end{aligned}} \tag{152}$$

Kommt dagegen in der Quadraturformel auch der neue Zustandsvektor vor, erhält man die impliziten *Adams-Moulton-Verfahren*. Das implizite Eulerverfahren wie auch die Trapezregel können dieser Klasse zugeordnet werden. Komplizierter sind

- das *Adams-Moulton-3-Verfahren (AM3)*:

$$\boxed{\begin{aligned} z^{(k+1)} = z^{(k)} + \frac{h}{12}\Big\{5f(z^{(k+1)}, e^{(k+1)}, p) + 8f(z^{(k)}, e^{(k)}, p) \\ - f(z^{(k-1)}, e^{(k-1)}, p)\Big\} \end{aligned}} \tag{153}$$

- das *Adams-Moulton-4-Verfahren* (*AM4*):

$$
z^{(k+1)} = z^{(k)} + \frac{h}{24} \left\{ 9f(z^{(k+1)}, e^{(k+1)}, p) + 19f(z^{(k)}, e^{(k)}, p) \right.
$$
$$
\left. -5f(z^{(k-1)}, e^{(k-1)}, p) + f(z^{(k-2)}, e^{(k-2)}, p) \right\}
\tag{154}
$$

Einfacher sehen die expliziten Adams-Verfahren in der algorithmischen Form aus, Tabelle 5. Dabei muß man beachten, daß in einem Integrationsschritt die Systemfunktion nur *einmal* ausgewertet werden muß. Die Werte der Systemfunktion zu den zurückliegenden Zeitpunkten werden zwischengespeichert. Faßt man das Integrationsverfahren als DNTI-System auf, hat dieses System beim AB2-Verfahren also die $2n$ Zustandsgrößen z und q_1, beim AB3-Verfahren die $3n$ Zustandsgrößen z, q_1 und q_2, usw.

Adams-Bashforth-2-Verfahren	`t = t+h`
	`q1 = q2`
	`q2 = f(z,e(t),p)`
	`z = z+h/2*(3*q2-q1)`

Adams-Bashforth-3-Verfahren	`t = t+h`
	`q1 = q2`
	`q2 = q3`
	`q3 = f(z,e(t),p)`
	`z = z+h/12*(23*q3-16*q2+5*q1)`

Adams-Bashforth-4-Verfahren	`t = t+h`
	`q1 = q2`
	`q2 = q3`
	`q3 = q4`
	`q4 = f(z,e(t),p)`
	`z = z+h/24*(55*q4-59*q3+37*q2-9*q1)`

Tabelle 5: Algorithmen der Adams-Bashforth-Verfahren

Mehrschrittverfahren erfordern in der Startphase einer Simulation besondere Vorkehrungen, denn es liegen ja keine Werte für den Zustandsvektor zu Zeiten $t < t_0$ vor. Deswegen startet man zunächst mit einem ausreichend genauen Einschrittverfahren, um dann sukzessive höherstufige Mehrschrittverfahren zu verwenden.

Die reinen impliziten Adams-Moulton-Verfahren werden in der Praxis selten verwendet. Vielmehr kombiniert man die expliziten und die impliziten Adams-Verfahren zu den sogenannten *Prädiktor-Korrektor-Verfahren*. Die diesen Verfahren zugrundeliegende Idee ist sehr einfach: anstelle von $z^{(k+1)}$ auf der rechten Seite der impliziten Verfahrensvorschrift verwendet man eine Näherung, die man zuvor mit einem expliziten Verfahren gewonnen hat. Kombiniert man auf diese Art zum Beispiel AM3 mit AB3, erhält man

- das *Adams-Bashfort-Moulton-3-Verfahren* (*ABM3*):

$$
\begin{aligned}
\hat{z} &= z^{(k)} + \frac{h}{12}\left\{23f(z^{(k)},e^{(k)},p) - 16f(z^{(k-1)},e^{(k-1)},p)\right. \\
&\qquad\qquad\qquad\qquad\left. +5f(z^{(k-2)},e^{(k-2)},p)\right\} \\
z^{(k+1)} &= z^{(k)} + \frac{h}{12}\left\{5f(\hat{z},e^{(k+1)},p) + 8f(z^{(k)},e^{(k)},p)\right. \\
&\qquad\qquad\qquad\qquad\left. -f(z^{(k-1)},e^{(k-1)},p)\right\}
\end{aligned}
\tag{155}
$$

Auch diese Gleichungen sehen viel komplizierter aus, als sie in Wirklichkeit sind, vgl. Tabelle 6.

Adams-Bashforth-Moulton-3-Verfahren	`zh = z+h/12*(23*q3-16*q2+5*q1)`
	`t  = t+h`
	`qh = f(zh,e(t),p)`
	`z  = z+h/12*(5*qh+8*q3-q2)`
	`q1 = q2`
	`q2 = q3`
	`q3 = f(z,e(t),p)`

Adams-Bashforth-Moulton-4-Verfahren	`zh = z+h/24*(55*q4-59*q3+37*q2-9*q1)`
	`t  = t+h`
	`qh = f(zh,e(t),p)`
	`z  = z+h/24*(9*qh+19*q4-5*q3+q2)`
	`q1 = q2`
	`q2 = q3`
	`q3 = q2`
	`q4 = f(z,e(t),p)`

Tabelle 6: Algorithmen der Adams-Bashforth-Moulton-Verfahren

Bei beiden Prädiktor-Korrektor-Verfahren ist eine einfache Grundstruktur zu erkennen: auf den Prädiktor-Schritt zur Berechnung von $\hat{z}$ folgt eine Auswertung (*evaluation*) der Systemfunktion, dann der eigentliche Korrektor-Schritt, dann wieder eine Auswertung: *prediction-evaluation-correction-evaluation*. Deswegen nennt man solche Verfahren auch *PECE-Verfahren*. Manchmal verwendet man auch andere Abfolgen, zum Beispiel mehrfache Korrektorschritte. Wir können aus Platzgründen hier nicht näher darauf eingehen.

Eine zweite wichtige Klasse von Mehrschrittverfahren, neben der Klasse der Adams-Verfahren, sind die impliziten *BDF-Verfahren* von *Gear*. Bei diesem Typ von Mehrschrittverfahren werden nicht, wie bei den Adams-Moulton-Verfahren, Altwerte der *Systemfunktion*, sondern Altwerte der *Zustandsgrößen* verwendet.

Wie bei den Adams-Moulton-Verfahren, läßt sich das implizite Eulerverfahren als das einfachste Verfahren dieser Klasse interpretieren und wird in diesem Zusammenhang auch *BDF1*-Verfahren genannt. Die genaueren Verfahren dieser Klasse sind:

- das *Gear-2-Verfahren* (*BDF2*):

$$z^{(k+1)} = \frac{4}{3}z^{(k)} - \frac{1}{3}z^{(k-1)} + \frac{2}{3}hf(z^{(k+1)}, e^{(k+1)}, p) \tag{156}$$

- das *Gear-3-Verfahren* (*BDF3*):

$$z^{(k+1)} = \frac{18}{11}z^{(k)} - \frac{9}{11}z^{(k-1)} + \frac{2}{11}z^{(k-2)} + \frac{6}{11}hf(z^{(k+1)}, e^{(k+1)}, p) \tag{157}$$

- das *Gear-4-Verfahren* (*BDF4*):

$$z^{(k+1)} = \frac{48}{25}z^{(k)} - \frac{36}{25}z^{(k-1)} + \frac{16}{25}z^{(k-2)} - \frac{3}{25}z^{(k-3)} + \frac{12}{25}hf(z^{(k+1)}, e^{(k+1)}, p) \tag{158}$$

3.2　Bewertungskriterien für Integrationsverfahren

Neben der Modellbildung ist die *Numerik* von entscheidendem Einfluß auf die *Qualität* der Ergebnisse, wie auf die *Effizienz* der Berechnung. Unter „Numerik" sind dabei in erster Linie die numerischen Eigenschaften des Integrationsverfahrens zu verstehen. Die *Genauigkeit* dieses Verfahrens beeinflußt, ebenso wie die Güte des mathematischen Modells, die Qualität der Ergebnisse, und der *Rechenaufwand* die Effizienz.

Die Effizienz läßt sich zum Beispiel durch die Rechenzeit t_R messen, die die Simulation des Modells für eine feste Zeitspanne $t_S = t_{end} - t_0$ benötigt. Oft wird als Maß dafür der *Echtzeitfaktor* EZF verwendet:

$$\text{EZF} = \frac{t_R}{t_S} = \frac{t_h}{h}\,. \tag{159}$$

Darin bedeutet t_h die Rechenzeit pro Zeitschritt. Natürlich hängt dieser Echtzeitfaktor auch von der Leistungsfähigkeit des eingesetzten Rechners ab. Bei der Simulation mit *Hardware-in-the-Loop* muß auf jeden Fall EZF ≤ 1 garantiert werden.

In der Definition für EZF kommt deutlich zum Ausdruck, daß ein Verfahren, welches größere Schrittweiten zuläßt, nicht notwendig das effizientere ist. Vielmehr ist, genauso wie die Schrittweite selbst, der Rechenaufwand entscheidend, der *pro Integrationsschritt* entsteht.

Im Abschnitt 3.3 werden wir sehen, daß es für die meisten Integrationsverfahren eine *größte zulässige Schrittweite* gibt, die durch die *numerische Stabilität* des Verfahrens bestimmt wird.

Schrittweiten in der Nähe dieser Obergrenze sind aber meist deswegen nicht verwendbar, weil alle Verfahren mit zunehmender Schrittweite ungenauer werden. Die erzielte Genauigkeit (genauer: der Fehler der numerischen Integration, *nicht* der Modellierungsfehler) hängt immer von allen sechs „Zutaten" eines Simulationsexperimentes ab:

- von den Gleichungen des mathematischen Modells,

- von den Parametern des Modells,

- vom Integrator,

- von der Schrittweite,

- von den Anfangswerten der Zustände und

- von den Eingangsgrößen.

Ein Simulationsverfahren, oder genauer die Kombination obiger sechs Zutaten, sollte *robust* sein. Damit ist gemeint, daß kleinere Änderungen am Modell, an seinen Parametern, an der Schrittweite oder an den Eingangsgrößen nicht zu großen Abweichungen in den Simulationsergebnissen führen sollten, sofern dies nicht bereits in der Natur des Modells liegt.

Extrem wichtig ist diese Robustheit, wenn man die Systemsimulation zur *Systemoptimierung* heranzieht, vgl. Abschnitt 1.3.6. Ein Optimierverfahren kann nur dann richtig arbeiten, wenn das Simulationsergebnis und damit das Gütefunktional *reproduzierbar* ist und stetig von den freien Parametern abhängt. Bei *schrittweitensteuernden* Integratoren (Abschnitt 3.6), die die Schrittweite automatisch in Abhängigkeit von den Eigenschaften der errechneten Lösung variieren, ist dies meist nicht gegeben.

In der Praxis kann es durchaus sein, daß die Robustheit einen höheren Stellenwert als die absolute Genauigkeit hat. Oft wird nämlich statt der Frage: „welche absoluten quantitativen Eigenschaften hat mein Modell" die Frage gestellt: „wie ändern sich die quantitativen Eigenschaften meines Modells, wenn ich die Parameter ändere?".

3.3   Numerische Stabilität

In Abschnitt 1.5.6 haben wir die Stabilität dynamischer Systeme definiert. Etwas ganz anderes, wenn auch mit diesem Begriff eng verwandt, ist die *Stabilität von Integrationsverfahren*:

Ein Integrationsverfahren heißt numerisch stabil für ein gegebenes mathematisches Modell, eine gegebene Schrittweite h und einen gegebenen Anfangszustand $z^{(0)}$, falls, für $e(t) = \hat{e} = $ const., jede Komponente der numerischen Lösung $z^{(k)}$ gegen einen festen Wert strebt.

Wir wollen im nächsten Abschnitt diese Eigenschaft und ihre große Bedeutung in der Simulationstechnik an einem sehr einfachen Beispiel veranschaulichen. Anschließend geben wir, anhand von sogenannten *Stabilitätskarten*, für die bisher betrachteten Integrationsverfahren Kriterien an, mit denen die Stabilität kontrollierbar wird.

3.3.1   Ein einfaches Beispiel

Wir untersuchen in diesem Abschnitt das denkbar einfachste dynamische System: das PT_1-*Übertragungsglied*, vgl. Beispiel 1.9, mit der Zustandsraumdarstellung

$$\boxed{\dot{z} = \frac{1}{T}(e - z)}\ . \tag{160}$$

Darin ist T die *Zeitkonstante*, der einzige Eigenwert des Systems ist also $\lambda = -1/T$.

Wendet man das explizite Eulerverfahren an, erhält man die Transitionsgleichung

$$z^{(k+1)} = z^{(k)} + \frac{h}{T}\left(e^{(k)} - z^{(k)}\right) = (1 - \tau)\,z^{(k)} + \tau e^{(k)}\,, \tag{161}$$

mit $\tau = h/T$. Die entsprechende Rechenvorschrift lautet beim impliziten Eulerverfahren, nach Auflösen der Gleichungen für $z^{(k+1)}$,

$$z^{(k+1)} = \frac{1}{(1 + \tau)}z^{(k)} + \frac{\tau}{(1 + \tau)}e^{(k+1)}\,, \tag{162}$$

und bei Verwendung der exakten Lösung (falls $e(t)$ stückweise linear ist, vgl. Abschnitt A.2),

$$z^{(k+1)} = e^{-\tau}z^{(k)} + \left(\tau - e^{-\tau}(1 + \tau)\right)e^{(k)} + \left(1 - \tau + \tau e^{-\tau}\right)e^{(k+1)}\,. \tag{163}$$

Bitte beachten Sie in (163), daß $e^{-\tau}$ die Exponentialfunktion („e hoch $-\tau$") ist, während $e^{(k)}$ den Wert der Eingangsgröße zum Zeitpunkt t_k bezeichnet.

Die drei Gleichungen (161), (162) und (163) haben ein und dieselbe Grundform:

$$z^{(k+1)} = a(\tau)z^{(k)} + b_0(\tau)e^{(k)} + b_1(\tau)e^{(k+1)}\,, \tag{164}$$

mit $a(\tau) + b_0(\tau) + b_1(\tau) = 1$. $z^{(k+1)}$ ist jeweils ein *gewichtetes Mittel* von $z^{(k)}$, $e^{(k)}$ und $e^{(k+1)}$.

Auch alle anderen Einschrittverfahren nehmen eine ähnliche Gestalt an; sie unterscheiden sich hauptsächlich darin, wieviel verschiedene Werte der Eingangsgröße $e(t)$ auf der rechten Seite vorkommen, und zu welchen Zeitpunkten diese ausgewertet werden. Wir wollen jetzt die Situation noch weiter vereinfachen und nur den Sonderfall $e(t) = 0$ für $t \geq t_0$ betrachten. Dann lassen sich für alle bisher behandelten Einschrittverfahren, mit Ausnahme des halbimpliziten Eulerverfahrens, die numerischen Lösungen mit Hilfe von $a(\tau)$ direkt angeben:

$$z^{(k+1)} = a(\tau)z^{(k)} = a(\tau)^2 z^{(k-1)} = a(\tau)^3 z^{(k-2)} \quad \text{usw., also} \tag{165}$$

$$\boxed{z^{(k)} = a(\tau)^k z^{(0)}}\,.$$ (166)

Die Faktoren $a(\tau)$ sind in Tabelle 7 gelistet und in Bild 76 graphisch, als Funktion von τ, dargestellt.

exakte Lösung	$a(\tau) = e^{-\tau}$
explizites Eulerverfahren	$a(\tau) = 1 - \tau$
implizites Eulerverfahren	$a(\tau) = \dfrac{1}{1 + \tau}$
Trapezregel	$a(\tau) = \dfrac{2 - \tau}{2 + \tau}$
modifiziertes Eulerverfahren I modifiziertes Eulerverfahren II Heunverfahren	$a(\tau) = 1 - \tau + \dfrac{1}{2}\tau^2$
Runge-Kutta-3	$a(\tau) = 1 - \tau + \dfrac{1}{2}\tau^2 - \dfrac{1}{6}\tau^3$
Runge-Kutta-4	$a(\tau) = 1 - \tau + \dfrac{1}{2}\tau^2 - \dfrac{1}{6}\tau^3 + \dfrac{1}{24}\tau^4$

Tabelle 7: Faktoren $a(\tau)$ der wichtigsten Einschrittverfahren

Wir betrachten nun den Verlauf einer numerischen Lösung nach (166). Dabei ist es zunächst unerheblich, aus welchem Integrationsverfahren der Faktor a entstanden ist. Die Lösung hängt ja nur noch von diesem Faktor ab.

Ist a zum Beispiel positiv und kleiner als 1, strebt $z^{(k)}$ monoton gegen 0. Nach obiger Definition wäre dann also das Integrationsverfahren *stabil*. Das gleiche gilt dann übrigens für jeden beliebigen, konstanten Wert der Eingangsgröße e.

Ist dagegen $a > 1$, überschreitet $z^{(k)}$ nach ausreichend langer Simulationszeit jede Schranke, das Verfahren ist dann *instabil*. Man spricht dabei etwas präziser von *monoton* instabil, da die $z^{(k)}$ ohne Vorzeichenwechsel monoton anwachsen. Eine Instabilität *mit* Vorzeichenwechsel nennt man *oszillatorische* Instabilität. In Tabelle 8 sind alle weiteren, prinzipiell unterscheidbaren Fälle für a aufgelistet. Offenbar ist ein Verfahren genau dann *numerisch stabil*, wenn

$$\boxed{-1 < a \leq 1}\,.$$ (167)

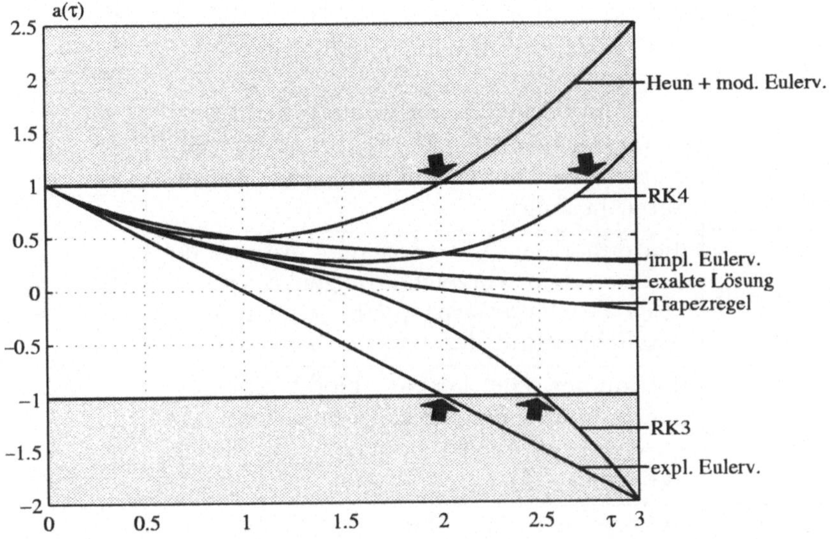

Bild 76: *Faktoren $a(\tau)$ der wichtigsten Einschrittverfahren*

Aus dem in Bild 76 dargestellten Verlauf von $a(\tau)$ kann man nun die *Stabilitätsgrenzen* der Verfahren entnehmen. Sie liegt dort, wo $a(\tau)$ das zulässige Werteintervall $(-1, 1]$ verläßt. Die Stabilitätsgrenze gibt eine obere Schranke für die zulässige Schrittweite an. Aussagen über die Genauigkeit der numerischen Lösung können aus ihr jedoch nicht abgeleitet werden.

In Tabelle 9 sind die Stabilitätsgrenzen der einfachen Einschrittverfahren für unser Beispiel aufgelistet.

3.3.2 Stabilitätsgebiete

Wann ist nun im *allgemeinen* Fall ein Integrationsverfahren stabil? Auf diese Frage gibt es leider keine allgemeingültige Antwort. Bei nichtlinearen Systemen läßt sich, für eine bestimmte Schrittweite, einen bestimmten Anfangszustand $z^{(0)}$ und einen bestimmten, eingefrorenen Eingangsvektor $\hat{e}$, die Stabilität nur „vermuten" oder experimentell nachweisen. Sie hängt von zu vielen Faktoren ab.

Theoretisch erschöpfend beantworten läßt sich die Frage nur bei LTI-Systemen (die Aussagen lassen sich mit Einschränkungen auf NTI-Systeme übertragen, wenn man sie linearisieren kann).

$0 < a < 1$	die numerische Lösung strebt, wie die exakte, monoton gegen 0 (*numerisch stabil*)	
$a = 0$	die numerische Lösung ist und bleibt nach dem ersten Zeitschritt exakt 0 (*numerisch stabil*, aber kaum Ähnlichkeit mit der exakten Lösung)	
$-1 < a < 0$	die numerische Lösung strebt mit ständig wechselndem Vorzeichen gegen 0 (*numerisch oszillatorisch stabil*, jedoch keine Ähnlichkeit mit der exakten Lösung)	
$a = 1$	die numerische Lösung bleibt konstant gleich dem Anfangswert (*numerisch stabiler Grenzfall*, keine Ähnlichkeit mit der exakten Lösung)	
$a = -1$	die numerische Lösung bleibt betragsmäßig konstant und wechselt ständig das Vorzeichen (*numerisch instabiler Grenzfall*, unbrauchbar)	
$a > 1$	die numerische Lösung strebt monoton gegen unendlich (*numerisch monoton instabil*, unbrauchbar)	
$a < -1$	die numerische Lösung strebt mit ständig wechselndem Vorzeichen gegen unendlich (*numerisch oszillatorisch instabil*, unbrauchbar)	

Tabelle 8: Verschiedene Formen von Stabilität und Instabilität

Auch bei der *numerischen* Stabilität spielen die *Eigenwerte* der Systemmatrix eine entscheidende Rolle, ähnlich wie zur Beurteilung der *physikalischen* Stabilität des Systems, vgl. Abschnitt 1.5.6.

Jeder der bisher vorgestellten Integratoren, auch die Mehrschrittverfahren und das halbimplizite Eulerverfahren, besitzt ein *Stabilitätsgebiet S*. Dieses Gebiet ist ein Teilbereich der komplexen Zahlenebene.

Ein Integrationsverfahren mit dem Stabilitätsgebiet S ist für ein LTI-System dann numerisch stabil, wenn die Schrittweite h so gewählt wird, daß für jeden Eigenwert λ_i der Systemmatrix das Produkt $h\lambda_i$ im Stabilitätsgebiet liegt. Die Stabilität hängt im linearen

Integrator	Schrittweitenbedingung
exakte Lösung	stabil für jedes h
explizites Eulerverfahren	stabil für $h < 2T$ oszillatorisch instabil sonst
implizites Eulerverfahren	stabil für jedes h
Trapezregel	stabil für jedes h
modifiziertes Eulerverfahren I modifiziertes Eulerverfahren II Heunverfahren	stabil für $h < 2T$ monoton instabil sonst
Runge-Kutta-3-Verfahren	stabil für $h < 2.5127T$ oszillatorisch instabil sonst
Runge-Kutta-4-Verfahren	stabil für $h < 2.7853T$ monoton instabil sonst

Tabelle 9: Stabilitätsgrenzen der Einschrittverfahren bei reellen Eigenwerten

Fall *nicht* von $z^{(0)}$ oder $\hat{e}$ ab.

Anschaulich gesprochen: um die größte zulässige Schrittweite h_{max} für ein gegebenes LTI-System und ein gegebenes Integrationsverfahren zu ermitteln, muß das Stabilitätsgebiet so mit einem Faktor vergrößert werden, daß es alle Eigenwerte der Systemmatrix „schluckt". h_{max} ist dann der reziproke Wert dieses Vergrößerungsfaktors.

In den Bildern 107 bis 112 im Anhang B sind die Stabilitätsgebiete der wichtigsten Integratoren zusammengestellt. Ein Stabilitätsgebiet ist immer *symmetrisch* zur reellen Achse. Deswegen ist jeweils nur die obere Hälfte von S dargestellt.

Beispiel 3.4 (Stabilität des expliziten Eulerverfahrens)
Das Leitungsmodell aus den Beispielen 2.11 und 3.3 hat für $\hat{m} = 1$, $\hat{c} = 1$, $\hat{d} = 0.1$, $n = 10$ die in Bild 34 mit **x** *markierten Eigenwerte.*

Das Stabilitätsgebiet des expliziten Eulerverfahrens ist ein Kreis um den Mittelpunkt -1 mit Radius 1, vgl. Bild 77. Für eine zulässige Schrittweite muß also gelten

$$|h\lambda + 1| \leq 1 \,.$$

Offenbar ist beim Leitungsmodell mit obigen Parametern der betragsmäßig größte reelle Eigenwert ($\lambda_{max} = -27.3$) maßgebend für die numerische Stabilität. Die größte zulässige Schrittweite ergibt aus $h_{max}\lambda_{max} \geq -2$. Es folgt $h_{max} = 73.2ms$.

Natürlich findet man auch die in Abschnitt 3.3.1 gefundenen Stabilitätsgrenzen für das PT_1-Übertragungsglied in den Stabilitätsgebieten wieder. Da $\lambda = -1/T$ reell ist, muß $h\lambda = -h/T = -\tau$ in der Schnittmenge des jeweiligen Stabilitätsgebietes mit der reellen Achse liegen. Daraus ergeben sich die in Tabelle 9 gelisteten maximalen Schrittweiten.

In den Bildern 107 bis 112 deutet sich an, was man auch allgemein beweisen kann:

Alle *expliziten* Verfahren haben beschränkte Stabilitätsgebiete, oder: bei allen expliziten Verfahren ist für jedes System die zulässige Schrittweite begrenzt.

Anders ist die Situation bei einigen impliziten Verfahren wie dem impliziten Eulerverfahren (Bild 108), der Trapezregel (Bild 109) und dem Gear-2-Verfahren (Bild 113). Alle drei Stabilitätsgebiete enthalten vollständig die linke Zahlenhalbebene. Da (physikalisch) stabile Systeme nur Eigenwerte λ_i mit negativem Realteil haben, vgl. Abschnitt 1.5.6, also für jede nichtnegative Schrittweite h alle Produkte $h\lambda_i$ in der linken Halbebene liegen, folgt daraus:

Mit dem impliziten Eulerverfahren, der Trapezregel und dem Gear-2-Verfahren läßt sich jedes stabile LTI-System mit jeder beliebigen Schrittweite numerisch stabil integrieren.

Solche Integratoren, deren Stabilitätsgebiet die linke Halbebene vollständig enthalten, nennt man *unbeschränkt absolut stabil* oder *A-stabil*.

Eine weitere wichtige Eigenschaft der Integrationsverfahren ist ihre Fähigkeit, auch die in der Praxis häufig vorkommenden *schwach gedämpften* Systeme numerisch stabil zu integrieren. Dies reduziert sich auf die Frage, wie nahe das Stabilitätsgebiet an die imaginäre Achse heranreicht, denn schwache Dämpfung entsteht durch Eigenwerte mit kleinem Realteil.

Offensichtlich schneidet hier das explizite Eulerverfahren nicht sehr gut ab. Dagegen kann das Runge-Kutta-4-Verfahren auch ungedämpfte Systemteile stabil integrieren, solange $h\,\mathrm{Im}(\lambda) \leq 2.7853$, also

$$h \leq \frac{2.7853}{2\pi f} = \frac{0.4433}{f} \,. \tag{168}$$

Das implizite Eulerverfahren (wie, in Maßen, auch das Runge-Kutta-4-Verfahren) kann sogar *instabile* Systeme numerisch stabil integrieren, denn sein Stabilitätsbereich umfaßt ja große Teile der rechten Zahlenhalbebene. Dies ist aber durchaus *unerwünscht*. Natürlich möchte man bei einem Simulationsexperiment auch eine Instabilität des Systems erkennen. Dies ist absolut unverzichtbar, wenn man mit Hilfe der Simulation einen Reglerentwurf durchführt.

Eine systembedingte Instabilität wäre aber bei einer numerisch stabilen Integration nicht mehr erkennbar!

Optimal ist in dieser Beziehung die *Trapezregel*, deren Stabilitätsgebiet deckungsgleich mit der linken Zahlenhalbebene ist. Unter den (fast) expliziten Verfahren schneidet das halbimplizite Eulerverfahren am besten ab, denn auch hier begrenzt die imaginäre Achse das Stabilitätsgebiet.

3.4 Steife Systeme

Besitzt ein System *gleichzeitig* Komponenten mit „sehr schneller" und mit „sehr langsamer" Dynamik, nennt man das System *steif*. Unter *Dynamik* werden dabei sowohl Zeitkonstanten als auch Eigenfrequenzen mit den zugehörigen Dämpfungen verstanden. Übersetzt in die Sprache der Eigenwerte: ein LTI-System heißt *steif*, wenn der Unterschied zwischen betragsgrößtem und betragskleinstem Eigenwert sehr groß ist. Diese Eigenschaft ist quantitativ nicht eindeutig definiert, als Faustregel hat sich der Faktor 1000 bewährt. Wir nennen ein System also steif, wenn für den *Steifigkeitsindex* κ gilt

$$\boxed{\kappa = \frac{|\lambda_{max}|}{|\lambda_{min}|} \geq 1000} \ . \tag{169}$$

(die Schreibweise $|\lambda_{min}|$ und $|\lambda_{max}|$ ist etwas ungenau. Gemeint ist der größte bzw. der kleinste Betrag eines Eigenwertes von $\boldsymbol{A}$).

Beispiel 3.5 (UKW-Receiver als steifes System)
Ein UKW-Receiver einschließlich Verstärker und Lautsprecherboxen stellt in der Sprache der Systemdynamik ein extrem steifes System dar. Die UKW-Abstimmkreise haben Eigenfrequenzen im $100\,MHz$-Bereich, während die kleinste Eigenfrequenz durch das mechanische Teilsystem aus Lautsprecher-Membran (Feder) und Tauchspule (Masse) bestimmt ist und normalerweise unter $20\,Hz$ liegt. Die Bandbreite der Eigenfrequenzen umfaßt also mindestens 7 Zehnerpotenzen.

Beispiel 3.6 (Steifigkeitsindizes des Leitungsmodells)
Das Leitungsmodell aus Beispiel 2.11 hat für $\hat{m} = 1$ und $\hat{c} = 1$ in Abhängigkeit von der Gesamtdämpfung $\hat{d}$ und n (der Feinheit der Unterteilung) die in Tabelle 10 gelisteten Steifigkeitsindizes. Das Modell ist also bei großen Dämpfungen und/oder feinen Unterteilungen steif.

	$n = 10$	10	20	50	100	1000
$\hat{d} = 1.0$	109.35	429.09	1668.6	10188	40388	4004000
0.1	3.73	9.16	51.05	324.4	1288.9	127510
0.01	3.73	6.96	13.34	32.46	70.96	12720
0.001	3.73	6.96	13.34	32.46	64.29	657.7

Tabelle 10: Steifigkeitsindizes des Leitungsmodells

Bei der Simulation steifer Systeme ist man häufig am Verhalten der „langsamen" Anteile interessiert, entsprechend groß wird die Simulationsdauer gewählt werden. Will man zum Beispiel bei einem schwach gedämpften System mindestens eine Periode der langsamsten Eigenfrequenz simulieren, entspricht dies einer Simulationsdauer von $t_{end} = 2\pi/\omega_{min} = 2\pi/\mathrm{Im}(\lambda_{min})$. Dabei ist λ_{min} der (fast) rein imaginäre Eigenwert mit kleinstem Betrag.

Andererseits muß man die für die Stabilität des Integrators notwendige Schrittweitenbedingung beachten. Will man das System zum Beispiel mit dem Runge-Kutta-4-Verfahren integrieren, muß gelten $h\mathrm{Im}(\lambda_{max}) \leq 2.7853$, also sind mindestens

$$n = \frac{t_{end}}{h_{max}} \geq \frac{2\pi}{\mathrm{Im}(\lambda_{min})} \frac{\mathrm{Im}(\lambda_{max})}{2.7853} \approx \frac{2\pi}{2.7853} \frac{|\lambda_{max}|}{|\lambda_{min}|} = 2.2558\kappa \qquad (170)$$

Integrationsschritte durchzuführen. Dieses Zahlenbeispiel läßt sich verallgemeinern:

Bei jedem expliziten Integrationsverfahren liegt die Anzahl der durchzuführenden Zeitschritte normalerweise in der Größenordnung des Steifigkeitsindex.

Sehr steife Systeme werden deswegen meist mit *impliziten* Verfahren integriert, die unbeschränkte oder jedenfalls sehr große Stabilitätsgebiete aufweisen. Dabei ist allerdings zu beachten, daß der Rechenaufwand pro Integrationsschritt bei impliziten Verfahren wesentlich größer sein kann als bei expliziten Verfahren. Dies gilt vor allem für Systeme mit vielen Zustandsgrößen. Maßgebend ist, wie in Abschnitt 3.2 erwähnt, immer das Verhältnis von Rechenaufwand für den einzelnen Zeitschritt zur Zahl der durchzuführenden Zeitschritte.

Implizite Verfahren mit relativ großer Schrittweite können natürlich das dynamische Verhalten der „schnellen" Systemkomponenten nicht wiedergeben. Deren Zeitkonstanten oder Periodendauern sind ja unter Umständen sehr viel kleiner als die Schrittweite. Ist man *gleichzeitig* am Verhalten der schnellen *und* der langsamen Komponenten interessiert, muß notwendigerweise großer

Rechenaufwand betrieben werden. In diesem Fall sind die expliziten Verfahren den impliziten Verfahren vorzuziehen.

Beispiel 3.7 (Crash-Simulation)
Crash-Simulationen für Fahrzeugkarosserien (z.B. mit den Programmen PAM-CRASH^{TM} oder DYNA-3D^{TM}) erfordern die genaue Nachbildung der Faltenbalg-Deformation *der Längsträger. Die Ausprägung eines solchen Faltenbalges ist ein extrem schneller, innerhalb von Mikrosekunden ablaufender Vorgang. Der stark nichtlineare Prozeß muß während der Simulation mit ausreichender zeitlicher Genauigkeit „aufgelöst" werden, denn er ist entscheidend für die spätere Energieaufnahme der Längsträger. Gleichzeitig will man aber die auf die Insassen wirkenden Beschleunigungen über Zeitspannen im Bereich von Zehntelsekunden abschätzen. Deswegen werden meist* explizite *Verfahren mit $h = 10^{-5}s$ bis $h = 10^{-6}s$ eingesetzt. In jedem Zeitschritt müssen dabei die Spannungen, Verschiebungen und, im Kontaktfall, die Kontaktkräfte für alle Finiten Elemente des gewählten Netzes berechnet werden.*

3.5 Genauigkeit und Ordnung

Unter dem numerischen Fehler f_{num} eines Simulationsexperimentes wird der Unterschied zwischen der exakten Lösung $z_{exakt}(t)$ der Gleichungen des zeitkontinuierlichen mathematischen Modells, und der berechneten Lösung $z^{(k)}$ des diskretisierten Modells verstanden:

$$\boxed{f_{num} = \max_k |z^{(k)} - z_{exakt}(t_k)|} \,. \tag{171}$$

Dieser so definierte Fehler beinhaltet weder den Modellierungsfehler noch den Parametrierungsfehler.

f_{num} entsteht vor allem aus der Fortpflanzung des *Diskretisierungsfehlers* (vgl. Abschnitt 3.1.1), der seinerseits durch die Ersetzung von Differentialquotient durch Differenzenquotient, bzw. von Integral durch Quadraturformel hervorgerufen wird.

Ein wichtiges Gebiet in der Numerischen Mathematik ist die genaue Analyse des Diskretisierungsfehlers und seine Auswirkung auf den numerischen Fehler. Eine zentrale Aussage dabei ist, stark vereinfacht, die folgende Tatsache:

Wenn der maximale Diskretisierungsfehler bei einer Reihe numerisch stabiler Simulationen mit zunehmend kleiner werdender Schrittweite, bei sonst gleichen Randbedingungen, gegen 0 strebt, dann gilt dies auch für den numerischen Fehler.

Dies ist für die Theorie eine sehr wichtige Tatsache, leider aber für die Praxis wenig hilfreich. Es gibt so gut wie keine Formeln oder wenigstens Abschätzungen, die verwertbare *quantitative* Aussagen über den numerischen Fehler machen. Natürlich ist dies kein Versäumnis der beteiligten Forscher, vielmehr kann es solche allgemeingültigen Aussagen gar nicht geben.

Die herleitbaren Fehlerabschätzungen liefern vielmehr nur eine grobe qualitative Information, *wie schnell* der numerische Fehler mit kleiner werdender Schrittweite gegen 0 strebt. Man kann diesen Fehler fast immer durch eine bestimmte Potenz r der Schrittweite h abschätzen. Die größtmögliche solche Potenz nennt man die *Ordnung* des Integrators:

$$\boxed{f_{num} = \max_k |z^{(k)} - z_{exakt}(t_k)| \leq ch^r} \; . \tag{172}$$

Die Konstante c in (172) ist leider normalerweise unbekannt (sonst hätte man ja eine quantitativ verwertbare Fehlerabschätzung). Man weiß nur, daß c unabhängig von h gewählt werden kann. Außerdem gilt (172) nicht für beliebige Systeme, sondern nur für solche, für die Systemfunktion und Eingangsgrößen mindestens r-mal stetig differenzierbar sind. Diese Einschränkung ist nicht unwesentlich, denn sowohl Systemfunktion wie Eingang sind bei praktischen Problemen häufig nicht derart „glatt". Simuliert man zum Beispiel eine *Sprungantwort*, dann ist die Eingangsgröße noch nicht einmal stetig. Das gleiche gilt für die Systemfunktion, wenn das Modell unstetige Kennlinien enthält.

Trotz aller Einschränkungen, die Ordnung ist eine wichtige Kenngröße der Integrationsverfahren. Man kann nämlich die folgende, in der Praxis doch recht nützliche Faustregel daraus ableiten:

Sind Systemfunktion und Eingangsgrößen ausreichend oft differenzierbar (s.o.), und verwendet man ein numerisch stabiles Verfahren der Ordnung r, dann erhält man pro Verzehnfachung der Zeitschritte weitere r Stellen Genauigkeit in der numerischen Lösung.

Bei den bisher betrachteten expliziten Einschrittverfahren stimmt die Ordnung mit der Anzahl der Funktionsauswertungen pro Zeitschritt überein, wie Tabelle 11 zeigt.

Beispiel 3.8 (Genauigkeit beim Zweimassenschwinger)
Beim Zweimassenschwinger (vgl. Beispiele 1.10, 1.11 und 2.4) ergeben sich bei der Integration mit verschiedenen Einschrittverfahren, in Abhängigkeit von der Schrittweite h, die in Bild 77 doppelt logarithmisch aufgetragenen numerischen Fehler. Simuliert wurde das Einschwingen des Fahrzeugs bei konstanter Straßenhöhe, über

Integrator	Ordn.	impl.	A-stab.	Mehrschr.-Verfahren	Fkt.-Ausw. falls expl.
explizites Eulerverf.	1				1
implizites Eulerverf.	1	x	x		
halbimpl. Eulerverf.	1	(x)			1
Trapezregel	2	x	x		
mod. Eulerverf. I	2				2
mod. Eulerverf. II	2				2
Heunverfahren	2				2
Runge-Kutta-3-Verf.	3				3
Runge-Kutta-4-Verf.	4				4
Adams-Bashfort-2-Verf.	2			x	1
Adams-Bashfort-3-Verf.	3			x	1
Adams-Bashfort-4-Verf.	4			x	1
Adams-Moulton-3-Verf.	3	x		x	
Adams-Moulton-4-Verf.	4	x		x	
Adams-B.-M.-3-Verf.	3			x	1
Adams-B.-M.-4-Verf.	4			x	1
Gear-2-Verf.	2	x	x	x	
Gear-3-Verf.	3	x		x	
Gear-4-Verf.	4	x		x	

Tabelle 11: Ordnungen und weitere Kenndaten der Integrationsverfahren

eine Zeitspanne von $t_{end} = 2s$. Bis auf die Härte des Aufbaudämpfers wurden die Parameter wie in Beispiel 2.4 gesetzt. Um auch das explizite Eulerverfahren mit großen Schrittweiten anwenden zu können, wurde der relativ hohe Aufbaudämpfer-Beiwert $d_A = 2200Ns/m$ gewählt.

Die Steigungen von $f_{num}(h)$ in doppeltlogarithmischer Darstellung stimmen ziemlich genau mit den Ordnungen überein, es gilt nämlich

$$\frac{\partial \log{(ch^r)}}{\partial \log h} = \frac{\partial \left(c + r \log h\right)}{\partial \log h} = r \, .$$

In Bild 78 ist für je ein Verfahren der Ordnung 1, 2, 3 und 4 diese Steigung dargestellt.

Bei der Analyse des numerischen Fehlers dürfen die anderen Fehlerquellen der Modellierung und Simulation nicht vergessen werden. Es macht wenig Sinn, einen extrem genauen und damit aufwendigen Integrator einzusetzen, wenn das Modell nur sehr grob ist oder die Parameter nur geschätzt sind. Nicht die

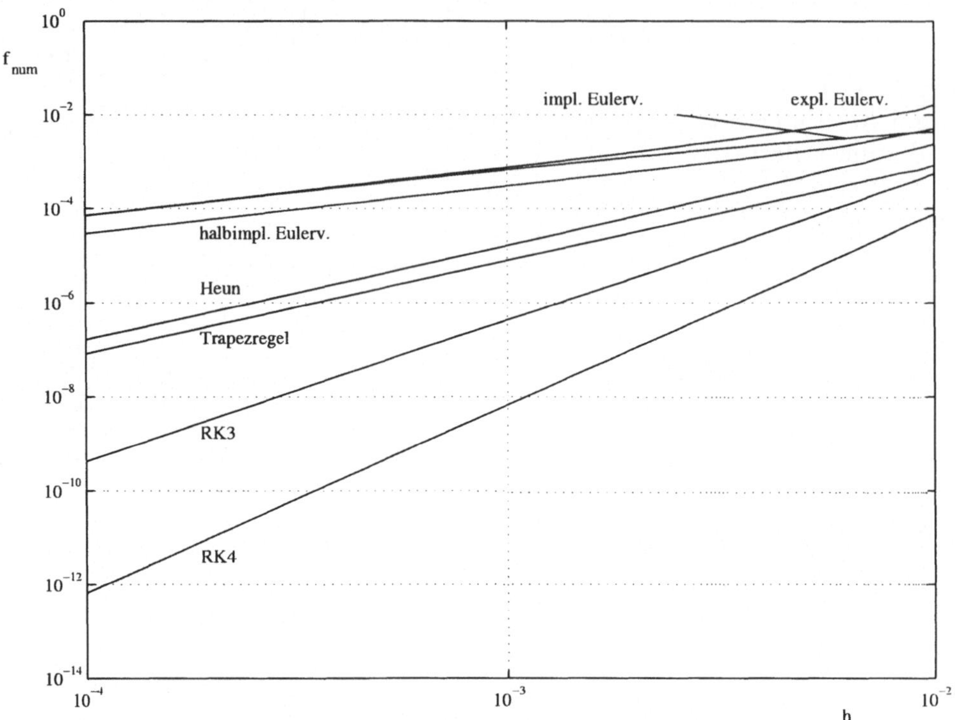

Bild 77: *numerischer Fehler bei Einschrittverfahren*

Abweichung zwischen der exakten Lösung des mathematischen Modells, und ihrer numerischen Näherung ist entscheidend. Vielmehr geht es um die Frage, ob diese Näherung, als Endergebnis des Simulationsexperimentes, innerhalb der Bandbreite aller exakten Lösungen bei Toleranzen in den Systemparametern p liegt. Konkreter:

Ist ein Systemparameter p_i nur mit einer relativen Genauigkeit von $x\%$ meßbar, dann ist jede numerische Lösung gleichwertig, die für einen Parameterwert $\hat{p}_i$, der um höchstens $x\%$ von p_i abweicht, die exakte Lösung darstellt.

Hieraus folgt aber, daß der in (171) definierte maximale Unterschied zwischen exakter Lösung und numerischer Näherung manchmal ein *zu strenges* Maß für die Genauigkeit darstellt. Dies sieht man am Beispiel zweier nahezu identischer ungedämpfter Einmassenschwinger. Schon kleinste Unterschiede in den *Parametern* Masse oder Federsteifigkeit führen zu kleinen Differenzen Δf in der Eigenfrequenz f, und diese nach $0.5/\Delta f$ Sekunden zu 180 Grad Phasen-

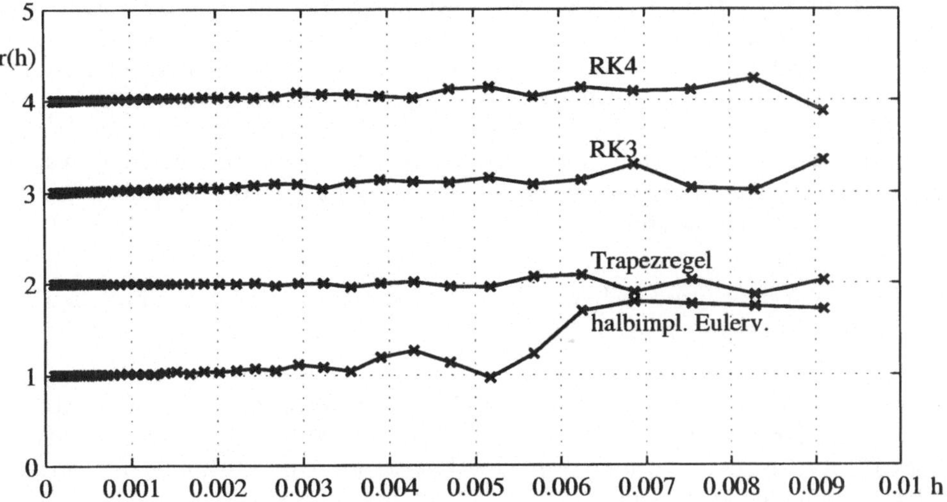

Bild 78: *experimentell ermittelte Ordnungen einiger Einschrittverfahren*

verschiebung, also zu *maximaler* Abweichung in den Auslenkungen. Wenn zwei nahezu identische Modelle auch bei exakter Lösung schon solche Abweichungen zeigen können, darf man von der numerischen Lösung natürlich nichts anderes erwarten.

Ein vernünftigeres Fehlermaß bei diesem Beispiel wäre der *Unterschied in der Eigenfrequenz* und, wenn Dämpfung hinzukommt, der *Unterschied im Abklingverhalten*, zwischen exakter und numerischer Lösung. Dieser Vergleich, der sich mit etwas Vorsicht auch auf größere Systeme übertragen läßt, die oft aus vielen schwach gekoppelten „Einmassenschwingern" bestehen, ist im Anhang C anhand von *Genauigkeitskarten* durchgeführt.

In diesen Genauigkeitskarten ist für den in der Praxis besonders häufigen Fall des *schwach gedämpften* Einmassenschwingers ($D \leq 0.5$) der relative Fehler in Eigenfrequenz und Dämpfung:

$$f_f = 100 \frac{f_{num} - f}{|f|} [\%] \ , \ \text{mit} \quad f = \frac{1}{2\pi} \sqrt{\frac{c}{m} - \frac{d^2}{4m^2}}$$

$$(173)$$

$$f_D = 100 \frac{D_{num} - D}{|D|} [\%] \ , \ \text{mit} \quad D = \frac{d}{2\sqrt{mc}}$$

als Funktion von f und D, in Form von *Iso-Fehlerlinien* aufgetragen. Um
einen fairen Vergleich zu erhalten, ist dabei die Schrittweite so gewählt, daß
pro Zeitintervall die gleiche Anzahl von Funktionsauswertungen durchzuführen
ist: beim expliziten, halbimpliziten und impliziten Eulerverfahren, sowie bei
allen Mehrschrittverfahren ist $h = 1ms$, beim Heunverfahren und den beiden
Varianten des modifizierten Eulerverfahrens $h = 2ms$, und bei den Runge-
Kutta-Verfahren $h = 3ms$ bzw. $4ms$. In grau schattierten Bereichen ist das
jeweilige Verfahren instabil.

Zur Kontrolle des numerischen Fehlers bei großen Simulationsmodellen hat
man in der Praxis nur zwei Möglichkeiten:

- entweder verwendet man einen der in Abschnitt 3.6 angesprochenen Integratoren wie DE/STEP, LSODE oder DASSL, die automatisch eine Kontrolle
  des Fehlers vornehmen und die Schrittweite oder die Ordnung des verwendeten elementaren Integrators selbsttätig steuern,

- oder man vergleicht die mit fester Schrittweite berechneten Ergebnisse von
  Zeit zu Zeit mit Kontrollsimulationen, bei denen eine wesentlich kleinere
  Schrittweite verwendet wurde. Diese Kontrollen sind immer dann durchzuführen, wenn sich die Parameter oder der Charakter der Eingangsgrößen
  stark ändern.

Eine weitere Fehlerquelle wurde übrigens bisher noch ganz außer acht gelas-
sen: der Einfluß des *Rundungsfehlers* bei der Gleitpunktrechnung. Wegen dieser
Fehlerquelle, und natürlich auch aus Gründen der Effizienz, ist es *nicht* sinnvoll,
mit extrem kleinen Schrittweiten zu rechnen. In diesem Fall wachsen nämlich
die beiden Rundungseffekte *Sättigung* und *Rundungsfehlerfortpflanzung* über-
proportional an und machen einen theoretischen Genauigkeitsgewinn, den man
durch Reduktion des Diskretisierungsfehlers erzielt hat, wieder zunichte.

Es ist übrigens eine weit verbreitete Unsitte, in der Hoffnung auf schnelle-
re Simulationen und mit der Begründung „4 Stellen Genauigkeit genügen mir
ohnehin", mit *einfacher* Genauigkeit zu arbeiten, die nur etwa 7 bis 8 Dezimal-
stellen berücksichtigt. Bei den meisten modernen Rechnerarchitekturen, dauert
die Rechnung mit doppelter Genauigkeit, also mit etwa 15 bis 16 Dezimalstel-
len, nicht oder nur unwesentlich länger, dafür wird man mit einer wesentlich
höheren Robustheit gegenüber Rundungsfehlern belohnt. Auch wenn man alle Rechenoperationen mit 8 Stellen durchführt, kann das Ergebnis nämlich
weniger als 4 richtige Stellen haben.

Wir können hier aus Platzgründen auf die Rundungsfehler-Problematik nicht
näher eingehen. Näheres hierzu findet man zum Beispiel in [14].

3.6 Schrittweiten- und Ordnungssteuerung

Bisher sind wir stillschweigend davon ausgegangen, daß die Schrittweite in einem Simulationsexperiment einmal gewählt und dann für die Dauer des Experimentes fixiert wird.

Die meisten Integratoren in kommerzieller Simulationssoftware führen jedoch eine adaptive *Schrittweitensteuerung* durch. Den dabei verwendeten Algorithmen liegen folgende Ideen zugrunde:

- es werden große Schrittweiten verwendet, oder die aktuelle Schrittweite wird entsprechend vergrößert, wenn sich die Eingangsgrößen nur langsam ändern *und* die in den zurückliegenden Zeitschritten erzielte Genauigkeit ausreichend erscheint,

- es werden kleine Schrittweiten verwendet, oder die aktuelle Schrittweite reduziert, wenn sich die Eingangsgrößen schnell ändern *oder* die in den zurückliegenden Zeitschritten erzielte Genauigkeit nicht ausreicht.

Dabei kann die erzielte Genauigkeit nur geschätzt werden, denn die exakte Lösung ist natürlich unbekannt. Für diese Schätzung gibt es zwei wichtige Ansätze:

- die momentane Lösung wird mit einer anderen Lösung verglichen, die mit dem gleichen Integrator, aber einer wesentlich kleineren Zeitschrittweite berechnet wurde, oder

- die momentane Lösung wird mit einer anderen Lösung verglichen, die mit der gleichen Zeitschrittweite, aber einem genaueren Integrationsverfahren berechnet wurde.

In beiden Fällen dient die genauere Lösung als Ersatz für die unbekannte exakte Lösung bei der Abschätzung des Fehlers. Dieser geschätzte Fehler ist immer der *lokale Diskretisierungsfehler*, also der Fehler, der im aktuellen Zeitschritt neu hinzugekommen ist. Den eigentlich interessierenden *globalen numerischen Fehler* f_{num} (vgl. Abschnitt 3.5), der sich aus der Summe der Fortpflanzungen aller lokalen Fehler ergibt, kann man nämlich nicht mit vertretbarem Aufwand schätzen.

Wichtige Beispiele für den zweiten Ansatz sind die beiden Verfahren *Runge-Kutta-Fehlberg-4-5* (*RKF45*) und *Runge-Kutta-Fehlberg-5-7* (*RKF57*). Beide benutzen zur Steigerung der Effizienz einen Trick. Es werden jeweils zwei unterschiedlich genaue Verfahren vom Runge-Kutta-Typ eingesetzt (mit den Ordnungen 4 und 5 bzw. 5 und 7), wobei das Verfahren mit niedrigerer Ordnung nur solche Auswertungen der Systemfunktion verwendet, die für das Verfahren höherer Ordnung ohnehin berechnet werden müssen. Damit ist der Gesamt-rechenaufwand pro Integrationsschritt nur unwesentlich größer als der für das genauere Verfahren allein.

Trotz der breiten Anwendung in kommerzieller Simulationssoftware muß darauf hingewiesen werden, daß jede Art von Schrittweitensteuerung auch ernstzunehmende Nachteile hat:

- die programmtechnisch robuste Implementierung ist sehr aufwendig,

- die Durchführung der Schrittweitensteuerung ist mit einem nicht vernachlässigbaren Overhead verbunden,

- es müssen Vorkehrungen getroffen und sorgfältig getestet werden, daß die Schrittweitensteuerung selbst stabil ist, daß also die Schrittweite nicht ständig großen Änderungen unterliegt,

- ist der geschätzte Fehler zu groß, wird meist ein oder mehrere Zeitschritt(e) früher noch einmal mit kleinerer Schrittweite aufgesetzt. Dies erfordert das Zwischenspeichern und Rückladen von Zustandsvektoren „aus der Vergangenheit", ein bei komplexen Modellen sehr aufwendiger Prozeß,

- jeder schrittweitensteuernde Algorithmus ist *zentral*, verwaltet also den Zustandsvektor des gesamten Systems mit allen Subsystemen. Dies widerspricht der Grundidee der *objektorientierten Programmierung (OOP)*, bei der Parameter und Gleichungen der Subsysteme gekapselt sind und die Kommunikation zwischen Subsystemen ausschließlich über die Koppelgrößen stattfinden sollte,

- die Rechenzeit für ein Simulationsexperiment ist kaum vorhersagbar, da die Schrittweiten nicht im voraus bekannt sind,

- schrittweitensteuernde Verfahren sind nicht besonders *robust* (vgl. Abschnitt 3.2). Kleine Änderungen in den Parametern, Eingangsgrößen oder Anfangswerten können zu nicht vernachlässigbaren Änderungen in der Schrittweitenwahl, und damit in den Simulationsergebnissen führen. Wir haben schon in Abschnitt 3.2 darauf hingewiesen, daß dies die Einbindung der Simulation in ein übergeordnetes Optimierverfahren erschwert oder sogar verhindert,

- für *Hardware-in-the-loop-Simulationen* scheidet eine Schrittweitensteuerung meist von vornherein aus, denn der Hardware-Teil muß immer mit fester Schrittweite angesteuert werden.

Ein zur Schrittweitensteuerung alternativer Ansatz ist die *Ordnungssteuerung*. Hier wird das aktuell verwendete, elementare Integrationsverfahren aus einem Bündel von zueinander kompatiblen Verfahren unterschiedlicher Ordnung ausgewählt. Diese elementaren Verfahren sind meistens Mehrschrittverfahren, wie etwa die Prädiktor-Korrektor-Verfahren von Adams-Bashforth-Moulton. Ordnungssteuerung wird, um die Komplexität noch weiter zu treiben, meistens mit Schrittweitensteuerung kombiniert. Außerdem ist in den Solvern meist ein Test auf Steifheit integriert. Ist das Testergebnis positiv, wird entweder eine entsprechende Warnung ausgegeben, da eine drastische Reduktion der Schrittweite zu erwarten ist, oder es wird automatisch ein geeignetes implizites Verfahren ausgewählt.

Implizite Verfahren für steife Systeme benötigen immer die *Jacobimatrix* der partiellen Ableitungen, vgl. Abschnitt 3.1.2. Diese muß entweder vom Anwender in Form eines Unterprogramms bereitgestellt werden, oder sie wird vom Integrator durch numerisches Differenzieren näherungsweise berechnet.

In der Praxis häufig verwendete Implementierungen solcher komplizierten Integratoren sind zum Beispiel die Programme

- DE/STEP von *Shampine und Gordon* ([18]), basiert auf den Adams-Bashforth-Moulton-Verfahren (PECE), mit Schrittweiten- und Ordnungssteuerung, für nicht- bis mäßig steife Systeme,

- LSODE von *Hindmarsh* (Lawrence Livermore National Laboratory) in verschiedenen Varianten. LSODE besteht aus zwei Teilprogrammen, von denen je nach Ergebnis eines Steifigkeitstests eines automatisch ausgewählt wird. Das erste Programm ist, ähnlich wie DE/STEP, eine Implementierung der Adams-Bashforth-Moulton-Verfahren mit Schrittweiten- und Ordnungssteuerung, das zweite Programm verwendet die BDF-Verfahren von Gear, ebenfalls mit Schrittweiten- und Ordnungsteuerung. LSODE ist in der Programmbibliothek ODEPACK enthalten,

- DASSL von *Petzold* ([6]), ein Solver für steife DAE-Systeme. DASSL basiert ebenfalls auf den BDF-Verfahren.

3.7 Numerische Behandlung starker Nichtlinearitäten

In der Fahrzeugdynamik, wie bei vielen anderen Anwendungen der Simulationstechnik, sind realistische Simulationsmodelle meist durch starke Nichtlinearitäten wie *Lose, trockene Reibung,* und *Anschläge* mit *Stoßvorgängen* gekennzeichnet. Diese Nichtlinearitäten können zu großen Schwierigkeiten bei der numerischen Integration führen. Werden sie sorglos diskretisiert, erkennen viele Integratoren das resultierende System auf „extrem steif". Häufige Konsequenz: übermäßig lange Rechenzeiten, obwohl das System eigentlich gar nicht so groß ist und die Bewegungsgleichungen harmlos aussehen.

Eine andere Problemquelle ist die Genauigkeit, die schrittweiten- oder ordnungssteuernde Integratoren zu erzielen versuchen. Die hier betrachteten Nichtlinearitäten führen zu *unstetigen* oder *nicht differenzierbaren* Systemfunktionen. Ergebnis: die theoretische Genauigkeit der Verfahren hoher Ordnung kann gar nicht erreicht werden (vgl. Abschnitt 3.5). Viele Integratoren bemerken dies nicht, und reduzieren statt dessen permanent und ohne Erfolg die Schrittweite.

Dieser Abschnitt soll zeigen, wie durch relativ einfache Kunstgriffe auch Systeme mit solchen Nichtlinearitäten robust und effizient simuliert werden können. Allerdings funktionieren einige Modifikationen nur bei selbstprogrammierten Integratoren. Es wird dann nämlich nicht bei den Modellgleichungen selbst angesetzt, sondern vielmehr bei deren Diskretisierung, und darauf hat man ja bei „Black-Box-Integratoren" gerade keinen Einfluß.

Deswegen soll dieser Abschnitt auch dazu ermutigen, mit eigenen Lösungen zu experimentieren. Hat man das Prinzip erst einmal verstanden, ist dies nämlich gar nicht so schwer. Man muß dazu nicht gleich die ganze Simulationssoftware selbst programmieren. Vielmehr sollte man dabei den Komfort nutzen, den Programme wie MATLAB^{TM} und MATRIX$_x$^{TM} bei der Dateneingabe und Ergebnis-Visualisierung bieten.

Bei der Betrachtung beschränken wir uns auf Elemente von Systemen der Mechanik. Die Prinzipien lassen sich jedoch auch leicht auf Problemstellungen aus anderen Energiedomänen, wie etwa Elektronik und Hydraulik, übertragen. Die Elemente sind normalerweise Bestandteile größerer Systeme. Entsprechend müssen bei der Anwendung die hergeleiteten Gleichungen mit den Gleichungen des restlichen Systems verkoppelt werden.

3.7.1 Feder und Lose in Reihe

Als erstes betrachten wir die Reihenschaltung einer Feder mit *Lose*, Bild 79.

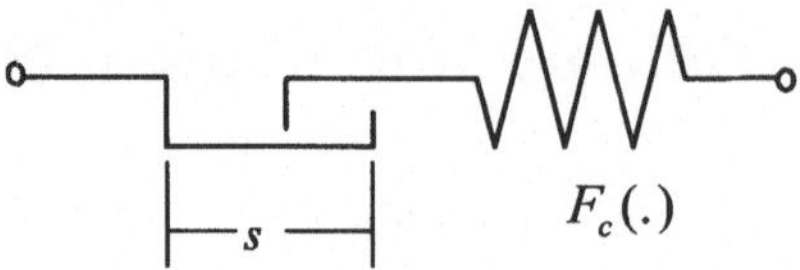

Bild 79: *Reihenschaltung Feder und Lose*

Eine solche Anordnung ist häufig anzutreffen. So ist ein wichtiges Element der PKW-Servolenkung der *Torsionsstab*. Dies ist eine torsionsweiche Welle,

angeordnet am Ende des Lenkrohres, unmittelbar vor dem Ritzel der Zahn-
stangenlenkung. Der Torsionswinkel dieser Welle bestimmt den Öffnungsgrad
des Vierwege-Servoventils, und damit die von der Lenkhydraulik erzeugte Hilfs-
kraft. Damit nun die Ventilöffnung einen definierten Maximalwert hat, muß die
Torsion durch einen Anschlag begrenzt werden.

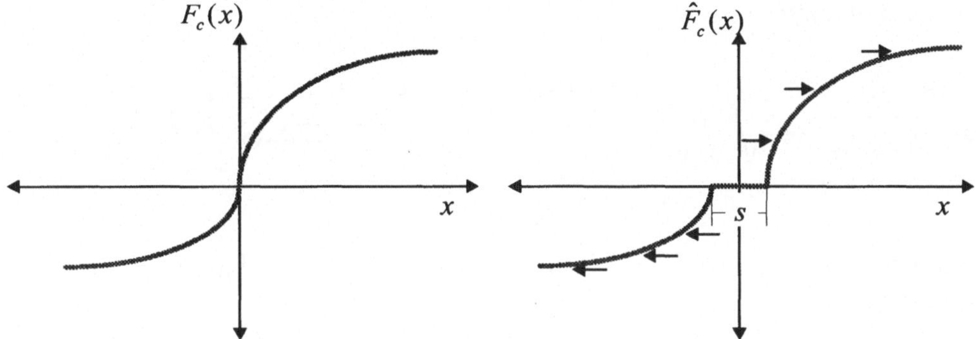

Bild 80: *Federkennlinie*   Bild 81: *Kennlinie Feder/Lose*

Die Reihenschaltung einer Feder, die allgemein durch eine *Kraft-Weg-*
Kennlinie $F_c(x)$ wie in Bild 80 gekennzeichnet ist, mit Lose, gekennzeichnet
durch die *freie Strecke s*, wirkt exakt so wie eine einzelne modifizierte Feder mit
einer Kennlinie nach Bild 135. Diese neue Kennlinie erhält man, indem man
die ursprüngliche Kennlinie längs der y-Achse „aufschneidet" und die beiden
Hälften um je die halbe freie Strecke $s/2$ nach links bzw. rechts verschiebt.

Kennlinien werden in Simulationsprogrammen meistens in Form einer Liste
von (x,y)-Wertepaaren, einer sogenannten *Look-up-table* eingegeben.

Der Einbau von Lose in eine solche Darstellung ist denkbar einfach: auf alle
positiven x-Werte wird $s/2$ addiert, von allen negativen x-Werten wird $s/2$
subtrahiert.

Die numerische Stabilität eines Integrators wird durch den nachträglichen Einbau von Lose in ein Modell normalerweise nicht beeinträchtigt, denn entscheidend hierfür ist die *maximale Steigung* der Kennlinie. Diese bleibt unverändert.

Anders ist es mit der zu erwartenden Genauigkeit. Die neue Kennlinie ist
nämlich in den beiden Knickpunkten, also beim Einsatzpunkt der Lose, nicht
differenzierbar. Dort wird somit die theoretische Genauigkeit von Verfahren
höherer Ordnung nicht erreicht.

3.7.2 Feder und Dämpfer in Reihe

Die zweite Anordnung haben wir schon in Beispiel 1.9 kennengelernt: die Reihenschaltung eines Dämpfers mit einer Feder. In Fahrzeugdynamik-Modellen kommen auch solche Anordnungen häufig vor, zum Beispiel zur Beschreibung von Stoßdämpfern mit elastischer Lagerung, Motor-Hydrolagern und Lenkungsdämpfern.

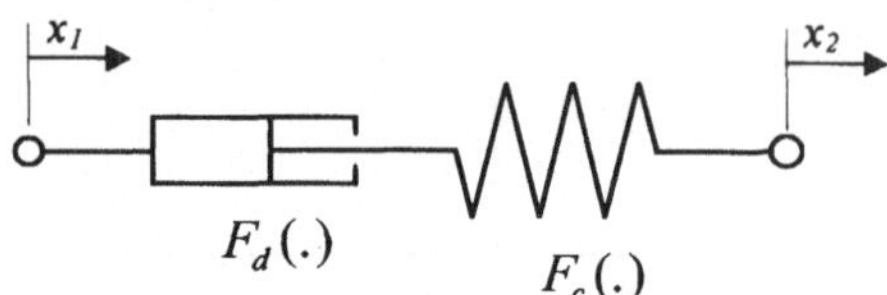

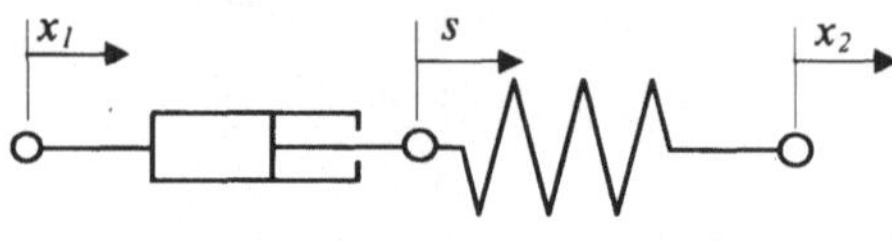

Bild 82: *Reihenschaltung Feder und Dämpfer*

Bild 83: *Zustandsgröße Dämpferlagerauslenkung*

Auch hier sind die Charakteristiken von Feder und Dämpfer meist durch Kennlinien $F_c(x)$ und $F_d(v)$ gegeben. In vielen Anwendungen wird, als numerischer Trick, oft eine kleine *Hilfsmasse* zwischen Feder und Dämpfer angebracht. Dies ist wenig effizient und überflüssig. Wählt man die Masse sehr klein, wird das System nämlich steif, wählt man die Masse größer, werden die dynamischen Eigenschaften des Systems verfälscht.

Besser ist es, unter Ausnutzung des Kräftegleichgewichtes

$$F_d(\dot{s} - \dot{x}_1) = F_c(x_2 - s) \tag{174}$$

das Subsystem *erster* Ordnung

$$\boxed{\dot{s} = \dot{x}_1 + F_d^{(-1)}\left(F_c(x_2 - s)\right)} \tag{175}$$

zu verwenden. Dabei ist $F_d^{(-1)}(\cdot)$ die zur Dämpferkennung $F_d(\cdot)$ *inverse* Funktion. Auch hier ist die Berechnung wieder besonders einfach, wenn die Kennlinien als Look-up-table vorliegen. Die Inverse einer Funktion erhält man nämlich rechentechnisch einfach durch Vertauschen der x- mit den y-Werten.

Die Zustandsgröße s wird manchmal auch *halber mechanischer Freiheitsgrad* genannt, da, anders als bei vollen Freiheitsgraden, die Ableitung $\dot{s}$ *keine* Zustandsgröße darstellt.

3.7.3 Feder und Dämpfer mit Gleitreibung in Reihe

Erstaunlicherweise macht es beim obigen Ansatz für die Feder-Dämpfer-Reihenschaltung keine numerischen Probleme, zusätzlich zum Dämpfer eine Gleitreibung gemäß Bild 84 zu berücksichtigen.

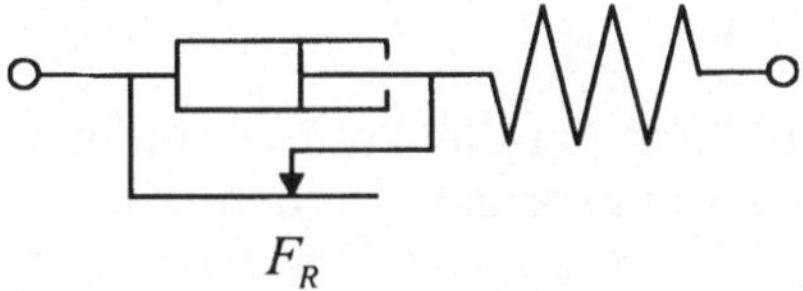

Bild 84: *Feder-Dämpfer-Reibung-Element*

Gleitreibung ist ein wichtiges (unerwünschtes) Merkmal bei Stoßdämpfern, und muß bei aussagekräftigen Modellen für die Fahrzeugfederung unbedingt berücksichtigt werden. Außer bei der Federung spielt Gleitreibung auch eine wichtige Rolle in der Lenkung und im Antriebstrang.

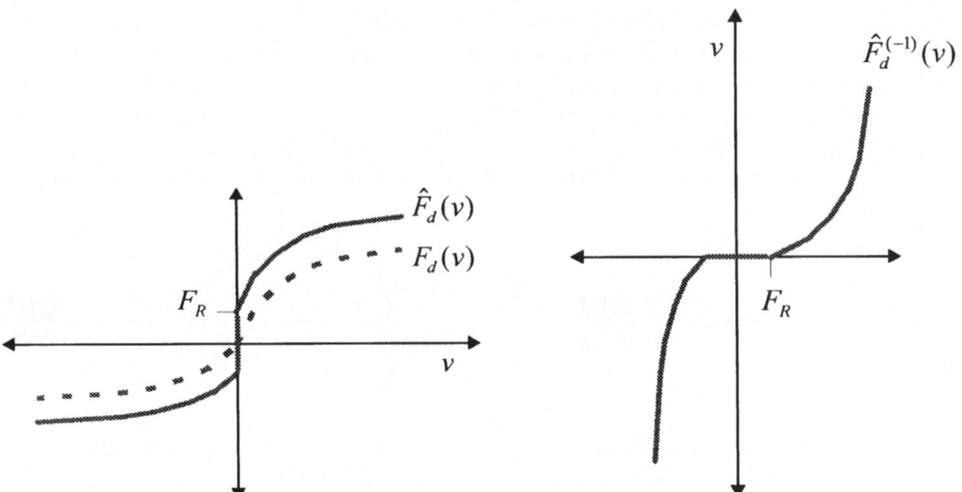

Bild 85: *Dämpfer-Kennlinie mit Gleit-*
reibung

Bild 86: *inverse Dämpferkennli-*
nie

Dämpfer- und Reibungskraft können zur Gesamtkraft $\hat{F}H_d(\cdot)$ addiert werden. Zusammengenommen bilden Dämpfer und Reibelement damit ein neues Kraftelement mit einer geschwindigkeitsabhängigen Kraft, dessen Kennlinie in Bild 85 dargestellt ist.

Wir haben oben gesehen, daß von dieser Kennlinie die *Inverse* benötigt wird. Dabei wird aus der „unendlich" großen Steigung der Reibungskennlinie im Nullpunkt eine Kennlinie mit der Steigung 0 im Nullpunkt (Bild 86, die numerisch völlig problemlos ist.

Weiterhin kann ohne Probleme parallel zum Dämpfer und zur Gleitreibung eine zweite nichtlineare Feder angeordnet werden. Auch hier soll als Beispiel der Stoßdämpfer dienen. Das bei *Gasdruckdämpfern* unter Druck stehende Gasvolumen ist bestrebt, den Dämpfer „auszufahren". Diese Kraft hängt von der Dämpferauslenkung ab und hat die Wirkung einer nichtlinearen, vorgespannten Feder. Bei solchen vorgespannten Federn geht die Kennlinie nicht durch den Ursprung, eine Tatsache, die numerisch ohne Bedeutung ist.

3.7.4 Masse mit Anschlag

Müssen im Simulationsmodell *Stoßvorgänge* berücksichtigt werden, wird man meist auf die Reihenschaltung einer Masse mit Lose und Anschlag geführt. Solche Anordnungen erhält man zum Beispiel bei der Simulation von *Ventiltrieben*: Nocken/Nockenwelle und Ventil/Ventilsitz bilden je ein Masse-Lose-Anschlag-Subsystem. Das gleiche gilt für den *Rad/Schiene-Kontakt* bei Schienenfahrzeugen, und für den *Zahnflankenkontakt* bei allen Arten von Zahnradgetrieben. Auch in *Crash-Simulationen* sind diese Kontaktelemente von zentraler Bedeutung.

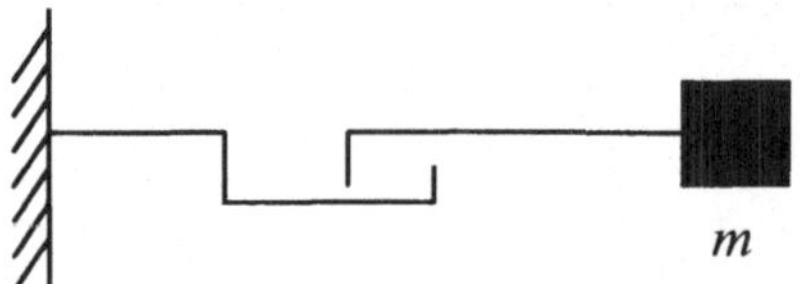

Bild 87: *Masse mit Anschlag*

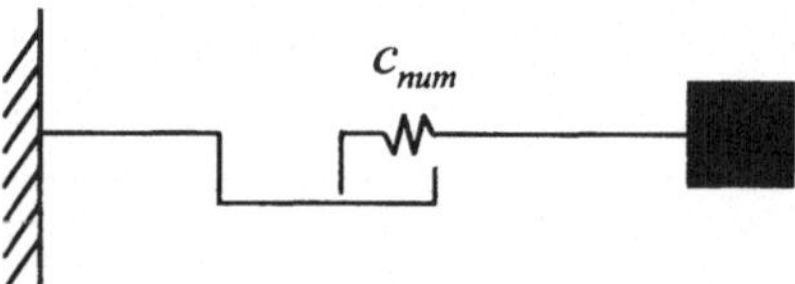

Bild 88: *steif-elastischer Anschlag*

Das Masse-Lose-Anschlag-Element läßt sich nicht ausschließlich mit Differentialgleichungen beschreiben, und ist damit kein NTI-System der Form (36). Vielmehr handelt es sich strenggenommen um ein sogenanntes *DAEI-System* (differential-algebraic equations and inequations). Viele Simulations-Programme und viele Integratoren basieren aber auf der Darstellung durch gewöhnliche Differentialgleichungen. In solchen Programmen läßt sich das Masse-Lose-Anschlag-Element nicht ohne weiteres verwenden.

Es gibt zwei wichtige numerische Ansätze zur Simulation des Elementes.

Beim *ersten* Ansatz (Bild 89) wird zwischen Anschlag und Masse eine steife Feder eingefügt. Dies wird normalerweise auch zu einem steifen System führen, wenn die Federrate ausreichend groß gewählt wird, um einen harten Anschlag zu approximieren. Liegt umgekehrt die Schrittweite der Simulation bereits fest, erhält man bei allen expliziten Verfahren eine Obergrenze für die Steifigkeit c_{num}. Beim Runge-Kutta-4-Verfahren mit dem Stabilitätsgebiet nach Bild 107 lautet eine Abschätzung dieser Obergrenze zum Beispiel

$$c_{num} \leq m \left(\frac{2.78}{h} \right)^2 . \tag{176}$$

Natürlich könnte auch ein *implizites* Verfahren verwendet werden, was allerdings meist zu hohem zusätzlichen Programmier- und Rechenaufwand führt. Ist das restliche System nicht steif, kann man den Rechenaufwand dadurch drastisch reduzieren, daß man nur das Element allein implizit, zum Beispiel mit der Trapezregel integriert. Dazu läßt man, im Impulssatz für die Masse, nur die Kräfte aus der Anschlagsteifigkeit vom neuen Zustand abhängen, während alle anderen, auf die Masse wirkenden Kräfte von den alten Zuständen abhängen.

Ein weiteres Problem beim obigen Ansatz ist die fehlende Dämpfung. Dies entspricht einem vollelastischen Anschlag mit der Stoßzahl $k = 1$. Wird die Masse mit einer so großen konstanten Kraft gegen den Anschlag gedrückt, daß sie *nicht* abprallt, kann sie ungedämpfte Schwingungen ausführen. In diesem Fall entspricht nämlich die Anordnung einem ungedämpften linearen Einmassenschwinger.

Um auch teilelastische Anschläge richtig abzubilden, muß eine *Dämpfung* eingeführt werden. Diese Dämpfung sollte nun nicht einfach parallel zur Feder angeordnet werden. Dies würde nämlich zu einem *unstetigen* Verlauf der Kraft im Kontaktfall führen - und wäre damit wieder ein potentielles Stabilitätsproblem bei expliziten Verfahren.

Besser ist es, die Dämpfung wie in Bild 89 anzuordnen.

Vernünftige Werte für c_{num} und d_{num} hängen natürlich von der Masse m, der Stoßzahl k und der Schrittweite h ab. Am einfachsten erhält man diese durch einige numerische Experimente.

Der *zweite* numerische Ansatz für das Masse-Lose-Anschlag-Element ist viel direkter und einfacher als der erste, erfordert aber meist eine selbstprogram-

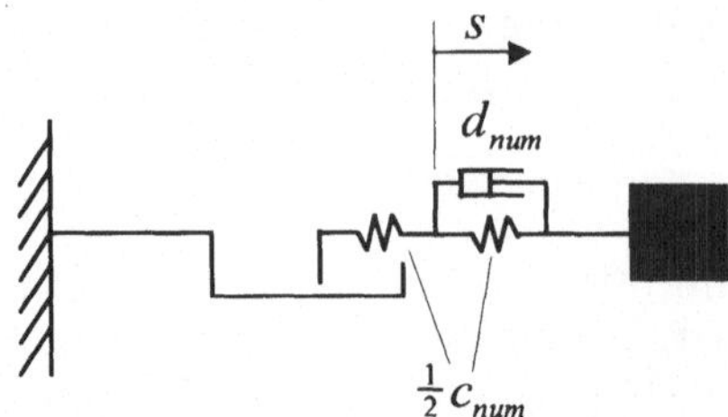

Bild 89: *gedämpfter steif-elastischer Anschlag*

mierte Integrationsroutine. Die Idee ist einfach und naheliegend: die Zustandsgrößen der Masse werden zunächst so integriert, als sei die Masse ohne Anschlag frei beweglich. Kommt es während eines Integrationsschrittes zu einem
Kontakt, werden Lage und Geschwindigkeit der Masse entsprechend korrigiert.
Verwendet man zum Beispiel das halbimplizite Eulerverfahren, und wirkt auf
die Masse, abgesehen von der Kontaktkraft, eine aufgeprägte Kraft $F(x, v)$,
dann lautet dieser Algorithmus

```
x = x+h*v;
v = v+h/m*F(x,v);
if (x > xmax) {x = xmax; if (v > 0) v = -k*v;}
if (x < xmin) {x = xmin; if (v < 0) v = -k*v;}
```

Darin ist k die oben erwähnte Stoßzahl des Anschlags. Der Algorithmus sieht
fast *zu* einfach aus, aber er funktioniert. Eine genaue mathematische Analyse
zeigt, daß durch den *Update* der Zustandsgrößen im Kontaktfall die numerische Stabilität *nicht* verschlechtert wird. Nachteile des Algorithmus: Kontakte
können nur zu den Zeitpunkten t_k stattfinden, und bei Kombination des Update mit Verfahren höherer Ordnung erreichen diese wieder nicht die theoretisch
vorhergesagte Genauigkeit.

Es sei dem Leser überlassen, Ideen zu entwickeln und in einem Testprogramm
zu realisieren, wie man die Genauigkeit des Algorithmus ohne großen Mehraufwand bei der Berechnung erhöhen kann.

3.7.5   Masse in Reihe mit Feder und Gleitreibung

Wir haben oben gesehen, wie man Gleitreibung in Kombination mit einer
Feder-Dämpfer-Reihenschaltung simulieren kann. Schwieriger wird es, wenn die

Gleitreibung direkt an einer Masse angreift, Bild 144. Beispiele für eine solche Anordnung: die Systeme Ventilschaft/Ventilführung/Ventilfeder, Bremsbelag/Bremsscheibe (hier entfällt die Feder) und Zylinder/Kolben (ebenfalls ohne Feder).

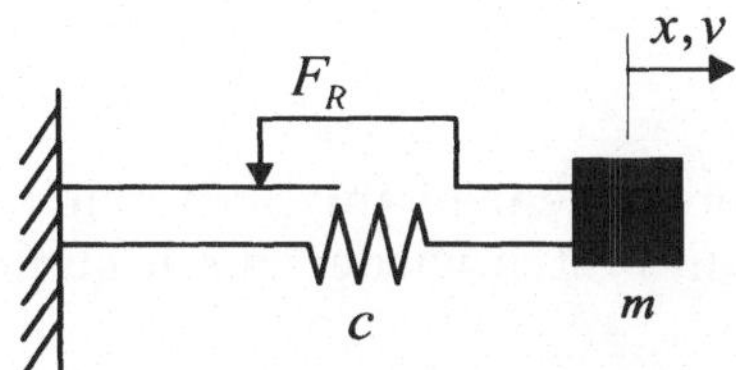

Bild 90: *Feder-Masse-Reibung-Element*

Die *ideale Coulombsche Reibung* weist eine Kennlinie wie in Bild 91 auf. Diese Kennlinie ist im Nullpunkt unstetig, hat also eine „unendlich große" Steigung. In einem Betriebspunkt (vgl. Abschnitt 2.1.5) mit $\hat{v} = 0$ (also wenn die Masse in Ruhe ist), ist damit das System „unendlich stark" gedämpft und damit *unendlich* steif. Etwas genauer: beide Eigenwerte des linearisierten Systems sind reell, einer strebt gegen Null, der zweite gegen Unendlich.

Um das System mit einem *expliziten* Verfahren zu integrieren, muß die Reibungskennlinie *regularisiert* werden. Dies geschieht, in dem man statt der *unendlichen* Steigung eine *endliche* verwendet, vgl. Bild 92.

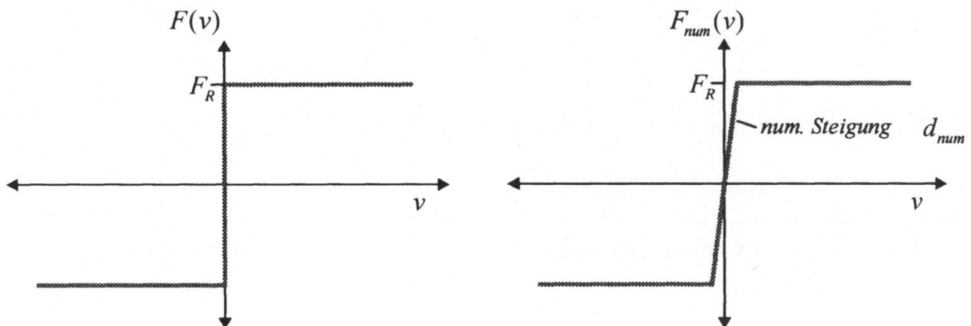

Bild 91: *Kennlinie der trockenen Reibung*

Bild 92: *numerisch modifizierte Gleitreibungskennlinie*

Wieder bestimmt dann die numerische Größe d_{num}, in Verbindung mit m und c, die größtmögliche Schrittweite. Ist c relativ klein (oder 0), dann gilt für die

Größenordnungen von h und maximaler numerischer Dämpfung $d_{num,max}$ die Beziehung

$$d_{num,max} \approx \frac{m}{h} \, . \tag{177}$$

Ist das Feder-Masse-Reibung-Element mit weiteren Federn und Massen verkoppelt, wird man d_{num} am besten wieder durch numerische Experimente an das System anpassen.

Der große Nachteil dieser Lösung, abgesehen von den erforderlichen kleinen Schrittweiten, ist die Tatsache, daß das Phänomen „Haften" damit nicht richtig simuliert werden kann. Der Zustand Haften liegt vor, wenn die Summe aller an der Masse angreifenden Kräfte, ohne die Reibungskraft, betragsmäßig kleiner ist als die Reibungskraft, und die Masse damit in Ruhe ist.

Auch wenn bei der *numerischen Approximation* der Reibungskennlinie die Masse nicht beschleunigt werden soll, muß die Reibungskraft alle übrigen Kräfte kompensieren. Ist die Summe der übrigen Kräfte nicht Null, ist dies nur mit einer von Null verschiedenen Geschwindigkeit möglich. Liegt die Masse zum Beispiel ohne Feder auf einer schiefen Ebene, wird sie, ohne je zu haften, rutschen: bei einem Neigungswinkel α mit der stationären Geschwindigkeit

$$v_{stat} = -\frac{mg \sin \alpha}{d_{num}} \approx -hg \sin \alpha \, , \tag{178}$$

wenn man h nach obiger Faustregel gewählt hat.

Auch für das Feder-Masse-Reibung-Element gibt es wieder eine alternative numerische Lösung, die sich letztlich als wesentlich einfacher und effizienter als obiger Ansatz erweist, dafür aber nur in selbstprogrammierten Integratoren verwendet werden kann.

Bei diesem alternativen Ansatz handelt es sich um eine Modifikation des *impliziten Eulerverfahrens*, bei der nur die Geschwindigkeit implizit gerechnet wird:

$$\begin{aligned}
x^{(k+1)} &= x^{(k)} + hv^{(k)} \\[2ex]
v^{(k+1)} &= v^{(k)} - \frac{h}{m} F_R \mathrm{sign}(v^{(k+1)}) - \frac{h}{m} F_c(x^{(k+1)}) \, .
\end{aligned} \tag{179}$$

Die implizite Gleichung für $v^{(k+1)}$ in (179) läßt sich geschlossen lösen, das Ergebnis lautet insgesamt

$$
\boxed{
\begin{aligned}
x^{(k+1)} &= x^{(k)} + h v^{(k)} \\[2mm]
\hat{v} &= v^{(k)} - \frac{h}{m} F_c(x^{(k+1)}) \\[2mm]
v_R &= \frac{h F_R}{m} \\[2mm]
v^{(k+1)} &= \begin{cases} 0 & \text{falls} & -v_R \leq \hat{v} \leq v_R \\[2mm] \hat{v} - v_R & \text{falls} & \hat{v} > v_R \\[2mm] \hat{v} + v_R & \text{falls} & \hat{v} < -v_R \end{cases}
\end{aligned}
}
\tag{180}
$$

Diese zunächst etwas kompliziert aussehenden Gleichungen lassen sich leicht interpretieren:

- in einem *ersten Schritt* wird die Bewegungsgleichung der Masse so integriert, als ob die Reibung nicht vorhanden wäre, das Ergebnis ist $x^{(k+1)}$ und $\hat{v}$. Anstelle des hier verwendeten halbimpliziten Eulerverfahren kann man jedes beliebige andere Integrationsverfahren verwenden;

- im *zweiten Schritt* wird dann die Geschwindigkeit je nach wirkender Reibungskraft korrigiert, das Ergebnis ist $v^{(k+1)}$.

Auch dieser Algorithmus ist sehr leicht zu programmieren und in der Praxis vielfach erprobt. Außerdem ermöglicht er *ideales Haften*, nämlich dann, wenn $|\hat{v}| \leq v_R$. Auch hier kann die numerische Stabilität des in Schritt 1 verwendeten Integrators *nicht* durch die Korrektur in Schritt 2 verschlechtert werden.

3.8 Durchführung numerischer Experimente

Wir haben in Abschnitt 1.3.4 schon einmal kurz die wichtigsten Schritte bei der Durchführung von Simulationsexperimenten genannt, ohne auf Einzelheiten einzugehen. Dies wollen wir hier an dieser Stelle nachholen.

Wie bei den meisten *CAE-Verfahren* (*CAE = Computer Aided Engineering*, ein Sammelbegriff für alle Arten von Berechnung während des Entwicklungsprozesses) kann man auch bei der Durchführung von Simulationsrechnungen grob nach den drei Phasen *Preprocessing, Solving Postprocessing* unterscheiden.

Zum *Preprocessing* gehört das Einlesen, Modifizieren und Anpassen des Modells (dessen erste Erstellung, also die *Modellierung*, hier nicht zur Simulation im engeren Sinn gerechnet wird). Dabei kann oft vom Benutzer zu einzelnen Modellteilen eine Auswahl aus einer Modellhierarchie getroffen werden. Auch für das Gesamtmodell stehen oft strukturell verschiedene Varianten zur Verfügung.

Anschließend werden die Parameter entweder aus einer Datei eingelesen, aus anderen Daten berechnet oder interaktiv vom Anwender abgefragt. Aus diesen „Basis"-Parametern, die die Eigenschaften des Modells eindeutig charakterisieren, werden oft redundante weitere Größen, die „abgeleiteten" Parameter errechnet. Dies sind Größen, die nur von den Basis-Parametern abhängen und sich im Verlauf der Simulation *nicht* ändern. Deswegen genügt es, sie nur einmal zu berechnen. Damit kann unter Umständen viel Rechenzeit gespart werden.

Weiter müssen Anfangswerte für die Zustandsgrößen eingelesen, plausibel vorbesetzt oder, falls es nicht zu viele sind, interaktiv vom Benutzer erfragt werden. Es werden Daten zur Simulationssteuerung (z.B. Beginn und Ende der Simulationszeit, Zeitschrittweite, Art und Umfang der gewünschten Ausgabe) eingelesen oder eingegeben, und schließlich benötigt das Simulationsprogramm Informationen zur Berechnung der zeitabhängigen Eingangsgrößen.

In der sogenannten *Modellkontrolle* werden nun die aktuell gewählte Modellstruktur, die zugehörigen Parameter und die Anfangswerte der Zustandsgrößen auf Plausibilität geprüft: sind die Daten vollständig, widerspruchsfrei und „vernünftig"? Dazu kann zum Beispiel eine automatische Linearisierung des Systems durchgeführt werden. Für dieses linearisierte Modell können Gleichgewichtszustände, Eigenfrequenzen und -formen, Frequenzgänge usw. errechnet werden.

Für alle Eingabedateien stehen oft parametrisierte Muster- oder Makrodateien zur Verfügung, so daß auch sehr komplizierte Simulationen durch „Mausclick" gestartet werden können. Dabei erweist sich das Konzept der *User-Daten* für die Praxis als vorteilhaft: der Benutzer muß Parametervariationen nicht direkt in den manchmal extrem umfangreichen und unhandlichen, zum Modell gehörenden Datenbanken durchführen (was fehleranfällig ist und andere Benutzer arg stören kann). Vielmehr führt er die Modifikationen in einer eigenen kleinen Datei durch, in der all jene problemrelevanten Daten gesammelt sind, die der Benutzer kontrollieren möchte. Das Simulationsprogramm sucht Eingabegrößen zuerst in dieser Datei. Erst wenn sie dort nicht gefunden werden, wird die Suche in den Datenbanken weitergeführt.

In der eigentlichen *Simulations-* oder *Solver-Phase* läuft nun die Zeitschleife solange, bis t_{end} erreicht ist oder eine andere Abbruchbedingung erfüllt ist. Solche Abbruchbedingungen können natürlich auch von den Zustandsgrößen abhängen.

In jedem Schleifendurchlauf müssen zunächst die Werte der Eingangsfunktionen $e(t)$ errechnet werden. Bei den sogenannten *Monte-Carlo-Simulationen* braucht man dazu auch *Pseudo-Zufallszahlen*, deren stochastische Eigenschaften durch sogenannte *Formfilter* der Fragestellung angepaßt werden. Mit solchen Formfiltern können in der Fahrzeugdynamik zum Beispiel realistische Straßenhöhenprofile generiert werden, deren stochastische Eigenschaften aus Messungen an realen Fahrbahnen sehr gut bekannt sind.

Für die Integration selbst kommen neben den in Abschnitt 3.6 vorgestellten komplizierten Algorithmen oft auch andere, einfachere Ansätze zum Einsatz. Sehr bewährt hat sich ein *dezentraler* Zugang: für jedes Subsystem werden die Zustandsgrößen lokal und unabhängig von denen der anderen Subsysteme integriert: ähnlich wie beim expliziten Eulerverfahren die einzelnen Komponenten von z unabhängig voneinander integriert werden, werden hier jetzt *Teilvektoren* von z unabhängig voneinander integriert, die den Subsystemen zugeordnet sind. Die Subsysteme kommunizieren nur zu den Integrationszeitpunkten t_k über die Koppelgrößen miteinander.

Nachteil dieses Vorgehens ist die schon vom Eulerverfahren bekannte mäßige Genauigkeit. Allerdings haben wir ja in Abschnitt 3.5 gesehen, daß es nicht immer auf höchste Genauigkeit ankommt, und daß man mit einfachen Maßnahmen wie dem *halbimpliziten* Ansatz Stabilität und Robustheit deutlich steigern kann.

Zu definierten Ausgabezeitpunkten (nicht notwendig in jedem Integrationsschritt) werden die *Ausgabegrößen* errechnet und abgespeichert. Bei der Verwendung von schrittweitensteuernden Integratoren stimmen meist die Ausgabezeitpunkte nicht mit den Integrationszeitpunkten überein. Die Ausgabegrößen müssen dann zu den Ausgabezeitpunkten interpoliert werden, was zusätzlichen Berechnungsaufwand erfordert.

Bei kleinen Modellen wird oft auch online, also während der Solver-Phase eine graphische oder „animierte" Darstellung der Ausgabegrößen vorgenommen. Das ist vor allem dann wichtig, wenn der Benutzer mit Hilfe von *Wertgebern* die Simulation interaktiv beeinflussen kann. Mit diesen Wertgebern können Parameter modifiziert oder Eingangsgrößen definiert werden.

In der *Postprocessing-Phase* werden schließlich die Endwerte der Zustandsgrößen abgespeichert. Sie können dann in einem nächsten Simulationslauf als Startwerte eingelesen werden, man kann also bei Bedarf die Simulation dort wieder „aufsetzen", wo man sie unterbrochen hat. Weiter werden aus den Ausgangsgrößen standardisierte Bewertungsmaße errechnet und angezeigt.

Anschließend kann der Benutzer in interaktiven, oft sehr komfortablen und umfangreichen Plotprogrammen die Ausgabegrößen analysieren und eventuell verschiedene Arten von Computer-Animationen anfertigen. Solche Animationen sind manchmal mehr als nur ein teurer „Gag". Vor allem in der räumlichen Starrkörper- und Elastomechanik sind die untersuchten Modelle oft so kompliziert, daß auch erfahrene Anwender erst durch die Animation die Ergebnisse richtig interpretieren können. Übrigens werden häufig die Begriffe *Simulation* und *Animation* verwechselt: in der Simulationstechnik ist Animation nur eine Ergebnisaufbereitung, wenn auch manchmal aufwendiger als die Simulation selbst.

4 Etwas konkreter bitte: Simulationsmodelle in der Fahrzeugtechnik

Im letzten Kapitel werden einige Anwendungsbeispiele der Simulationstechnik vorgestellt. Dies ist ein nicht ganz einfaches Vorhaben. Realistische Simulationsmodelle weisen fast immer eine derartige Fülle von Details auf, daß man zu ihrer Darstellung viel mehr als den hier zur Verfügung stehenden Raum bräuchte.

So beschränken wir uns auf relativ einfache Modelle, deren Grundstruktur aber so angelegt ist, daß sie ausreichend viele Ansatzpunkte zu Erweiterungen bieten. Trotz ihrer Einfachheit geben sie außerdem bereits recht gut die wichtigsten Phänomene des jeweils betrachteten Systems wieder.

Zunächst wird jeweils die Modellbildung beschrieben, dann werden die Bewegungsgleichungen aufgestellt, und schließlich werden beispielhaft einige Simulationsergebisse diskutiert. Diese wurden mit Programmen berechnet, die einschließlich der benötigten Parameter vollständig im Anhang D gelistet sind.

Die Programme sind in der Programmiersprache C geschrieben. Natürlich beherrschen viele Leser diese Sprache nicht. Das sollte sie aber nicht davon abhalten, sich mit den Programmen etwas näher zu beschäftigen. Der eigentliche Kern der Programme, die *Zeitschleife*, ist nämlich weitgehend „selbsterklärend" ohne Schnörkel und C-spezifische Raffinessen programmiert (die einen Anfänger in dieser Sprache bekanntlich zur Verzweiflung bringen können). Vielleicht bekommt der Leser ja bei dieser Gelegenheit Lust, sich einmal die Grundlagen von C anzueignen - empfehlenswert für jeden Anwender der Simulationstechnik.

Die Beispielprogramme können aus dem Internet heruntergeladen werden. Die Web-Adresse ist im Anhang D angegeben.

Alle Beispiele, die wie hier betrachten, kommen aus der Fahrzeugtechnik und geben zusammen einen ersten Einblick in die drei wichtigsten „Dynamiken" der Straßenfahrzeuge: in die *Längsdynamik*, also all das, was mit Antreiben und Bremsen zu tun hat, in die *Querdynamik*, also das Lenkverhalten, und in die *Vertikaldynamik*, also die Federungseigenschaften. Diese drei Teilgebiete der Fahrzeugdynamik lassen sich den drei Hauptbewegungsrichtungen eines Fahrzeugs - längs, quer und hoch - zuordnen. Allerdings sind die beschriebenen Phänomene nicht entkoppelt, und es ist schon lange Stand der Technik, alle drei Teilgebiete in *einem* Gesamtfahrzeug-Simulationsmodell zu vereinigen, vgl. [1] und [15].

4.1   Triebstrang

Das erste Modell (Bild 93, vgl. Beispiel 2.16) beschreibt den *Triebstrang* eines
Pkw mit manuell geschaltetem Getriebe. Mit diesem Modell können die Fahr-
leistungen von Personenwagen abgeschätzt werden, zum Beispiel Beschleuni-
gungszeiten und Endgeschwindigkeiten in den einzelnen Gängen, dynamische
Lasten im Triebstrang, Anfahrvorgänge bei verschiedenen Reibwerten links
und rechts („μ-split"), Leistungsverluste durch Reifenschlupf, und so weiter.

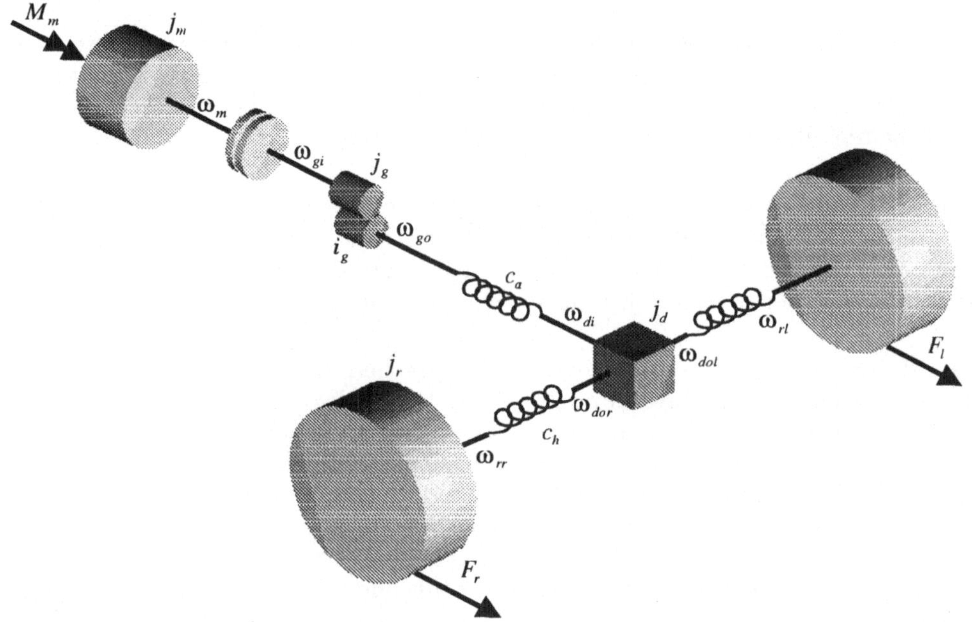

Bild 93: *Triebstrangmodell*

Die Bestandteile des Modells sind

- der *Motor*, von dem hier zwei Eigenschaften wichtig sind: der Motor als
  Lieferant des *Antriebsmomentes*, und der Motor, mit der Schwungscheibe
  und rotierenden Aggregaten, als *Trägheitsmoment* j_m;

- die *Kupplung*, über die das Antriebsmoment in das Getriebe fließt. Die Kupplung wirkt wie ein nichtlineares Kraftgesetz zwischen Motor und Getriebe:
  die Drehzahldifferenz der beiden Komponenten werden in der Kupplung in
  ein Moment umgesetzt, das auf Motor und Getriebe rückwirkt;

- das *Schaltgetriebe*, von dem ebenfalls zwei Eigenschaften wichtig sind: die vom eingelegten Gang abhängige *Übersetzung* i_g, und das gangabhängige *Trägheitsmoment* j_g. Das Getriebe wird vereinfachend als verlustfrei angesehen;

- die torsionsweiche *Antriebswelle*;

- das *Differentialgetriebe*, das das über die Antriebswelle eingeleitete Antriebsmoment auf die beiden Räder verteilt. Die rotierenden Teile des Differentials haben unterschiedliche Drehzahlen und Trägheitsmomente. Bezieht man diese Größen auf die Eingangsdrehzahl, erhält man ein *Ersatzträgheitsmoment* j_d. *Kinematisch* ist ein ideales Differential *ohne Sperrwirkung* modelliert: das arithmetische Mittel der beiden Ausgangsdrehzahlen ist gleich der Eingangsdrehzahl, dividiert durch die *Differentialübersetzung* i_d, und die beiden in die Räder eingeleiteten Momente sind exakt gleich;

- die beiden torsionsweichen *Seitenwellen*;

- die beiden *Räder*, von denen ebenfalls wieder zwei Eigenschaften wichtig sind: das *Trägheitsmoment* j_r (das für die beiden Räder gleich ist), und die von den Reifen erzeugten *Umfangskräfte*;

- die *Karosserie*, auch diese mit zwei Eigenschaften: ihre träge *Masse*, und der von ihrer Geschwindigkeit abhängige *Luftwiderstand*.

Um die Bewegungsgleichungen des Modells herzuleiten, wird für die Fahrzeugmasse und für jedes Trägheitsmoment der Impuls- bzw. Drehimpulssatz angeschrieben. Für die Fahrzeuggeschwindigkeit gilt

$$\boxed{m\dot{v} = F_l + F_r + F_w + F_h}\,, \tag{181}$$

wobei F_l und F_r die beiden von den Reifen erzeugten Umfangskräfte sind, F_w die (bremsende) Kraft aus dem Luftwiderstand und F_h die *Hangabtriebskraft*. Der zurückgelegte Weg wird aus der Geschwindigkeit integriert:

$$\boxed{\dot{s} = v}\,. \tag{182}$$

Die Raddrehzahlen werden beschrieben durch

$$\boxed{\begin{aligned} j_r\dot{\omega}_l &= M_l - rF_l \\ j_r\dot{\omega}_r &= M_r - rF_r \end{aligned}}\,, \tag{183}$$

darin sind M_l und M_r die aus der Torsion der beiden Seitenwellen entstehenden Momente, und r der *dynamische Abrollradius*. Die eingangsseitige Drehzahl ω_{di} des Differentials ist gerade die Drehzahl des Differentialkäfigs, für die

$$\boxed{j_d \dot{\omega}_{di} = -M_a - \frac{1}{i_d}\left(M_l + M_r\right)} \tag{184}$$

gilt. Dabei ist M_a das Moment aus der Torsion der Antriebswelle. Die rotierenden Massen im Getriebe werden zunächst (vereinfachend) in zwei „Anteile" zerlegt: ein Trägheitsmoment j_{gi}, das mit der eingangsseitigen Drehzahl ω_{gi} rotiert, und ein Trägheitsmoment j_{go}, das mit der ausgangsseitigen Drehzahl ω_{go} rotiert.

Bei Schaltgetrieben für Hinterradantriebe kommt normalerweise die *koaxiale* Bauweise für Antriebs- und Abtriebswelle zum Einsatz. Dabei wird eine *Vorgelegewelle* verwendet, deren Drehzahl ω_{vw} in einem festen Verhältnis i_{vw} zur Drehzahl der Abtriebswelle steht. Wir wollen hier zur Vereinfachung $i_{vw} = -1$ annehmen. Es ist also $\omega_{vw} = -\omega_{go}$. Das Trägheitsmoment der Vorgelegewelle ist in j_{go} enthalten.

Nun gilt

$$\begin{aligned}
j_{gi}\dot{\omega}_{gi} &= -M_k + r_i F_{kont} \\
j_{go}\dot{\omega}_{go} &= -j_{go}\dot{\omega}_{vw} = M_a + r_o F_{kont} \, .
\end{aligned} \tag{185}$$

Hierin ist M_k das in der Kupplung entstehende Moment, und F_{kont} die Kontaktkraft der aktuell im Eingriff befindlichen *Gangradpaarung*. Die beiden Zahnräder der Gangradpaarung haben die wirksamen Radien r_i und r_o, aus der sich bei $i_{vw} = -1$ die Getriebeübersetzung ergibt:

$$i_g = -\frac{r_o}{r_i} \, . \tag{186}$$

Die Kontaktkraft F_{kont} in (185) kann eliminiert werden. Dazu wird die erste Gleichung mit i_g multipliziert und zur zweiten addiert. Setzt man nun noch die kinematische Bedingung $\omega_{gi} = i_g \omega_{go}$ ein (wir vernachlässigen Getriebelose), erhält man die reduzierte Gleichung

$$\boxed{\left(j_{go} + i_g^2 j_{gi}\right)\dot{\omega}_{go} = j_g(i_g)\dot{\omega}_{go} = M_a - i_g M_k} \, . \tag{187}$$

Die Leerlaufstellung im Getriebe ist im Programm noch nicht berücksichtigt. Hier ändert sich die Struktur der Gleichungen. Die Getriebeeingangsdrehzahl ω_{gi} ist jetzt eine Zustandsgröße. Anstelle der kinematischen Beziehung $\omega_{gi} = i_g \omega_{go}$ und (187) würde jetzt gelten

$$
\begin{aligned}
j_{gi}\dot{\omega}_{gi} &= -M_k \\
j_{go}\dot{\omega}_{go} &= M_a \,.
\end{aligned}
\tag{188}
$$

Der Drehimpulssatz für den Motor lautet

$$
\boxed{j_m\dot{\omega}_m = M_m + M_k} \,,
\tag{189}
$$

worin M_m das durch die innermotorische Verbrennung hervorgerufene Moment auf die Kurbelwelle beschreibt, die mit der Drehzahl ω_m rotiert. M_m wird in unserem einfachen Ansatz zeitlich nicht genau aufgelöst, vielmehr verwenden wir einen über zwei Kurbelwellenumdrehungen gemittelten Wert. Damit werden hochfrequente Drehmomentschwankungen nicht berücksichtigt. Außerdem wollen wir dynamische Effekte beim schnellen Beschleunigen oder Verzögern des Motors, also beim *Lastwechsel*, vernachlässigen.

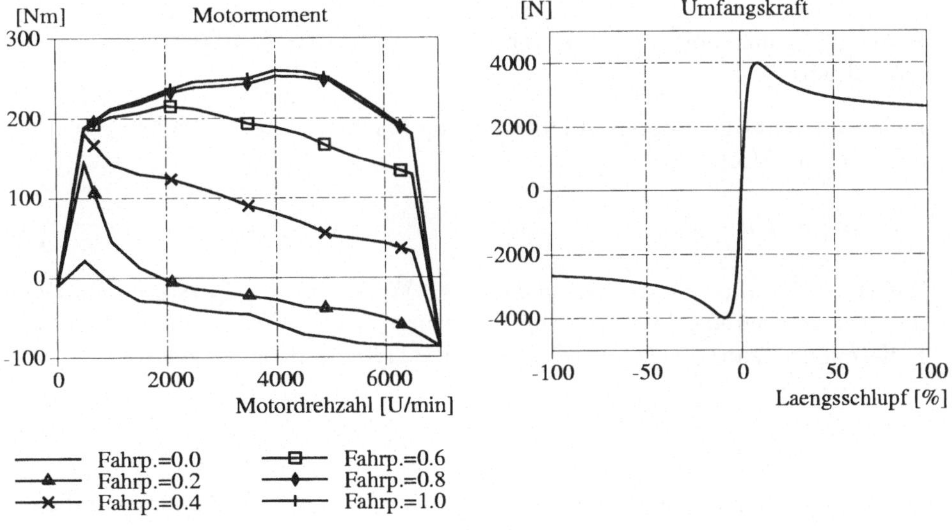

Bild 94: Triebstrangsimulation: Motor- und Reifencharakteristik

Mit obigen Vereinfachungen kann das Motormoment in erster Näherung als eine Funktion der *Drosselklappenöffnung* und der *Drehzahl* aufgefaßt werden.

Die Drosselklappenöffnung ist ihrerseits kinematisch mit dem *Betätigungsweg* p_f *des Fahrpedals* verknüpft. p_f wird normiert: $p_f = 0$ bedeutet Leerlauf und $p_f = 1$ Vollgas, also voll geöffnete Drosselklappe. Dann erhält man ein Kennfeld wie in Bild 94. In diesem Kennfeld ist auch das *Schleppmoment* enthalten, also das durch die Reibung in den Zylindern und durch den Strömungswiderstand hervorgerufene bremsende Moment bei Gaswegnahme in höheren Drehzahlen.

Die Kupplung verknüpft die Getriebeeingangsdrehzahl mit der Motordrehzahl. Bei einer von Null verschiedenen Differenzdrehzahl

$$\Delta\omega_k = \omega_{gi} - \omega_m = i_g\omega_{go} - \omega_m \tag{190}$$

und geschlossener Kupplung entsteht ein Reibmoment M_k, das diese Differenzdrehzahl zu verringern versucht. Wir nehmen vereinfachend an, daß es sich dabei um eine ideale Coulombsche Reibung (vgl. Abschnitt 3.7.5) mit einer Kennlinie wie in Bild 91 handelt. Der Betrag M_{kb} des Reibmomentes ist dabei eine Funktion der Anpreßkraft der beiden Reibflächen und damit des Betätigungsweges p_k des Kupplungspedals. Wie p_f, ist auch p_k normiert: $p_k = 0$ bei geschlossener Kupplung, $p_k = 1$ bei getrennter Kupplung. Stark vereinfachend wählen wir nun den *linearen* Zusammenhang:

$$M_{kb} = (1 - p_k)M_{km} \,, \tag{191}$$

wobei M_{km} das bei geschlossener Kupplung maximal übertragbare Moment bezeichnet.

Zwischen Schaltgetriebe und Differentialgetriebe ist die Antriebswelle angeordnet, die das Moment

$$M_a = c_a\tau_a + d_a\dot{\tau}_a \tag{192}$$

liefert. c_a ist die *Torsionssteifigkeit* der Welle, d_a die *Torsionsdämpfung*, τ_a der *Torsionswinkel*. Die zeitliche Änderung des Torsionswinkel ist gerade die Differenzdrehzahl zwischen Differentialgetriebe und Schaltgetriebe:

$$\boxed{\dot{\tau}_a = \omega_{di} - \omega_{go}}\,. \tag{193}$$

Auch die beiden Seitenwellen sind torsionsweich, mit der Torsionssteifigkeit c_s. Die Torsionsdämpfung wird hier vernachlässigt:

$$M_l = c_s\tau_l \,, \quad M_r = c_s\tau_r$$
$$\dot{\tau}_l = \omega_{dol} - \omega_{rl} \tag{194}$$
$$\dot{\tau}_r = \omega_{dor} - \omega_{rr} \,.$$

Dabei sind ω_{dol} und ω_{dor} die beiden Ausgangsdrehzahlen der linken und rechten Seite des Differentials. Es gilt die kinematische Beziehung

$$\omega_{di} = \frac{i_d}{2}\left(\omega_{dol} + \omega_{dor}\right) \tag{195}$$

gilt. Außerdem ist beim idealen Differentialgetriebe $M_r = M_l$, also $\dot{\tau}_l = \dot{\tau}_r$ und somit

$$\omega_{dol} - \omega_{dor} = \omega_{rl} - \omega_{rr} \ . \tag{196}$$

Aus (195) und (196) folgt nun $2\omega_{dol} = 2\omega_{di}/i_d + \omega_{rl} - \omega_{rr}$, $2\omega_{dor} = 2\omega_{di}/i_d + \omega_{rr} - \omega_{rl}$. Eingesetzt in (194) ergibt sich schließlich

$$\boxed{\dot{\tau}_l = \dot{\tau}_r = \frac{1}{i_d}\omega_{di} - \frac{1}{2}\left(\omega_{rl} + \omega_{rr}\right)} \ . \tag{197}$$

An den beiden Rädern entsteht beim Antreiben (und Bremsen) ein *Längsschlupf*

$$\kappa_l = 100\frac{r\omega_{rl} - v}{|r\omega_{rl}|} \ [\%] \tag{198}$$

(κ_r entsprechend). In einfachen Modellvorstellungen hängt die vom Reifen hervorgerufene stationäre Umfangskraft außer von diesem Längsschlupf nur von der Radlast, vom Fahrbahnreibwert und bei Kurvenfahrt zusätzlich vom *Schräglaufwinkel* ab. Der Verlauf der *Umfangskraftkennlinie*, also die Abhängigkeit der Umfangskraft vom Längsschlupf, ist in Bild 94 dargestellt.

In der Fahrzeugdynamik wird oft das Reifenmodell von *Pacejka* verwendet. Dieses Modell, die „Magic Formula", besteht aus einer bestimmten Kombination elementarer mathematischer Funktionen und kann die typische Form von Reifenkennfeldern besonders gut approximieren. In der einfachsten, hier verwendeten Form lautet die Approximation für die *stationäre* Umfangskraft F_{ls}

$$F_{ls} = \mu_l \mu F_z \sin(c\,\mathrm{arctan}(b\kappa_l)) \tag{199}$$

(F_{rs} entsprechend). Dabei sind b, c und μ *Formparameter* ohne direkte physikalische Bedeutung, F_z ist die Radlast. Um den Einfluß des Fahrbahnreibwertes studieren zu können, werden die *Abminderungsfaktoren* μ_l und μ_r eingeführt, die auf trockener Fahrbahn den Wert 1 haben.

Bei schnellen Schlupfänderungen baut sich die stationäre Umfangskraft geringfügig *verzögert* auf. Dieser Effekt läßt sich nur bei genauerem Studium der Reifenaufstandsfläche und der dort ablaufenden dynamischen Vorgänge verstehen, vgl. z.B. [15].

Die Verzögerung läßt sich durch eine Differentialgleichung erster Ordnung beschreiben, in der die Zeitkonstante abhängig von der Rollgeschwindigkeit, also eigentlich eine „Wegkonstante" ist ($T = s_u/|r\omega_r|$, $s_u = const.$):

$$\dot{F}_l = \frac{1}{T}\left(F_{ls} - F_l\right) = \frac{|r\omega_{rl}|}{s_u}\left(F_{ls} - F_l\right) \tag{200}$$

(F_r entsprechend).

Die Umfangskräfte beschleunigen (oder verzögern) Rad und Karosserie. Auf die Karosserie wirkt, gemäß (181), außerdem noch die Kraft aus dem Luftwiderstand

$$F_w = -\frac{1}{2}c_w\rho Av|v| = -C_w v|v| \,, \tag{201}$$

wobei c_w der dimensionslose Luftwiderstandsbeiwert der Karosserie ist, ρ die Luftdichte und A die projizierte angeströmte Fläche der Karosserie. Außerdem ist, bei in Längsrichtung geneigter Fahrbahn, die Hangabtriebskraft

$$F_h = -mg\sin(\alpha(s)) \,, \tag{202}$$

(mit $\alpha(s)$ ortsabhängiger Neigungswinkel der Fahrbahn) zu berücksichtigen.

In der Schlupfdefinition (198) und in Gleichung (201) für die Luftwiderstandskraft wird die Betragsfunktion $|\cdot|$ verwendet; damit ist das Vorzeichen der entsprechenden Größen auch bei Rückwärtsfahrt richtig. Unberücksichtigt bleibt hier allerdings, daß bei Rückwärtsfahrt ein anderer c_w-Wert gilt.

Die Zustandsgrößen des Modells sind genau diejenigen Größen, für die eine Differentialgleichung erster Ordnung vorliegt. Es ist also (in willkürlicher Reihenfolge)

$$z = \begin{bmatrix} s & \tau_a & \tau_l & v & \omega_m & \omega_{go} & \omega_{di} & \omega_{rl} & \omega_{rr} & F_l & F_r \end{bmatrix}^T . \tag{203}$$

Die Eingangsgrößen sind

$$\boxed{e = [\ p_f \quad p_k \quad G\ ]^T}\ . \tag{204}$$

G ist der eingelegte Gang, für den nur ganzzahlige Werte erlaubt sind, $G = -1$ ist der Rückwärtsgang.

Die Fahrbahnneigung α ist in unserem Ansatz strenggenommen *keine* Eingangsgröße, da sie als Funktion der Zustandsgröße s (des Fahrzeugortes) gewählt ist. Natürlich lassen sich die Gleichungen aber auch so formulieren, daß α als beliebige Funktion von der Zeit vorgegeben werden kann und damit zu den echten Eingangsgrößen zählt.

Die Diskretisierung der Gleichungen ist, mit zwei Ausnahmen, problemlos. Im Programm im Anhang D.2 wurde eine Variante des halbimpliziten Eulerverfahrens implementiert.

Zuerst werden dabei die „Lagegrößen" s, τ_a und τ_l aus den alten Geschwindigkeiten integriert, anschließend aus den neuen Lage- und den alten Geschwindigkeitsgrößen die Kräfte und Momente, und daraus schließlich die neuen Geschwindigkeiten. Etwas problematisch ist das im Nullpunkt unstetige Kupplungsmoment, das mit dem ersten Ansatz von Abschnitt 3.7.5 berechnet wird. Dabei wurde nach einigen Experimenten als numerisch ausreichend robust und genau gewählt

$$d_{num} = \frac{3}{2h} \frac{j_g j_m}{j_g + i_g^2 j_m}\ . \tag{205}$$

Auch die Schlupfdefinition (198) macht manchmal Probleme, denn bei stehendem oder blockiertem Rad verschwindet der Nenner. Um Divisionen durch 0 zu vermeiden und die numerische Robustheit der Integration zu erhöhen, wurde deswegen die Definition etwas modifiziert:

$$\kappa_l = \frac{r\omega_{rl} - v}{\max\left(|r\omega_{rl}|, 0.5\right)} \tag{206}$$

(κ_r entsprechend). Diese Modifikation verschlechtert die Modellierungsgüte des Reifens nicht. Bei sehr kleinen Geschwindigkeiten ist ohnehin der Zusammenhang zwischen den Geschwindigkeitsgrößen des Rades und der Umfangskraft komplizierter, als dies bei Verwendung der Hilfsgröße „Schlupf" dargestellt werden kann.

Übrigens ist in vielen Fahrdynamik-Programmen das „Anhalten" mit großen numerischen Schwierigkeiten verbunden. Verwendet man nämlich direkt die stationären Umfangskräfte (199), wird das System mit $v \to 0$ extrem steif (vgl. Abschnitt 3.4), denn der Schlupf wird im Nullpunkt unstetig. Interessant ist, daß die physikalisch genauere Modellbildung gleichzeitig die numerischen Probleme reduziert.

Eine weitere numerische Besonderheit in unserem Programm betrifft die Integration der Gleichungen (200) für die dynamischen Umfangskräfte. Verwendet wird ein Ansatz, der die *exakte* Lösung liefern würde, falls die Gleichungen vom restlichen System entkoppelt wären. Dabei wird man auf die *Relaxationsfaktoren*

$$f_l = e^{-\dfrac{h|r\omega_{rl}|}{s_u}} \tag{207}$$

geführt, mit denen die Berechnung der Neuwerte der Umfangskräfte folgendermaßen durchgeführt wird (s. Anhang A.2):

$$F_l^{(k+1)} = f_l F_l^{(k)} + (1 - f_l) F_{l,stat}^{(k+1)} \tag{208}$$

Dieser Zugang hat zwei Vorteile: die numerische Lösung wird etwas genauer, und die Gleichungen bleiben für alle Schrittweiten und Raddrehzahlen numerisch stabil.

Das *Motorkennfeld* ist durch eine Wertetabelle mit äquidistanten Stützstellen für die Fahrpedalstellung und die Motordrehzahl gegeben. Diese Wertetabelle wird in der C-Funktion `bilin(..)` stückweise *bilinear* interpoliert (vgl. [14]). Dies ist die einfachste (und für unser Beispiel genügend genaue) Art der Interpolation zweidimensionaler Funktionen.

In den Bildern 95 und 96 ist als Simulationsbeispiel ein vollständiger Anfahrvorgang aus dem Stillstand bis zur Maximalgeschwindigkeit dargestellt. In der C-Funktion `e(..)` werden dazu die Eingangsgrößen berechnet. In unserem Beispiel muß diese Funktion die Rolle des Fahrers übernehmen und stellt damit genaugenommen schon ein einfaches *Fahrermodell* dar: Fahrpedal, Kupplungspedal und Gangwahlhebel müssen zum richtigen Zeitpunkt so bedient werden, daß das Fahrzeug möglichst schnell die Endgeschwindigkeit erreicht und dabei immer der richtige Gang eingelegt ist.

Dies ist in einem ersten, noch sehr einfachen Ansatz mit Hilfe von zwei Schwellwerten für die Motordrehzahl realisiert. Es wird *hochgeschaltet*, wenn der obere Schwellwert überschritten wird und nicht bereits der höchste Gang eingelegt ist, und *zurückgeschaltet*, wenn der untere Schwellwert unterschritten wird

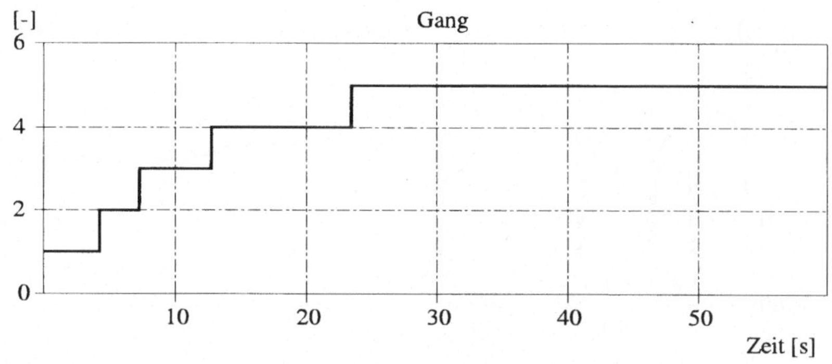

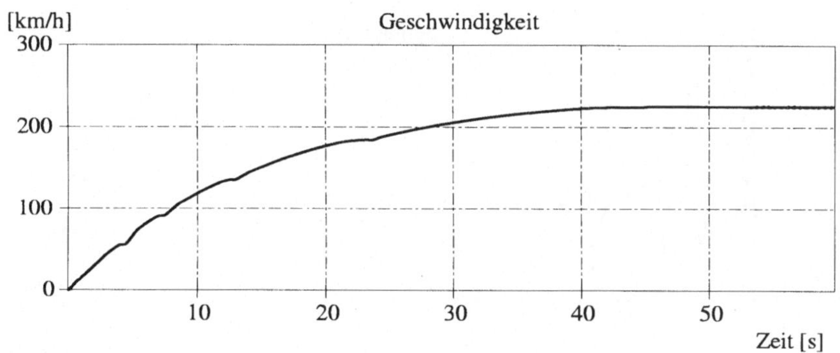

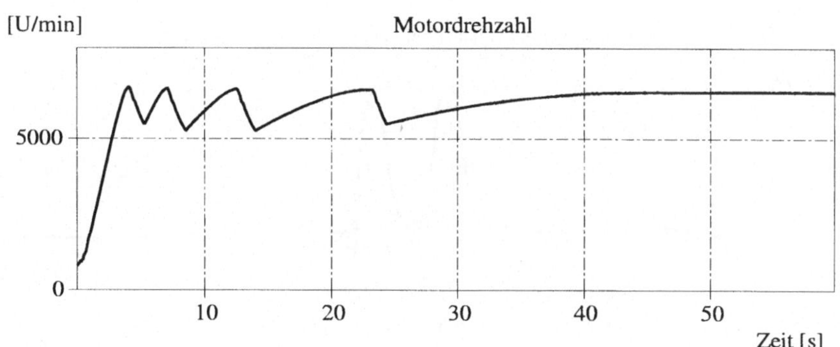

Bild 95: Triebstrangsimulation: Beschleunigung mit Durchschalten (1)

und nicht schon der erste Gang eingelegt ist. Das Fahrpedal wird bei jedem
Schaltvorgang nach einer bestimmten, differenzierbaren Zeitfunktion kurzfri-
stig auf den Wert 0 zurückgenommen und genau gegenläufig das Kupplungspedal „durchgetreten", also ausgekuppelt. Genau dann, wenn die Kupplung

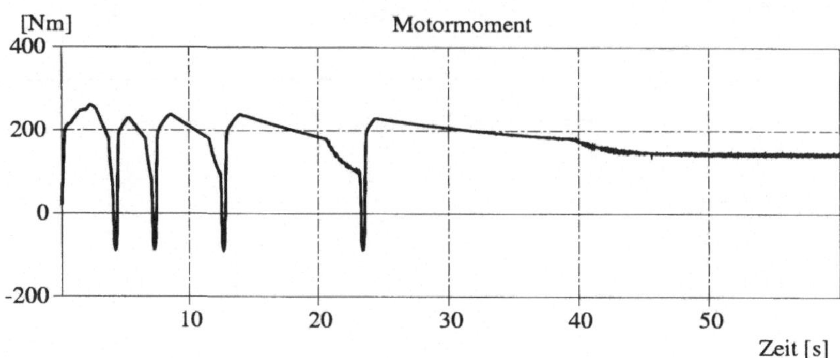

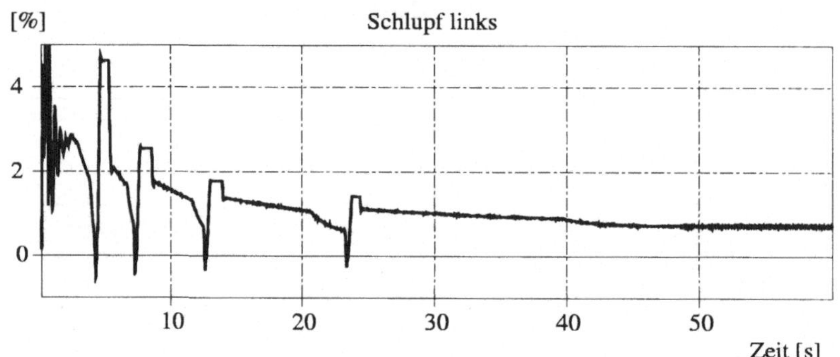

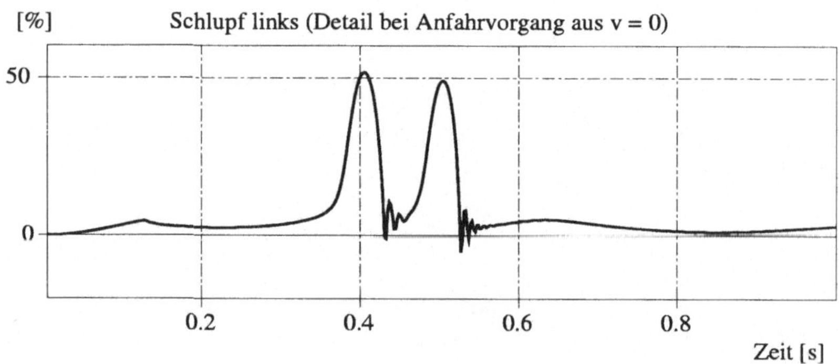

Bild 96: Triebstrangsimulation: Beschleunigung mit Durchschalten (2)

vollständig getrennt ist, wird der Gang gewechselt. Der Algorithmus ist nicht ganz leicht zu programmieren; entsprechend ist dieser Teil des Programms auch schwerer zu verstehen.

Wollte man den Mensch als Fahrer genauer nachbilden, müßte man in der Funktion e(..) einen Regler realisieren, der beim Einkuppeln den bei Führerschein-Neulingen gefürchteten „Druckpunkt" sucht.

Die Rechenzeit für die Simulationszeitspanne von $60s$ mit der festen Schrittweite $h = 1ms$ betrug auf einem, beim Erscheinungsdatum des Buches modernen, PC (Pentium^{TM}II 400Mhz) genau $0.48s$, es war also EZF $= 0.008$. Zum Vergleich: in der Implementierung als MATLAB^{TM}-Programm dauerte die Ausführung $231s$, also knapp 500-mal länger als beim C-Programm. Der Grund: MATLAB^{TM}führt die Programme im Normalfall wie ein komfortabler, dafür aber langsamer *Interpreter* aus. Nach der *Übersetzung* des Programms mit dem als Option erhältlichen MATLAB^{TM}-Compiler dürften die Rechenzeiten auch in MATLAB^{TM}wesentlich kürzer werden.

Das Programm wurde mit den beiden Schrittweiten $h = 1ms$ und $h = 0.1ms$ aufgerufen. Die Simulationsergebnisse, auch in der numerisch problematischen Phase des Anfahrens, waren praktisch deckungsgleich. Damit ist der experimentelle Nachweis erbracht, daß die Schrittweite $h = 1ms$ ausreichend genaue Ergebnisse liefert.

Interessant ist übrigens der Verlauf des Radschlupfes in der ersten Sekunde der Simulation (Bild 96). Die Räder tendieren zweimal kurz zum Durchdrehen. Allerdings ist das vom Motor gelieferte Moment nicht groß genug, diese Instabilität längere Zeit aufrechtzuerhalten. Im übrigen entsprechen die erzielte Endgeschwindigkeit und der Verlauf der Motordrehzahl ziemlich gut Messungen, die an einem dem Datensatz entsprechenden Fahrzeug beim Fahrmanöver *Beschleunigen mit Durchschalten* gemacht wurden.

4.2 Federung

Das zweite Modell (Bild 97) beschreibt die *Fahrzeugfederung* eines Pkw. Mit diesem Modell können zum Beispiel die *Aufbaubeschleunigungen* und die *dynamischen Radlastschwankungen* beim Überrollen von Einzelhindernissen oder bei der Fahrt über unebene Fahrbahnen berechnet werden. Es wird eine herkömmliche passive Fahrzeugfederung ohne Niveauregulierung und ohne aktive Stellelemente betrachtet.

Die Modellbestandteile sind

- die *Fahrzeugkarosserie* als Starrkörper, mit den drei Freiheitsgraden *Hub* z (vertikale translatorische Bewegung), *Wankwinkel* α (Drehung um die Längsachse) und *Nickwinkel* β (Drehung um die Querachse). Der Schwerpunkt der Karosserie darf an beliebiger Stelle liegen;

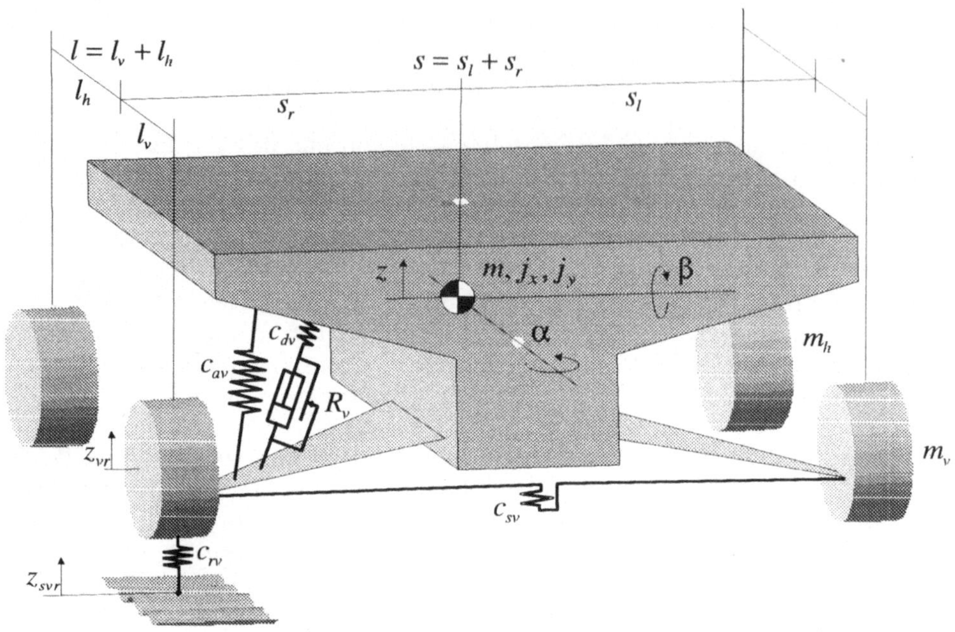

Bild 97: *Modell einer passiven Fahrzeugfederung*

- vier *Räder* mit je einem Freiheitsgrad z_{vl}, z_{vr}, z_{hl} und z_{hr}, (Bewegung in vertikaler Richtung);

- den normalerweise als Schraubenfedern realisierten vier *Tragfedern*, die hier als masselos betrachtet werden. Die Auslenkung der Federn ergibt sich aus der Höhendifferenz zwischen Rad und Aufbau, gemessen oberhalb der Radmitte, multipliziert mit einem konstanten Übersetzungsfaktor. Die Federn sind *vorgespannt*, um das statische Fahrzeuggewicht zu tragen;

- zwei *Torsionsstabilisatoren*. Diese werden vereinfacht als Federn betrachtet, deren Auslenkung aus einer Höhendifferenz zwischen rechtem und linkem Rad resultiert;

- vier *Stoßdämpfer*, die elastisch zwischen Rad und Aufbau gelagert sind, versehen mit je einer nichtlinearen Dämpferkennlinie sowie mit innerer Coulombscher Reibung und Gaskraft. Auch die Stoßdämpferauslenkung ergibt sich mit einem konstanten Übersetzungsfaktor aus der Höhendifferenz zwischen Rad und Aufbau.

Im Modell wird die *Elastokinematik* der Radaufhängung nicht berücksichtigt. Diese beschreibt die Längs- und Querverschiebung des Rades sowie die Änderung der Winkellage beim Ein-/Ausfedern und beim Einwirken von Längskräften, Querkräften und Momenten.

Die Elastokinematik ist für das Fahrverhalten von Fahrzeugen sehr wichtig, spielt aber bei reinen Federungsmodellen nur eine untergeordnete Rolle.

Ebenfalls unberücksichtigt, aber leicht im Modell „nachrüstbar", bleibt die oft im Stoßdämpfer integrierte *Ein- und Ausfederbremse*, die wie eine stark nichtlineare, parallel zum Dämpfer geschaltete Feder wirkt und verhindert, daß das Rad beim Erreichen der konstruktiven Federwegbegrenzungen hart gegen den Anschlag fährt.

Auch die Reibung in der Radaufhängung (die sogenannte *Losbrechkraft*), die zum Beispiel in den Kugelgelenken bei gelenkten Achsen entsteht, wird vernachlässigt. Diese Reibung ist nicht mit der Dämpferreibung zu verwechseln, die ja im Modell enthalten ist.

Die Karosserie als Starrkörper hat die in Beispiel 1.2 angegebenen Bewegungsgleichungen. Bei Federungsmodellen kann man diese stark vereinfachen, da sowohl die Winkeländerungen wie die Winkelgeschwindigkeiten so klein sind, daß Kreiselterme und andere „Widrigkeiten" der räumlichen Starrkörperdynamik vernachlässigt werden können. Mit eben diesen Vernachlässigungen ist die Bewegung in Querrichtung und die Drehung um die Hochachse (*Gierwinkel* γ) von den hier wichtigen Bewegungsmöglichkeiten entkoppelt. Deswegen müssen sie in den Bewegungsgleichungen nicht berücksichtigt werden. Die *Längsgeschwindigkeit* wird als konstant angenommen und nur benötigt, um die Position des Fahrzeugs auf der Fahrbahn zu bestimmen, aus der sich die Fahrbahnhöhen unter den Rädern ergeben.

Außer der Gewichtskraft wirken auf den Aufbau nur die vier Kräfte F_{vl}, F_{vr}, F_{hl} und F_{hr} aus der Federung, die sich entgegengesetzt gleich im Schwerpunkt des jeweiligen Rades abstützen. Eigentlich müßte man an dieser Stelle etwas weiter ausholen - denn die Federn und Stoßdämpfer greifen ja nicht direkt am Rad, und schon gar nicht in dessen Schwerpunkt an. Ein genaue Analyse mit den Gesetzen der Starrkörperdynamik zeigt, daß obige Annahme dennoch gerechtfertigt ist. Unter den hier getroffenen Annahmen verhält sich das System tatsächlich genau so, als ob die Federung Schnittkräfte in exakt vertikaler Richtung zwischen Karosserie und Radschwerpunkt hervorruft. Die wahren Kraftangriffspunkte der Federn und Stoßdämpfer werden nur indirekt, über ihre Wegübersetzung, berücksichtigt.

Die vier Kräfte rufen über die Hebelarme l_v, l_h, s_l und s_r auch Momente hervor, die in den Drehimpulssatz für α und β eingehen. Die Bewegungsgleichungen für den Aufbau lauten deswegen:

$$
\begin{aligned}
m\dot{v}_z &= F_{vl} + F_{vr} + F_{hl} + F_{hr} - mg \\
j_x\dot{\omega}_\alpha &= s_l\left(F_{vl} + F_{hl}\right) - s_r\left(F_{vr} + F_{hr}\right) \\
j_y\dot{\omega}_\beta &= l_h\left(F_{hl} + F_{hr}\right) - l_v\left(F_{vl} + F_{vr}\right) .
\end{aligned}
\tag{209}
$$

Auf die Räder wirken außerdem die durch die Reifeneinfederungen entstehenden dynamischen Radlasten F_{rvl}, F_{rvr}, F_{rhl} und F_{rhr}:

$$
\begin{aligned}
m_v\dot{v}_{zvl} &= F_{rvl} - F_{vl} - m_vg \\
m_v\dot{v}_{zvr} &= F_{rvr} - F_{vr} - m_vg \\
m_h\dot{v}_{zhl} &= F_{rhl} - F_{hl} - m_hg \\
m_h\dot{v}_{zhr} &= F_{rhr} - F_{hr} - m_hg ,
\end{aligned}
\tag{210}
$$

dabei ist m_v und m_h die *ungefederte Masse* der Räder an Vorder- und Hinterachse. In dieser Masse sind berücksichtigt: Reifen, Felge, Radträger, Bremse und anteilig Querlenker, Schraubenfeder, Antriebswelle Stoßdämpfer und Torsionsstabilisator.

Die Kräfte in den Gleichungen 209 und 210 werden im folgenden am Beispiel des linken Vorderrades genauer untersucht. Die Kräfte an den anderen drei Rädern ergeben sich entsprechend.

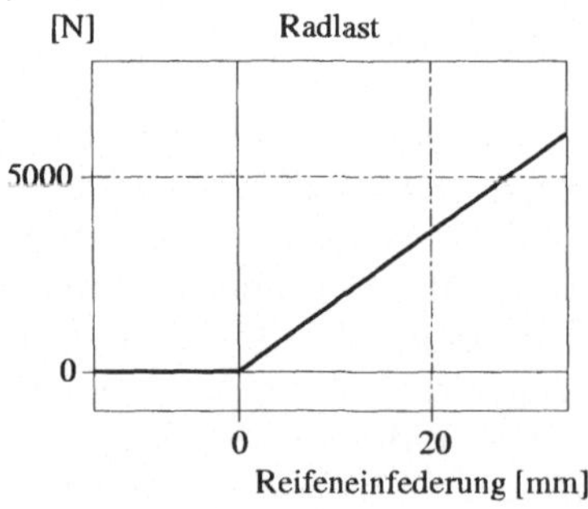

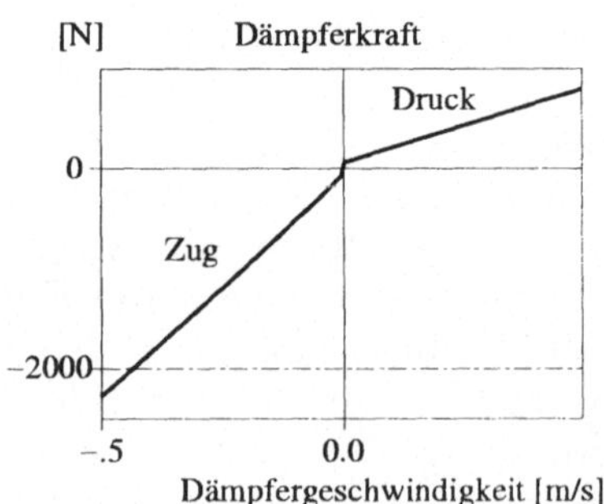

Bild 98: Federungsmodell: Reifen- und Dämpferkennlinie

Die (in Wirklichkeit meist etwas degressive) Radlast wird hier als *lineare* Funktion von der Reifeneinfederung angesetzt - allerdings nur solange der Reifen tatsächlich Fahrbahnkontakt hat. Andernfalls, also für „negative" Reifeneinfederungen, verschwindet natürlich die Radlast (vgl. Bild 98):

$$F_{rvl} = \max\left(0, c_{rv}\left(z_{svl} - z_{vl} + r_v\right)\right) \tag{211}$$

(darin ist c_{rv} die *Reifenradialsteifigkeit*, r_v der Radius des nicht eingefederten Reifens und z_{svl} die Höhe der Fahrbahn unterhalb des Radmittelpunktes).

Die Schnittkraft F_{vl} zwischen Rad und Aufbau setzt sich aus drei Bestandteilen zusammen: der Kraft F_{fvl} der Aufbaufeder und der Kraft F_{dvl} des Stoßdämpfers, beide mit dem jeweiligen Übersetzungsverhältnis i_{fv} bzw. i_{dv} ihres Hebelarmes multipliziert, sowie der Kraft F_{sv} des Torsionsstabilisators, bei dem vereinfachend das Übersetzungsverhältnis 1 angenommen wird:

$$F_{vl} = i_{fv}F_{fvl} + i_{dv}F_{dvl} + F_{sv} \tag{212}$$

(am gegenüberliegenden rechten Vorderrad wirkt F_{sv} mit negativem Vorzeichen).

Die Kraft der Aufbaufeder wird als lineare Funktion ihrer Auslenkung angesetzt, die allerdings nicht durch den Ursprung verläuft, um die Vorspannung berücksichtigen zu können.

Die Auslenkung ergibt sich aus der Differenz der Höhe des Rades und der eines karosseriefesten fiktiven Punktes (z_{kvl}) oberhalb des Rades:

$$\Delta z_{fvl} = z_{vl} - z_{kvl} \,,\ \text{mit} \quad z_{kvl} = z + s_l\alpha - l_v\beta \,. \tag{213}$$

Dieser Abstand muß mit dem Übersetzungverhältnis der Feder multipliziert werden. Außerdem wird durch eine additive Konstante sichergestellt, daß die Federauslenkung in der *Fahrzeug-Konstruktionslage* (die unter anderem durch die Vorgabe der Schwerpunkthöhe definiert ist), genau 0 ist. Die Federauslenkung lautet also

$$f_{fvl} = i_{fv}\Delta z_{fvl} - f_{fvl0} \,,\ \text{mit} \quad f_{fvl0} = i_{fv}\left(z_{vl0} - z_0\right) \tag{214}$$

(darin ist z_{vl0} die Höhe der Radmitte und z_0 die Schwerpunktlage der Karosserie, beide in Konstruktionslage). Schließlich ergibt sich für die Kraft der Aufbaufeder

$$F_{fvl} = c_{av}f_{fvl} + F_{fvl0} \,. \tag{215}$$

Dabei ist c_{av} die *Federrate* der Aufbaufeder, und F_{fvl0} die *statische Vorspannung*, die sich aus dem Fahrzeuggewicht, der Schwerpunktlage, den Federübersetzungen und weiteren Fahrzeugdaten berechnen läßt, vgl. das Programm im Anhang D.3.

Der Dämpfer ist in diesem Modell am detailliertesten beschrieben: durch die Reihenschaltung der nichtlinearen Dämpferkennung einschließlich Coulombscher Reibung, vgl. Bild 98, mit einer Feder, die die Elastizität der Dämpferlagerung nachbildet. Dieses Lager ist aus einem Gummi, dessen Materialdämpfung nicht vernachlässigbar ist. Deswegen wird (wieder vereinfachend) parallel zur Steifigkeit c_{dv} des Lagers eine weitere lineare Dämpfung mit dem Beiwert d_{dv} vorgesehen. Außerdem wird die *Gaskraft* G_v berücksichtigt, die jeder Gasdruckdämpfer aufweist und die in erster Näherung eine konstante Kraft ist, die den Dämpfer „auszufahren" versucht.

Die Auslenkung des Dämpferlagers wird mit s_{dvl} bezeichnet. Aus dem Kräftegleichgewicht von Dämpfer- und Dämpferlagerkraft (vgl. Beispiel 1.9 und Abschnitt 3.7.2) folgt dann

$$F_{dvl} = F_d\left(v_{dvl} - \dot{s}_{dvl}\right) + G_v = c_{dv}s_{dvl} + d_{dv}\dot{s}_{dvl} \,. \tag{216}$$

Dabei ist $F_d(v)$ die Kraft aus der Dämpferkennlinie (einschließlich Reibung), und v_{dvl} die Auslenkungsgeschwindigkeit der gesamten Anordnung aus Dämpfer und Dämpferlager. Diese Geschwindigkeit wird ähnlich wie die Auslenkung der Aufbaufeder berechnet:

$$v_{dvl} = i_{dv}\left(v_{zvl} - v_z - s_l\omega_\alpha + l_v\omega_\beta\right) \,. \tag{217}$$

Stoßdämpferkennlinien sind, abgesehen von der Reibung, stark nichtlinear: die Kraft beim Zusammendrücken ist sehr viel kleiner als die Kraft beim Auseinanderziehen. Außerdem ist in beiden Teilbereichen die Kennlinie degressiv. Zur Vereinfachung wird hier von der Degressivität abgesehen, jedoch zwei unterschiedliche Härten im Zug- und Druckbereich (d_{zuv} bzw. d_{drv}) gewählt. Dann läßt sich (216) leicht nach $\dot{s}_{dvl}$ auflösen, was dem Leser zur Übung empfohlen wird. Das Ergebnis lautet

$$\dot{s}_{dvl} = v_{dvl} - y \,, \tag{218}$$

mit

$$y = \begin{cases} \dfrac{x - R_v}{d_{drv} + d_{dv}} & \text{falls} \quad x > R_v \\[2ex] \dfrac{x + R_v}{d_{zuv} + d_{dv}} & \text{falls} \quad x < -R_v \\[2ex] 0 & \text{sonst,} \end{cases} \tag{219}$$

$$x = c_{dv} s_{dvl} + d_{dv} v_{dvl} - G_v \,.$$

Schließlich fehlt noch die Kraft F_{sv} des Torsionsstabilisators. Diese ist in erster Näherung proportional zur Höhendifferenz der beiden Räder der Vorderachse, gemessen im fahrzeugfesten, also „mitwankenden" Koordinatensystem:

$$\begin{aligned} F_{sv} &= c_{sv} f_{sv} \\ \text{mit} \quad f_{sv} &= (z_{vl} - s_l \alpha) - (z_{vr} + s_r \alpha) = z_{vl} - z_{vr} - (s_l + s_r)\alpha \,. \end{aligned} \tag{220}$$

Die 18 Zustandsgrößen des Modells sind somit

$$\boxed{\boldsymbol{z} = \begin{bmatrix} z & \alpha & \beta & v_z & \omega_\alpha & \omega_\beta & z_{vl} & \dots & v_{zvl} & \dots & s_{dvl} & \dots \end{bmatrix}^T} \,. \tag{221}$$

Die Eingangsgrößen sind die Straßenhöhen

$$\boxed{\boldsymbol{e} = \begin{bmatrix} z_{svl} & z_{svr} & z_{shl} & z_{shr} \end{bmatrix}^T} \,, \tag{222}$$

falls diese, ähnlich wie auf einem Schwingungsprüfstand, als voneinander unabhängige Zeitfunktionen gewählt werden. Anders ist die Situation bei der simulierten Fahrt über eine unebene Fahrbahn. Hier sind alle vier Straßenhöhensignale stark korreliert. Ihr Wert ergibt sich aus der Position des Fahrzeugs auf der Fahrbahn, die im Programm aus der frei wählbaren Längsgeschwindigkeit v_x integriert wird.

Als Beispiel (der Phantasie sind hier kaum Grenzen gesetzt) sind im Programm, in der Funktion e(..), zwei verschiedene Arten von Unebenheiten realisiert: ein spezielles *Einzelhindernis* sowie, programmtechnisch wesentlich aufwendiger, ein *stochastisches* Höhenprofil. Für beide Hindernisarten sind in den Bildern 99 bis 102 einige Simulationsergebnisse dargestellt.

Das stochastische Höhenprofil bildet die bei realen Straßen gemessenen stochastischen Eigenschaften ziemlich gut wieder. Diese Eigenschaften sind schon lange Gegenstand intensiver Forschung, vgl. [1]. Im Programm ist die Berechnung folgendermaßen realisiert: mit der C-Bibliotheks-Funktion `random()` werden mehrere *gleichverteilte Zufallszahlen* generiert (statt `random()` kann auch die C-Standard-Funktion `rand()` verwendet werden). Die Mittelung vieler solcher Zahlen (im Programm sind es 4) ergibt näherungsweise eine *normalverteilte Zufallszahl*, von der der Mittelwert subtrahiert wird. Das Ergebnis ist mit guter Näherung *weißes Rauschen*, ein Signal, in dem alle Frequenzen mit nahezu gleicher Intensität vorhanden sind.

Dieses weiße Rauschen wird einmal integriert. Um dabei ein „Wegdriften" des Signals zu vermeiden, wird hierzu ein sogenannter *Hochpaß-Integrierfilter 1. Ordnung* verwendet. Das Ergebnis ist näherungsweise *weißes Geschwindigkeitsrauschen* und approximiert die Form eines Straßenhöhenprofils recht gut. Zur Darstellung unterschiedlich guter (oder schlechter) Wegstrecken kann das Signal mit einem Faktor skaliert werden.

Genau die gleiche Berechnung wird durchgeführt, um die *Fahrbahnquerneigung* zu approximieren. Aus der mittleren Spur und aus der Querneigung werden schließlich eine rechte und eine linke Spur zusammengesetzt.

Das Spektrum des weißen Geschwindigkeitsrauschens ist bei doppeltlogarithmischer Darstellung eine Gerade. Dies ist in Bild 101 recht gut zu erkennen.

Nicht ganz einfach ist auch die Berücksichtigung des Radstandes. Vorder- und Hinterräder überrollen ja normalerweise die gleichen Unebenheiten, nur zeitversetzt. Das Straßenhöhensignal, das für ein Vorderrad berechnet wird, muß also so lange gespeichert werden, bis das Hinterrad an der gleichen Stelle angelangt ist. Im Programm ist dies durch ein *Ringregister* realisiert.

In den Bildern 189 und 191 sind einige Größen des Modells bei der Fahrt über ein Brett dargestellt. Das Brett wird nur mit den beiden Rädern der linken Fahrzeugseite überrollt, das Fahrzeug erfährt also zusätzlich zur Hub- und Nickanregung auch eine Wankanregung. Die Geschwindigkeit beträgt $v_x = 20m/s$, das Brett ist $5cm$ hoch und $50cm$ lang.

Bei der Fahrt über eine Schlechtwegstrecke, Bilder 193 und 194, ebenfalls mit $v_x = 20m/s$, ergeben sich starke Aufbaubeschleunigungen ($=$ *unkomfortabel*) und große dynamische Radlastschwankungen, bis hin zum vereinzelten Abheben der Räder ($=$ *unsicher*). Noch schlimmer wird es allerdings, wenn die Stoßdämpfer defekt sind. Das Spektrum der dynamischen Radlast am linken Vorderrad wird mit dem eines Fahrzeugs verglichen, bei dem die Dämpferhärte an allen vier Rädern auf ein Drittel des ursprünglichen Wertes reduziert ist (strichlierte Linie). Gut zu erkennen ist der neue Peak im Spektrum des schwach gedämpften Fahrzeugs, der bei etwa $13Hz$ liegt. Dies ist die Eigen-

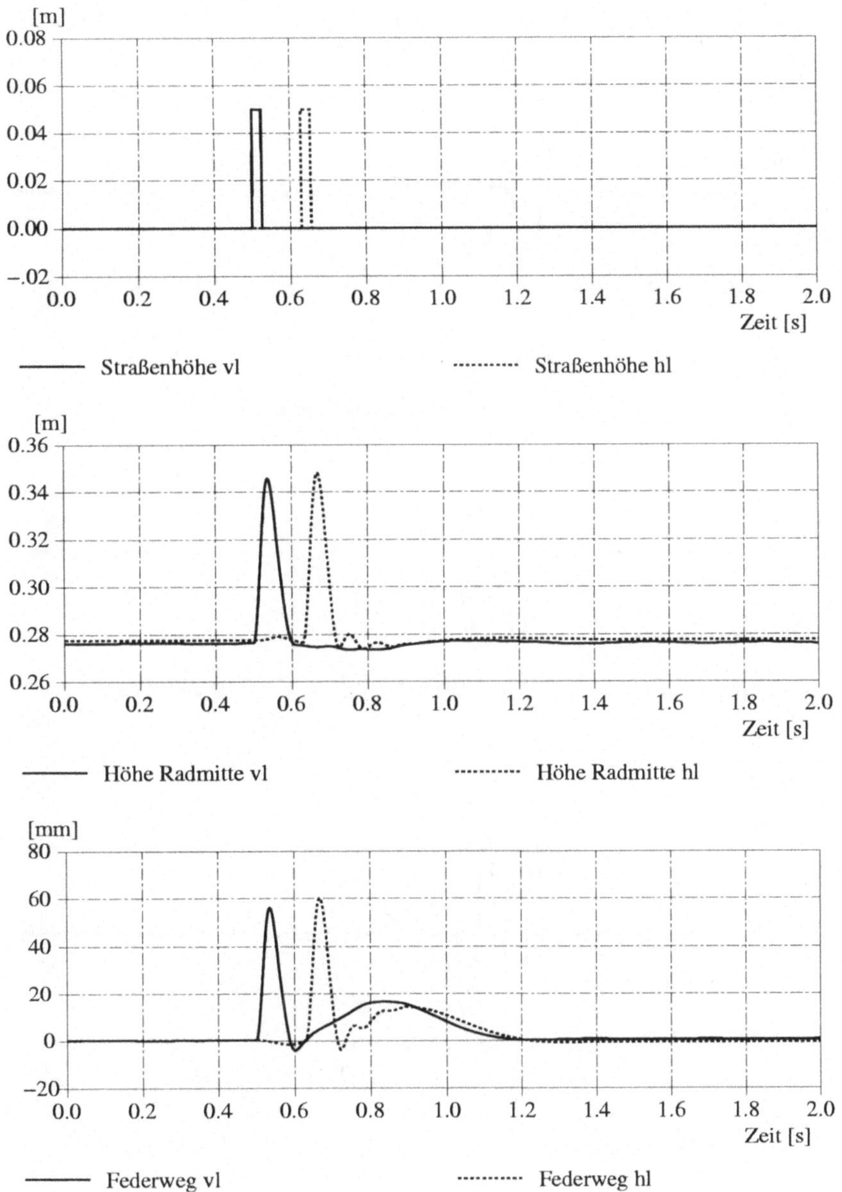

Bild 99: Federungsmodell: Fahrt über Einzelhindernis (1)

frequenz des Rades, in deren Amplitudenüberhöhung am ehesten ein defekter Dämpfer zu erkennen ist.

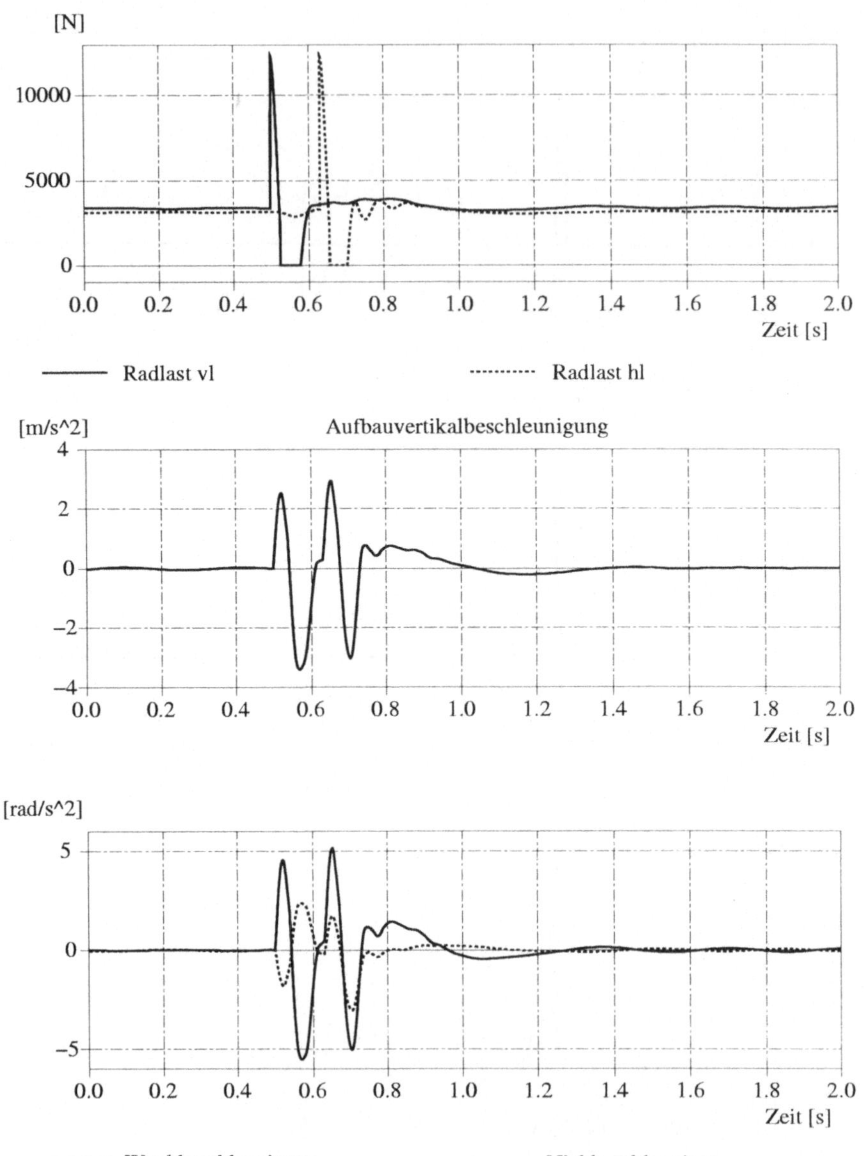

Bild 100: Federungsmodell: Fahrt über Einzelhindernis (2)

Die Rechenzeit betrug beim Einzelhindernis (Simulationsdauer $2s$ mit der festen Schrittweite $h = 1ms$) nur $8ms$, es war also EZF $= 0.004$ (!). Etwas länger dauert der Aufruf des Zufallszahlengenerators. Bei der Simulation der Schlecht-

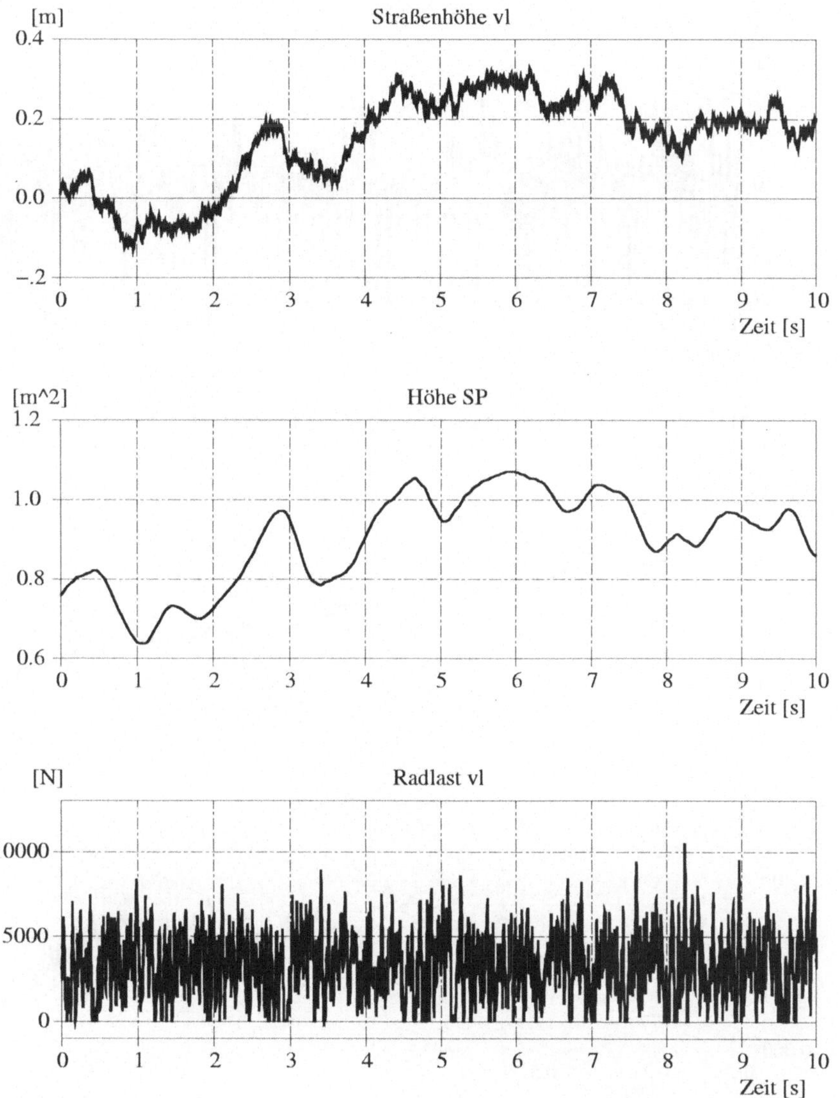

Bild 101: Federungsmodell: Fahrt über Schlechtwegstrecke (1)

wegstrecke war EZF = 0.008. Während der Rechenzeitmessung wurden keine Ausgabegrößen gespeichert, um langsame Schreibzugriffe auf die Festplatte zu vermeiden.

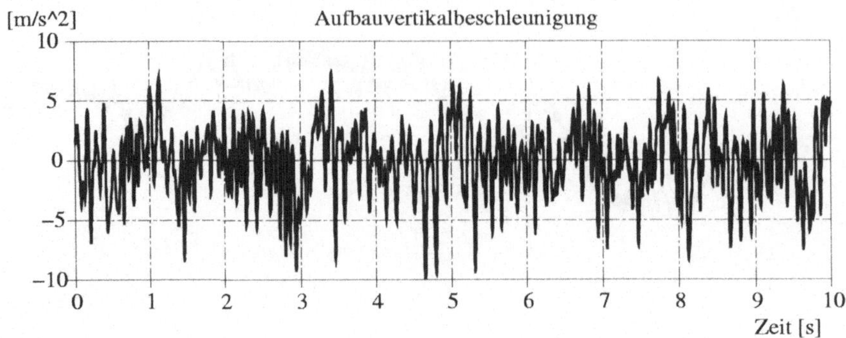

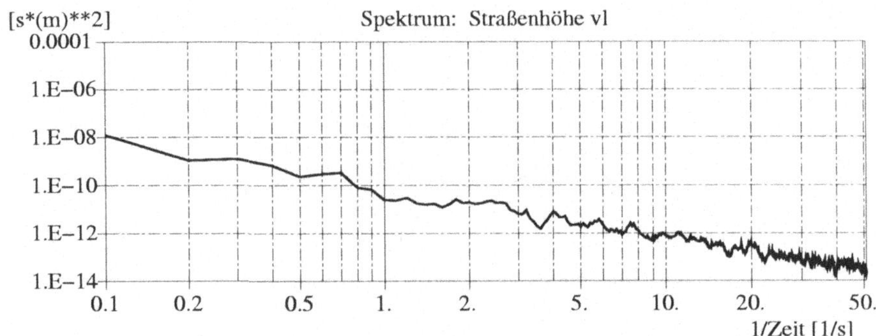

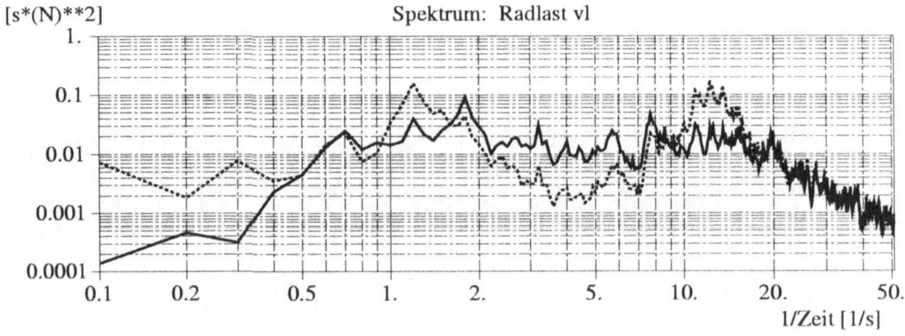

Bild 102: Federungsmodell: Fahrt über Schlechtwegstrecke (2)

4.3 Fahrverhalten

Bild 103 zeigt das dritte und letzte Beispiel für einfache, aber aussagekräftige
Simulationsmodelle in der Fahrzeugdynamik. Es handelt sich um ein *Einspurmodell*, mit dem bei sehr kleinen Rechenzeiten grundlegende Aussagen zum

Handling von Zweiachsfahrzeugen gemacht werden können.

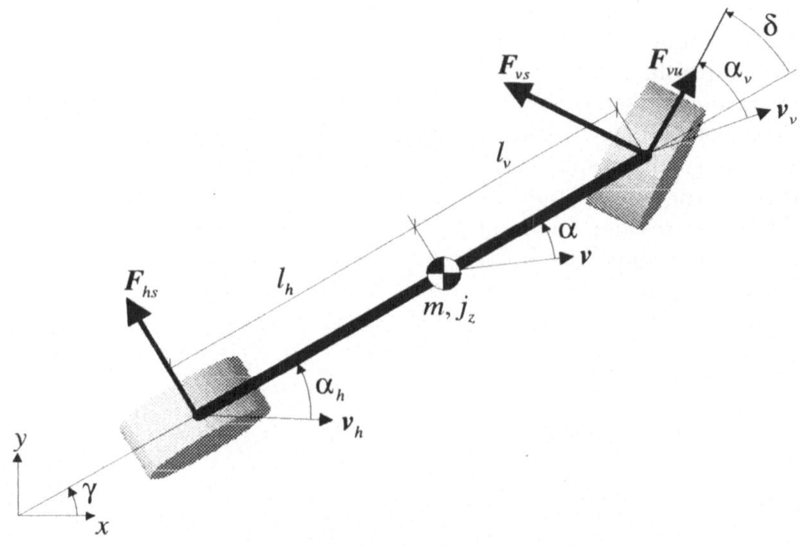

Bild 103: *Nichtlineares Einspurmodell*

Dabei geht es um Fragestellungen wie *Lenkempfindlichkeit, Eigenlenkverhalten* bei stationärer Kreisfahrt, *Ansprechverhalten* bei schnellen Ausweichmanövern, Gierreaktion auf die *Gaswegnahme* oder *Bremsbetätigung* bei Kreisfahrt, usw.

Im Unterschied zu dem häufig verwendeten *linearen* Einspurmodell von *Riekert und Schunck* (vgl. [21]) kann mit dem hier vorgestellten Modell bis in den fahrdynamischen Grenzbereich, also bis zur maximal erreichbaren Querbeschleunigung gerechnet werden, s. Bild 106. Außerdem werden auch *instabile* Modellzustände wie Schleudern, Ausbrechen, Radblockieren usw., qualitativ richtig abgebildet.

Das lineare Einspurmodell beschreibt nur das Lenkverhalten, und dies mit einer sehr einfachen Modellvorstellung der Reifeneigenschaften. Nun kommen in der Fahrpraxis, vor allem in unfallträchtigen Situationen, aber sehr häufig kombinierte Manöver vor, bei denen gleichzeitig gelenkt und gebremst wird. Die Fahrzeugreaktionen auf solche Fahrereingriffe (dies sind die Eingangsgrößen unseres Modells) lassen sich aber nicht getrennt voneinander untersuchen. Hier spielen vor allem die *Reifenkraftkennfelder* bei *kombiniertem Schlupf*, also bei gleichzeitigem Schräglauf und Längsschlupf, die entscheidende Rolle. Diese Kennfelder sind höchst kompliziert und extrem nichtlinear (vgl. Bild 104), und sind von zentraler Bedeutung in jedem aussagekräftigen Fahrverhaltensmodell.

Da die für das Handling entscheidenden Seitenkräfte also von den Umfangskräften stark beeinflußt werden, muß unser Modell auch beschleunigt und verzögert werden können, es muß also gleichzeitig ein einfaches *Längsdynamikmodell* darstellen. Eigentlich müßte es auch *federn* können - denn auch die dynamischen Radlasten beeinflussen sehr stark die übrigen Reifenkräfte. Aber an dieser Stelle müssen die Vernachlässigungen beginnen, denn sonst wäre ein räumliches nichtlineares Gesamtfahrzeugmodell zu entwickeln. Solche Modelle, wie schon erwähnt, sind heute bei allen wichtigen Fahrzeugherstellern und Zulieferern verfügbar, würden hier aber wieder einmal den Rahmen sprengen. Vielleicht bekommt der Leser ja selbst Lust, die Ansätze in diesem und den zwei vorangegangenen Abschnitten zu einem richtigen Gesamtfahrzeugmodell zusammenzusetzen.

Das Einspurmodell besteht aus

- der *Fahrzeugkarosserie* als Starrkörper, der sich in der Ebene mit den Freiheitsgraden x, y und γ (*Gierwinkel* = Drehung um die Hochachse) bewegen kann;

- einem einzelnen fiktiven *Vorderrad*, in dem die Eigenschaften der beiden Räder der Vorderachse gedanklich zusammengefaßt sind, und entsprechend einem einzelnen *Hinterrad*. Die fraglichen Eigenschaften sind: die *Raddrehzahlen* ω_{rv} und ω_{rh}, ähnlich wie im Triebstrangmodell, und die *Reifenkräfte*, die am Reifen des betreffenden Rades entstehen;

- der Vorgabe des *Spurwinkels* δ an der Vorderachse mit Hilfe des Lenkradwinkels δ_l und einer Lenkübersetzung. Der Spurwinkel geht in die Berechnung des Schräglaufwinkels an der Vorderachse ein und beeinflußt damit die Reifenkräfte;

- der Beschreibung der *Antriebsmomente* an den Rädern als Funktion des Motormomentes und der momentanen Getriebeübersetzung. Das Motormoment selbst ist wieder eine Funktion der Drehzahl und der Fahrpedalstellung. Das gelieferte Moment kann beliebig auf Vorder- und Hinterachse verteilt werden;

- der Beschreibung des Luftwiderstandes;

- der Beschreibung der Bremsmomente an den Rädern als Funktion der Bremspedalstellung. Dabei kann die Bremskraftverteilung beliebig vorgegeben werden.

Die Bewegungsgleichungen sind diesmal recht einfach:

$$\boxed{\begin{aligned} m\dot{v}_x &= F_{vx} + F_{hx} + F_{wx} \\ m\dot{v}_y &= F_{vy} + F_{hy} + F_{wy} \\ j_z\dot{\omega}_\gamma &= l_v F_{vq} - l_h F_{hq} \end{aligned}} \quad . \tag{223}$$

Dabei bezeichnet m die Gesamtmasse des Fahrzeugs einschließlich der Räder, j_z das *Gierträgheitsmoment*, l_v und l_h den Abstand des Schwerpunktes in Längsrichtung von den beiden Achsen, F_v die Reifenkräfte der Vorderachse, F_h die der Hinterachse, und F_w die Kräfte aus dem Luftwiderstand. $\omega_\gamma = \dot{\gamma}$ ist die *Giergeschwindigkeit* des Fahrzeugs.

Im Modell werden verschiedene Koordinatensysteme verwendet:

- das *inertiale* x, y-Koordinatensystem, in dem der Ort des Fahrzeugschwerpunktes beschrieben ist;

- das *fahrzeugfeste* l, q-Koordinatensystem. l bezeichnet die Längskoordinate, die mit der Fahrzeuglängsachse zusammenfällt, und q die Querkoordinate;

- das *radfeste* u, s-Koordinatensystem. u bezeichnet die Richtung der Umfangskraft, also die Radlängsachse, und s die der Seitenkraft, also die Raddrehachse. Am ungelenkten Hinterrad fällt das l, q-Koordinatensystem mit dem u, s-Koordinatensystem zusammen, an der Vorderachse unterscheiden sich die beiden um den Spurwinkel δ.

Die Umrechnung einer Kraft F von einem Koordinatensystem in ein anderes ist in der „ebenen" Mechanik einfach:

$$\begin{aligned} F_l &= \cos\gamma\, F_x - \sin\gamma\, F_y & F_x &= \cos\gamma\, F_l + \sin\gamma\, F_q \\ F_q &= \sin\gamma\, F_x + \cos\gamma\, F_y & F_y &= -\sin\gamma\, F_l + \cos\gamma\, F_q \\[1em] F_u &= \cos\sigma\, F_x - \sin\sigma\, F_y & F_x &= \cos\sigma\, F_u + \sin\sigma\, F_s \\ F_s &= \sin\sigma\, F_x + \cos\sigma\, F_y & F_y &= -\sin\sigma\, F_u + \cos\sigma\, F_s \\[1em] F_l &= \cos\delta\, F_u + \sin\delta\, F_s \\ F_q &= -\sin\delta\, F_u + \cos\delta\, F_s & & , \end{aligned} \tag{224}$$

mit $\sigma = \gamma + \delta$.

Von der Windkraft, die jetzt, anders als beim Triebstrangmodell, *vektoriell* ist, wird vereinfachend angenommen, daß sie immer der Fahrzeugbewegung genau

entgegengerichtet ist, und daß der Widerstandsbeiwert unabhängig ist vom
Anströmwinkel. Dann gilt

$$F_{wx} = -\frac{1}{2}c_w \rho A v_x v = -C_w v_x v\,, \quad F_{wy} = -C_w v_y v\,, \tag{225}$$

mit $v = \sqrt{v_x^2 + v_y^2}$.

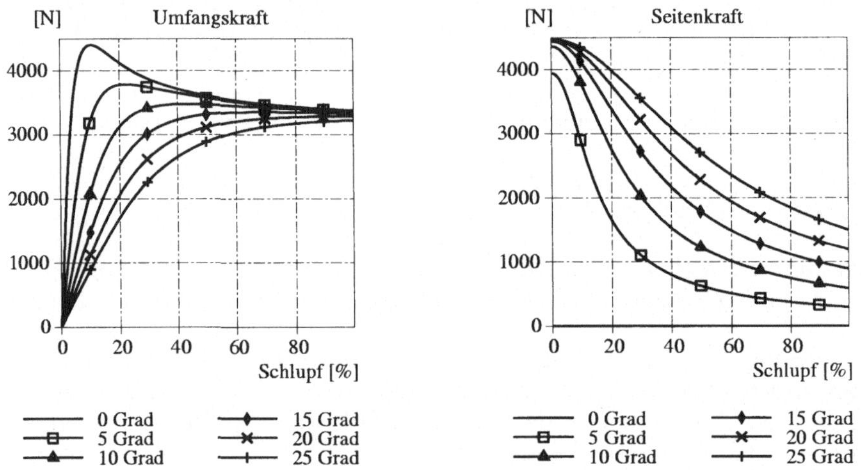

Bild 104: Einspurmodell: Reifenkennfeld. Kräfte bei kombiniertem Schlupf
$(F_z = 4kN)$

Als Reifenmodell wird wieder ein Modell mit Verwandtschaft zur *Magic Formula* verwendet. Dieses Modell liefert für die beiden Reifen, in Abhängigkeit vom Längsschlupf, vom Schräglaufwinkel und von der Radlast, *stationäre*
Umfangs- und Seitenkräfte im u, s-Koordinatensystem, bezeichnet mit F_{vus},
F_{vss}, F_{hus} und F_{hss}.

Wie im Triebstrangmodell, wird der verzögerte Kraftaufbau durch je eine Differentialgleichung erster Ordnung beschrieben. Dabei ist die Wegkonstante für
die Seitenkraft sehr viel größer als für die Umfangskraft. Dies hängt mit der
Quernachgiebigkeit des Reifens zusammen, die größer als die Längsnachgiebig-
keit ist. Die resultierende Querauslenkung des Reifens muß bei einem Seiten-
kraftzuwachs erst aufgebaut werden, vgl. [15].

Die Verzögerungsdifferentialgleichung lautet zum Beispiel für die Seitenkraft am Vorderrad

$$\boxed{\dot{F}_{vs} = \frac{|r\omega_{rv}|}{s_s}\left(F_{vss} - F_{vs}\right)} \; ,$$

(226)

und für die anderen Kräfte entsprechend. Integriert werden diese Gleichungen genauso wie beim Triebstrangmodell. Die aus den Raddrehzahlen und den Wegkonstanten resultierenden Zeitkonstanten werden dabei nach oben begrenzt, sonst werden die Werte für $\omega_r \to 0$ unrealistisch groß.

Schlupf κ und *Schräglaufwinkel* α sind kinematische Größen, die sich aus den Geschwindigkeitsgrößen des Rades ergeben:

$$\kappa_v = 100\,\frac{r\omega_{rv} - v_{vu}}{|r\omega_{rc}|}\,[\%] \; , \quad \alpha_v = -\frac{180}{\pi}\,\frac{v_{vs}}{|r\omega_{rc}|}\,[\text{Grad}] \; .$$

(227)

(κ_h und α_h entsprechend). Ähnlich wie beim Triebstrangmodell, wird der Nenner in (227) so modifiziert, daß die Definition auch bei blockiertem Rad verwendet werden kann, und die Integration numerisch stabil bleibt.

Die vektorielle Geschwindigkeit v_v des Vorderrades in (227) ergibt sich aus der Schwerpunktgeschwindigkeit v und der Giergeschwindigkeit ω_γ:

$$v_{vx} = v_x - l_v \sin\gamma\omega_\gamma \; , \quad v_{vy} = v_y + l_v \cos\gamma\omega_\gamma \; ,$$

(228)

die Umrechnung in das u, s-Koordinatensystem geschieht nach (224). Für das Hinterrad gilt eine entsprechende Formel.

Eine weitere Eingangsgröße in das Reifenmodell ist die *Radlast*. Die Radlastverteilung ändert sich beim Bremsen und beim Beschleunigen, da die Umfangskräfte an den Radaufstandspunkten angreifen und damit ein Moment um die Querachse hervorrufen, das sich über die Räder auf der Fahrbahn abstützt.

Da die dynamischen Reifenkräfte Zustandsgrößen sind, kann die Längsbeschleunigung des Aufbaus und damit die Radlastverteilung berechnet werden, bevor in der Zeitschleife die stationären Reifenkräfte bekannt sind. Andernfalls entstünde eine *algebraische Schleife*, da ja die stationären Reifenkräfte ihrerseits von der Radlast abhängen.

Bei einem Einspurmodell nimmt man an, daß sich die Achslast zu gleichen
Teilen auf die beiden Räder einer Achse verteilt. Damit folgt

$$F_{vz} = \frac{1}{2(l_v + l_h)} \left(l_h mg - s_z \left(F_{vl} + F_{hl} \right) \right)$$

$$F_{hz} = \frac{1}{2} mg - F_{vz} \,,$$

(229)

wobei s_z die Höhe des Schwerpunktes über der Fahrbahn bezeichnet.

Hier ist ein Ansatzpunkt gegeben, die Güte des Einspurmodells mit relativ
wenig Aufwand deutlich zu erhöhen. Fahrdynamisch wichtig ist nämlich auch
die genaue Verteilung der Achslast auf die beiden Räder *einer* Achse. In einer Kurve verschiebt sich diese Verteilung, da auch die Seitenkräfte in den
Radaufstandspunkten angreifen und somit ein Moment, jetzt um die Fahrzeuglängsachse, entsteht, das sich über die Räder auf der Straße abstützt.

Durch den Einsatz von *Torsionsstabilisatoren* (vgl. Abschnitt 4.2) steuert man
die Aufteilung dieses *Wankmomentes* auf die beiden Achsen. Normalerweise
stützt sich ein Großteil des Momentes über die Vorderachse ab, da dort der
Torsionsstabilisator wesentlich härter gewählt wird als an der Hinterachse. Mit
dieser Maßnahme wird das *Eigenlenkverhalten* des Fahrzeugs in Richtung „Un-
tersteuern" verändert (vgl. [21]). Dieser Effekt ist nur durch das nichtlineare
Reifenverhalten zu erklären.

Die Radlastverteilung kann auch im Einspurmodell als Funktion der beiden
Stabilisatorsteifigkeiten, der Spurweite und der Seitenkräfte berechnet werden.
Ruft man das Reifenmodell dann für jedes Rad mit seiner individuellen Radlast
auf, wird das Eigenlenkverhalten wesentlich genauer vorhergesagt. Der Preis
dafür ist eine geringfügige Erhöhung der Rechenzeit, denn das Reifenmodell
muß jetzt viermal statt zweimal durchlaufen werden.

In der vorliegenden Modellvariante wird der beschriebene Effekt dadurch näherungsweise berücksichtigt, daß die Reifendaten für die Vorderachse „schlechter"
sind als die für die Hinterachse.

Die stationären Reifenkräfte sind also, wie erwähnt, komplizierte Funktionen
von Schlupf, Schräglauf und Radlast. Bei räumlichen Modellen kommt hierzu noch der *Sturzwinkel*, der in unserem Modell unberücksichtigt bleibt. Im
Beispielprogramm in Anhang D.4 ist in der Funktion `reifen(..)` eine einfache Version der „Magic Formula" implementiert. Auf deren genauen Aufbau
können wir hier nicht eingehen. Näheres findet man zum Beispiel in [2].

In Bild 104 sind beispielhaft einige Kennlinien dargestellt, die aus diesem Ansatz resultieren. Dabei ist jeweils die Umfangskraft und die Seitenkraft über

dem Längsschlupf aufgetragen, wobei der Schräglaufwinkel bestimmte konstante Werte aufweist. Solche Kurven geben das *Kraftpotential* der Reifen beim Bremsen in der Kurve an.

Auch die *Elastokinematik*, also Änderungen der Radstellung durch die Einfederung und durch angreifende Kräfte und Momente, ist wieder vernachlässigt, ließe sich aber relativ einfach ergänzen. Dies würde zu einer weiteren wesentlichen Verbesserung der Modellgüte führen. Ähnlich wie die Abminderung der Achsseitenkraft durch die Wankmomentenabstützung, ist dieser Effekt in der vorliegenden Modellversion in das Reifenkennfeld „hineingepackt" worden, wo er natürlich nicht hingehört.

Als letzter Modellbestandteil ist noch die *Radeigendrehung* zu betrachten. Ähnlich wie im Triebstrangmodell, lauten die entsprechenden Differentialgleichungen

$$
\boxed{
\begin{aligned}
j_r \dot{\omega}_{rv} &= M_{va} + M_{vb} - r F_{vu} \\
j_r \dot{\omega}_{rh} &= M_{ha} + M_{hb} - r F_{hu}
\end{aligned}
} \ . \tag{230}
$$

Dabei sind M_{va} und M_{ha} die beiden *Antriebsmomente*, die sich aus dem Motormoment wie folgt ergeben:

$$
\begin{aligned}
M_{ha} &= f_{ha} M_a \ , \quad M_{va} = M_a - M_{ha} \\
M_a &= i_d i_g(G) M_m\left(\omega_m, p_f\right) \ .
\end{aligned}
\tag{231}
$$

Hier ist f_{ha} der Antriebsmomentanteil der Hinterachse, also $f_{ha} = 0$ für frontgetriebene Fahrzeuge und $f_{ha} = 1$ für heckgetriebene Fahrzeuge. Wie beim Triebstrangmodell, ist i_d die Übersetzung des Differentialgetriebes und $i_g(G)$ diejenige des Schaltgetriebes, die vom eingelegten Gang G abhängt. M_m ist das von der Motordrehzahl ω_m und der Fahrpedalstellung p_f abhängige Motormoment.

Motor, Getriebe und Achsdifferential werden hier *ohne* Eigendynamik modelliert. Außerdem entfällt das Kupplungsmodell vollständig, die genaue Simulation von Schaltvorgängen ist also nicht möglich. Vielmehr wird der stark vereinfachte Zusammenhang

$$
\omega_m = i_d i_g(G)\left((1 - f_{ha})\omega_{rv} + f_{ha}\omega_{rh}\right) \tag{232}
$$

verwendet.

M_{bv} und M_{bh} in (230) sind die *Bremsmomente* an Vorder- und Hinterachse, die sich mit dem Faktor f_{bh} der Bremsmomentenverteilung aus dem Gesamtbremsmoment M_b errechnen. M_b ist eine Funktion des Bremspedalwegs, die im Beispielprogramm in der Funktion `linint(..)` *stückweise linear* interpoliert wird:

$$M_{hb} = f_{hb}M_b(p_b)\,, \quad M_{vb} = M_b(p_b) - M_{hb}\,. \tag{233}$$

M_b ist vorzeichenlos und gibt genaugenommen nur das betragsmäßig maximale Moment an, ähnlich wie das Kupplungsmoment im Triebstrangmodell. Das tatsächlich wirkende Moment resultiert aus der Kennlinie der Coulombschen Reibung, in die, außer dem maximalen Bremsmoment, auch das Vorzeichen der Radwinkelgeschwindigkeit eingeht.

Im Beispielprogramm wird das Bremsmoment numerisch entsprechend dem zweiten Ansatz in Abschnitt 3.7.5 berücksichtigt. Damit können auch blockierende Räder richtig und ohne Reduktion der Schrittweite oder Änderung des Modells simuliert werden.

Die 12 Zustandsgrößen des Modells sind somit

$$\boxed{z = [\; x \quad y \quad \gamma \quad v_x \quad v_y \quad \omega_\gamma \quad \omega_{rv} \quad \omega_{rh} \quad F_{vu} \quad F_{vs} \quad F_{hu} \quad F_{hs} \;]^T}\,. \tag{234}$$

Gesteuert wird das Modell mit den 4 Eingangsgrößen

$$\boxed{e = [\; \delta_l \quad p_f \quad G \quad p_b \;]^T}\,, \tag{235}$$

die in der Funktion `e(..)` im Beispielprogramm vorgegeben werden. Dabei sind drei wichtige *Fahrmanöver* vorbereitet:

- der *Lenkwinkelsprung*, bei dem mit einem einfachen Regler, der auf das Fahrpedal eingreift, die Fahrzeuggeschwindigkeit auf einen bestimmten Wert geregelt wird. Nach einer kurzen Einschwingzeit wird das Lenkrad möglichst schnell, in der Simulation sprungartig auf einen festen Wert gestellt, vgl. Bild 197). Mit einem solchen Manöver wird das *Ansprechverhalten* des Fahrzeugs bewertet, vgl. [21]. Wichtige Größen sind dabei *Giergeschwindigkeit*, *Querbeschleunigung* und *Schwimmwinkel*, aufgetragen über der Zeit;

- die *stationäre Kreisfahrt*, bei der das Fahrzeug auf einer Kreisbahn mit konstantem Radius gefahren und ganz langsam die Geschwindigkeit gesteigert wird. Bewertet wird damit vor allem das *Eigenlenkverhalten* des Fahrzeugs bis in den Grenzbereich. Wichtig sind hier die Diagramme *Lenkradwinkel über Querbeschleunigung* und *Schwimmwinkel über Querbeschleunigung*, vgl. Bild 106

- *Lastwechsel und Bremsen in der Kurve*, zunächst eine stationäre Kreisfahrt, wo bei Erreichen einer bestimmten Querbeschleunigung Gas weggenommen oder Gas weggenommen und gebremst wird. Hier geht es um die Spurtreue bei Schreckreaktionen des Fahrers in einer Kurve. Bewertet wird die Zu- oder Abnahme der Giergeschwindigkeit kurz nach dem Lastwechsel, sowie die Abweichung von der Sollspur.

Die Rechenzeit betrug jeweils etwa $28ms$ pro Sekunde Simulationszeit, also EZF = 0.028, ohne Speicherung von Ausgabegrößen. Auch in diesem Modell wurde mit der Schrittweite $h = 1ms$ gearbeitet; Rechnungen mit der Schrittweite $h = 0.1ms$ lieferten wieder praktisch deckungsgleiche Ergebnisse.

Mit diesem Modell könnten also auf einem einzigen PC bis zu 35 Fahrzeuge gleichzeitig in Echtzeit simuliert werden. Allerdings müßte dann das Programm etwas anders aufgebaut werden, denn in der vorliegenden Form kann es nicht in mehreren Instanzen gleichzeitig laufen.

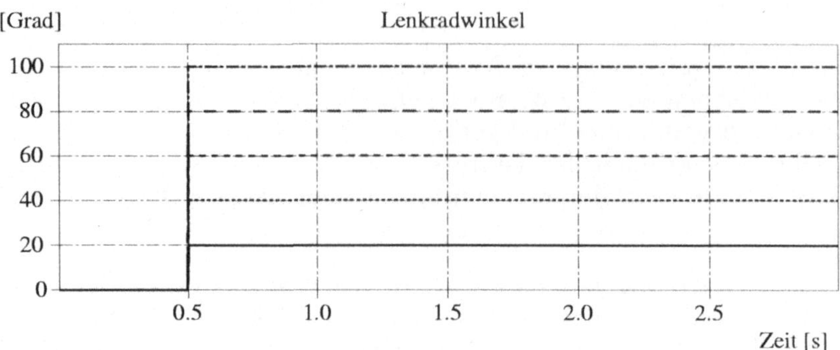

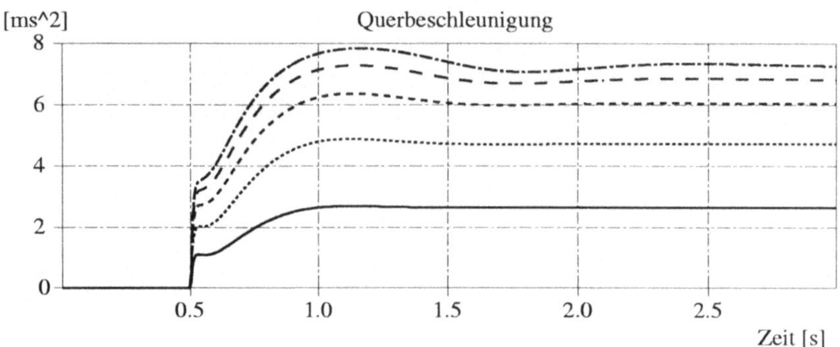

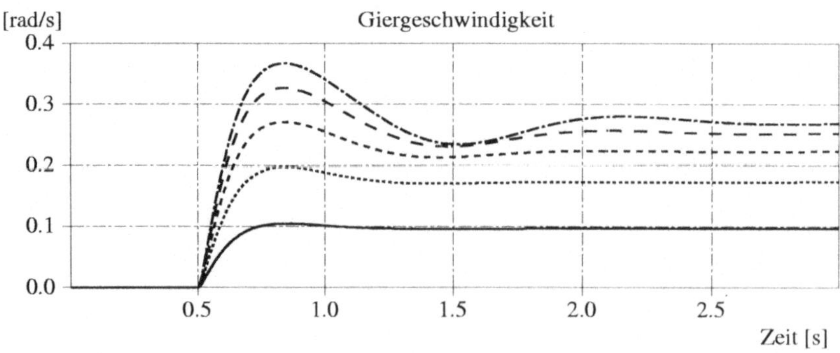

Bild 105: Einspurmodell: Lenkwinkelsprung bei verschiedenen Sprunghöhen. $v = 100km/h$

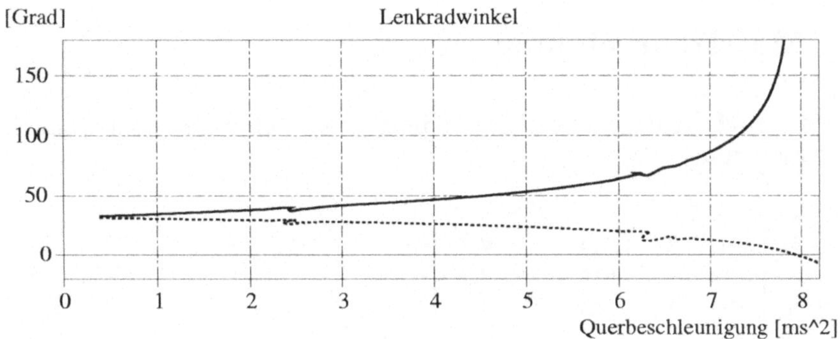

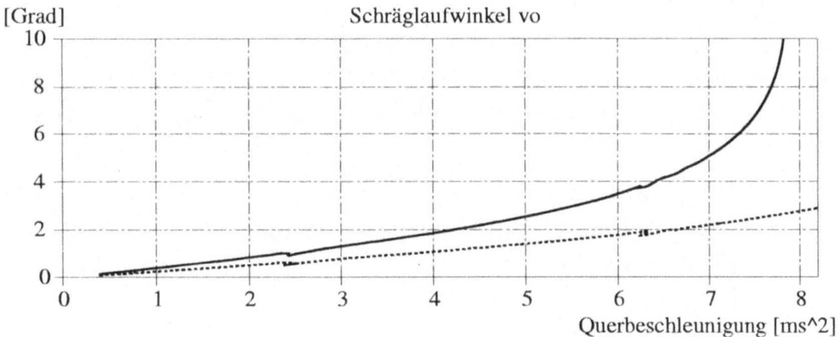

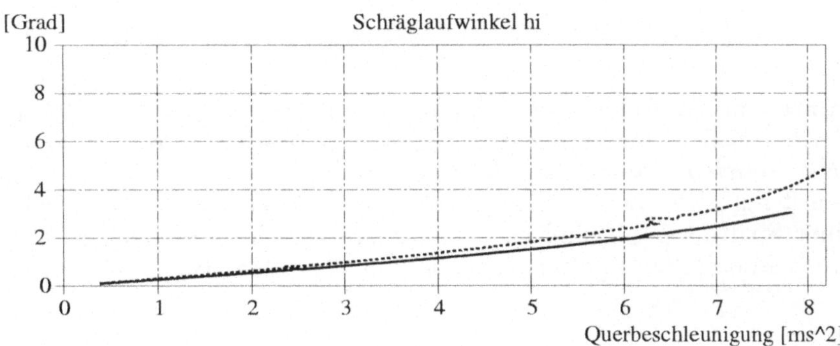

Bild 106: Einspurmodell: stationäre Kreisfahrt bei normal untersteuerndem Fahrzeug (durchgezogen) und bei stark übersteuerndem Fahrzeug (strichliert). $R = 100m$

A   Ohne Mathematik geht nichts

A.1   Matrizenrechnung

Eine *Matrix M* ist ein rechteckiges Schema von reellen, manchmal auch komplexen, Zahlen a_{ij}:

$$
A = \begin{bmatrix}
a_{11} & a_{12} & a_{13} & \cdots & a_{1k} \\
a_{21} & a_{22} & a_{23} & \cdots & a_{2k} \\
a_{31} & a_{32} & a_{33} & \cdots & a_{3k} \\
\vdots & \vdots & \vdots & \ddots & \vdots \\
a_{n1} & a_{n2} & a_{n3} & \cdots & a_{nk}
\end{bmatrix}
\tag{236}
$$

Jede der n *Zeilen* einer Matrix hat die gleiche Anzahl k von *Elementen*. Entsprechend hat jede der k *Spalten* die gleiche Anzahl n von Elementen.

$$
A = \begin{bmatrix}
a_{11} & a_{12} & a_{13} & \cdots & a_{1k} \\
a_{21} & a_{22} & a_{23} & \cdots & a_{2k} \\
a_{31} & a_{32} & a_{33} & \cdots & a_{3k} \\
\vdots & \vdots & \vdots & \ddots & \vdots \\
a_{n1} & a_{n2} & a_{n3} & \cdots & a_{nk}
\end{bmatrix} \quad \leftarrow \text{Zeile 2}
\tag{237}
$$

$$\uparrow \text{ Spalte 3}$$

Eine Matrix mit n Zeilen und k Spalten nennt man $n \times k$ -Matrix. Matrizen mit gleicher Zeilen- und Spaltenzahl heißen *quadratische Matrizen*. *Vektoren* sind in diesem Zusammenhang nichts anderes als spezielle Matrizen, nämlich solche mit nur einer Zeile - dann heißen sie *Zeilenvektoren* -, oder solche mit nur einer Spalte - dann sind es *Spaltenvektoren*. Ein Zeilenvektor x ist also eine $1 \times k$-Matrix, ein Spaltenvektor y eine $n \times 1$-Matrix:

$$
x = \begin{bmatrix} x_1 & x_2 & \cdots & x_k \end{bmatrix}, \quad
y = \begin{bmatrix} y_1 \\ y_2 \\ \vdots \\ y_n \end{bmatrix}
\tag{238}
$$

Manchmal werden sogar einzelne Zahlen als Matrizen, nämlich 1×1-Matrizen, aufgefaßt.

Zwei Matrizen sind *gleich*, wenn beide die gleiche Anzahl von Zeilen und Spalten haben und *alle* Elemente übereinstimmen. Eine Matrix ist die *Nullmatrix*, wenn *alle* Elemente Null sind:

$$\mathbf{0} = \begin{bmatrix} 0 & 0 & \cdots & 0 \\ 0 & 0 & \cdots & 0 \\ \vdots & \vdots & \ddots & \vdots \\ 0 & 0 & \cdots & 0 \end{bmatrix}. \tag{239}$$

Man schreibt $\boldsymbol{A} \neq 0$ (oder genauer $\boldsymbol{A} \neq \boldsymbol{0}$), wenn $\boldsymbol{A}$ nicht die Nullmatrix ist, wenn also mindestens ein Matrixelement $a_{ij} \neq 0$ ist.

Eine weitere Sonderrolle in der Matrizenrechnung spielt die quadratische *Einheitsmatrix*

$$\boldsymbol{I} = \begin{bmatrix} 1 & 0 & 0 & \cdots & 0 \\ 0 & 1 & 0 & \cdots & 0 \\ \vdots & \ddots & \ddots & \ddots & \vdots \\ 0 & \cdots & 0 & 1 & 0 \\ 0 & \cdots & 0 & 0 & 1 \end{bmatrix}. \tag{240}$$

Die Einheitsmatrix hat nur auf ihrer *Hauptdiagonalen* Nicht-Null-Elemente, und diese sind alle 1. Die Hauptdiagonale einer Matrix besteht aus den Elementen a_{ii}, deren Zeilen- und Spaltenindex gleich ist.

Eigentlich müßte man für eine Einheitsmatrix immer auch deren Größe angeben, was jedoch meist unterlassen wird. Im deutschen Sprachraum wird die Einheitsmatrix manchmal auch mit $\boldsymbol{E}$ bezeichnet.

Eine wichtige Eigenschaft von Matrizen, zum Beispiel für die Systemdynamik und die Methode der *Finiten Elemente* (*FEM*), ist ihre *Besetzungsstruktur*. Diese gibt an, wo in der Matrix Nicht-Null-Elemente stehen. Sehr große Matrizen mit fast nur Null-Elementen nennt man *schwach besetzt*, englisch *sparse*. Wichtige und häufig auftretende Besetzungsstrukturen (vgl.[14]) sind die folgenden Beispiele (zur besseren Veranschaulichung sind immer nur die Nicht-Null-Elemente eingetragen):

- *Diagonalmatrizen*

$$\begin{bmatrix} * & & & \\ & * & & \\ & & \ddots & \\ & & & * \end{bmatrix} \tag{241}$$

(die Einheitsmatrix ist die „einfachste" Diagonalmatrix),

- obere und untere *Dreiecksmatrizen*

$$
\begin{bmatrix} * & * & \cdots & * \\ & * & \cdots & * \\ & & \ddots & \vdots \\ & & & * \end{bmatrix}, \quad
\begin{bmatrix} * & & & \\ * & * & & \\ \vdots & \ddots & \ddots & \\ * & * & \cdots & * \end{bmatrix}, \tag{242}
$$

- *Bandmatrizen* und *zyklische Bandmatrizen*

$$
\begin{bmatrix} * & * & & \\ * & * & \ddots & \\ & \ddots & \ddots & * \\ & & * & * \end{bmatrix}, \quad
\begin{bmatrix} * & * & & * \\ * & * & \ddots & \\ & \ddots & \ddots & * \\ * & & * & * \end{bmatrix} \tag{243}
$$

(die erste dieser beiden Matrizen ist eine *Tridiagonalmatrix* oder auch *Bandmatrix der Bandbreite* $(1,1)$, da außer der Hauptdiagonalen nur die jeweils erste obere und untere *Nebendiagonale* mit Nicht-Null-Elementen besetzt ist).

Nun ist eine Matrix natürlich mehr als bloß ein Schema, in das man Zahlen einträgt. Erst die Festlegung von *Umform-* und *Rechenoperationen* machen sie für die Mathematik und für die Systemdynamik interessant. Es gibt Operationen für einzelne Matrizen, sogenannte *unäre Operationen*, und solche für je zwei Matrizen, sogenannte *binäre Operationen*. Die meisten Operationen können nicht für beliebige Matrizen ausgeführt werden, sondern nur für solche, deren Zeilen- und Spaltenzahl bestimmte Bedingungen erfüllen.

A.1.1   Matrizenoperationen

Addition und Subtraktion zweier Matrizen. Für diese Operation müssen die beiden Matrizen die gleiche Größe, also jeweils die gleiche Zahl von Zeilen und Spalten aufweisen. Sie werden *elementweise* addiert oder subtrahiert:

$$A = \begin{bmatrix} a_{11} & \cdots & a_{1k} \\ \vdots & & \vdots \\ a_{n1} & \cdots & a_{nk} \end{bmatrix}, B = \begin{bmatrix} b_{11} & \cdots & b_{1k} \\ \vdots & & \vdots \\ b_{n1} & \cdots & b_{nk} \end{bmatrix}$$

$$\Rightarrow \quad C = A \pm B = \begin{bmatrix} a_{11} \pm b_{11} & \cdots & a_{1k} \pm b_{1k} \\ \vdots & & \vdots \\ a_{n1} \pm b_{n1} & \cdots & a_{nk} \pm b_{nk} \end{bmatrix}.$$

$$(244)$$

Multiplikation einer Matrix mit einer Zahl. Die Multiplikation einer Matrix mit einer reellen oder komplexen Zahl wird ebenfalls *elementweise* durchgeführt:

$$A = \begin{bmatrix} a_{11} & \cdots & a_{1k} \\ \vdots & & \vdots \\ a_{n1} & \cdots & a_{nk} \end{bmatrix} \Rightarrow r A = A r = \begin{bmatrix} r a_{11} & \cdots & r a_{1k} \\ \vdots & & \vdots \\ r a_{n1} & \cdots & r a_{nk} \end{bmatrix} \quad (245)$$

Skalarprodukt (Zeilenvektor · Spaltenvektor). Das Skalarprodukt ist eine Operation zwischen einem Zeilen- und einem Spaltenvektor. Die beiden Vektoren müssen die gleiche Anzahl von Elementen haben. Das Ergebnis s der Operation ist eine Zahl:

$$x = \begin{bmatrix} x_1 & x_2 & \cdots & x_n \end{bmatrix}, \quad y = \begin{bmatrix} y_1 \\ y_2 \\ \vdots \\ y_n \end{bmatrix}$$

$$\Rightarrow \quad s = x y = x_1 y_1 + x_2 y_2 + \cdots + x_n y_n = \sum_{i=1}^{n} x_i y_i$$

$$(246)$$

Zwei Vektoren x und y sind *orthogonal*, wenn ihr Skalarprodukt 0 ist: $x y = 0$.

Vektorprodukt (Spaltenvektor × Spaltenvektor). Das Vektor- oder Kreuzprodukt wird sehr oft in der räumlichen Mechanik, zum Beispiel bei der Berechnung von Momenten aus Kräften und Hebelarmen und beim Drehimpuls-Erhaltungssatz benötigt. Es ist nur definiert für Vektoren mit genau drei Elementen.

Das Ergebnis z des Vektorproduktes zweier Vektoren x und y ist wieder ein Spaltenvektor mit 3 Elementen:

$$z = x \times y = \begin{bmatrix} x_1 \\ x_2 \\ x_3 \end{bmatrix} \times \begin{bmatrix} y_1 \\ y_2 \\ y_3 \end{bmatrix} = \begin{bmatrix} x_2 y_3 - x_3 y_2 \\ x_3 y_1 - x_1 y_3 \\ x_1 y_2 - x_2 y_1 \end{bmatrix} \tag{247}$$

Multiplikation zweier Matrizen. Eine $n \times k$-Matrix kann nur mit einer $k \times m$-Matrix multipliziert werden, die Zahl der Zeilen der ersten Matrix muß also mit der Zahl der Spalten der zweiten Matrix übereinstimmen. Das Ergebnis der Multiplikation ist dann eine $n \times m$-Matrix.

Das Element c_{ij} des Produktes C zweier Matrizen A und B ist das Skalarprodukt der i-ten Zeile von A mit der j-ten Spalte von B:

$$A = \begin{bmatrix} a_{11} & \cdots & a_{1k} \\ \vdots & & \vdots \\ a_{n1} & \cdots & a_{nk} \end{bmatrix}, \quad B = \begin{bmatrix} b_{11} & \cdots & b_{1k} \\ \vdots & & \vdots \\ b_{n1} & \cdots & b_{nk} \end{bmatrix}$$

$$\Rightarrow \quad C = AB = \begin{bmatrix} \sum_{i=1}^{k} a_{1i} b_{i1} & \cdots & \sum_{i=1}^{k} a_{1i} b_{im} \\ \vdots & & \vdots \\ \sum_{i=1}^{k} a_{ni} b_{i1} & \cdots & \sum_{i=1}^{k} a_{ni} b_{im} \end{bmatrix} . \tag{248}$$

Das Matrizenprodukt ist normalerweise *nicht* vertauschbar: $AB \neq BA$.

Beispiel:

es ist
$$\begin{bmatrix} 1 & 2 \\ 3 & 4 \end{bmatrix} \begin{bmatrix} 2 & 3 \\ 4 & 5 \end{bmatrix} = \begin{bmatrix} 1 \cdot 2 + 2 \cdot 4 & 1 \cdot 3 + 2 \cdot 5 \\ 3 \cdot 2 + 4 \cdot 4 & 3 \cdot 3 + 4 \cdot 5 \end{bmatrix} = \begin{bmatrix} 10 & 13 \\ 22 & 29 \end{bmatrix},$$

aber
$$\begin{bmatrix} 2 & 3 \\ 4 & 5 \end{bmatrix} \begin{bmatrix} 1 & 2 \\ 3 & 4 \end{bmatrix} = \begin{bmatrix} 2 \cdot 1 + 3 \cdot 3 & 2 \cdot 2 + 3 \cdot 4 \\ 4 \cdot 1 + 5 \cdot 3 & 4 \cdot 2 + 5 \cdot 4 \end{bmatrix} = \begin{bmatrix} 11 & 16 \\ 19 & 28 \end{bmatrix}.$$

Es gelten jedoch die Rechenregeln

$$\boxed{\begin{aligned}
(AB)C &= A(BC) \\
(A + B)C &= AC + BC \\
A(B + C) &= AB + AC\,.
\end{aligned}}$$
(249)

Diese Rechenregeln besagen übrigens indirekt auch, daß alle Matrizen-Operationen auf der rechten Seite der Gleichheitszeichen erlaubt sind, wenn dies für die Operationen links gilt, und umgekehrt. Mit Matrizen und der Matrizenmultiplikation lassen sich *lineare Gleichungssysteme* in Kurzform schreiben: ist A eine $n \times k$-Matrix und b eine $n \times 1$-Matrix, also ein Spaltenvektor, dann bedeutet $Ax = b$ ausgeschrieben

$$\begin{aligned}
a_{11}x_1 + a_{12}x_2 + \cdots + a_{1k}x_k &= b_1 \\
a_{21}x_1 + a_{22}x_2 + \cdots + a_{2k}x_k &= b_2 \\
&\cdots \\
a_{n1}x_1 + a_{n2}x_2 + \cdots + a_{nk}x_k &= b_n\,.
\end{aligned}$$

Dies ist ein lineares Gleichungssystem mit k Unbekannten (den Komponenten von x) und n Gleichungen.

Die Einheitsmatrix ist in gewissem Sinn die „1" der Matrizen, denn das Produkt der Einheitsmatrix mit einer anderen Matrix (falls dieses Produkt erlaubt ist), verändert diese Matrix nicht:

$$\boxed{IA = AI = A}$$
(250)

Ist A nicht quadratisch, dann sind die beiden Einheitsmatrizen in dieser Gleichung unterschiedlich groß: wird die Einheitsmatrix von *links* an A multipliziert, dann entspricht ihre Größe der *Zeilenzahl* von A. Wird sie dagegen von *rechts* multipliziert, dann ist die *Spaltenzahl* von A maßgebend.

Beispiel:

$$\begin{bmatrix} 1 & 0 \\ 0 & 1 \end{bmatrix}\begin{bmatrix} 1 & 2 & 3 \\ 4 & 5 & 6 \end{bmatrix} = \begin{bmatrix} 1 & 2 & 3 \\ 4 & 5 & 6 \end{bmatrix}\begin{bmatrix} 1 & 0 & 0 \\ 0 & 1 & 0 \\ 0 & 0 & 1 \end{bmatrix} = \begin{bmatrix} 1 & 2 & 3 \\ 4 & 5 & 6 \end{bmatrix}\,.$$

Transposition einer Matrix.   Die Transposition ist die „Spiegelung" einer Matrix an ihrer *Hauptdiagonalen*: dabei werden aus Zeilen Spalten und aus Spalten Zeilen. Die Transponierte einer $n \times k$-Matrix ist eine $k \times n$-Matrix:

$$A = \begin{bmatrix} a_{11} & a_{12} & \cdots & a_{1k} \\ \vdots & \vdots & & \vdots \\ a_{n1} & a_{n2} & \cdots & a_{nk} \end{bmatrix} \quad \Rightarrow \quad A^T = \begin{bmatrix} a_{11} & \cdots & a_{n1} \\ a_{12} & \cdots & a_{n2} \\ \vdots & & \vdots \\ a_{1k} & \cdots & a_{nk} \end{bmatrix} \tag{251}$$

Es gelten die Rechenregeln

$$\begin{aligned} \left(A^T\right)^T &= A \\ (rA)^T &= r(A)^T \\ (A \pm B)^T &= A^T \pm B^T \\ (AB)^T &= B^T A^T \end{aligned} \tag{252}$$

Eine Matrix heißt *symmetrisch*, wenn $A^T = A$, und *schiefsymmetrisch*, wenn $A^T = -A$. Jede quadratische Matrix läßt sich in die Summe aus einer symmetrischen und einer schiefsymmetrischen Matrix zerlegen:

$$A = B + C \, ,$$

$$\text{mit} \quad B = \frac{1}{2}\left(A + A^T\right) \ (\text{symm.}) \tag{253}$$

$$\text{und} \quad C = \frac{1}{2}\left(A - A^T\right) \ (\text{schiefsymm.}) \quad .$$

Beispiel:

$$\begin{bmatrix} 1 & 2 & 3 \\ 4 & 5 & 6 \\ 7 & 8 & 9 \end{bmatrix} = \begin{bmatrix} 1 & 3 & 5 \\ 3 & 5 & 7 \\ 5 & 7 & 9 \end{bmatrix} + \begin{bmatrix} 0 & -1 & -2 \\ 1 & 0 & -1 \\ 2 & 1 & 0 \end{bmatrix} .$$

Für jede beliebige Matrix A (also auch für jeden Vektor) läßt sich AA^T und $A^T A$ berechnen. Beide Matrizen sind immer quadratisch und symmetrisch. Für einen Spaltenvektor x ist $x^T x$ eine nichtnegative Zahl und $\sqrt{x^T x}$ die Länge (oder *Norm*) von x, während xx^T eine quadratische symmetrische Matrix darstellt, die soviel Zeilen und Spalten hat wie x Komponenten.

Beispiel:

$$[\,1\quad 2\quad 3\,]\begin{bmatrix}1\\2\\3\end{bmatrix} = 14 \quad, \qquad \begin{bmatrix}1\\2\\3\end{bmatrix}[\,1\quad 2\quad 3\,] = \begin{bmatrix}1 & 2 & 3\\2 & 4 & 6\\3 & 6 & 9\end{bmatrix}.$$

Inversion einer Matrix. Diese *unäre* Operation ist nur für quadratische Matrizen durchführbar, und auch hier nicht für alle.

Die Inverse $\boldsymbol{A}^{-1}$ einer Matrix $\boldsymbol{A}$ ist ebenfalls eine quadratische Matrix, mit der gleichen Größe wie $\boldsymbol{A}$. Im Gegensatz zur Determinante (s.u.) ist die Inverse *nicht* durch eine *Rechenvorschrift* definiert, sondern nur indirekt durch die *Eigenschaft*

$$\boxed{\boldsymbol{A}^{-1}\boldsymbol{A} = \boldsymbol{A}\boldsymbol{A}^{-1} = \boldsymbol{I}}\,. \qquad (254)$$

Beispiel: *die Inverse von* $\boldsymbol{A} = \begin{bmatrix}4 & 3\\3 & 2\end{bmatrix}$ *ist* $\boldsymbol{A}^{-1} = \begin{bmatrix}-2 & 3\\3 & -4\end{bmatrix}$, *wie man durch Ausmultiplizieren sieht.*

Matrizen, die eine Inverse besitzen, heißen *regulär* oder *invertierbar*. Andernfalls nennt man sie *singulär*. Jede Matrix besitzt höchstens *eine* Inverse: wenn $\boldsymbol{AB} = \boldsymbol{AC} = \boldsymbol{I}$ gilt, dann ist automatisch $\boldsymbol{B} = \boldsymbol{C} = \boldsymbol{I}$. Ob eine Matrix invertierbar ist, kann man, zumindest theoretisch, am Wert ihrer *Determinanten* (s.u.) erkennen: eine quadratische Matrix ist genau dann invertierbar, wenn $\det \boldsymbol{A} \neq 0$.

Mit Hilfe der Inversen kann ein Gleichungssystem mit quadratischer Matrix gelöst werden: aus $\boldsymbol{Ax} = \boldsymbol{b}$ folgt $\boldsymbol{A}^{-1}(\boldsymbol{Ax}) = \boldsymbol{A}^{-1}\boldsymbol{b} = \left(\boldsymbol{A}^{-1}\boldsymbol{A}\right)\boldsymbol{x} = \boldsymbol{Ix} = \boldsymbol{x}$, also $\boldsymbol{x} = \boldsymbol{A}^{-1}\boldsymbol{b}$. Allerdings werden Gleichungssysteme normalerweise *nicht* über diesen Umweg gelöst, denn die Berechnung der Inversen ist viel aufwendiger als andere Verfahren, zum Beispiel der *Gauß-Algorithmus* ([14], [17]). Es gilt sogar umgekehrt: wenn man die Inverse einer Matrix wirklich benötigt, was in der Berechnungspraxis nicht oft vorkommt, wird sie meist mit Hilfe einer Variante des Gauß-Algorithmus berechnet. Dazu geht man folgendermaßen vor: zunächst werden die n Gleichungssysteme $\boldsymbol{Ax}_i = \boldsymbol{e}_i$, $i = 1, \ldots, n$ gelöst. Dabei ist

$$\boldsymbol{e}_i = [\,0\quad \cdots \quad 0\quad 1\quad 0\quad \cdots \quad 0\,]^T \qquad (255)$$

der *Einheits-Spaltenvektor*, bei dem die 1 an der i-ten Stelle steht. Schreibt man nun die n Vektoren $\boldsymbol{x}_i$ spaltenweise nebeneinander, ist die entstehende quadratische Matrix gerade die Inverse von A. Ein hiermit verwandtes Verfahren ist der *Gauß-Jordan-Algorithmus* ([14]).

$$\text{\textit{Beispiel: für}}\ A = \begin{bmatrix} 2 & 2 & 4 \\ 0 & 1 & 4 \\ 0 & 0 & 6 \end{bmatrix}\ \text{\textit{gilt:}}$$

$$\begin{bmatrix} 2 & 2 & 4 \\ 0 & 1 & 4 \\ 0 & 0 & 6 \end{bmatrix} \begin{bmatrix} \frac{1}{2} \\ 0 \\ 0 \end{bmatrix} = \begin{bmatrix} 1 \\ 0 \\ 0 \end{bmatrix},\quad \begin{bmatrix} 2 & 2 & 4 \\ 0 & 1 & 4 \\ 0 & 0 & 6 \end{bmatrix} \begin{bmatrix} -1 \\ 1 \\ 0 \end{bmatrix} = \begin{bmatrix} 0 \\ 1 \\ 0 \end{bmatrix},$$

$$\begin{bmatrix} 2 & 2 & 4 \\ 0 & 1 & 4 \\ 0 & 0 & 6 \end{bmatrix} \begin{bmatrix} -\frac{1}{3} \\ -\frac{2}{3} \\ \frac{1}{6} \end{bmatrix} = \begin{bmatrix} 0 \\ 0 \\ 1 \end{bmatrix},\ \text{\textit{also}}\quad A^{-1} = \begin{bmatrix} \frac{1}{2} & -1 & \frac{1}{3} \\ 0 & 1 & -\frac{2}{3} \\ 0 & 0 & \frac{1}{6} \end{bmatrix}.$$

Die Matrix A im Beispiel ist eine obere Dreiecksmatrix. Interessant dabei ist, daß dies auch für ihre Inverse gilt. Dies kann man verallgemeinern: Inverse von oberen (bzw. unteren) Dreiecksmatrizen sind auch immer obere (bzw. untere) Dreiecksmatrizen.

Weitere Rechenregeln (immer vorausgesetzt, die Inversen existieren):

$$\begin{aligned}
\left(A^{-1}\right)^{-1} &= A \\
I^{-1} &= I \\
(rA)^{-1} &= \frac{1}{r}(A)^{-1} \\
(AB)^{-1} &= B^{-1}A^{-1} \\
\left(A^{T}\right)^{-1} &= \left(A^{-1}\right)^{T}.
\end{aligned} \tag{256}$$

2×2-Matrizen lassen sich relativ leicht invertieren:

$$\begin{bmatrix} a_{11} & a_{12} \\ a_{21} & a_{22} \end{bmatrix}^{-1} = \frac{1}{a_{11}a_{22} - a_{12}a_{21}} \begin{bmatrix} a_{22} & -a_{12} \\ -a_{21} & a_{11} \end{bmatrix}. \tag{257}$$

Eine entsprechende Formel für größere Matrizen, die sogenannte *Cramersche Regel* ([4]), hat wegen ihres großen Rechenaufwandes in der Praxis kaum Bedeutung.

Manchmal ist die *Sherman-Morrison-Formel* oder die *Woodbury-Formel* ([14]) hilfreich, zum Beispiel bei der Abschätzung der Fehlerfortpflanzung in linearen Gleichungssystemen. Diese Formeln geben, bei relativ wenig Rechenaufwand, die Inverse einer etwas verfälschten Matrix an, falls die Inverse der ursprünglichen Matrix bekannt ist.

A.1.2   Determinanten

Determinanten sind nur für *quadratische* Matrizen definiert. Die Determinante einer Matrix ist eine Zahl, die mit einer genau festgelegten Rechenvorschrift (einem *Algorithmus*) aus den Elementen der Matrix berechnet werden kann. Dieser Algorithmus (vgl. [4]) kann für große Matrizen extrem rechenaufwendig werden, wenn man nicht gewisse vereinfachende Regeln beachtet. Wegen dieses Rechenaufwandes spielen Determinanten meist nur bei theoretischen Überlegungen eine Rolle und werden selten wirklich berechnet.

Die Berechnung einer Determinante kann am einfachsten durch die folgende, *rekursive* Form des Algorithmus (dem *Determinanten-Entwicklungssatz*) erklärt werden:

- die Determinante einer 1×1-Matrix $\boldsymbol{A}$ ist das einzige Element der Matrix:

$$\det \boldsymbol{A} = \det [a_{11}] = a_{11} \tag{258}$$

- die Determinante einer $n \times n$-Matrix $\boldsymbol{A}$ ergibt sich nach der Berechnung von n Determinanten von $(n-1) \times (n-1)$-Teilmatrizen von $\boldsymbol{A}$, zum Beispiel

$$\det \boldsymbol{A} = a_{11} \det \boldsymbol{A}_{11} - a_{12} \det \boldsymbol{A}_{12} + \cdots \pm a_{1n} \det \boldsymbol{A}_{1n} . \tag{259}$$

Dabei bildet man die Matrizen $\boldsymbol{A}_{ij}$, indem man jeweils die i-te Zeile und j-te Spalte in $\boldsymbol{A}$ streicht. Die Vorzeichen in der Summe alternieren, deswegen ist das letzte Vorzeichen $+$ bei ungeradem n und $-$ bei geradem n. Gleichung (259) heißt „Entwicklung nach der *ersten* Zeile". Die Determinante kann auch nach jeder anderen Zeile oder Spalte entwickelt werden. Dabei ändert sich unter Umständen das Vorzeichenmuster: entwickelt man nach einer Zeile oder Spalte mit *geradem* Index, beginnen die Vorzeichen mit $-$, bei Zeilen oder Spalten mit *ungeradem* Index bei $+$. Um Rechenarbeit zu sparen, entwickelt man natürlich nach einer Zeile oder Spalte mit möglichst vielen Nullen. Es wird nämlich det $\boldsymbol{A}_{ij}$ nicht benötigt, falls $a_{ij} = 0$.

Für kleine Matrizen oder für Matrizen mit bestimmter Besetzungsstruktur kann sich die Berechnung der Determinante sehr vereinfachen, zum Beispiel:

$$\det \begin{bmatrix} a_{11} & a_{12} \\ a_{21} & a_{22} \end{bmatrix} = a_{11}a_{22} - a_{12}a_{21} \tag{260}$$

Beispiel:

$$\det \begin{bmatrix} 6 & 7 & 8 \\ 2 & 3 & 1 \\ 5 & 0 & 4 \end{bmatrix} = 6 \cdot \det \begin{bmatrix} 3 & 1 \\ 0 & 4 \end{bmatrix} - 7 \cdot \det \begin{bmatrix} 2 & 1 \\ 5 & 4 \end{bmatrix} + 8 \cdot \det \begin{bmatrix} 2 & 3 \\ 5 & 0 \end{bmatrix}$$

$$= 6 \cdot (3 \cdot 4 - 1 \cdot 0) - 7 \cdot (2 \cdot 4 - 1 \cdot 5) + 8 \cdot (2 \cdot 0 - 3 \cdot 5) = -99 \, .$$

$$\det \begin{bmatrix} a_{11} & a_{12} & a_{13} \\ a_{21} & a_{22} & a_{23} \\ a_{31} & a_{32} & a_{33} \end{bmatrix} = \begin{array}{l} a_{11}a_{22}a_{33} + a_{12}a_{23}a_{31} + a_{13}a_{21}a_{32} \\ -a_{11}a_{23}a_{32} - a_{12}a_{21}a_{33} - a_{13}a_{22}a_{31} \end{array} \qquad (261)$$

$$\det \begin{bmatrix} a_{11} & a_{12} & \cdots & a_{1n} \\ 0 & a_{22} & \cdots & a_{2n} \\ \vdots & \vdots & \ddots & \vdots \\ 0 & 0 & \cdots & a_{nn} \end{bmatrix} = \det \begin{bmatrix} a_{11} & 0 & \cdots & 0 \\ a_{21} & a_{22} & \cdots & 0 \\ \vdots & \vdots & \ddots & \vdots \\ a_{n1} & a_{n2} & \cdots & a_{nn} \end{bmatrix} = \qquad (262)$$

$$= a_{11}a_{22}a_{33} \ldots a_{nn} \, .$$

Der Wert von det A ändert sich nicht, wenn zu einer Zeile von A das Vielfache einer *anderen* Zeile, oder wenn zu einer Spalte ein Vielfaches einer *anderen* Spalte addiert wird. Vertauscht man zwei Zeilen oder zwei Spalten, ändert sich das Vorzeichen der Determinante, während der Betrag gleich bleibt. Es ist det $A = 0$, wenn eine Zeile oder eine Spalte von A nur aus Nullen besteht, oder wenn eine Zeile (Spalte) das Vielfache einer anderen Zeile (Spalte) ist.

Weitere Rechenregeln:

$$\boxed{\begin{aligned} \det A^T &= \det A \\ \det A^{-1} &= \frac{1}{\det A} \\ \det(AB) &= \det A \, \det B \\ \det(rA) &= r^n \det A \end{aligned}} \qquad (263)$$

Zum Wert der Determinante der Summe zweier Matrizen kann *nichts* Allgemeingültiges ausgesagt werden.

Wie bereits erwähnt, besitzt eine Matrix A genau dann eine Inverse, wenn det $A \neq 0$. Gilt für die Matrix eines linearen Gleichungssystems det $A = 0$, hat das Gleichungssystem *entweder* keine *oder* unendliche viele Lösungen.

A.1.3 Normen

Normen von Vektoren. Die Norm $\|x\|$ eines Zeilen- oder Spaltenvektors x ist eine Zahl und gibt die absolute *Größe* dieses Vektors an. Normen gestatten also den Größenvergleich von Vektoren. Sie entsprechen der Betragsbildung bei einfachen Zahlen. Die bekannteste Norm ist die *euklidische Norm* oder *2-Norm*:

$$\|x\|_2 = \sqrt{\sum_{i=1}^{n} x_i^2} \tag{264}$$

Einfacher zu berechnen sind die *Maximum-Norm* oder ∞-*Norm*:

$$\|x\|_\infty = \max_{1 \le i \le n} |x_i| \tag{265}$$

und die *Summen-Norm* oder *1-Norm*:

$$\|x\|_1 = \sum_{i=1}^{n} |x_i| \tag{266}$$

Beispiel: für $x = [\ 2\quad 3\quad -4\ ]$ *ist* $\|x\|_2 = 5.3852$, $\|x\|_\infty = 4$, $\|x\|_1 = 9$.

Ähnlich wie für Beträge, gelten für Vektornormen folgende Rechenregeln:

$$
\begin{aligned}
&\|x\| \ge 0 \\
&\|x\| = 0 \Rightarrow x = 0 \\
&\|rx\| = |r| \cdot \|x\| \\
&\|x \pm y\| \le \|x\| + \|y\| \\
&\|x \pm y\| \ge \big|\|x\| - \|y\|\big| \, .
\end{aligned}
\tag{267}
$$

Normen von Matrizen. Multipliziert man eine Matrix mit einem Spaltenvektor, entsteht wieder ein Spaltenvektor. Wieviel größer (oder kleiner) ist dieser Vektor als der ursprüngliche Vektor? Dazu gibt es eine einfache Antwort: zu jeder Matrix A kann man einen „Vergrößerungs-" bzw. „Verkleinerungsfaktor" a berechnen: $y = Ax \Rightarrow \|y\| \leq a \cdot \|x\|$.

Dieser Vergrößerungsfaktor hängt von der verwendeten Vektornorm selbst ab. Wichtig für die Praxis: er ist berechenbar! Man kann sogar den *kleinstmöglichen* solchen Faktor ausrechnen, den man *Matrixnorm* nennt. Interessant ist dabei die folgende Tatsache: wenn man diese *Matrixnorm* für einen Spaltenvektor berechnet, so stimmt das Ergebnis mit der *Vektornorm* des Vektors überein. Deswegen ist es sinnvoll, die Matrixnorm mit dem gleichen Symbol wie die zugehörige Vektornorm zu bezeichnen.

Für jede zu einer Vektornorm $\|x\|$ gehörende Matrixnorm $\|A\|$ gilt also

$$\boxed{\|Ax\| \leq \|A\| \cdot \|x\|} \tag{268}$$

Außerdem gibt es immer Vektoren $x_0 \neq 0$, für die aus dieser *Abschätzung* eine *Gleichung* wird: $\|Ax_0\| = \|A\| \cdot \|x_0\|$.

Die Matrixnorm zur ∞-Norm heißt *Zeilensummennorm*. Sie wird berechnet, indem man für jede *Zeile* von A die 1-Norm bildet und die größte dieser Zahlen auswählt:

$$\boxed{\|A\|_\infty = \max_{1 \leq i \leq n} \sum_{j=1}^{k} |a_{ij}|} \tag{269}$$

Die Matrixnorm zur 1-Norm heißt *Spaltensummennorm*. Sie wird berechnet, indem man für jede *Spalte* von A die 1-Norm bildet und die größte dieser Zahlen auswählt:

$$\boxed{\|A\|_1 = \max_{1 \leq j \leq k} \sum_{i=1}^{n} |a_{ij}|} \tag{270}$$

Beispiel: für $A = \begin{bmatrix} 1 & -4 & 3 \\ 6 & 0 & 5 \end{bmatrix}$ ist $\|A\|_\infty = \max(1+4+3, 6+0+5) = 11$ *und*

$\|A\|_1 = \max(1+6, 4+0, 3+5) = 8$

Schwieriger wird es mit der Matrixnorm zur euklidischen Länge, der *Spektralnorm*. Diese kann nur mit der Hilfe von *Eigenwerten* (s. Abschnitt A.1.4) berechnet werden. Im Vorgriff auf den nächsten Abschnitt soll hier nur die Berechnungsformel angegeben werden:

$$\boxed{\|\boldsymbol{A}\|_2 = \sqrt{\max_{1\leq i\leq n} \lambda_i \left(\boldsymbol{A}^T \boldsymbol{A}\right)}} \tag{271}$$

Dabei ist $\lambda_i \left(\boldsymbol{A}^T \boldsymbol{A}\right)$ der i-te Eigenwert von $\boldsymbol{A}^T \boldsymbol{A}$, s. Abschnitt A.1.4.

Für alle Matrixnormen gelten die gleichen Rechenregeln wie für die Vektornormen.

Ebenfalls im Vorgriff auf Abschnitt A.1.4 eine weitere sehr wichtige Eigenschaft für *quadratische* Matrizen: der *Spektralradius* $\rho(\boldsymbol{A})$, das ist der Betrag des betragsgrößten Eigenwertes von $\boldsymbol{A}$, ist kleiner als jede Matrixnorm ([17]):

$$\boxed{\rho(\boldsymbol{A}) = \max_{1\leq i\leq n} |\lambda_i(\boldsymbol{A})| \leq \|\boldsymbol{A}\|} \tag{272}$$

Außerdem gibt es immer eine Matrixnorm, die dem Spektralradius beliebig nahe kommt.

A.1.4 Eigenwerte und Eigenvektoren

Eigenwerte von Matrizen spielen eine zentrale Rolle in der Systemdynamik, und zwar sowohl für die theoretischen Grundlagen wie auch für viele Berechnungsverfahren in der Praxis.

Eigenwerte und Eigenvektoren sind nur für *quadratische* Matrizen definiert. Für nichtquadratische Matrizen gibt es *singuläre Werte*, eine Verallgemeinerung des Eigenwertbegriffs, die wir hier nicht benötigen.

Eine reelle oder komplexe Zahl λ und ein reeller oder komplexer Spaltenvektor $\boldsymbol{x}$ heißt *Eigenwert* bzw. *Eigenvektor* einer quadratischen $n \times n$-Matrix $\boldsymbol{A}$, wenn

$$\boxed{\boldsymbol{A}\boldsymbol{x} = \lambda\boldsymbol{x}} \tag{273}$$

gilt.

> **Beispiel:** *die Matrix* $A = \begin{bmatrix} -4 & 1 \\ 2 & -5 \end{bmatrix}$ *hat den Eigenwert* $\lambda = -6$ *mit dem zugehörigen Eigenvektor* $x = \begin{bmatrix} 1 & -2 \end{bmatrix}^T$, *was man durch Nachrechnen leicht überprüfen kann:*
>
> $$Ax = \begin{bmatrix} -4 & 1 \\ 2 & -5 \end{bmatrix} \begin{bmatrix} 1 \\ -2 \end{bmatrix} = \begin{bmatrix} -6 \\ 12 \end{bmatrix} = -6 \begin{bmatrix} 1 \\ -2 \end{bmatrix}.$$

(273) kann umgeformt werden zu $(A - \lambda I)\, x = 0$. Dies ist ein lineares Gleichungssystem, welches außer der „uninteressanten" Lösung $x = 0$ nur dann weitere Lösungen hat, wenn

$$\boxed{p(\lambda) = \det(A - \lambda I) = 0}. \tag{274}$$

Aufgefaßt als Funktion von λ, ist $p(\lambda)$ immer ein *Polynom n-ten* Grades und heißt *charakteristisches Polynom* von A.

> **Beispiel:** *das charakteristische Polynom zu obiger Matrix ist*
>
> $$\det(A - \lambda I) = \det \begin{bmatrix} -4 - \lambda & 1 \\ 2 & -5 - \lambda \end{bmatrix} = \lambda^2 + 9\lambda + 18$$

Aus Gleichung (274) folgt, daß die *Eigenwerte von A genau die Nullstellen des charakteristischen Polynoms sind.* Diese Tatsache ist jedoch nur in der Theorie wichtig, denn die Eigenwerte werden meist *nicht* mit Hilfe des charakteristischen Polynoms berechnet. Vielmehr gibt es hierfür wesentliche effizientere Verfahren ([14]).

> **Beispiel:** *die Matrix*
>
> $$A = \begin{bmatrix} 0 & 1 & 0 \\ -2 & -2 & 4 \\ 0 & 0 & -3 \end{bmatrix}$$
>
> *hat das charakteristische Polynom*
>
> $$\det(A - \lambda I) = \begin{bmatrix} -\lambda & 1 & 0 \\ -2 & -2 - \lambda & 4 \\ 0 & 0 & -3 - \lambda \end{bmatrix} = -\left(\lambda^2 + 2\lambda + 2\right)(\lambda + 3),$$
>
> *also die Eigenwerte* $\lambda_{1,2} = -1 \pm i$ *und* $\lambda_3 = -3$.

Einige Eigenschaften von Eigenwerten und Eigenvektoren:

- eine $n \times n$-Matrix hat *höchstens n verschiedene Eigenwerte*,

- *verschiedene* Eigenwerte können *nicht den gleichen Eigenvektor* haben,

- der zu einem Eigenwert gehörende *Eigenvektor* ist *nicht* eindeutig bestimmt (ist zum Beispiel $\boldsymbol{x}$ ein Eigenvektor zu λ, dann auch $r\boldsymbol{x}$ für jeden Faktor $r \neq 0$),

- die Eigenwerte von *Diagonal-* und *Dreiecksmatrizen* stehen auf der Hauptdiagonalen,

- die *Einheitsmatrix* hat nur 1 als Eigenwert. Jeder Spaltenvektor der richtigen Größe ist Eigenvektor von $\boldsymbol{I}$ (wegen $\boldsymbol{I}\boldsymbol{x} = 1\boldsymbol{x}$),

- die Eigenwerte einer *regulären* Matrix sind ungleich Null,

- umgekehrt ist eine Matrix dann regulär, wenn alle Eigenwerte ungleich Null sind,

- die *Summe* aller Eigenwerte ist gleich der *Spur* von $\boldsymbol{A}$ (dies ist die Summe der Hauptdiagonalelemente):

$$\sum_{i=1}^{n} \lambda_i = \sum_{i=1}^{n} a_{ii} \tag{275}$$

(dabei werden mehrfache Nullstellen des charakteristischen Polynoms entsprechend mehrfach als Eigenwert gezählt),

- das *Produkt* aller Eigenwerte ist gleich der Determinante von $\boldsymbol{A}$:

$$\lambda_1 \cdot \lambda_2 \cdots \lambda_n = \det \boldsymbol{A} \tag{276}$$

(dabei werden mehrfache Nullstellen des charakteristischen Polynoms entsprechend mehrfach als Eigenwert gezählt),

- die Eigenwerte von *Block-Diagonalmatrizen* und *Block-Dreiecksmatrizen* sind gerade die Eigenwerten aller *Hauptdiagonalblöcke* (eine Block-Dreiecksmatrix hat eine dreieckförmige Besetzungsstruktur, die durch kleinere Blockmatrizen anstelle der Elemente definiert ist),

- ist für *reelle* Matrizen $(\lambda, \boldsymbol{x})$ ein Eigenwert/Eigenvektor-Paar, dann auch das konjugiert komplexe Paar $\left(\overline{\lambda}, \overline{\boldsymbol{x}}\right)$ (ein Vektor oder eine Matrix wird *konjugiert*, indem jedes Element konjugiert wird.)

- die Eigenwerte von reellen *symmetrischen* Matrizen sind alle *reell*. Eigenvek-

---

Beispiel: *die Matrix*

$$A = \left[\begin{array}{cc|cc} 3 & 0 & 2 & 5 \\ 1 & 6 & 1 & 2 \\ \hline 0 & 0 & 5 & 0 \\ 0 & 0 & 1 & 3 \end{array}\right].$$

hat die Eigenwerte $\lambda_{1,2,3,4} = 3, 6, 5, 3$, *denn die beiden Hauptdiagonalblöcke sind jeweils selbst Dreiecksmatrizen,*

Beispiel: *die Matrix* $\left[\begin{array}{cc} -1 & 1 \\ -1 & -1 \end{array}\right]$ *hat den Eigenwert* $-1 + i$ *zum Eigenvektor* $\left[\begin{array}{cc} 1 & 1+i \end{array}\right]^T$, *also auch den Eigenwert* $-1 - i$ *zum Eigenvektor* $\left[\begin{array}{cc} 1 & 1-i \end{array}\right]^T$.

---

toren zu *verschiedenen* Eigenwerten solcher Matrizen sind *orthogonal*:

$$A^T = A, \quad Ax = \lambda x, \quad Ay = \mu y, \quad \lambda \neq \mu$$
$$\Rightarrow \lambda, \mu \text{ reell und } \quad x^T y = 0,$$

$$(277)$$

- A und A^T haben die *gleichen* Eigenwerte, aber im allgemeinen *verschiedene* Eigenvektoren,

- ist A regulär und (λ, x) ein Eigenwert/Eigenvektor-Paar von A, dann ist $(\frac{1}{\lambda}, x)$ ein Eigenwert/Eigenvektor-Paar von A^{-1},

- ist (λ, x) ein Eigenwert/Eigenvektor-Paar von A, dann ist (μ, x) mit $\mu = \sum_{i=0}^{m} a_i \lambda^i$ ein Eigenwert/Eigenvektor-Paar von $\hat{A} = \sum_{i=0}^{m} a_i A^i$ (dabei bezeichnet A^i das i-fache Matrixprodukt von A mit sich selbst: $A^i = \underbrace{AA \cdots A}_{i}$).

Beispiel: *die aus der Matrix* $A = \left[\begin{array}{cc} -4 & 1 \\ 2 & -5 \end{array}\right]$ *(vgl. obiges Beispiel) gebildete Matrix*

$$10I + A^2 = \left[\begin{array}{cc} 28 & -9 \\ -18 & 27 \end{array}\right]$$

hat die Eigenwerte $\mu_1 = 10 + \lambda_1^2 = 10 + (-3)^2 = 19$ *und* $\mu_2 = 10 + \lambda_2^2 = 10 + (-6)^2 = 46$.

- λ ist genau dann ein Eigenwert von $\hat{A} = \left[\begin{array}{cc} 0 & I \\ A & 0 \end{array}\right]$, wenn $\mu = \lambda^2$ ein Eigenvektor von $\boldsymbol{A}$ ist. Sind alle Eigenwerte von $\boldsymbol{A}$ reell und negativ, dann sind alle Eigenwerte von $\hat{\boldsymbol{A}}$ rein imaginär (diese etwas schwer zu verstehende Eigenschaft ist von großer Bedeutung in der Systemdynamik, zum Beispiel in der *Modalanalyse* bei der Finite-Elemente-Methode).

In MATLAB^{TM} können die Eigenwerte bzw. die Eigenwerte/Eigenvektoren einer quadratischen Matrix mit dem Befehl `lambda = eig(A)` bzw. `[X,Lambda] = eig(A)` berechnet werden. Näheres siehe [11].

A.1.5 Modaltransformation

Wir betrachten den Spezialfall einer quadratischen $n \times n$-Matrix, mit n *verschiedenen* Eigenwerten (diese Voraussetzung kann stark abgeschwächt werden, worauf hier aber nicht eingegangen werden soll). Wählt man zu jedem Eigenwert einen Eigenvektor aus und schreibt man diese Vektoren spaltenweise nebeneinander, erhält eine sogenannte *Modalmatrix* von $\boldsymbol{A}$:

$$\boldsymbol{T} = [\ \boldsymbol{x}_1 \quad \boldsymbol{x}_2 \quad \cdots \quad \boldsymbol{x}_n\ ] \tag{278}$$

Mit Hilfe einer solchen Modalmatrix kann $\boldsymbol{A}$ auf *Diagonalform* gebracht werden. Diese Umformung nennt man *Modaltransformation*. Es ist nämlich

$$\boldsymbol{T}^{-1}\boldsymbol{A}\boldsymbol{T} = \boldsymbol{\Lambda} = \begin{bmatrix} \lambda_1 & & & \\ & \lambda_2 & & \\ & & \ddots & \\ & & & \lambda_n \end{bmatrix} \tag{279}$$

(in der Diagonalmatrix sind alle Nullen weggelassen worden).

Aus (279) folgt übrigens

$$\boldsymbol{T}\boldsymbol{\Lambda}\boldsymbol{T}^{-1} = \boldsymbol{A}\,. \tag{280}$$

Dies bedeutet, daß aus den Eigenwerten und Eigenvektoren einer Matrix die Matrix selbst rekonstruiert werden kann. Somit ist in diesen Größen die in einer Matrix gespeicherte Information vollständig enthalten.

Beispiel: die Matrix

$$T = \begin{bmatrix} -11 & 10 & 8 \\ 1 & -8 & -1 \\ -4 & 8 & 1 \end{bmatrix}$$

hat die drei Eigenwert/Eigenvektor-Paare

$$\lambda_1 = -3,\ x_1 = \begin{bmatrix} 1 \\ 0 \\ 1 \end{bmatrix},\ \lambda_2 = -6,\ x_2 = \begin{bmatrix} 2 \\ 1 \\ 0 \end{bmatrix},\ \lambda_3 = -9,\ x_3 = \begin{bmatrix} 3 \\ -1 \\ 2 \end{bmatrix},$$

also

$$T = \begin{bmatrix} 1 & 2 & 3 \\ 0 & 1 & -1 \\ 1 & 0 & 2 \end{bmatrix}.$$

Wegen

$$T^{-1} = \frac{1}{3} \begin{bmatrix} -2 & 4 & 5 \\ 1 & 1 & -1 \\ 1 & -2 & -1 \end{bmatrix}$$

(Probe durch Multiplikation $T^{-1}T$) ergibt die Modaltransformation erwartungsgemäß

$$T^{-1}AT = \Lambda = \begin{bmatrix} -3 & 0 & 0 \\ 0 & -6 & 0 \\ 0 & 0 & -9 \end{bmatrix}.$$

Matrix-Exponentialfunktion und Fundamentalmatrix. Mit Hilfe der Modaltransformation kann die *Exponentialfunktion e^x* auf Matrizen übertragen werden. Dabei behalten einige, aber nicht alle Rechenregeln ihre Gültigkeit. Diese *Matrix-Exponentialfunktion* ist manchmal hilfreich bei der Analyse und Simulation linearer Systeme (siehe Kapitel 3 und A.2).

Existiert die Modalmatrix einer Matrix A, dann wird ihre Matrix-Exponentialfunktion wie folgt berechnet:

$$e^A = Te^\Lambda T^{-1} = T \begin{bmatrix} e^{\lambda_1} & & & \\ & e^{\lambda_2} & & \\ & & \ddots & \\ & & & e^{\lambda_n} \end{bmatrix} T^{-1} \tag{281}$$

Die Matrix-Exponentialfunktion wird oft zusammen mit einem skalaren Faktor

---

Beispiel: die Matrix

$$A = \begin{bmatrix} -5 & -1 & 1 \\ -2 & -4 & 2 \\ -1 & 1 & -3 \end{bmatrix}$$

hat die Eigenwerte $\lambda_{1,2,3} = -2, -4, -6$ *und die Modalmatrix*

$$T = \begin{bmatrix} 0 & 1 & 1 \\ 1 & 0 & 1 \\ 1 & 1 & 0 \end{bmatrix}, \quad T^{-1} = \frac{1}{2} \begin{bmatrix} -1 & 1 & 1 \\ 1 & -1 & 1 \\ 1 & 1 & -1 \end{bmatrix}.$$

Somit ist

$$e^A = T \begin{bmatrix} e^{-2} & & \\ & e^{-4} & \\ & & e^{-6} \end{bmatrix} T^{-1}$$

$$= \frac{1}{2} \begin{bmatrix} 0 & 1 & 1 \\ 1 & 0 & 1 \\ 1 & 1 & 0 \end{bmatrix} \begin{bmatrix} e^{-2} & & \\ & e^{-4} & \\ & & e^{-6} \end{bmatrix} \begin{bmatrix} -1 & 1 & 1 \\ 1 & -1 & 1 \\ 1 & 1 & -1 \end{bmatrix}$$

$$= \begin{bmatrix} 0.0104\ldots & -0.0079\ldots & 0.0079\ldots \\ -0.0664\ldots & 0.0689\ldots & 0.0664\ldots \\ -0.0585\ldots & 0.0585\ldots & 0.0768\ldots \end{bmatrix}.$$

---

t betrachtet, mit dem die Matrix vorher multipliziert wird. Die resultierende Matrix e^{At} nennt man die *Fundamentalmatrix* zu A und t.

Für die Matrix-Exponentialfunktion und die Fundamentalmatrix gelten, in Analogie zu den skalaren Funktionen e^a und e^{at}, folgende Rechenregeln:

$$\begin{aligned} e^{A0} &= I \\ e^{-A} &= \left(e^A\right)^{-1} \\ e^{A(t_1 \pm t_2)} &= e^{At_1} e^{\pm At_2} \\ \frac{d}{dt} e^{At} &= A e^{At} \\ \int_{t_0}^{t} e^{A\tau} d\tau &= A^{-1} \left(e^{At} - e^{At_0}\right). \end{aligned} \tag{282}$$

Im allgemeinen ist jedoch $e^{A+B} \neq e^A e^B$. Die *Differentiation* und die *Integration* von e^{At} wird, wie immer bei Matrizen, *elementweise* durchgeführt.

Weitere Eigenschaften:

- die Fundamentalmatrix läßt sich auch als Reihe darstellen:

$$e^{At} = \sum_{k=0}^{\infty} \frac{1}{k!} t^k A^k = I + tA + \frac{1}{2}t^2 A^2 + \frac{1}{6}t^3 A^3 + \dots , \qquad (283)$$

woraus sich *Näherungsformeln* für e^{At} ableiten lassen. Mit diesen Näherungen kann man die Fundamentalmatrix ohne Kenntnis der Eigenwerte und Eigenvektoren approximieren, falls t nicht zu groß ist. Die wichtigsten Näherungsformeln sind

$$\boxed{\begin{aligned} e^{At} &\approx I + tA \\ e^{At} &\approx I + tA + \frac{t^2}{2}A^2 \\ e^{At} &\approx (I - tA)^{-1} \\ e^{At} &\approx \left(I - \frac{t}{2}A\right)^{-1}\left(I + \frac{t}{2}A\right) \end{aligned}} \qquad (284)$$

- die modalen Größen einer Matrix und die ihrer Fundamentalmatrix stehen in engem Zusammenhang: (1) die Eigenvektoren von A stimmen mit denen von e^{At} überein; (2) ist $\lambda = a + bi$ ein Eigenwert von A, dann ist $\mu(t) = e^{at}(\cos bt + i \sin bt)$ ein Eigenwert von e^{At}; (3) ist $\mu(t) = u + iv$ ein Eigenwert von e^{At}, dann ist $\lambda = \frac{1}{t}\left(ln\sqrt{u^2 + v^2} + i \arctan \frac{v}{u}\right)$ ein Eigenwert von A,

- weiter besteht zwischen einem Eigenwert λ von A und dem zugehörigen Eigenwert $\mu(t)$ von e^{At} für $t > 0$ die Beziehung

$$\boxed{\begin{aligned} \text{Re}(\lambda) &< 0 \quad \text{genau dann, wenn} \quad |\mu(t)| < 1 \\ \text{Re}(\lambda) &= 0 \quad \text{genau dann, wenn} \quad |\mu(t)| = 1 \end{aligned}} \qquad (285)$$

(diese Eigenschaft ist wichtig bei *Stabilitätsbetrachtungen* in der Systemdynamik),

- in MATLAB^{TM} kann die Fundamentalmatrix einer quadratischen Matrix mit dem Befehl `B = expm(t*A)` berechnet werden, näheres siehe [11].

A.2   Lineare Differentialgleichungssysteme

Ein System von Differentialgleichungen der Form

$$\begin{aligned}
\dot{z}_1 &= f_1(z_1, z_2, \ldots, z_n, e_1, e_2, \ldots, e_m) \\
\dot{z}_2 &= f_2(z_1, z_2, \ldots, z_n, e_1, e_2, \ldots, e_m) \\
&\ldots \\
\dot{z}_n &= f_n(z_1, z_2, \ldots, z_n, e_1, e_2, \ldots, e_m) \quad ,
\end{aligned} \tag{286}$$

kurz

$$\boxed{\dot{z} = f(z, e)} \tag{287}$$

heißt *gewöhnliches* Differentialgleichungssystem.

Die *Lösung* eines solchen Systems besteht darin, Funktionen $z_1(t)$, $z_2(t)$, $\ldots$, $z_n(t)$ zu finden, die zu einer bestimmten Vorgabe der *Eingangsgrößen* oder *Eingangssignale* $e_i(t)$ und der *Anfangswerte* $z_i(t_0)$ alle diese Gleichungen erfüllen, und zwar zu allen Zeitpunkten t zwischen t_0 und t_{end}.

Genauer spricht man in diesem Fall von der Lösung eines *Anfangswertproblems* (*AWP*), im Gegensatz zur Lösung von *Randwertproblemen* (*RWP*), bei denen bestimmte Funktionswerte von z_i zu mindestens zwei *verschiedenen* Zeitpunkten, meist t_0 und t_{end}, vorgeschrieben sind.

In diesem Buch konzentrieren wir uns auf die Systeme, die mathematisch durch Anfangswertprobleme beschrieben werden können. Allerdings treten bei vielen Systemen in der Praxis Kombinationen von Anfangs- und Randwertvorgaben auf, und dies oft in Verbindung mit *partiellen* statt gewöhnlichen Differentialgleichungen ([19]).

Von wenigen Ausnahmen abgesehen, läßt sich die Lösung von Anfangswertproblemen nicht analytisch, also exakt durchführen. Zu diesen Ausnahmen gehören die *linearen* Systeme mit *konstanten* Koeffizienten:

$$\begin{aligned}
\dot{z}_1 &= a_{11}z_1 + a_{12}z_2 + \ldots + a_{1n}z_n + b_{11}e_1 + b_{12}e_2 + \ldots + b_{1m}z_m \\
\dot{z}_2 &= a_{21}z_1 + a_{22}z_2 + \ldots + a_{2n}z_n + b_{21}e_1 + b_{22}e_2 + \ldots + b_{2m}z_m \\
&\ldots \\
\dot{z}_n &= a_{n1}z_1 + a_{n2}z_2 + \ldots + a_{nn}z_n + b_{n1}e_1 + b_{n2}e_2 + \ldots + b_{nm}z_m \quad .
\end{aligned} \tag{288}$$

In Matrizenschreibweise lauten diese Gleichungen

$$\boxed{\dot{z} = Az + Be} \tag{289}$$

Die Matrix A, die *Systemmatrix*, ist immer quadratisch. Dies gilt nicht für die *Eingangsmatrix* B.

Mit Hilfe der *Fundamentalmatrix* von A kann man, jedenfalls theoretisch, die Lösung von (289) wie folgt angeben:

$$z(t) = e^{A(t-t_0)}z_0 + \int_{t_0}^{t} e^{A(t-\tau)}Be(\tau)d\tau \,. \tag{290}$$

Interessant ist in dieser Lösungsformel, daß der Einfluß der Anfangswerte $z_0 = z(t_0)$ auf die Lösung unterscheidbar wird von dem der Eingangsgrößen $e(t)$. Der Summand $e^{A(t-t_0)}z_0$ wird bei *stabilen* Systemen (vgl. Abschnitt 1.5.6) mehr oder weniger schnell klein, sodaß nach ausreichend langer Zeit nur noch die Eingangsgrößen den weiteren Verlauf der Lösung bestimmen.

Zum *Beweis* der Lösungsformel benötigt man die folgende Rechenregel der Integralrechnung:

$$\frac{d}{dt}\int_{t_0}^{t} f(t,\tau)d\tau = f(t,t) + \int_{t_0}^{t} \frac{\partial}{\partial t}f(t,\tau)d\tau \,, \tag{291}$$

die auch für vektorwertige Funktionen f gilt. Zusammen mit den Rechenregeln (282) für die Fundamentalmatrix erhält man

$$\begin{aligned}
\frac{d}{dt}\int_{t_0}^{t} e^{A(t-\tau)}Be(\tau)d\tau &= e^{A0}Be(t) + \int_{t_0}^{t} \frac{\partial}{\partial t}e^{A(t-\tau)}Be(\tau)d\tau \\[2ex]
&= Be(t) + \int_{t_0}^{t} Ae^{A(t-\tau)}Be(\tau)d\tau \\[2ex]
&= Be(t) + A\int_{t_0}^{t} e^{A(t-\tau)}Be(\tau)d\tau \,.
\end{aligned} \tag{292}$$

Es ist also tatsächlich

$$
\begin{aligned}
\dot{z}(t) &= \frac{d}{dt}\left(e^{A(t-t_0)}z_0 + \int_{t_0}^{t} e^{A(t-\tau)}Be(\tau)d\tau\right) \\[2mm]
&= Ae^{A(t-t_0)}z_0 + \frac{d}{dt}\int_{t_0}^{t} e^{A(t-\tau)}Be(\tau)d\tau \\[2mm]
&= A\left(e^{A(t-t_0)}z_0 + \int_{t_0}^{t} e^{A(t-\tau)}Be(\tau)d\tau\right) + Be(t) \\[2mm]
&= Az(t) + Be(t),
\end{aligned}
\tag{293}
$$

und

$$
z(t_0) = e^{A0}z_0 + \int_{t_0}^{t_0} e^{A(t_0-\tau)}Be(\tau)d\tau = Iz_0 = z_0.
\tag{294}
$$

Leider ist (290) selten direkt verwertbar, denn das darin auftretende Integral läßt sich, bei beliebiger Vorgabe der Eingangsgrößen, nicht geschlossen lösen. Man muß es numerisch approximieren (annähern), zum Beispiel durch die *Simpson-Regel* ([14], [17]). Eine andere Möglichkeit: man approximiert die Eingangsgrößen selbst durch solche, für die sich das Integral ausnahmsweise exakt lösen läßt.

Die einfachsten Eingangsgrößen mit dieser Eigenschaft sind *konstante* „Funktionen" $e(t) = \hat{e}$. In diesem Fall läßt sich zeigen

$$
\int_{t_0}^{t} e^{A(t-\tau)}Be(\tau)d\tau = \int_{t_0}^{t} e^{A(t-\tau)}B\hat{e}\,d\tau = \left(e^{A(t-t_0)} - I\right)A^{-1}B\hat{e}.
\tag{295}
$$

Sind die Eingangsgrößen dagegen nur *stückweise* konstant, gilt also $e(t) = e^{(k)}$, falls $t_k \leq t < t_{k+1}$, dann läßt sich die Lösung abschnittsweise zusammensetzen, indem man als Anfangswert der Lösung im Zeitintervall von t_k bis t_{k+1} den Endwert der Lösung im vorigen Intervall verwendet.

Bezeichnet man diesen Anfangswert mit $z^{(k)} = z(t_k)$, dann gilt also mit (295) und $h_k := t_{k+1} - t_k$, $e^{(k)} = e(t_k)$

$$
z^{(k+1)} = e^{Ah_k}z^{(k)} + \left(e^{Ah_k} - I\right)A^{-1}Be^{(k)}
\tag{296}
$$

Dies ist eine *Rekursionsformel* zur Berechnung der Lösung in den *Stützstellen* $e^{(k)}$. Das sind diejenigen Zeitpunkte, an denen die Eingangsgrößen sprunghaft ihren ansonsten konstanten Wert ändern.

Die Formel wird besonders einfach, wenn die Stützstellen *äquidistant* sind, also gleichen Abstand $h_k = h$ haben, denn dann sind die beteiligten Matrizen konstant und müssen nur einmal berechnet werden:

$$
\begin{aligned}
z^{(k+1)} &= A_h z^{(k)} + B_h e^{(k)} \\
A_h &= e^{Ah} \\
B_h &= \left(e^{Ah} - I \right) A^{-1} B \,.
\end{aligned}
\tag{297}
$$

Ähnlich wie bei stückweise konstanten Eingangsgrößen, kann man lineare Systeme mit konstanten Koeffizienten auch bei *stückweise linearen* Eingangsgrößen exakt lösen. Stückweise lineare Eingangsgrößen setzen sich aus Geradenstücken zusammen und sind an den Übergangsstellen von einem Geradenstück zum nächsten stetig: Es gilt:

$$
e(t) = \frac{t_{k+1} - t}{t_{k+1} - t_k} e^{(k)} + \frac{t - t_k}{t_{k+1} - t_k} e^{(k+1)} \quad \text{für} \quad t_k \leq t < t_{k+1} \,.
\tag{298}
$$

Stückweise lineare Eingangsgrößen stellen, im Vergleich zu stückweise konstanten, eine genauere Annäherung an beliebige Zeitverläufe dar. Dementsprechend wird die zugehörige Lösungsformel zwar komplizierter, dafür aber genauer, falls man sie auch bei allgemeinen Eingangsgrößen als Näherung verwendet.

Im Spezialfall äquidistanter Stützstellen lautet die Lösungsformel

$$
\begin{aligned}
z^{(k+1)} &= A_h z^{(k)} + B_h^0 e^{(k)} + B_h^1 e^{(k+1)} \\
A_h &= e^{Ah} \\
B_h^0 &= e^{Ah} A^{-1} B - \frac{1}{h} \left(e^{Ah} - I \right) A^{-2} B \\
B_h^1 &= \left(e^{Ah} - I \right) A^{-1} B - B_h^0 \,.
\end{aligned}
\tag{299}
$$

B Stabilitätsgebiete der elementaren Integrationsverfahren

Die folgenden Bilder geben die Stabilitätsgebiete der wichtigsten Integrationsverfahren an, vgl. Abschnitt 3.3.2. Da alle Gebiete symmetrisch zur reellen Achse sind, ist immer nur die obere Hälfte dargestellt.

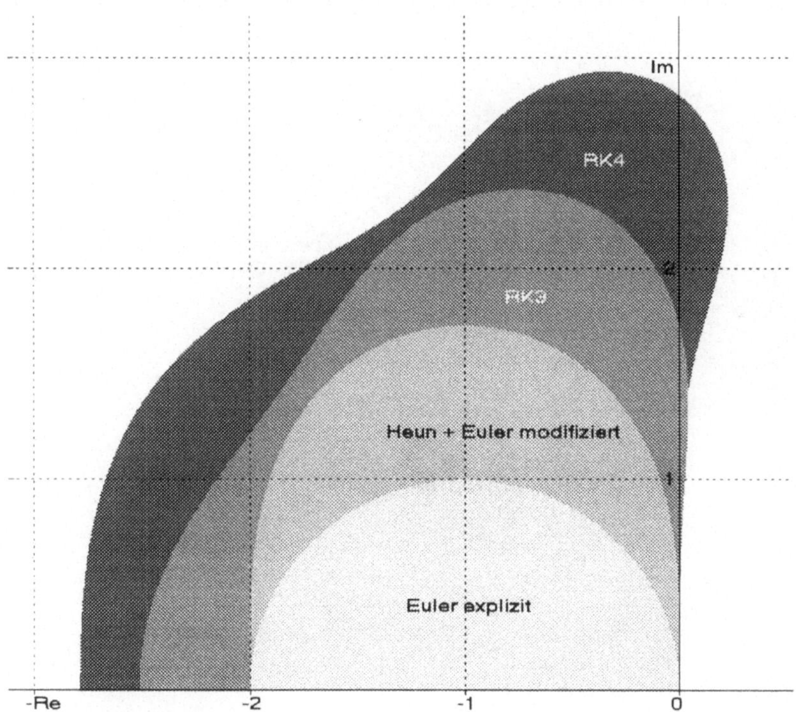

Bild 107: *Stabilitätsgebiete der Verfahren vom Runge-Kutta-Typ (EE, HE, EMI, EMII, RK3, RK4)*

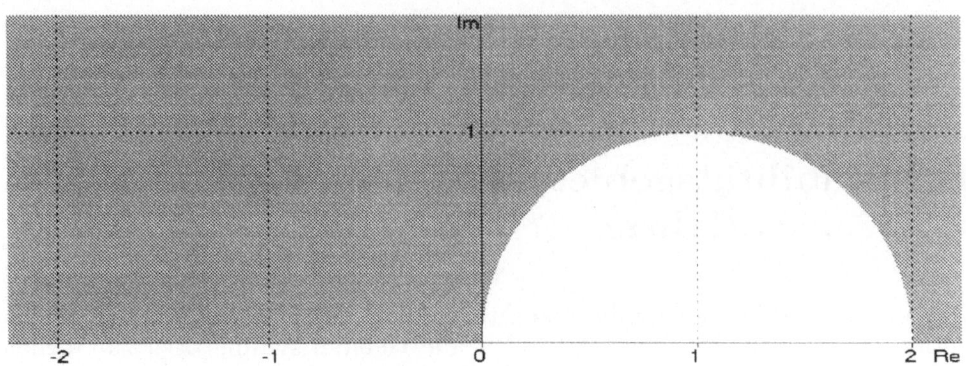

Bild 108: *Stabilitätsgebiet des impliziten Eulerverfahrens (EI)*

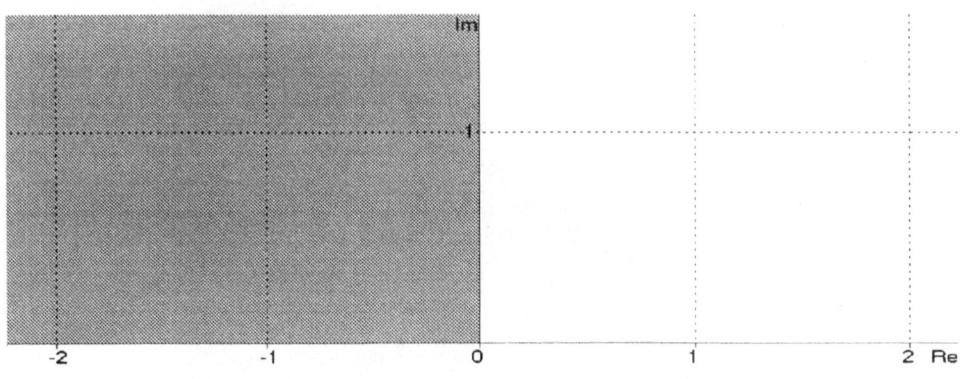

Bild 109: *Stabilitätsgebiet der Trapezregel (TR)*

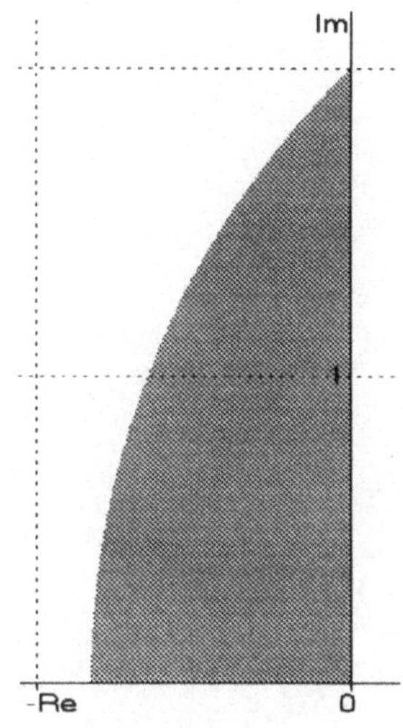

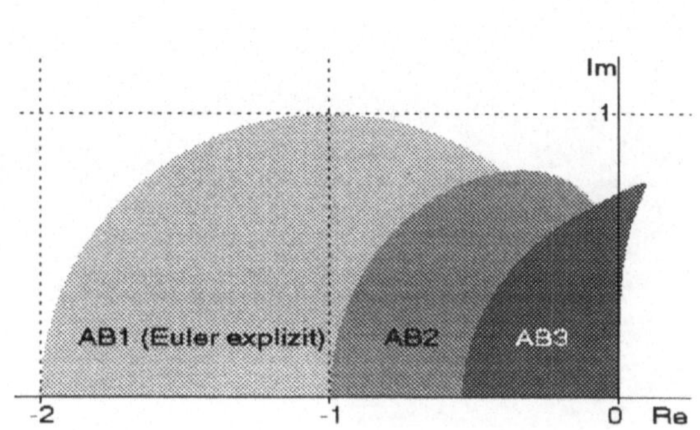

Bild 110: *Stabilitätsgebiet des halbimpliziten Eulerverfahrens (EH)*

Bild 111: *Stabilitätsgebiete der Adams-Bashforth-Verfahren (EE=AB1, AB3, AB4)*

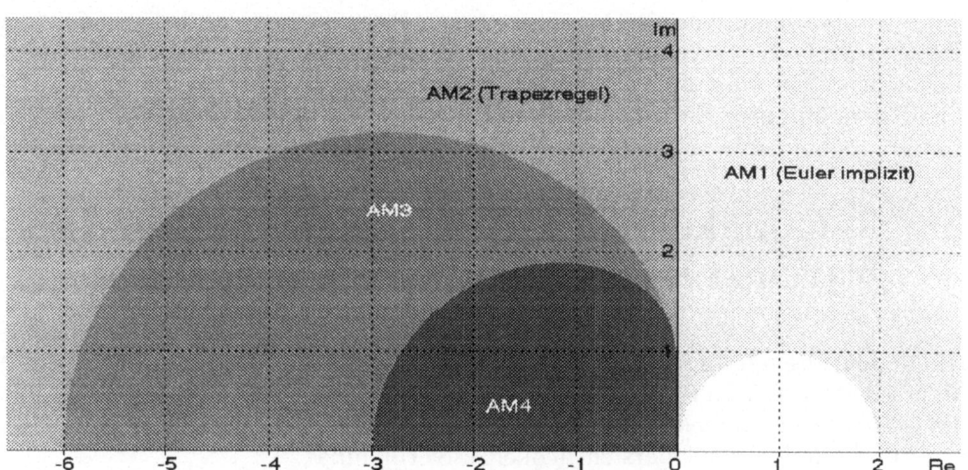

Bild 112: *Stabilitätsgebiete der Adams-Moulton-Verfahren (EI=AM1, TR=AM2, AM3, AM4)*

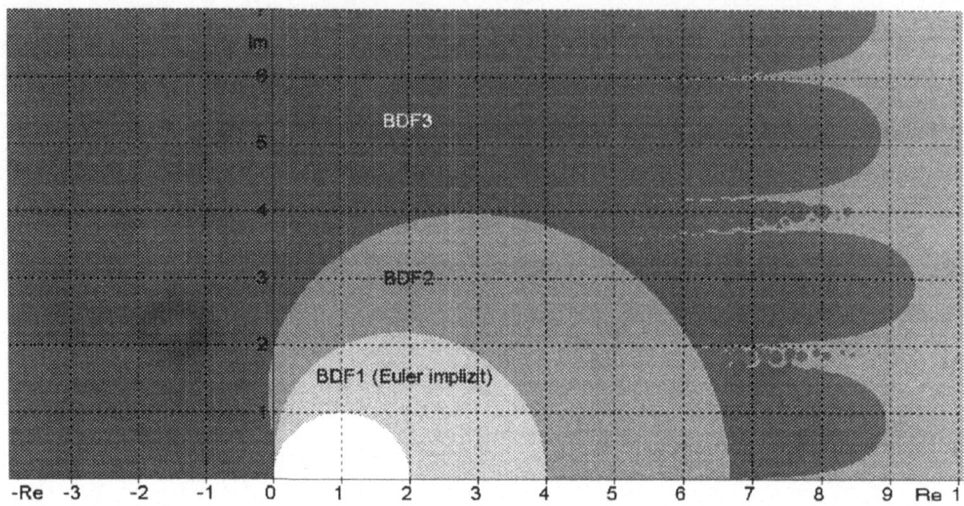

Bild 113: *Stabilitätsgebiete der Gear-Verfahren (EI=BDF1, BDF2, BDF3)*

Das merkwürdig „ausgefranste" Aussehen des rechten Randes des Gear-3-Stabilitätsgebietes ist kein Fehler in der Darstellung. Das Gebiet hat in diesem Bereich tatsächlich eine *fraktale* Geometrie. Das gleiche gilt übrigens für das Stabilitätsgebiet des Gear-2-Verfahrens, dieser Bereich ist in Bild 113 noch nicht enthalten. Für die Simulationstechnik ist diese interessante Geometrie allerdings ohne jede Bedeutung, da nur die rechte Halbebene betroffen ist.

C   Genauigkeitskarten der elementaren Integrationsverfahren

Die Bedeutung der folgenden Genauigkeitskarten für die elementaren Ein- und Mehrschrittverfahren ist am Ende von Abschnitt 3.5 erklärt. Beachten Sie, daß die Iso-Fehlerlinien nicht bei allen Verfahren den gleichen Abstand haben. Dies war aus Gründen der Übersichtlichkeit unvermeidbar.

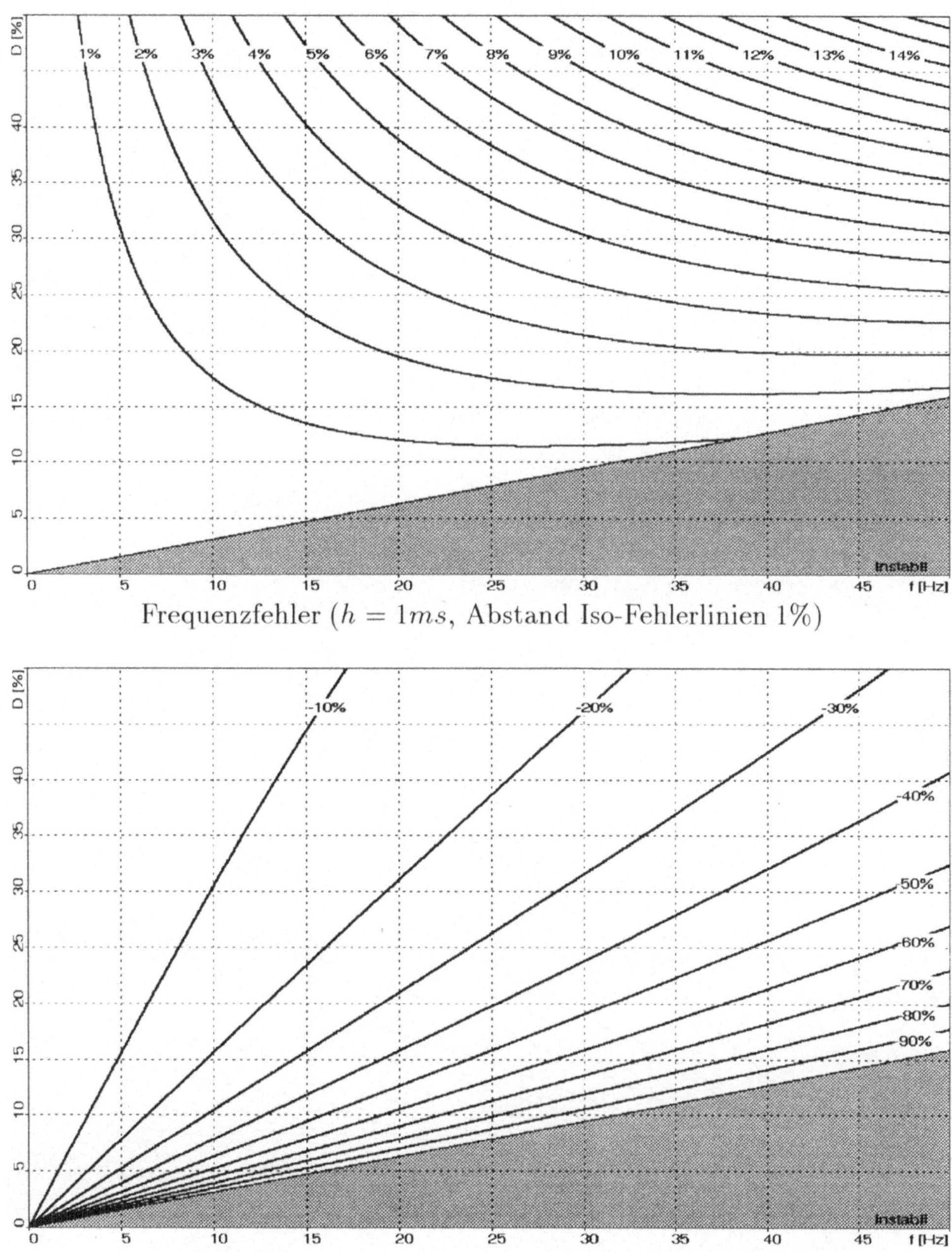

Frequenzfehler ($h = 1ms$, Abstand Iso-Fehlerlinien 1%)

Dämpfungsfehler ($h = 1ms$, Abstand Iso-Fehlerlinien 10%)

Bild 114: explizites Eulerverfahren (EE): Fehler beim Einmassenschwinger

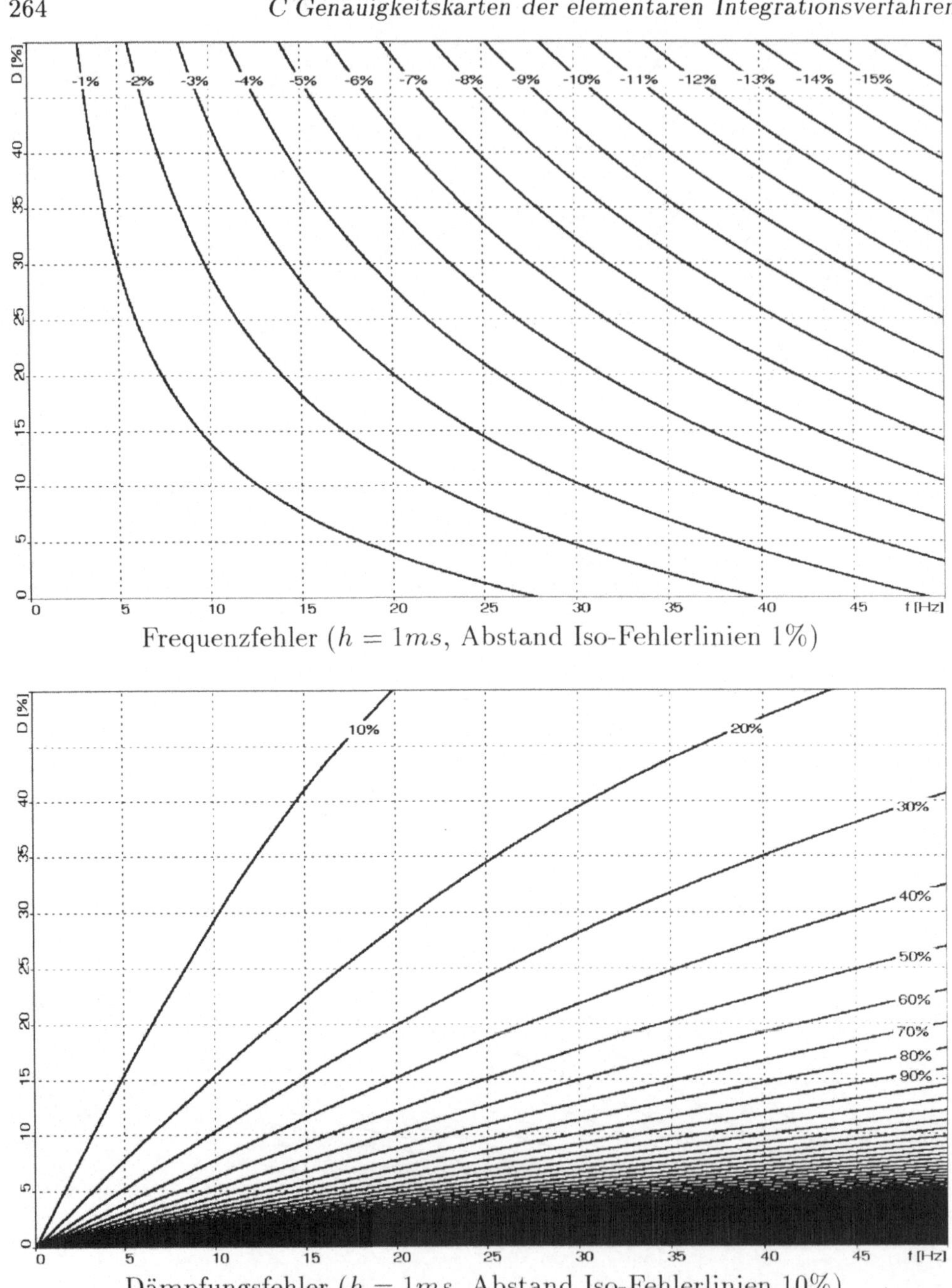

Frequenzfehler ($h = 1ms$, Abstand Iso-Fehlerlinien 1%)

Dämpfungsfehler ($h = 1ms$, Abstand Iso-Fehlerlinien 10%)

Bild 115: implizites Eulerverfahren (EI): Fehler beim Einmassenschwinger

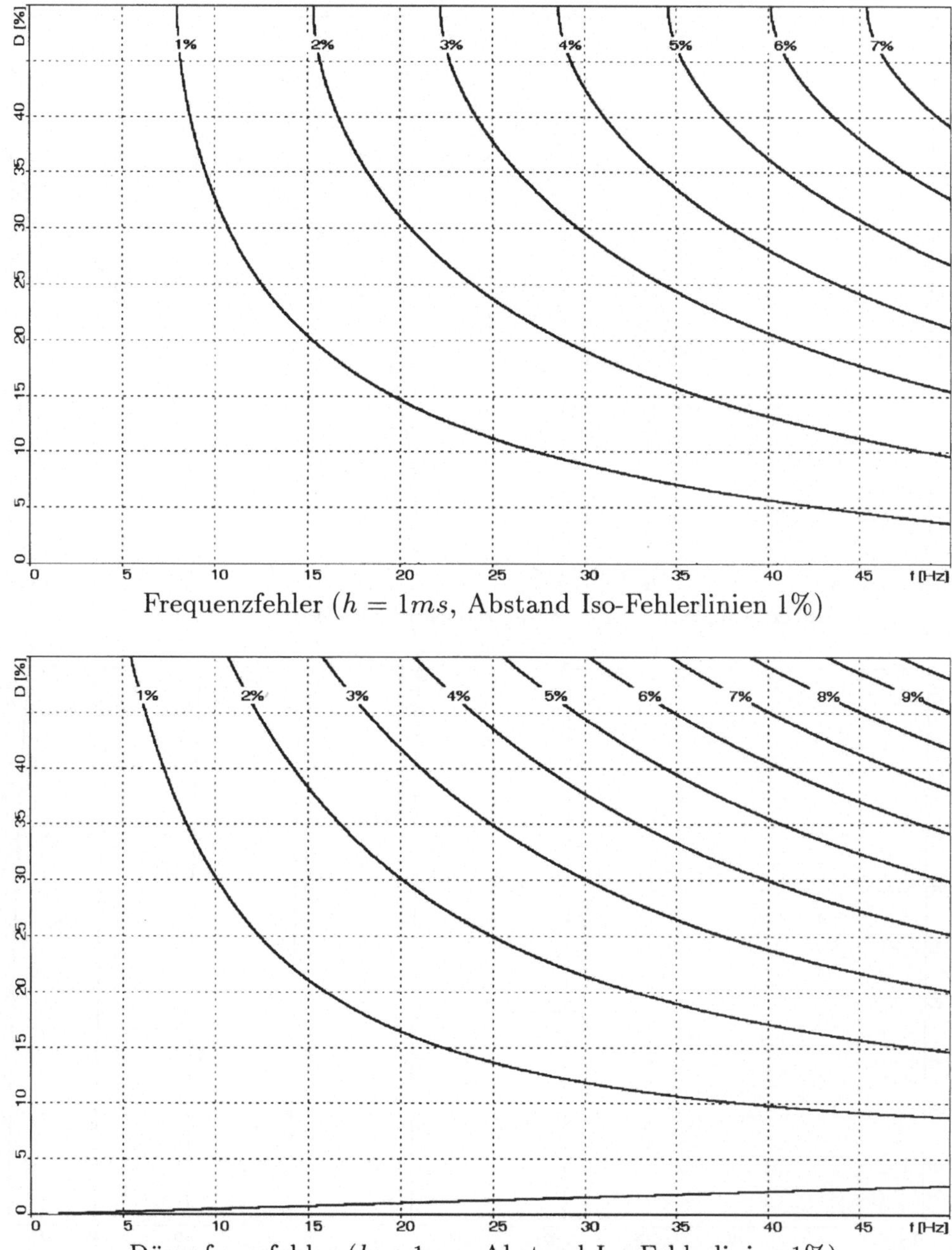

Frequenzfehler ($h = 1ms$, Abstand Iso-Fehlerlinien 1%)

Dämpfungsfehler ($h = 1ms$, Abstand Iso-Fehlerlinien 1%)

Bild 116: halbimplizites Eulerverfahren (EH): Fehler beim Einmassenschwinger

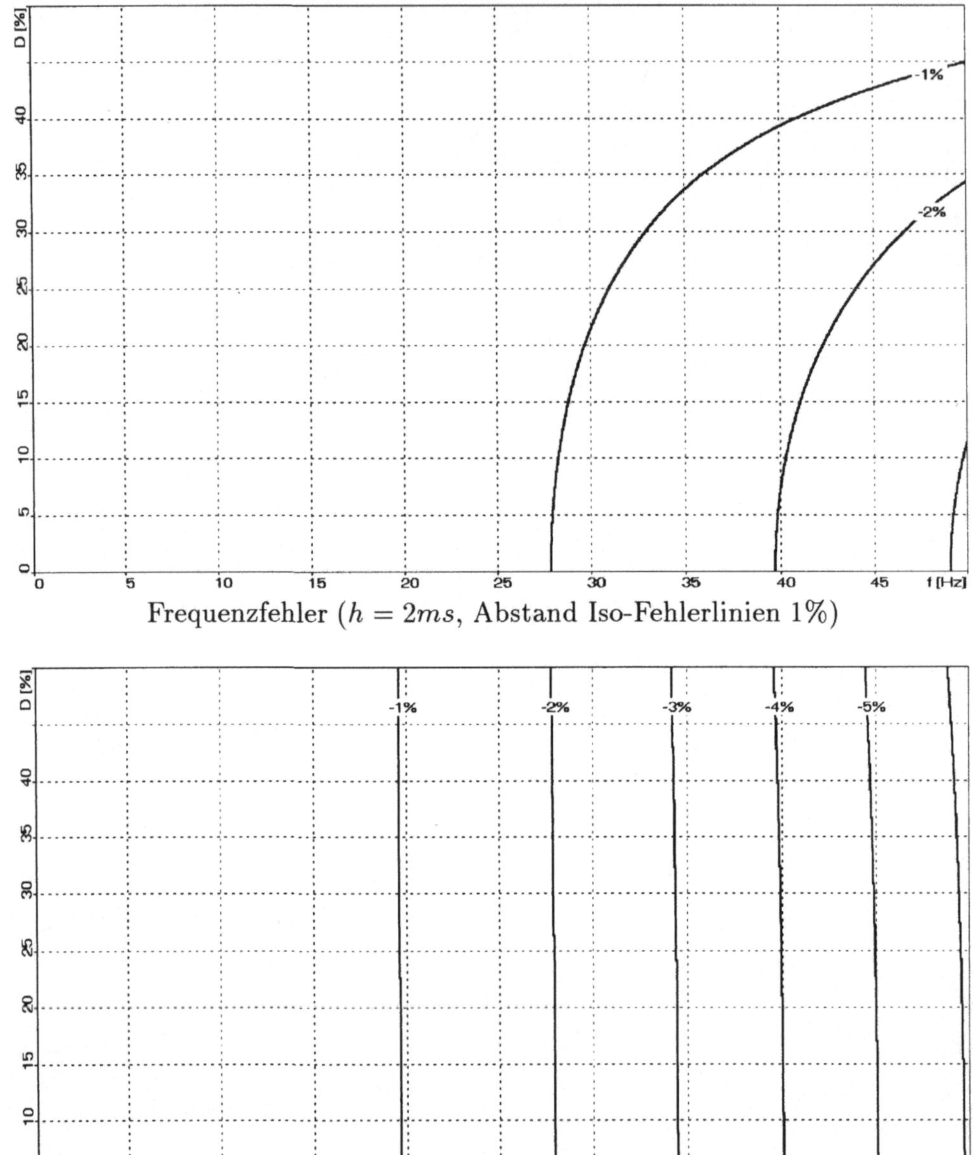

Frequenzfehler ($h = 2ms$, Abstand Iso-Fehlerlinien 1%)

Dämpfungsfehler ($h = 2ms$, Abstand Iso-Fehlerlinien 1%)

Bild 117: Trapezregel (TR): Fehler beim Einmassenschwinger

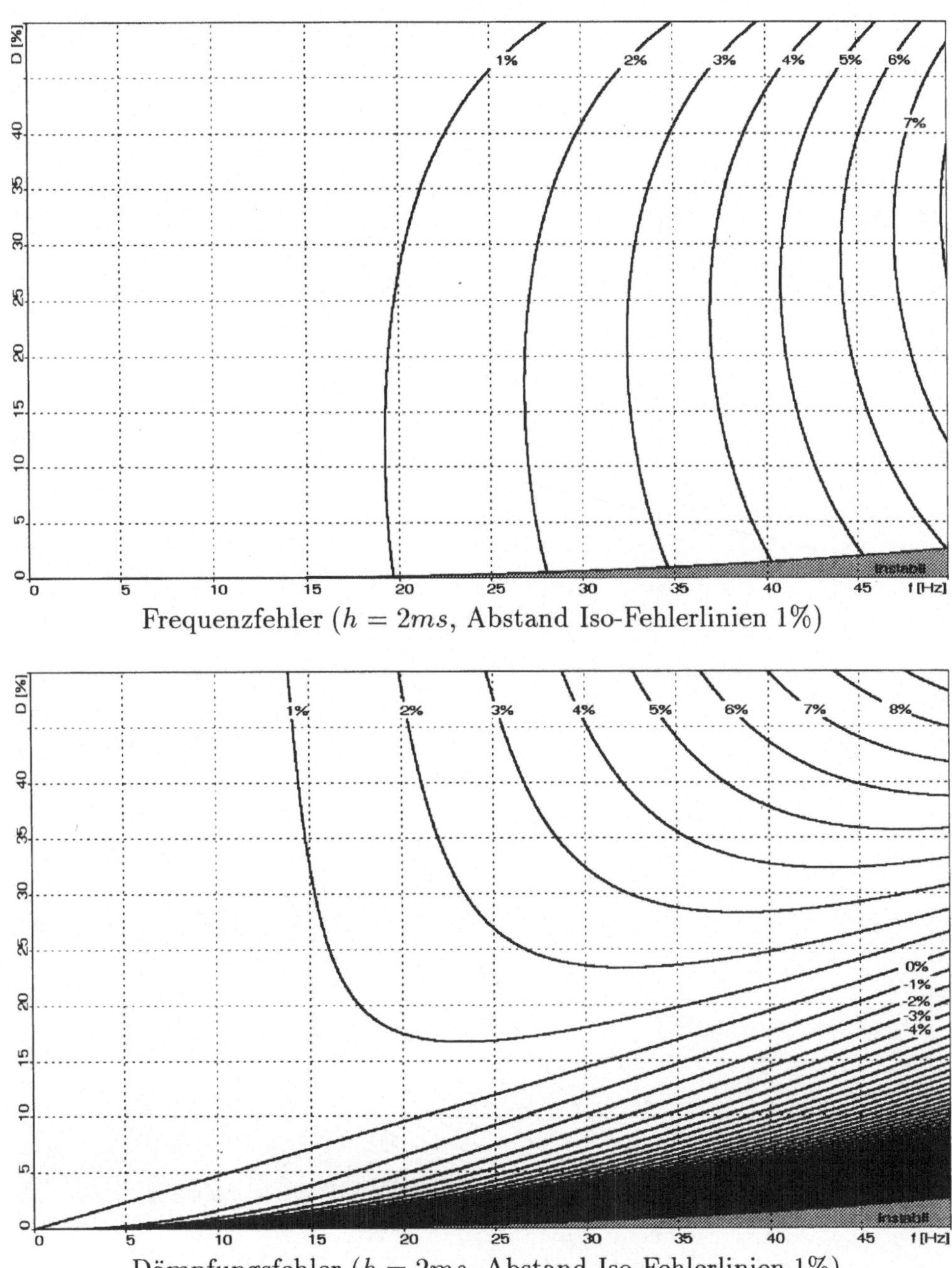

Frequenzfehler ($h = 2ms$, Abstand Iso-Fehlerlinien 1%)

Dämpfungsfehler ($h = 2ms$, Abstand Iso-Fehlerlinien 1%)

Bild 118: Heunverfahren u.ä. (HE, EMI, EMII): Fehler beim Einmassenschwinger

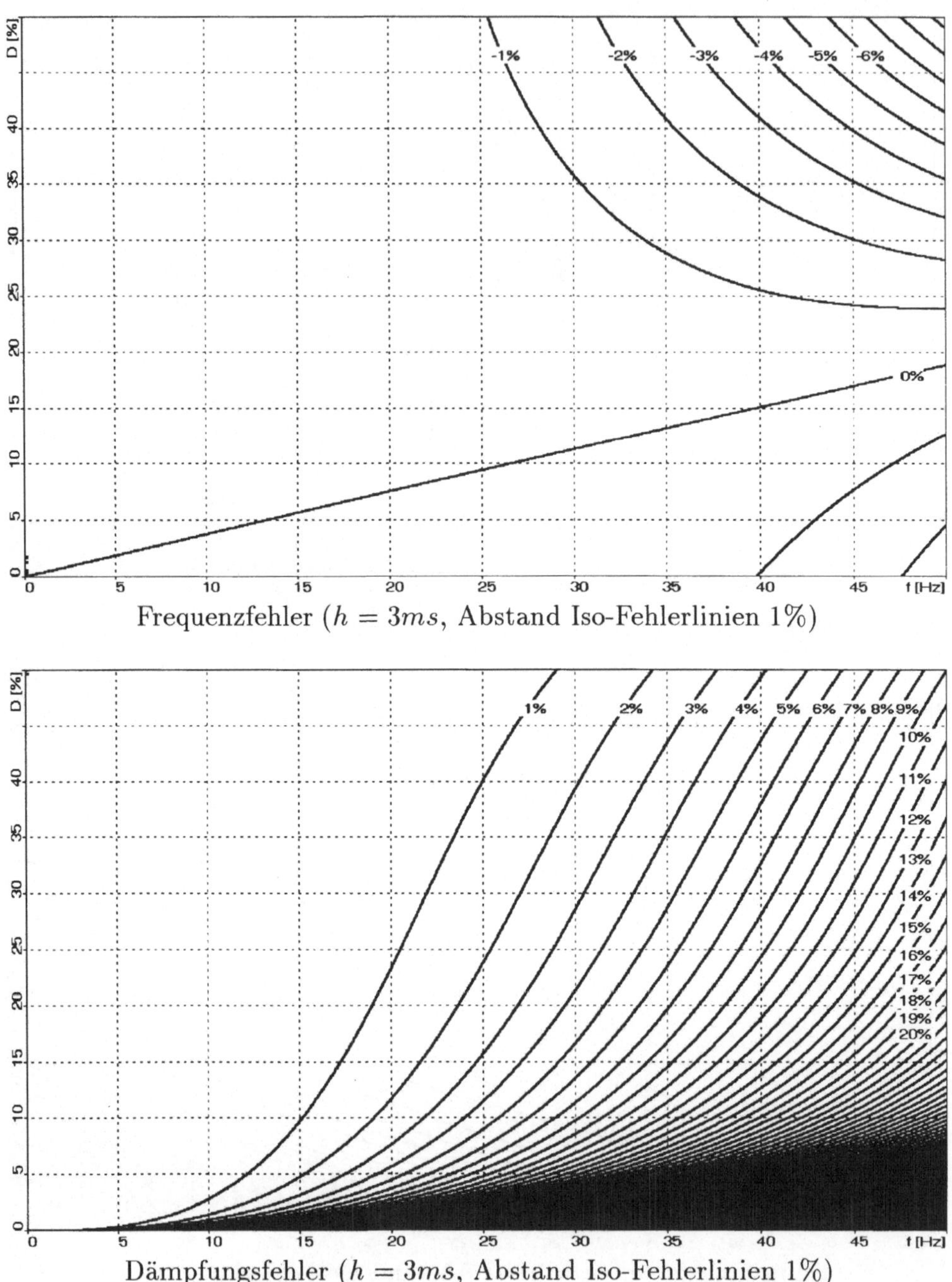

Frequenzfehler ($h = 3ms$, Abstand Iso-Fehlerlinien 1%)

Dämpfungsfehler ($h = 3ms$, Abstand Iso-Fehlerlinien 1%)

Bild 119: Runge-Kutta-3-Verfahren (RK3): Fehler beim Einmassenschwinger

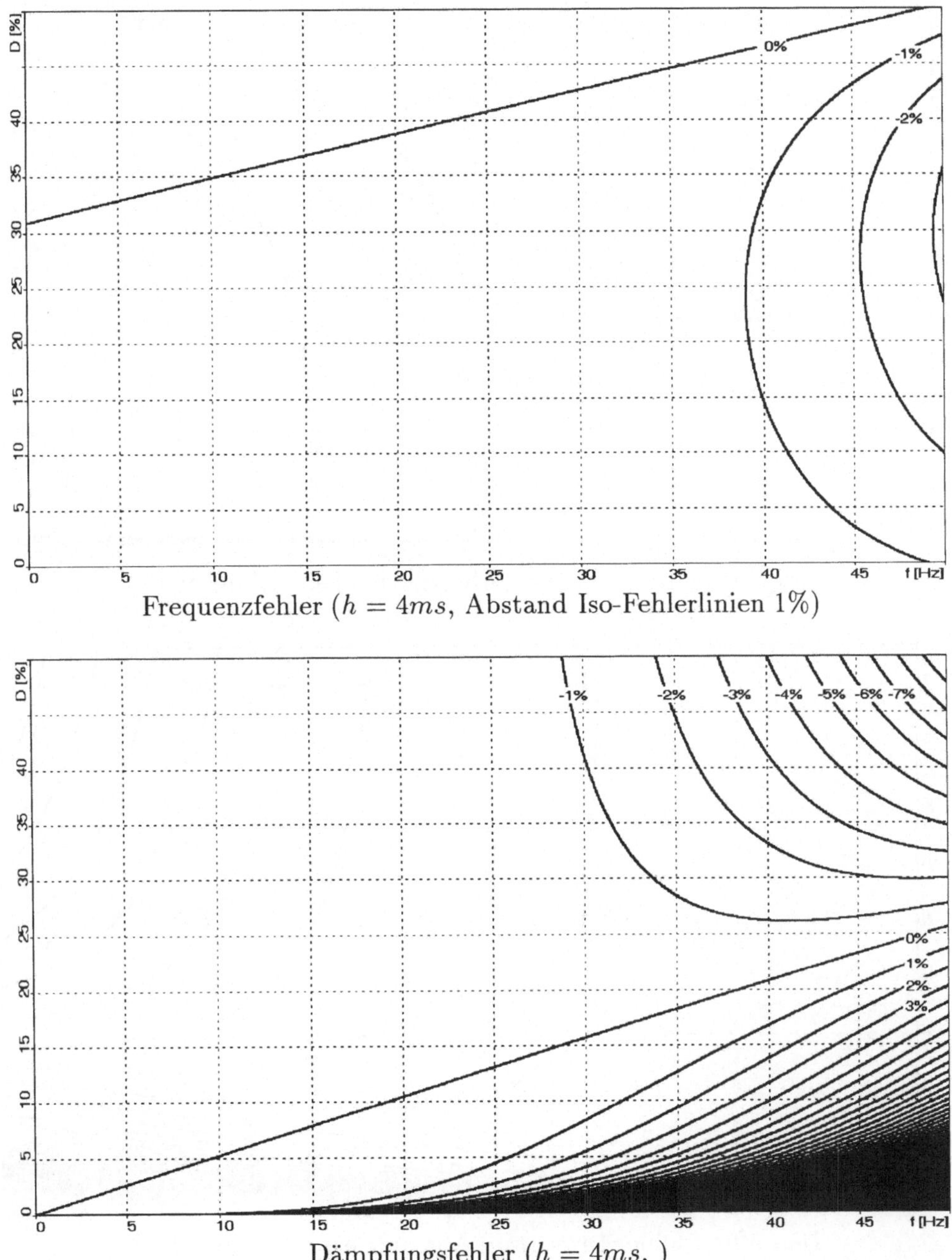

Frequenzfehler ($h = 4ms$, Abstand Iso-Fehlerlinien 1%)

Dämpfungsfehler ($h = 4ms$,)

Bild 120: Runge-Kutta-4-Verfahren (RK4): Fehler beim Einmassenschwinger

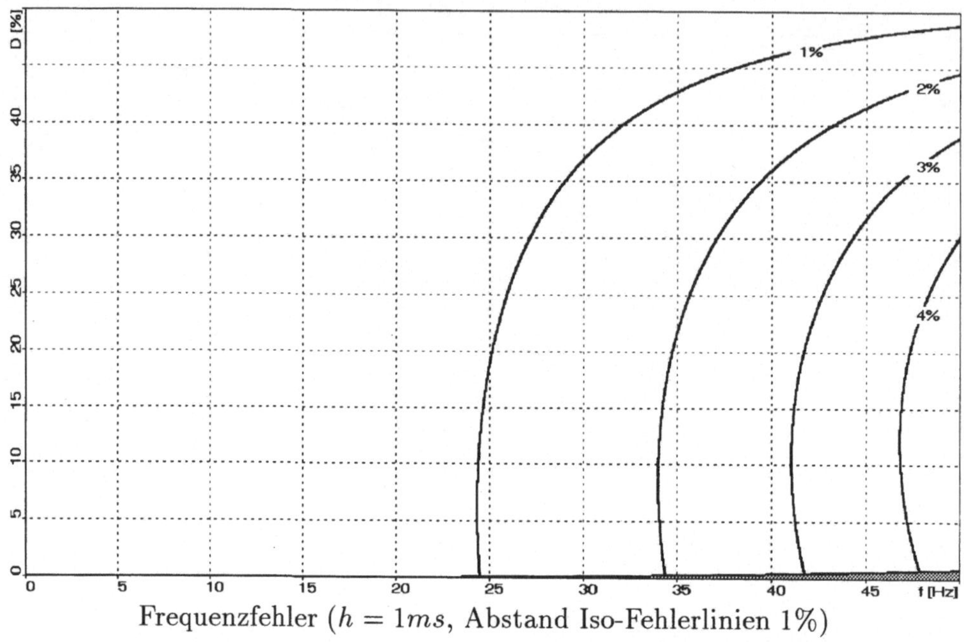

Frequenzfehler ($h = 1ms$, Abstand Iso-Fehlerlinien 1%)

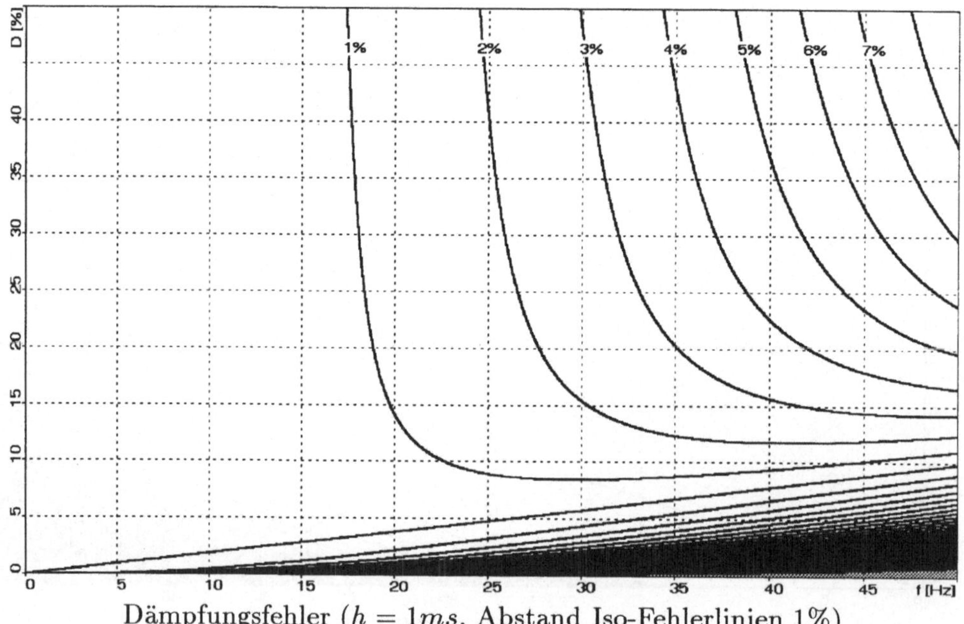

Dämpfungsfehler ($h = 1ms$, Abstand Iso-Fehlerlinien 1%)

Bild 121: Adams-Bashforth-2-Verfahren (AB2): Fehler beim Einmassenschwinger

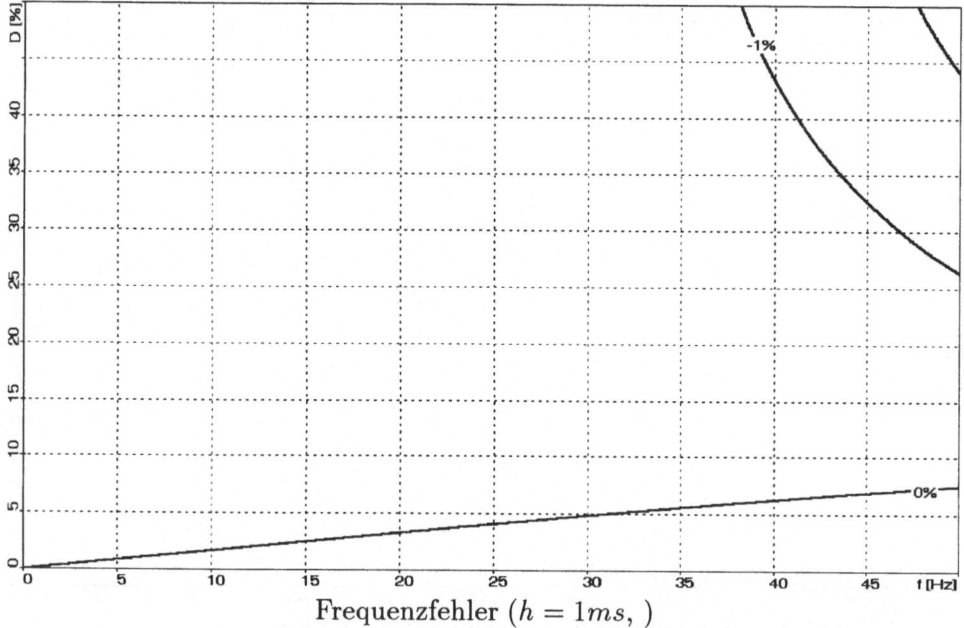

Frequenzfehler ($h = 1ms$,)

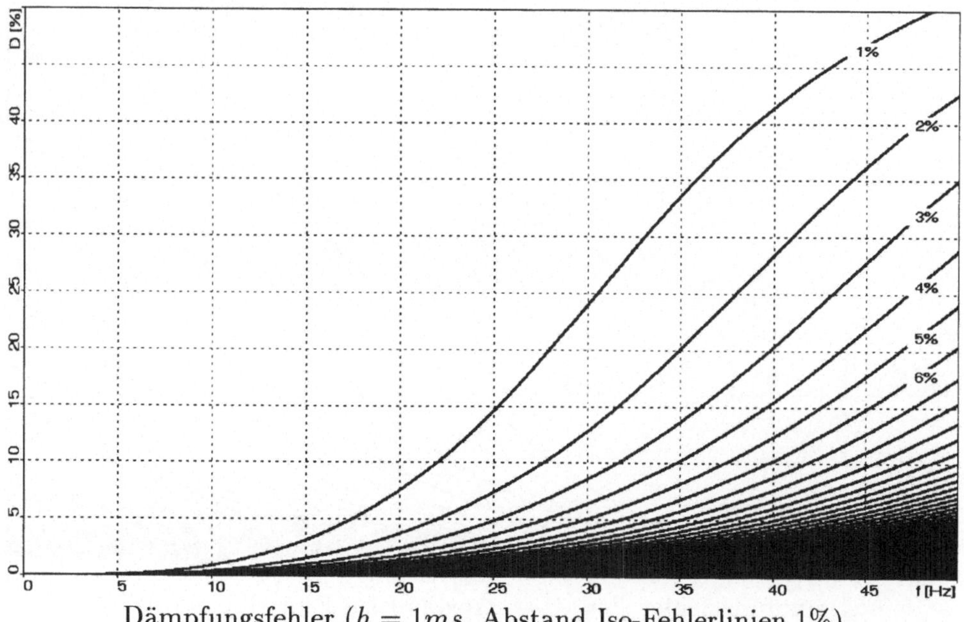

Dämpfungsfehler ($h = 1ms$, Abstand Iso-Fehlerlinien 1%)

Bild 122: Adams-Bashforth-3-Verfahren (AB3): Fehler beim Einmassenschwin ger

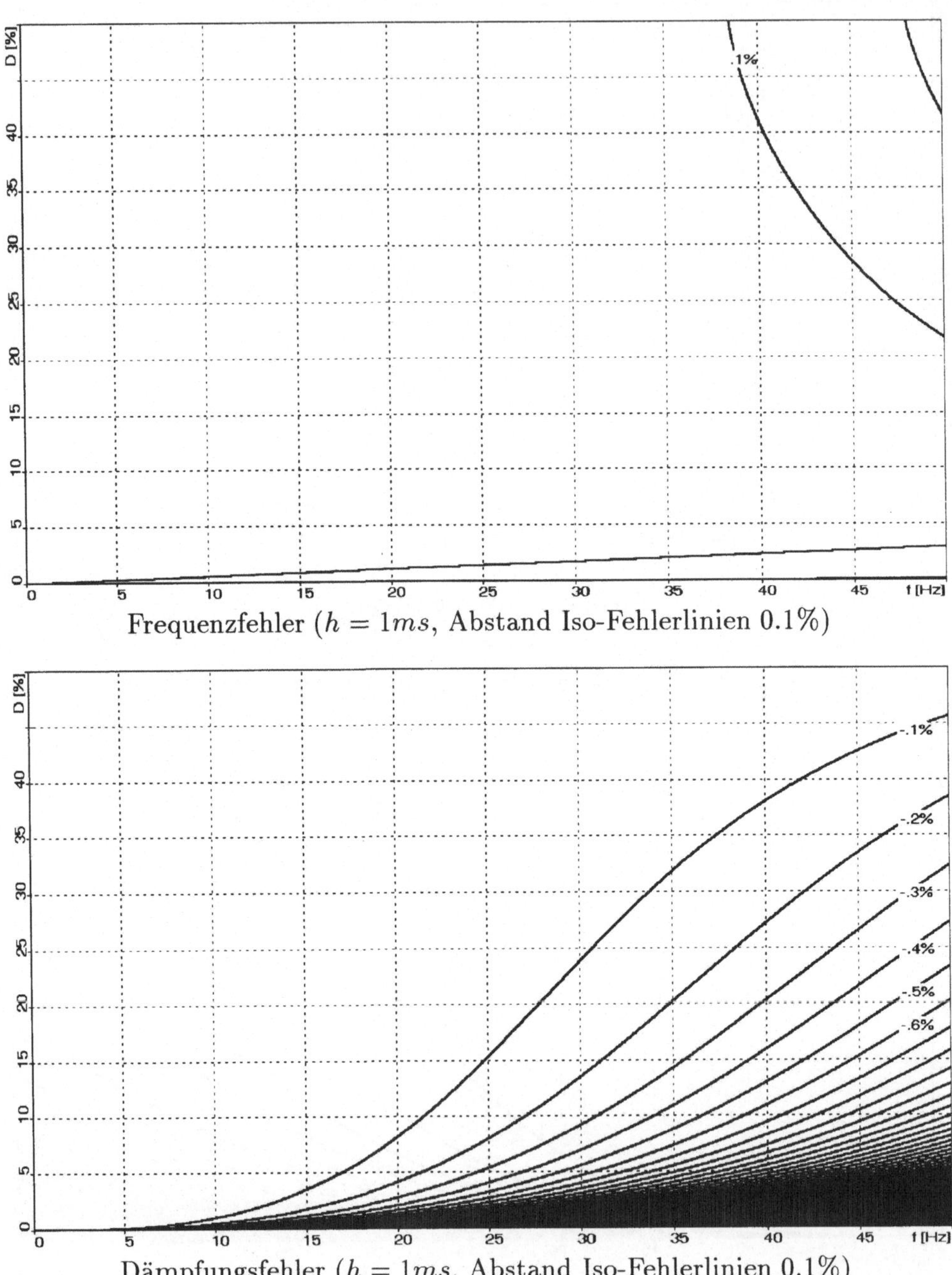

Frequenzfehler ($h = 1ms$, Abstand Iso-Fehlerlinien 0.1%)

Dämpfungsfehler ($h = 1ms$, Abstand Iso-Fehlerlinien 0.1%)

Bild 123: Adams-Moulton-3-Verfahren (AM3): Fehler beim Einmassenschwinger

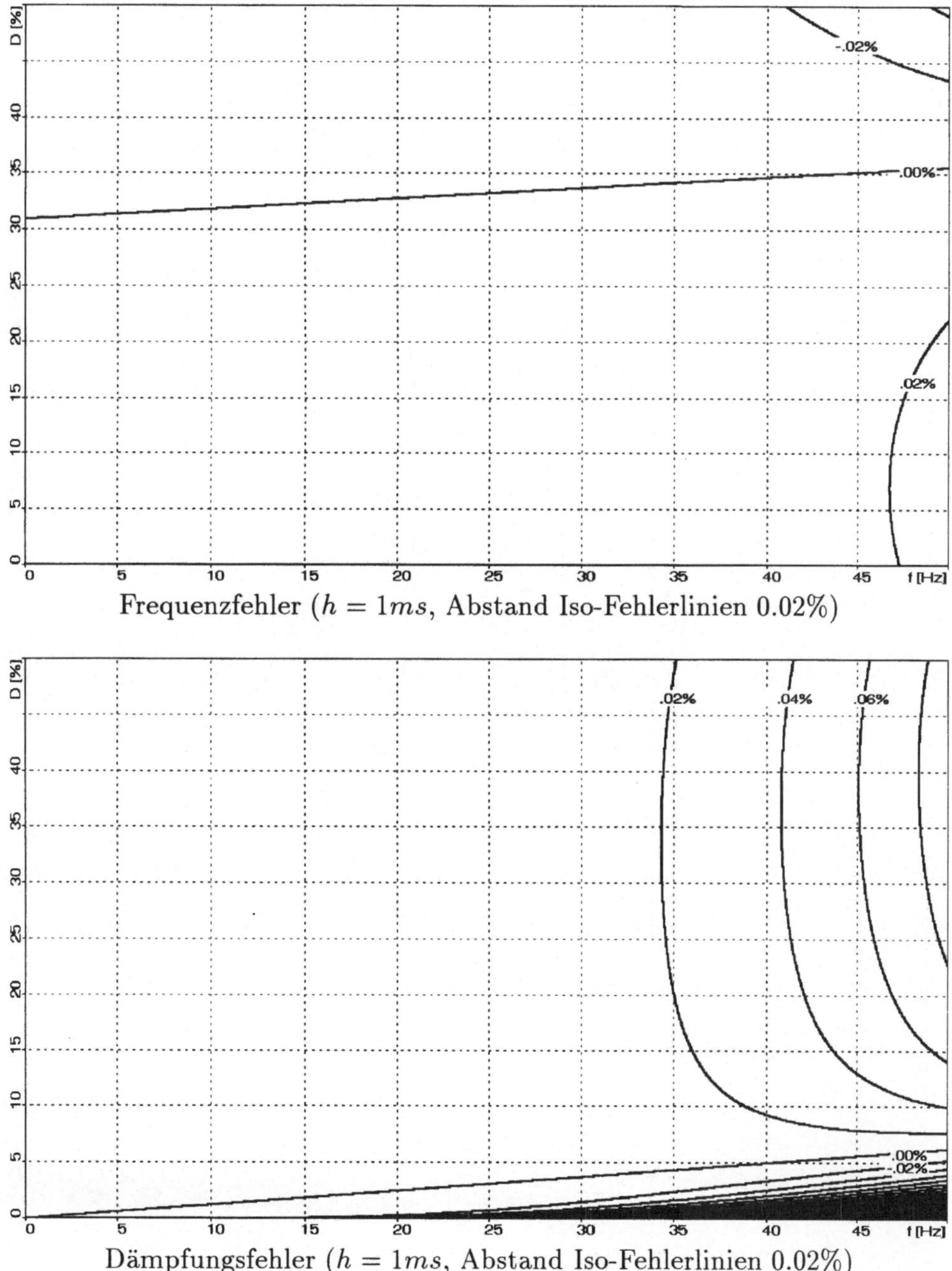

Frequenzfehler ($h = 1ms$, Abstand Iso-Fehlerlinien 0.02%)

Dämpfungsfehler ($h = 1ms$, Abstand Iso-Fehlerlinien 0.02%)

Bild 124: Adams-Moulton-4-Verfahren (AM4): Fehler beim Einmassenschwinger

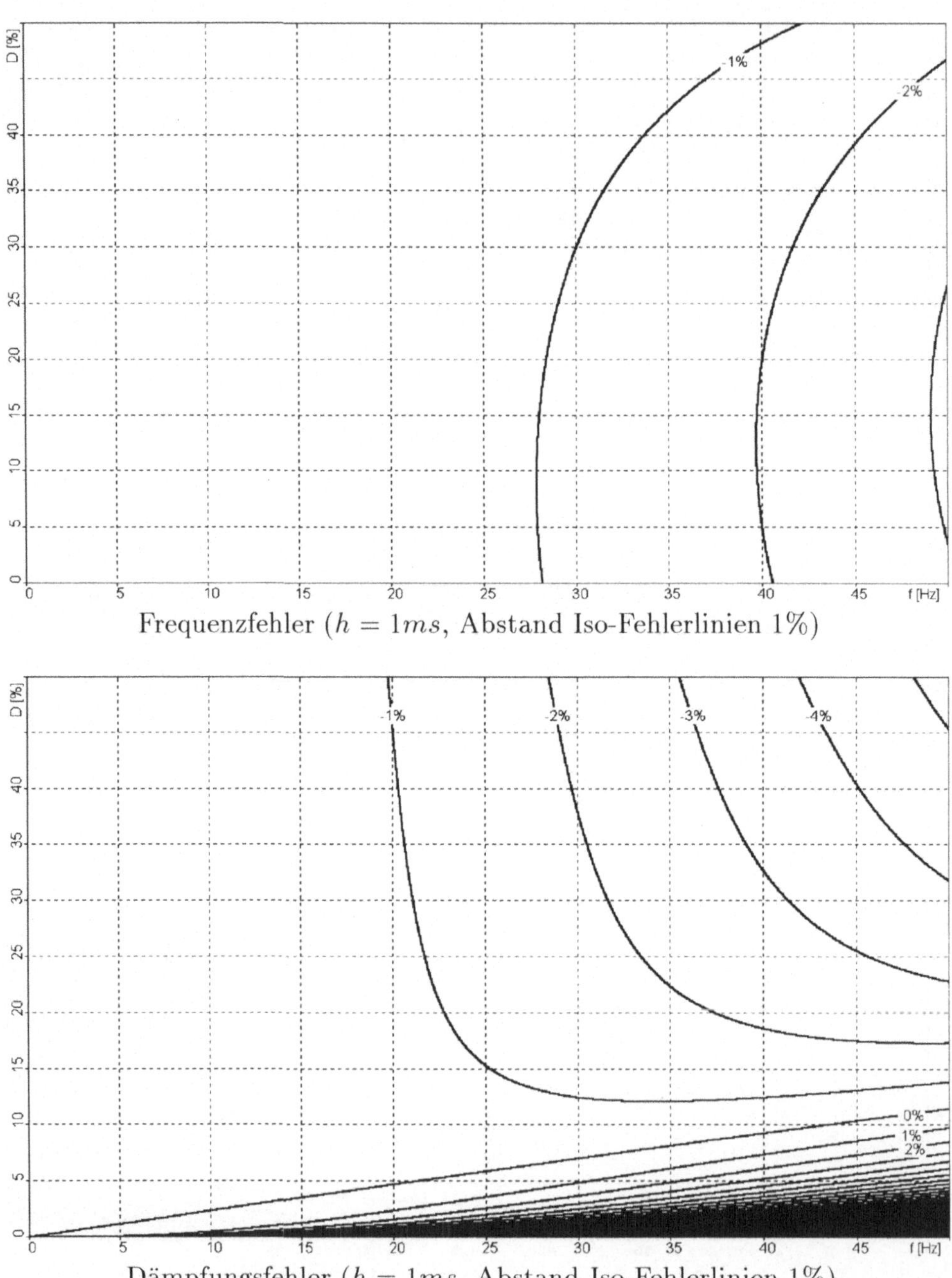

Frequenzfehler ($h = 1ms$, Abstand Iso-Fehlerlinien 1%)

Dämpfungsfehler ($h = 1ms$, Abstand Iso-Fehlerlinien 1%)

Bild 125: Gear-2-Verfahren (BDF2): Fehler beim Einmassenschwinger

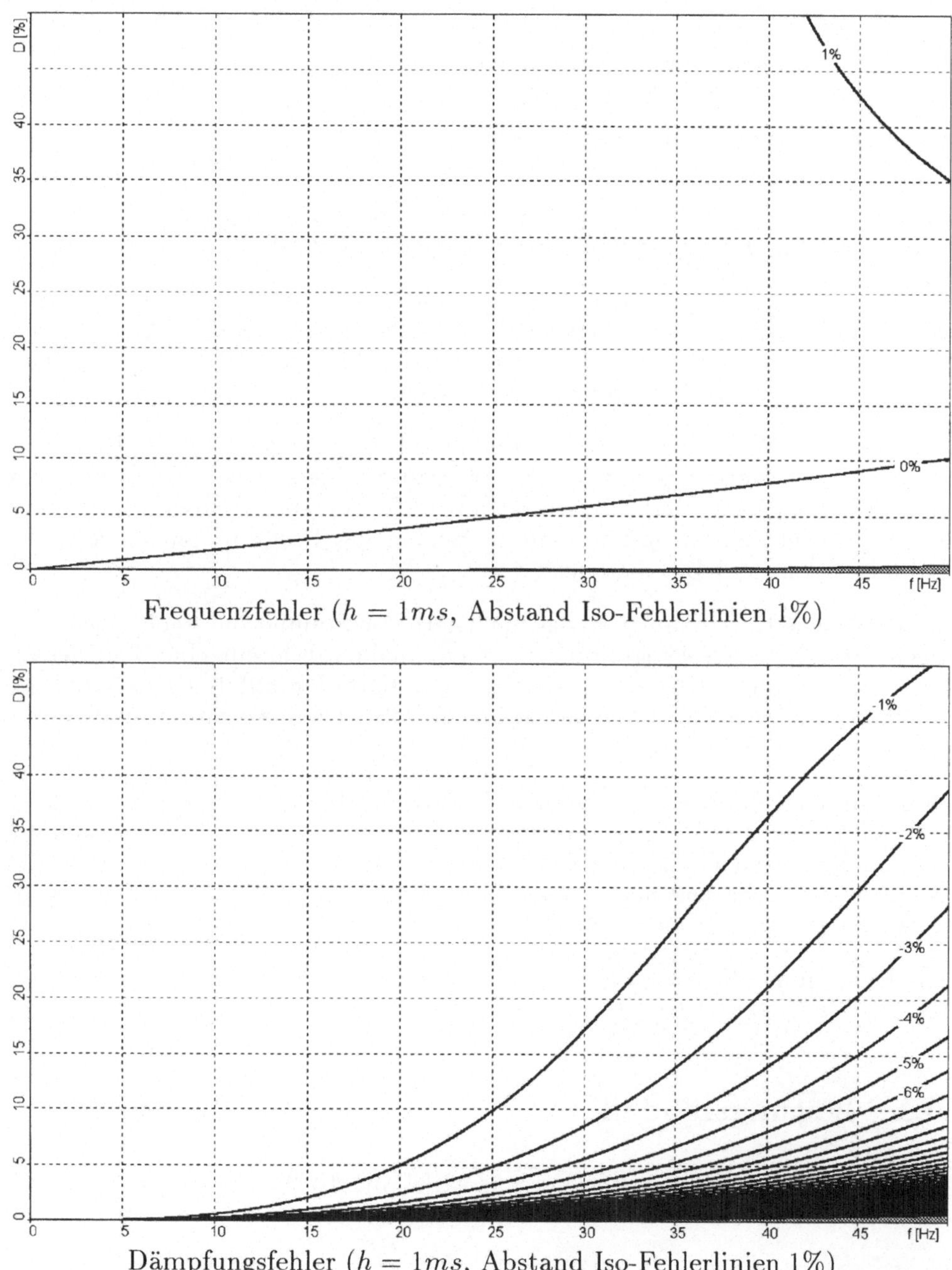

Frequenzfehler ($h = 1ms$, Abstand Iso-Fehlerlinien 1%)

Dämpfungsfehler ($h = 1ms$, Abstand Iso-Fehlerlinien 1%)

Bild 126: Gear-3-Verfahren (BDF3): Fehler beim Einmassenschwinger

D   Beispielprogramme

Die folgenden Beispielprogramme können von der Web-Site

```
www.fht-esslingen.de/fachbereiche/fz/etc
```

heruntergeladen werden. Dort gibt es auch aktuelle Informationen zur Installation und zum Durchführen von Simulationsexperimenten.

In den Programmen konzentrieren wir uns auf den eigentlichen Kern der Simulation, die Zeitschleife. Was die Eingabe von Parametern und die Ausgabe von Berechnungsergebnissen angeht, bieten sie keinerlei Komfort. Für alles andere reicht der hier zur Verfügung stehende Platz nicht aus.

Die Werte der Modellparameter werden jeweils bei der Deklaration der Variablen als Initialisierungen fest in das Programm eingetragen. Jede Änderung eines Parameters erfordert also ein erneutes Übersetzen des Programmes. Dies läßt sich leicht ändern, indem man zu Beginn der Programmausführung die Parameter aus einer Datei einliest.

Die graphische Darstellung und das Speichern von Simulationsergebnissen wird jeweils am Ende der Programme über ein Include-File eingebunden, dessen Quelltext hier nicht gelistet ist. Je nach verfügbarer Grafikbibliothek kann dieser Programmteil vom Anwender ergänzt werden. Die Programme sind jedoch auch ohne diese Files lauffähig.

Programmiererfahrene Leser werden feststellen, daß man an der einen oder anderen Stelle in den Programmen den Rechenaufwand reduzieren könnte, wenn man mehrfach benötigte Zwischenergebnisse nur je einmal berechnet. Im Interesse der Lesbarkeit habe ich auf eine diesbezügliche Optimierung bewußt verzichtet.

Alle Programme dürfen zu Lernzwecken kopiert und beliebig modifiziert werden.

D.1   Leitungsmodell

Dieses C-Programm ist in Beispiel 3.3, Abschnitt 3.1.2 beschrieben:

```
//------------------------------------------------------------------
// Leitungsmodell mit Trapezregel
//------------------------------------------------------------------
// Vorspann
```

```c
#include <stdio.h>
#include <math.h>

#define N 1000
#define NP N+1
#define PI 3.141592654

//--------------------------------------------------------------------
// impulsförmige Anregung
void e (double t, double*x, double*v) {
  double tsig=0.02,om=2*PI/tsig,a=0.3;
  if (t<tsig){
    *x=a-a*cos(om*t);*v=a*om*sin(om*t);
  } else {
    *x=*v=0.0;
  }
}

//--------------------------------------------------------------------
// Hauptprogramm
void main() {

  // Daten
  double M=1,C=1,D=.0001;

  // Simulationsparameter
  double h=0.001,tend=10;

  // Hilfsgrößen
  double c=(N+1)*C, d=(N+1)*D, m=M/N;
  double sigma=-0.5*h*(d+0.5*h*c), rho=m-2*sigma;
  double x[NP+1],v[NP+1],l[NP],p[NP],F[NP],a[NP],b[NP],t;
  int i;

  // Gauß-Faktorisierung der modifizierten Massenmatrix Mh
  l[1]=1./rho; p[1]=sigma*l[1];
  for (i=2;i<=N;i++) {l[i]=1./(rho-p[i-1]*sigma); p[i]=sigma*l[i];}

  // Initialisierung der Zustandsgrößen
  for (i=0;i<=N+1;i++) x[i]=v[i]=0;
  t=0;

  // Zeitschleife
  while (t<tend) {
    t+=h;

    // Eingangsgrößen
    e(t,x,v);

    // innere und äußere Kräfte
    for (i=1;i<=N;i++)
     F[i]=c*(x[i-1]-2*x[i]+x[i+1])+d*(v[i-1]-2*v[i]+v[i+1]);

    // Substitutionsphase Mh*a=F
    b[1]=F[1];
    for (i=2;i<=N;i++) b[i]=F[i]-p[i-1]*b[i-1];
    a[N]=l[N]*b[N];
    for (i=N-1;i>=1;i--) a[i]=l[i]*(b[i]-sigma*a[i+1]);

    // Integrationsschritt Geschwindigkeit und Lage
```

```
   for (i=1;i<=N;i++) {v[i]+=h*a[i]; x[i]+=h*v[i];}

   // Ausgabe
#include "line.plo"
   }
}
```

D.2   Triebstrangmodell

Dieses C-Programm wird in Abschnitt 4.1 beschrieben:

```
//-------------------------------------------------------------------------
// Triebstrang-Modell
//-------------------------------------------------------------------------
// Vorspann
#include <stdio.h>
#include <stdlib.h>
#include <math.h>
#define MIN(a,b) ((a<b)?a:b)
#define MAX(a,b) ((a>b)?a:b)
#define PI 3.141592654

//-------------------------------------------------------------------------
// Eingangsgrößen: Fahrbahnsteigung [%], Reibwertvorfaktoren li und re,
// Gang, Fahrpedalweg, Kupplungspedalweg
void e (double t, double wm, double*al, double*myl, double*myr,
 int*G, double*pf, double*pk) {

   static int shift=0, Gnew=1; static double ts=0.7, ts0;
   double upm=30/PI*wm;

   *al=0.0;
   *myl=1.0;
   *myr=1.0;

   // einkuppeln und losfahren
   *pf=1.0;
   *pk=0.0;
   if (t<0.5) {*pf=t/0.5; *pk=1.0-*pf; *G=1; return;}

   // drehzahlabhängig schalten
   if (upm>6650. && !shift && *G<5) {shift=1; ts0=t; Gnew=*G+1;}
   if (upm<2000. && !shift && *G>1) {shift=1; ts0=t; Gnew=*G-1;}

   if (shift) {
     if (t-ts0>ts) {
       shift=0;
     } else {
       *pk=0.5-0.5*cos(2*PI/ts*(t-ts0));
       if (t-ts0>.5*ts) *G=Gnew;
       *pf=1-*pk;
     }
   }
 }
```

```cpp
//-----------------------------------------------------------------------
// Hilfsfunktion: bilineare Interpolation (für Motorkennfeld)
double bilin (double xmax, double ix, double ymax,
 double iy, double zd[][5], double x, double y) {

  int i,j; double p,q;

  p=MAX(x,1e-10); p=(ix-1)*MIN(p,xmax-1e-10)/xmax; i=(int)p; p=p-i;
  q=MAX(y,1e-10); q=(iy-1)*MIN(y,ymax-1e-10)/ymax; j=(int)q; q=q-j;
  return (1-q)*((1-p)*zd[i][j]   + p*zd[i+1][j])  +
          q   *((1-p)*zd[i][j+1] + p*zd[i+1][j+1]);
}

//-----------------------------------------------------------------------
// Hauptprogramm
void main() {

  // Daten
  double
  h=0.001,                              // Schrittweite [s]
  tend=60,                              // Stopzeit [s]

  jm=0.6,                               // Trägh.moment Motor [kgm^2]
  jgi=0.1,                              // Trägh.mom. Getr.eingang [kgm^2]
  jgo=0.1,                              // Trägh.mom. Getr.ausgang [kgm^2]
  jd=0.05,                              // Trägheitsmoment Diff. [kgm^2]
  jr=1,                                 // Trägheitsmoment Rad [kgm^2]
  m=1200,                               // Fahrzeugmasse [kg]

  ca=10000,                             // Tors.stfgkt. Antr.welle [Nm/rad]
  da=1,                                 // Tors.dämpf. Antr.welle [Nms/rad]
  cs=7500,                              // Tors.tfgkt. Seitenw. [Nm/rad]

  Mkm=280,                              // max. übertragbares Kupplungsmom.

  Ig[]={                                // Getriebeübersetzungen
        -4.15,                          // Rückwärtsgang
         0.00,                          // Leerlauf
         4.15,                          // 1. Gang
         2.52,                          // 2. Gang
         1.69,                          // 3. Gang
         1.24,                          // 4. Gang
         1.00 },                        // 5. Gang (direkt)

  id=3.27,                              // Übersetzung Differential [-]

  r=0.3,                                // dynamischer Rollradius [m]
  my=0.9, b=0.17, c=1.6,                // Daten 'Magic Formula'-Reifenmod.
  Fz=4000,                              // statische Radlast [N]

  cw=0.31,                              // cw-Wert [-]
  rho=1.293,                            // Luftdichte [kg/m^3]
  A=2.0,                                // Querspantfläche [m^2]

  wmmax=7000.*PI/30,                    // max. Motordrehzahl [U/min]
  iwm=15,                               // Anzahl Stützst. Motordrehzahl
  ipf=5,                                // Anzahl Stützstellen Fahrpedalweg
  Mms[][5]={                            // Motorkennfeld [Nm]
        -10, -10, -10, -10, -10,        //
         22, 174, 186, 187, 188,        //
```

```
      -8,   59,  197,  210,  212,       //
     -29,   24,  200,  217,  222,       //
     -31,    4,  206,  230,  235,       //
     -40,   -7,  196,  237,  246,       //
     -44,  -11,  180,  239,  248,       //
     -46,  -17,  161,  242,  250,       //
     -59,  -20,  147,  251,  260,       //
     -72,  -28,  132,  250,  258,       //
     -76,  -30,  108,  246,  250,       //
     -83,  -32,  102,  222,  229,       //
     -85,  -42,  100,  200,  206,       //
     -86,  -62,   95,  180,  180,       //
     -87,  -87,  -87,  -87,  -87 },     //

  // Anfangswerte der Zustandsgrößen
  v=0, wrl=0, wrr=0, wdi=0, wgo=0,       // Fahrzeug steht
  s=0, tl=0,  ta=0,  Fl=0,  Fr=0,        //
  wm=800.*PI/30,                         // Motor im Leerlauf

  // Hilfsvariable
  jg,kal,kar,Mm,Mk,Ma,Ml,               //
  Mr,Fw,a,t,                            //
  ig,pk,pf,al,myl,myr,dnum,             //
  Mkb,ne,Fls,Frs,Tl,Tr,                 //
  Cw=0.5*rho*cw*A;                      //
  int G=1;                              // erster Gang eingelegt

  // Zeitschleife
  for (t=0;t<=tend;t=t+h) {             // Simul. von t=0 bis tend

    // Eingangsgrößen
    e(t,wm,&al,&myl,&myr,&G,&pf,&pk);   // Eingangsgrößen holen

    // Hilfsgrößen
    ig=Ig[G+1];                         // gangabh. Getriebeübersetzung [-]
    jg=ig*ig*jgi+jgo;                   // gangabh. Getriebeträgheitsmom.

    // Integration der Lagegrößen
    s=s+h*v;                            // zurückgelegter Weg [m]
    ta=ta+h*(wdi-wgo);                  // Torsion Antriebswelle [rad]
    tl=tl+h*(wdi/id-.5*(wrl+wrr));      // Torsion Seitenw. (li/re gleich)

    // Motormoment
    Mm=bilin(wmmax,iwm,1.0,ipf,Mms,wm,pf); // Mot.mom.=f(Fahrp.,Drehzahl)

    // Kupplungsmoment
    Mkb=(1.0-pk)*Mkm;                   // Betrag Kuppl.mom.=f(Kuppl.pedal)
    dnum=1.5*jm*jg/(jg+ig*ig*jm)/h;     // num. Steigung Kuppl.kennlinie
    Mk=dnum*(ig*wgo-wm);                // tatsächliches Kupplungsmom. [Nm]
    Mk=MAX(-Mkb,MIN(Mkb,Mk));           //

    // Torsionsmomente in den Wellen
    Ma=ca*ta+da*(wdi-wgo);              // Torsionsmom. Antriebswelle [Nm]
    Ml=cs*tl;                           // Tors.mom. linke/rechte Seitenw.,
    Mr=Ml;                              // gleich bei nichtgesperrtem Diff.

    // Reifenschlupf und Umfangskraft links
    ne=MAX(fabs(r*wrl),0.2);            // Begrenzung des Nenners (für v->0)
    kal=100*(r*wrl-v)/ne;               // Längsschlupf links [%]
    Fls=myl*my*Fz*sin(c*atan(b*kal));   // stationäre Umfangskraft li [N]
```

```
    Tl=MAX(0.10,0.01/ne);               // Zeitkonstante Umfangskraft [s]
    Fl=Fls+exp(-h/Tl)*(Fl-Fls);         // dynamische Umfangskraft li [N]

    // Reifenschlupf und Umfangskraft rechts
    ne=MAX(fabs(r*wrr),0.5);            // Begrenzung des Nenners (für v->0)
    kar=100*(r*wrr-v)/ne;               // Längsschlupf rechts [%]
    Frs=myr*my*Fz*sin(c*atan(b*kar));   // stationäre Umfangskraft re [N]
    Tr=MAX(0.05,0.01/ne);               // Zeitkonstante Umfangskraft [s]
    Fr=Frs+exp(-h/Tr)*(Fr-Frs);         // dynamische Umfangskraft re [N]

    // Luftwiderstand
    Fw=-Cw*v*fabs(v);                   // [N]

    // Integration der Geschwindigkeitsgrößen
    a=(Fl+Fr+Fw)/m-.0981*al;           // Längsbeschleunigung [m/s^2]
    v=v+h*a;                            // Fahrzeuggeschwindigkeit [m/s]
    wrl=wrl+h/jr*(Ml-r*Fl);            // Raddrehzahl links [rad/s]
    wrr=wrr+h/jr*(Mr-r*Fr);            // Raddrehzahl rechts [rad/s]
    wdi=wdi-h/jd*(Ma+(Ml+Mr)/id);      // Drehzahl Diff.eingang [rad/s]
    wm=wm+h/jm*(Mm+Mk);                // Motordrehzahl [rad/s]
    wgo=wgo+h/jg*(Ma-ig*Mk);           // Getriebedrehzahl (Ausg.) [rad/s]

    // Ausgabe
#include "trieb.sav"
  }
}
```

D.3 Vierrad-Federungsmodell

Dieses Programm wird in Abschnitt 4.2 beschrieben:

```
//------------------------------------------------------------------------
// Modell einer passiven Fahrzeugfederung
//------------------------------------------------------------------------
// Vorspann
#include <stdio.h>
#include <stdlib.h>
#include <math.h>
#define MIN(a,b) ((a<b)?a:b)
#define MAX(a,b) ((a>b)?a:b)


//------------------------------------------------------------------------
// Eingangsgrößen: Längsgeschwindigkeit und Straßenhöhen
void e (double t, double h, double sv, double sh, double*vx,
 double*zsvl, double*zsvr, double*zshl, double*zshr) {

    // Intensität der Unebenheit in Längs- und Querrichtung
    static double al=3.0, aq=0.5;

    // Hilfsgrößen
    static int iv=0;
    static double ne=1.0/(double)RAND_MAX;
    static double zs,qs,profl[1000],profr[1000];
```

```
  int ih,N;
  double x1,x2,x3,x4,x5,x6,x7,x8;
  double f1=exp(-0.1*h), f2=17.320508*(1.0-f1);

  // Fahrzeuglängsgeschwindigkeit
  *vx=20.0;

  // 'weißes Geschwindigkeitsrauschen' für realistische Straßenhöhenprofile
  x1=ne*rand(); x2=ne*rand(); x3=ne*rand(); x4=ne*rand();
  x5=ne*rand(); x6=ne*rand(); x7=ne*rand(); x8=ne*rand();
  zs=f1*zs+al*f2*(x1+x2+x3+x4-2.0);
  qs=f1*qs+aq*f2*(x5+x6+x7+x8-2.0);

  // Ringregister zum Speichern des Straßenprofils zwischen VA und HA
  N=MAX(0.,MIN(999.,(sv-sh)/(fabs(*vx)+.001)/h));
  iv++; if (iv>=1000) iv=0;
  ih=iv-N; if (ih<0) ih=ih+1000;

  // Höhenprofile der beiden Fahrspuren aus mittlerer Höhe und Querneigung
  profl[iv]=zs+0.7*qs; profr[iv]=zs-0.7*qs;

  // Straßenhöhen an den vier Rädern
  *zsvl=profl[iv]; *zsvr=profr[iv]; *zshl=profl[ih]; *zshr=profr[ih];

  // zusätzliches Einzelhindernis:
  // Brett auf linker Fahrzeugseite nach 50m. Höhe 5cm, Breite 50cm
  if (sv>50 && sv<50.5) *zsvl=*zsvl+0.05;
  if (sh>50 && sh<50.5) *zshl=*zshl+0.05;
}

//------------------------------------------------------------------------
// Hauptprogramm
void main() {

  // Daten
  double
  h=0.001,                          // Schrittweite [s]
  tend=6,                           // Stopzeit [s]

  m=1200,                           // Fahrzeugmasse ohne Räder [kg]
  jx=480,                           // Wankträgheitsmoment [kgm^2]
  jy=2100,                          // Nickträgheitsmoment [kgm^2]
  mv=30,                            // ungefederte Masse vo [kg]
  mh=30,                            // ungefederte Masse hi [kg]

  sl=0.68,                          // Abstand SP - Radmitte links [m]
  sr=0.68,                          // Abstand SP - Radmitte rechts [m]
  lv=1.25,                          // Abstand SP - Vorderachse [m]
  lh=1.35,                          // Abstand SP - Hinterachse [m]
  sh=0.6,                           // SP-Höhe in Konstruktionslage [m]

  cav=27000,                        // Aufbaufederrate vo [N/m]
  cah=27000,                        // Aufbaufederrate hi [N/m]
  csv=3200,                         // Stabi-Steifigkeit vo [N/m]
  csh=1200,                         // Stabi-Steifigkeit hi [N/m]

  dzuv=3000, ddrv=800,              // Dämpferhärte Zug/Druck vo [Ns/m]
  Rv=60, Gv=200,                    // Dämpferreibung, Gaskraft vo [N]
  cdv=440000, ddv=1000,             // Daten Dämpferlager vo [N/m]
```

```
dzuh=4500,  ddrh=1500,           // Dämpferhärte Zug/Druck hi [Ns/m]
Rh=50, Gh=220,                   // Dämpferreibung, Gaskraft hi [N]
cdh=440000, ddh=1000,            // Daten Dämpferlager hi [N/m]

crv=180000,                      // Reifenradialsteifigkeit vo [N/m]
crh=180000,                      // Reifenradialsteifigkeit hi [N/m]

ifv=0.85,                        // Federübersetzung vo [-]
ifh=0.85,                        // Federübersetzung hi [-]
idv=0.98,                        // Dämpferübersetzung vo [-]
idh=0.73,                        // Dämpferübersetzung hi [-]

rv=0.295,                        // geom. größter Reifenradius vo [m]
rh=0.295,                        // geom. größter Reifenradius hi [m]

// Hilfsgrößen
Frvls=(lh/(lv+lh)*sr/(sl+sr)*m+mv)*9.81,  // stat. Radlast vl [N]
Frvrs=(lh/(lv+lh)*sl/(sl+sr)*m+mv)*9.81,  // stat. Radlast vr [N]
Frhls=(lv/(lv+lh)*sr/(sl+sr)*m+mh)*9.81,  // stat. Radlast hl [N]
Frhrs=(lv/(lv+lh)*sl/(sl+sr)*m+mh)*9.81,  // stat. Radlast hr [N]

// Anfangswerte der Zustandsgrößen
s=0, z=sh, a=0, b=0,             // Aufbaulagegrößen
zvl=rv-Frvls/crv,               // Höhe Radmitte vl [m]
zvr=rv-Frvrs/crv,               // Höhe Radmitte vr [m]
zhl=rh-Frhls/crh,               // Höhe Radmitte hl [m]
zhr=rh-Frhrs/crh,               // Höhe Radmitte hr [m]
vz=0, wa=0, wb=0,               // Aufbaugeschw. [m/s, [rad/s]
vzvl=0, vzvr=0, vzhl=0, vzhr=0, // Radvertikalgeschw. [m/s]
sdvl=0, sdvr=0, sdhl=0, sdhr=0, // Auslenkungen Dämpferlager [m]

// weitere Hilfsgrößen
Ffvl0=(Frvls-mv*9.81-idv*Gv)/ifv, // Vorspannung Aufbaufeder vl
Ffvr0=(Frvrs-mv*9.81-idv*Gv)/ifv, // Vorspannung Aufbaufeder vr
Ffhl0=(Frhls-mh*9.81-idh*Gh)/ifh, // Vorspannung Aufbaufeder hl
Ffhr0=(Frhrs-mh*9.81-idh*Gh)/ifh, // Vorspannung Aufbaufeder hr

ffvl0=ifv*(zvl-z),              // Korrekturterm Federweg vl
ffvr0=ifv*(zvr-z),              // Korrekturterm Federweg vr
ffhl0=ifh*(zhl-z),              // Korrekturterm Federweg hl
ffhr0=ifh*(zhr-z),              // Korrekturterm Federweg hr

zsvl,zsvr,zshl,zshr,            // Straßenhöhen
ffvl,ffvr,ffhl,ffhr,fsv,fsh,    // Federweg und Stabi-auslenkungen
vdvl,vdvr,vdhl,vdhr,            // Dämpfergeschwindigkeiten
Ffvl,Ffvr,Ffhl,Ffhr,Fsv,Fsh,   // Kräfte in Aufbaufedern und Stabis
Fdvl,Fdvr,Fdhl,Fdhr,           // Kräfte in Stoßdämpfern
Fvl,Fvr,Fhl,Fhr,               // resultierende Aufbaukräfte
Frvl,Frvr,Frhl,Frhr,           // dynamische Radlasten
az,ba,bb,                      // Aufbaubeschleunigungen
azvl,azvr,azhl,azhr,           // Radvertikalbeschleunigungen
sdvlp,sdvrp,sdhlp,sdhrp,       // Auslenkungsgeschw. Dämpferlager
t,vx,                          // Zeit, Längsgeschwindigkeit
x,y;                           // sonstige

// Zeitschleife
for (t=0;t<=tend;t=t+h) {        // Simul. von t=0 bis tend

   // Eingangsgrößen
   e(t,h,s,s-lv-lh,&vx,&zsvl,&zsvr,&zshl,&zshr); // Eingangsgrößen holen
```

```
// Integration der Lagegrößen
s=s+h*vx;                                 // zurückgelegte Wegstrecke [m]
z=z+h*vz;                                 // Schwerpunkthöhe [m]
a=a+h*wa;                                 // Wankwinkel [rad]
b=b+h*wb;                                 // Nickwinkel [rad]

zvl=zvl+h*vzvl;                           // Höhe Radmitte vl [m]
zvr=zvr+h*vzvr;                           // Höhe Radmitte vr [m]
zhl=zhl+h*vzhl;                           // Höhe Radmitte hl [m]
zhr=zhr+h*vzhr;                           // Höhe Radmitte hr [m]

// Federwege, Stabi-Auslenkungen, Dämpfergeschwindigkeiten
ffvl=ifv*(zvl-z-sl*a+lv*b)-ffvl0;  // Federweg vl [m]
ffvr=ifv*(zvr-z+sr*a+lv*b)-ffvr0;  // Federweg vr [m]
ffhl=ifh*(zhl-z-sl*a-lh*b)-ffhl0;  // Federweg hl [m]
ffhr=ifh*(zhr-z+sr*a-lh*b)-ffhr0;  // Federweg hr [m]

fsv=zvl-zvr-(sl+sr)*a;                    // Stabi.-Auslenkung vo [m]
fsh=zhl-zhr-(sl+sr)*a;                    // Stabi.-Auslenkung hi [m]

vdvl=idv*(vzvl-vz-sl*wa+lv*wb);           // Dämpfergeschw. vl [m/s]
vdvr=idv*(vzvr-vz+sr*wa+lv*wb);           // Dämpfergeschw. vr [m/s]
vdhl=idh*(vzhl-vz-sl*wa-lh*wb);           // Dämpfergeschw. hl [m/s]
vdhr=idh*(vzhr-vz+sr*wa-lh*wb);           // Dämpfergeschw. hr [m/s]

// Kräfte
Ffvl=cav*ffvl+Ffvl0;                      // Federkraft einschl. Vorsp. vl [N]
Ffvr=cav*ffvr+Ffvr0;                      // Federkraft einschl. Vorsp. vr [N]
Ffhl=cah*ffhl+Ffhl0;                      // Federkraft einschl. Vorsp. hl [N]
Ffhr=cah*ffhr+Ffhr0;                      // Federkraft einschl. Vorsp. hr [N]

// Integration Dämpferlagerauslenkungen
x=cdv*sdvl+ddv*vdvl-Gv;          // vl
if (x>Rv) y=(x-Rv)/(ddrv+ddv);   //
else if (x<-Rv) y=(x+Rv)/(dzuv+ddv);//
else y=0.0;                      //
sdvlp=vdvl-y;                    //
sdvl=sdvl+h*sdvlp;               //

x=cdv*sdvr+ddv*vdvr-Gv;          // vr
if (x>Rv) y=(x-Rv)/(ddrv+ddv);   //
else if (x<-Rv) y=(x+Rv)/(dzuv+ddv);//
else y=0.0;                      //
sdvrp=vdvr-y;                    //
sdvr=sdvr+h*sdvrp;               //

x=cdh*sdhl+ddh*vdhl-Gh;          // hl
if (x>Rh) y=(x-Rh)/(ddrh+ddh);   //
else if (x<-Rh) y=(x+Rh)/(dzuh+ddh);//
else y=0.0;                      //
sdhlp=vdhl-y;                    //
sdhl=sdhl+h*sdhlp;               //

x=cdh*sdhr+ddh*vdhr-Gh;          // hr
if (x>Rh) y=(x-Rh)/(ddrh+ddh);   //
else if (x<-Rh) y=(x+Rh)/(dzuh+ddh);//
else y=0.0;                      //
sdhrp=vdhr-y;                    //
sdhr=sdhr+h*sdhrp;               //
```

```
    Fdvl=cdv*sdvl+ddv*sdvlp;           // Dämpferkraft vl [N]
    Fdvr=cdv*sdvr+ddv*sdvrp;           // Dämpferkraft vr [N]
    Fdhl=cdh*sdhl+ddh*sdhlp;           // Dämpferkraft hl [N]
    Fdhr=cdh*sdhr+ddh*sdhrp;           // Dämpferkraft hr [N]

    Fsv=csv*fsv;                       // Stabi.kraft vo [N]
    Fsh=csh*fsh;                       // Stabi.kraft hi [N]

    Fvl=ifv*Ffvl+idv*Fdvl+Fsv;         // result. Aufbaukraft vl [N]
    Fvr=ifv*Ffvr+idv*Fdvr-Fsv;         // result. Aufbaukraft vr [N]
    Fhl=ifh*Ffhl+idh*Fdhl+Fsh;         // result. Aufbaukraft hl [N]
    Fhr=ifh*Ffhr+idh*Fdhr-Fsh;         // result. Aufbaukraft hr [N]

    Frvl=MAX(0.0,crv*(zsvl-zvl+rv));   // Radlast vl [N]
    Frvr=MAX(0.0,crv*(zsvr-zvr+rv));   // Radlast vr [N]
    Frhl=MAX(0.0,crh*(zshl-zhl+rh));   // Radlast hl [N]
    Frhr=MAX(0.0,crh*(zshr-zhr+rh));   // Radlast hr [N]

    // Beschleunigungen
    az=(Fvl+Fvr+Fhl+Fhr)/m-9.81;       // Aufbauvertikalbeschl. [m/s^2]
    ba=(sl*(Fvl+Fhl)-sr*(Fvr+Fhr))/jx; // Wankbeschleunigung [rad/s^2]
    bb=(lh*(Fhl+Fhr)-lv*(Fvl+Fvr))/jy; // Nickbeschleunigung [rad/s^2]

    azvl=(Frvl-Fvl)/mv-9.81;           // Radvertikalbeschl. vl [m/s^2]
    azvr=(Frvr-Fvr)/mv-9.81;           // Radvertikalbeschl. vr [m/s^2]
    azhl=(Frhl-Fhl)/mh-9.81;           // Radvertikalbeschl. hl [m/s^2]
    azhr=(Frhr-Fhr)/mh-9.81;           // Radvertikalbeschl. hr [m/s^2]

    // Integration der Geschwindigkeitsgrößen
    vz=vz+h*az;                        // Aufbauvertikalgeschw. [m/s]
    wa=wa+h*ba;                        // Wankgeschwindigkeit [rad/s]
    wb=wb+h*bb;                        // Nickgeschwindigkeit [rad/s]

    vzvl=vzvl+h*azvl;                  // Radvertikalgeschw. vl [m/s]
    vzvr=vzvr+h*azvr;                  // Radvertikalgeschw. vr [m/s]
    vzhl=vzhl+h*azhl;                  // Radvertikalgeschw. hl [m/s]
    vzhr=vzhr+h*azhr;                  // Radvertikalgeschw. hr [m/s]

    // Ausgabe
#include "feder.sav"
  }
}
```

D.4   Nichtlineares Einspurmodell

Dieses Programm wird in Abschnitt 4.3 beschrieben:

```
//---------------------------------------------------------------------
// Nichtlineares Einspurmodell
//---------------------------------------------------------------------
// Vorspann
#include <stdio.h>
#include <stdlib.h>
#include <math.h>
```

```c
#define MIN(a,b) ((a<b)?a:b)
#define MAX(a,b) ((a>b)?a:b)
#define PI 3.141592654

//-----------------------------------------------------------------------
// wichtige Anfangswerte und Simulationsdaten
#define tend 6                        // Stopzeit [s]
#define v0 100                        // Anfangs-/Sollgeschw. [km/h]
#define manoever 1                    // 1: Lenkwinkelsprung
                                      // 2: stationäre Kreisfahrt
                                      // 3: Lastw./Bremsen in der Kurve
#define dlws 60                       // Lenkradw. bei Lenkw.sprung [Grad]
#define rkreis 100                    // Radius für stat. Kreisfahrt [m]
#define aqb 7                         // Querbeschl. bei Bremsung [m/s^2]
#define pblw 0.8                      // Bremspedal bei Lastwechsel [-]

//-----------------------------------------------------------------------
// Eingangsgrößen: Gang, Lenkradwinkel, Fahrpedalweg, Bremspedal
void e (double t, double v, double wg, double aq, double wm,
 int*G, double*dl, double*pf, double*pb) {

  double upm=30/PI*wm, vsoll, k=wg/v; static int lw=0;

  if (manoever==1) {
    // Lenkwinkelsprung
    // geradeaus fahren, nach 3 Sekunden anlenken
    *dl=0.0; if (t>3) *dl=dlws;

    // konstante Geschwindigkeit
    vsoll=v0;

  } else if (manoever==2) {
    // stationäre Kreisfahrt
    // auf Bahnkruemmung ksoll=1/rkreis [1/m] regeln
    *dl=*dl+3*v*(1./rkreis-k);

    // langsam beschleunigen
    vsoll=v0+1.5*t;

  } else if (manoever==3) {
    // stationäre Kreisfahrt
    // auf Bahnkruemmung ksoll=1/rkreis [1/m] regeln
    if (lw==0) *dl=*dl+3*v*(1./rkreis-k);

    // sehr langsam beschleunigen
    vsoll=3.6*sqrt(aqb*rkreis)-5+0.25*t;
  }

  // auf Geschwindigkeit vsoll regeln
  *pf=MIN(1.0,MAX(0.0,0.3+.1*(vsoll/3.6-v)));

  // bremsen nur bei Manöver 3
  if ((manoever==3 && aq>aqb && t>10) || lw==1) {
    *pb=pblw;
    *pf=0.0;
    lw=1;
  } else *pb=0;

  // drehzahlabhängig schalten
  if (upm>6650. && *G<5) {*G=*G+1;}
```

```cpp
  if (upm<2000. && *G>1) {*G=*G-1;}

  // Lenkradwinkel begrenzen
  *dl=MAX(-600,MIN(600,*dl));
}

//---------------------------------------------------------------------
// stationäres Reifenmodell
void reifen (double Fz, double al, double ka,
 double bs, double cs, double mys, double bu, double cu, double myu,
 double *Fss, double*Fus) {

  double ss,su,s,alr,kar,Frs,Fru,Fr,fu,fu2,fs,fs2;

  ss=MIN(1.,MAX(-1.,tan(PI/180*al)));   // normierter Querschlupf [-]
  su=MIN(1.,MAX(-1.,0.01*ka));          // normierter Längsschlupf [-]
  s=MAX(sqrt(su*su+ss*ss),1e-6);        // normierter Gesamtschlupf [-]

  // Referenz-Reifenkennlinie
  alr=180/PI*atan(s);                   // Referenzschräglaufwinkel [Grad]
  kar=100*s;                            // Referenzschlupf [%]
  Frs=mys*Fz*sin(cs*atan(bs*alr));      // Referenzseitenkraft [N]
  Fru=myu*Fz*sin(cu*atan(bu*kar));      // Referenzumfangskraft [N]

  // Aufteilung in stationäre Seiten- und Umfangskraft
  fs=ss/s; fs2=fs*fs;                   //
  fu=su/s; fu2=1-fs2;                   //
  Fr=fs2*Frs+fu2*Fru;                   // Gesamtkraft [N]

  *Fus=fu*Fr;                           // stat. Umfangskraft [N]
  *Fss=fs*Fr;                           // stat. Seitenkraft [N]
}

//---------------------------------------------------------------------
// Hilfsfunktion 1: lineare Interpolation (für Bremsmoment-Kennlinie)
double linint (double xmax, double ix, double zd[], double x) {

  int i; double p;

  p=MAX(x,1e-10); p=(ix-1)*MIN(p,xmax-1e-10)/xmax; i=(int)p; p=p-i;
  return (1-p)*zd[i]+p*zd[i+1];
}

//---------------------------------------------------------------------
// Hilfsfunktion 2: bilineare Interpolation (für Motorkennfeld)
double bilin (double xmax, double ix, double ymax,
 double iy, double zd[][5], double x, double y) {

  int i,j; double p,q;

  p=MAX(x,1e-10); p=(ix-1)*MIN(p,xmax-1e-10)/xmax; i=(int)p; p=p-i;
  q=MAX(y,1e-10); q=(iy-1)*MIN(y,ymax-1e-10)/ymax; j=(int)q; q=q-j;
  return (1-q)*((1-p)*zd[i][j]   + p*zd[i+1][j])   +
          q *((1-p)*zd[i][j+1] + p*zd[i+1][j+1]);
}

//---------------------------------------------------------------------
// Hauptprogramm
void main() {
```

```
// Daten
double
h=0.001,                                // Schrittweite [s]

m=1200,                                 // Fahrzeugmasse [kg]
jz=2400,                                // Gier-Trägheitsmoment [kgm^2]
l=2.8,                                  // Radstand [m]
lv=1.35,                                // Abstand VA - Schwerpunkt [m]
sz=0.57,                                // Schwerpunkthöhe [m]
jr=2.0,                                 // Trägh.m. Räder pro Achse [kgm^2]
il=20,                                  // Lenkübersetzung [-]
fha=1.0,                                // Antriebsmomentanteil HA [-]
fhb=0.294,                              // Bremskraftanteil HA [-]

Ig[]={                                  // Getriebeübersetzungen
      -4.15,                            // Rückwärtsgang
       0.00,                            // Leerlauf
       4.15,                            // 1. Gang
       2.52,                            // 2. Gang
       1.69,                            // 3. Gang
       1.24,                            // 4. Gang
       1.00 },                          // 5. Gang (direkt)

id=3.27,                                // Übersetzung Differential [-]

r=0.3,                                  // dynamischer Reifenradius [m]
                                        // Daten 'Magic Formula' Reifenmod.:
myvs=0.82, bvs=0.28, cvs=1.05,          // Seitenkraft vo
myvu=0.80, bvu=0.14, cvu=1.50,          // Umfangskraft vo
myhs=1.12, bhs=0.33, chs=1.05,          // Seitenkraft hi
myhu=1.10, bhu=0.17, chu=1.50,          // Umfangskraft hi

cw=0.31,                                // cw-Wert [-]
rho=1.293,                              // Luftdichte [kg/m^3]
A=2.0,                                  // Querspantfläche [m^2]

wmmax=7000.*PI/30.,                     // max. Motordrehzahl [U/min]
iwm=15,                                 // Anzahl Stützst. Motordrehzahl
ipf=5,                                  // Anzahl Stützstellen Fahrpedalweg
Mms[][5]={                              // Motorkennfeld [Nm]
        0,   10,   10,   10,   10,      //
       22,  174,  186,  187,  187,      //
       -8,   59,  197,  210,  212,      //
      -29,   24,  200,  217,  222,      //
      -31,    4,  206,  230,  235,      //
      -40,   -7,  196,  237,  246,      //
      -44,  -11,  180,  239,  248,      //
      -46,  -17,  161,  242,  250,      //
      -59,  -20,  147,  251,  260,      //
      -72,  -28,  132,  250,  258,      //
      -76,  -30,  108,  246,  250,      //
      -83,  -32,  102,  222,  229,      //
      -85,  -42,  100,  200,  206,      //
      -86,  -62,   95,  180,  180,      //
      -87,  -87,  -87,  -87,  -87 },    //

ipb=10,                                 // Anzahl Stützstellen Bremspedalweg
Mbs[]={                                 // Bremsmomentkennlinie [Nm]
        0,    0,    0,    0,   47,      //
      289,  741, 1388, 2082, 3470 },    //
```

```
// Anfangswerte der Zustandsgrößen
x=0, y=0, g=0, vx=v0/3.6, vy=0, wg=0, // Fzg fährt mit v0 längs x-Achse
wrv=vx/r, wrh=vx/r,                   //
Fvu=0, Fvs=0, Fhu=0, Fhs=0 ,          // Reifenkräfte bauen sich erst auf

// Hilfsvariable
t,ig,d,Mm,Ma,Mva,Mha,Mb,Mvb,Mhb,     //
sing,cosg,sins,coss,sind,cosd,       //
v,Fwx,Fwy,Fz,Fvz,Fhz,                //
vvx,vvy,vvu,vvs,vhx,vhy,vhu,vhs,     //
ne,alv,alh,kav,kah,                  //
Fvus,Fvss,Fhus,Fhss,                 //
Tvu,Tvs,Thu,Ths,                     //
Fvl,Fvq,Fvx,Fvy,Fhx,Fhy,             //
ax,ay,hjr,wrd,dwrb,aq,sw,dl,pf,pb,   //
Cw=0.5*rho*cw*A,                     //
lh=l-lv,                             //
wm=id*Ig[2]*((1-fha)*wrv+fha*wrh);   // anfängliche Motordrehzahl
int G=1;                             // zu Beginn erster Gang eingelegt

// Zeitschleife
for (t=0;t<=tend;t=t+h) {            // Simul. von t=0 bis tend

   // Eingangsgrößen
   v=sqrt(vx*vx+vy*vy);             // Betrag der Geschwindigkeit
   e(t,v,wg,aq,wm, &G,&dl,&pf,&pb); // Eingangsgrößen holen

   // Hilfsgrößen
   ig=Ig[G+1];                      // gangabh. Getriebeübersetzung
   d=PI/180*dl/il;                  // Spurwinkel vo [rad]
   sing=sin(g); cosg=cos(g);        // g = Winkel Hinterrad zur x-Achse
   sins=sin(g+d); coss=cos(g+d);    // g+d = Winkel Vorderrad zu x-Achse
   sind=sin(d); cosd=cos(d);        // d = Spurwinkel
   Fvl= cosd*Fvu+sind*Fvs;          // Längskraft an der VA
   Fvq=-sind*Fvu+cosd*Fvs;          // Querkraft an der VA

   // Antriebsmomente
   wm=id*ig*((1-fha)*wrv+fha*wrh);  // Motordrehzahl aus Raddrehzahlen
   Mm=bilin(wmmax,iwm,1.0,ipf,Mms,wm,pf); // Mot.mom.=f(Fahrp.,Drehzahl)
   Ma=id*ig*Mm;                     // Antriebsmoment aus Motomoment
   Mha=fha*Ma;                      // Anteil Hinterachse
   Mva=Ma-Mha;                      // Anteil Vorderachse

   // Bremsmomente
   Mb=linint(1.0,ipb,Mbs,pb);       // Summe Bremsmomente=f(Bremspedal)
   Mhb=fhb*Mb;                      // Anteil Hinterachse
   Mvb=Mb-Mhb;                      // Anteil Vorderachse

   // Windkräfte
   Fwx=-Cw*v*vx;                    // x-Komponente Windkraft [N]
   Fwy=-Cw*v*vy;                    // y-Komponente Windkraft [N]

   // momentane Radlastverteilung als Funktion der Beschleunigung
   Fz=9.81*m;                       // Gesamtgewicht
   Fvz=0.5*(lh*Fz-sz*(Fvl+Fhu))/l;  // Radlast VA = 0.5*Achslast VA
   Fhz=0.5*Fz-Fvz;                  // Radlast HA = 0.5*Achslast VA

   // Reifenkräfte vorn
   vvx=vx-sing*lv*wg;               // x-Komp. Geschwindigkeit vo [m/s]
```

```
vvy=vy+cosg*lv*wg;                    // y-Komp. Geschwindigkeit vo [m/s]
vvu= coss*vvx+sins*vvy;               // Längsgeschwindigkeit vo [m/s]
vvs=-sins*vvx+coss*vvy;               // Quergeschwindigkeit vo [m/s]

// stationär
ne=MAX(fabs(r*wrv),0.5);              // Begrenzung des Nenners (für v->0)
kav=100*(r*wrv-vvu)/ne;               // Längsschlupf vo [%]
alv=-180/PI*atan(vvs/ne);             // Schäglaufwinkel vo [Grad]
reifen(Fvz,alv,kav,
 bvs,cvs,myvs,bvu,cvu,myvu,&Fvss,&Fvus); // Aufruf Reifenmodell

// dynamisch
Fvus=2*Fvus; Fvss=2*Fvss;             // Achskräfte VA = 2*Radkräfte VA
Tvu=MIN(0.05,0.01/ne);                // Zeitkonstante Umfangskraft [s]
Tvs=MIN(0.05,0.20/ne);                // Zeitkonstante Seitenkraft [s]
Fvu=Fvus+exp(-h/Tvu)*(Fvu-Fvus);      // dyn. Umfangskraft vo [N]
Fvs=Fvss+exp(-h/Tvs)*(Fvs-Fvss);      // dyn. Seitenkraft vo [N]
Fvx=coss*Fvu-sins*Fvs;                // Komponenten im Inertialsystem
Fvy=sins*Fvu+coss*Fvs;                //   (Drehung um Gierw. + Spurw.)

// Reifenkräfte hinten
vhx=vx+sing*lh*wg;                    // x-Komp. Geschwindigkeit hi [m/s]
vhy=vy-cosg*lh*wg;                    // y-Komp. Geschwindigkeit hi [m/s]
vhu= cosg*vhx+sing*vhy;               // Längsgeschwindigkeit hi [m/s]
vhs=-sing*vhx+cosg*vhy;               // Quergeschwindigkeit hi [m/s]

// stationär
ne=MAX(fabs(r*wrh),0.5);              // Begrenzung des Nenners (für v->0)
kah=100*(r*wrh-vhu)/ne;               // Längsschlupf hi [%]
alh=-180/PI*atan(vhs/ne);             // Schräglaufwinkel hi [Grad]
reifen(Fhz,alh,kah,
 bhs,chs,myhs,bhu,chu,myhu,&Fhss,&Fhus); // Aufruf Reifenmodell

// dynamisch
Fhus=2*Fhus; Fhss=2*Fhss;             // Achskräfte HA = 2*Radkräfte HA
Thu=MIN(0.05,0.01/ne);                // Zeitkonstante Umfangskraft [s]
Ths=MIN(0.05,0.20/ne);                // Zeitkonstante Seitenkraft [s]
Fhu=Fhus+exp(-h/Thu)*(Fhu-Fhus);// dyn. Umfangskraft hi [N]
Fhs=Fhss+exp(-h/Ths)*(Fhs-Fhss);// dyn. Seitenkraft hi [N]
Fhx=cosg*Fhu-sing*Fhs;                // Komponenten im Inertialsystem
Fhy=sing*Fhu+cosg*Fhs;                //   (Drehung um Gierwinkel)

// Bewegungsgleichungen Aufbau
x=x+h*vx;                             // x-Komp. Schwerpunkt-Ort [m]
y=y+h*vy;                             // y-Komp. Schwerpunkt-Ort [m]
g=g+h*wg;                             // Gierwinkel [rad]

ax=(Fvx+Fhx+Fwx)/m;                   // x-Komp. Beschleunigung [m/s^2]
ay=(Fvy+Fhy+Fwy)/m;                   // y-Komp. Beschleunigung [m/s^2]

vx=vx+h*ax;                           // x-Komp. Geschwindigkeit [m/s]
vy=vy+h*ay;                           // y-Komp. Geschwinfigkeit [m/s]

wg=wg+h/jz*(lv*Fvq-lh*Fhs);           // Gierbeschl. [rad/s^2] (Fhq=Fhs)

// Bewegungsgleichung Räder (mit impliziter Integration beim Bremsen)
hjr=h/jr;                             // Hilfsgröße
wrd=wrv+hjr*(Mva-r*Fvu);              // VA: Integr. Omega ohne Bremsmom.
dwrb=hjr*Mvb;                         // Drehzahländerung durch Bremsmom.
```

```
    if (wrd<-dwrb) wrv=wrd+dwrb;        // Rad dreht rückwärts
    else if (wrd<dwrb) wrv=0.0;         // Rad hat blockiert
    else wrv=wrd-dwrb;                  // Rad dreht vorwärts

    wrd=wrh+hjr*(Mha-r*Fhu);            // HA: Integr. Omega ohne Bremsmom.
    dwrb=hjr*Mhb;                       // Drehzahländerung durch Bremsmom.

    if (wrd<-dwrb) wrh=wrd+dwrb;        // Rad dreht rückwärts
    else if (wrd<dwrb) wrh=0.0;         // Rad hat blockiert
    else wrh=wrd-dwrb;                  // Rad dreht vorwärts

    // Ausgabegrößen
    aq=-sing*ax+cosg*ay;               // Querbeschl. [m/s^2]
    v=sqrt(vx*vx+vy*vy);               // Betrag der Geschwindigkeit
    if (v>1)                           //
      sw=180./PI*asin((sing*vx-cosg*vy)/v);// Schwimmwinkel [Grad]
    else sw=0;                         //

    // Ausgabe
#include "nemo.sav"
  }
}
```

Literatur

[1] **Ammon, D.**: Modellbildung und Systementwicklung in der Fahrzeugdynamik. Stuttgart: Teubner 1997.

[2] **Bakker, E., Nyborg, L.**: Tyre Modelling for Use in Vehicle Dynamics Studies. SAE Technical Paper Series 870421 Detroit: SAE 1987

[3] **Bossel, H.**: Modellbildung und Simulation. Braunschweig: Vieweg 1992

[4] **Brauch, W., Dreyer, H.-J., Haacke, W.**: Mathematik für Ingenieure. Stuttgart: Teubner 1990

[5] **Breitenecker, F., Ecker, H., Bausch-Gall, I.**: Simulieren mit ACSL. Braunschweig: Vieweg 1993

[6] **Breman, K.E., Campbell, S.L., Petzold, L.R.**: Numerical Solution of Initial-Value Problems in Differential-Algebraic Equations. New York: Elsevier 1989

[7] **Föllinger, O**: Regelungstechnik. Heidelberg: Hüthig 1992

[8] **Gill, P.E.; Murray, W.; Wright, H.M.**: Practical Optimization. London: Academic Press 1981

[9] **Grams, T.**: Simulation: strukturiert und objektorientiert programmiert. Mannheim: BI-Wiss.-Verlag 1992

[10] **Karnopp, D., Margolis, D.L., Rosenberg, R.C.**: System Dynamics: A Unified Approach. John Wiley & Sons 1990

[11] **Mathworks**: The Student Edition of Matlab. Englewood Cliffs: Prentice Hall 1997 (einschließlich Matlab-Studentenversion auf CD)

[12] **Mathworks**: The Student Edition of Simulink V2 for Windows. Englewood Cliffs: Prentice Hall 1997 (einschließlich Simulink-Studentenversion auf CD)

[13] **Popp, K., Schiehlen, W.**: Fahrzeugdynamik. Stuttgart: Teubner 1993

[14] **Press, W. H., Teukolsky, S.A., Vetterling, W.T., Flannery, B.P.**: Numerical Recipes in C. The Art of Scientific Computing. Cambridge University Press 1992 (einschließlich numerischer Software auf Diskette, auch verfügbar für Fortran, Pascal und Basic)

[15] **Rill, G.**: Simulation von Kraftfahrzeugen. Braunschweig: Vieweg 1994

[16] **Schiehlen, W.**: Technische Dynamik. Stuttgart: Teubner 1986

[17] **Schwarz, H. R.**: Numerische Mathematik. Stuttgart: Teubner 1993

[18] **Shampine, L.F., Gordin, M.K.**: Computer-Lösung gewöhnlicher Differentialgleichungen. Braunschweig: Vieweg 1984

[19] **Törnig, W., Gipser, M., Kaspar, B.**: Numerische Lösung von partiellen Differentialgleichungen der Technik. Stuttgart: Teubner 1985

[20] **Vidyasagar, M.**: Nonlinear Systems Analysis. Englewood Cliffs: Prentice Hall 1978

[21] **Zomotor, A.**: Fahrwerktechnik: Fahrverhalten. (Hrsg.: Reimpell, J.). Würzburg: Vogel 1991

Sachverzeichnis